킹-오브-
네트워킹

KING -of- NETWORKING

네트워킹의 왕도는 실습이다

저자의 오랜 경험에 따르면
프로그래밍과 달리 네트워킹 분야는
연습과 반복 학습이 필요하지 않다

이해를 돕는 그림이나 길고 친절한 설명보다
잘 설계된 단 한번의 실습을 이어가는 것만으로
네트워크 실무 능력은 온전히 습득, 체화된다

이제, 네트워킹은 어렵게 '공부'하지 말고 '실습'하라!
위대한 멘토의 노하우 모두를 내 것으로 만들게 될 것이다

KING -of- NE

피터 전

네트워크 및 보안업계의 1세대 전문가로 통신회사에서 오랫동안 근무했으며, 랜 스위칭 관련 한국 및 미국 특허를 보유하고 있다. 네트워크 컨설팅, 프로토콜 개발 등을 수행하는 한편, 꾸준한 강의를 통해 후배와 제자들을 양성하여 수백 명의 CCIE를 배출한 피터 전 선생은 『한 권으로 끝내는 IP 라우팅』, 『랜 스위칭1,2』, 『VPN 가상사설망 완전정복』, 『FIRE WALL 한 권으로 끝내는 네트워크 보안 방화벽』, 『최신 MPLS』 등을 출간해온 국내 네트워크 분야 최고의 멘토로 불린다. 이 책 『킹 오브 네트워킹』은 네크워크 분야로의 진입과 실무를 준비하는 실력 갖추기를 위해서 무엇보다도 실습이 중요하다는 점을 확증하는 역작이다. 이해돕기식 설명형 도서들을 통해 도달할 수 없는 '진짜 실력'을 키워주는 네트워킹 학습의 왕도인 셈이다. 아울러 저자는, 꾸준한 연습과 반복이 중요한 프로그래밍 분야와 달리 네트워크는 제대로된 실습을 한 번씩만 수행하더라도 곧바로 실력으로 체화된다는 점을 강조한다. 이 책은 네트워킹 실습을 충실하게 가이드하기 위해 기획되었고 실습에 최적화된 교재로 탄생했다. 피터 전의 『킹 오브 네트워킹』은 기존의 도서들을 통한 그간의 노력에도 불구하고 아직도 불안한 실력에 머물러 있음에 절치부심한 독자들에게 분명 최고의 선택이 될 것이다.

입문과 실전이 한 권으로 끝

KING -of- NETWORKING

킹-오브-
네트워킹

피터 전 지음

정상을 향한 NEVER STOP 멈추지 않는 도전

일러두기

이 책은 "네트워크 입문"의 전면 개정과 예제 보강을 통하여 새롭게 만들어졌습니다.

네트워킹의 기본과 역량은 실습으로 완성된다

이 책은 컴퓨터 네트워크 동작 방식의 이론을 설명하고 실습으로 확인하는 입문서입니다.

네트워크에는 어떤 분야가 있으며, 우리의 일상과 어떤 연관이 있을까요? 만약, 네트워크가 멈춘다면 어떤 일이 일어날까요? 인터넷이 멈추고, 핸드폰이 다 불통됩니다. 은행 업무도 볼 수 없으며 신용카드도 사용할 수 없습니다. 기차나 비행기 예약도 할 수 없으며, 심지어 기차와 비행기의 운행조차 불가능합니다. X선이나 MRI 촬영 결과를 네트워크로 송수신하는 대부분의 병원에서는 진료를 제대로 받을 수도 없습니다.

이 책은 이처럼 많은 일을 하는 네트워크의 동작원리를 설명하고, 직접 실습으로 확인할 수 있게 합니다. 저자가 겪은 시행착오, 현업 경험 및 강의 경험을 정리했습니다. 이론 설명을 읽고 이어지는 실습을 따라 하면 어렵지 않게 네트워크의 기본을 익힐 수 있습니다.

이 책에서는 시스코 시스템즈(Cisco Systems)사의 라우터와 스위치를 이용하여 실습을 진행합니다. 그 이유는 현장에서 가장 많이 접하는 장비들이고, 무엇보다 실습용 프로그램이 있어 고가의 장비를 구입하지 않고도 실제 장비와 동일하게 실습할 수 있기 때문입니다.

다른 분야도 마찬가지겠지만 특히 네트워크 공부는 백 마디 이론보다 한 번의 실습이 중요합니다. 부록에서 설명하는 방법으로 실습 환경을 만든 다음, 이 책의 내용을 그대로 따라서 하면 됩니다. 한 번의 실습만으로도 실습의 효과는 충분하지만, 가능하면 두 번 정도 반복해서 실습을 해보면 탄탄한 기초를 다질 수 있습니다.

이 책은 2016년 9월에 개정된 시스코사의 네트워크 자격시험인 CCNA(Cisco Certified Network Associate)의 내용을 반영하였습니다. 일부 오래된 기술을 제외했고, BGP, 사설 장거리 통신망 구성 기술, QoS(Quality of Service), 네트워크 보안, 네트워크 관리, SDN(Software Defined Networking), 클라우드 컴퓨팅 등 새로운 분야의 기술 내용을 포함했습니다.

이 책의 주요 내용은 다음과 같습니다.

제1장부터 제4장까지는 네트워크 공부에 필요한 기본적인 내용으로 OSI 참조 모델, TCP/IP, 실습 네트워크 구축 방법, 기본적인 라우터 설정 방법, IPv4 주소, 네트워크 동작 확인 방법 등을 다뤘습니다.

제5장부터 제8장까지는 근거리통신망(LAN)에 대한 부분입니다.

제9장에서는 토폴로지(topology)를 만드는 방법 즉, 버스, 링, 스타 등에 대해 다뤘습니다.

제10장부터 제14장까지는 패킷 전송 경로를 결정하기 위하여 사용하는 라우팅 프로토콜(routing protocol)을 다룹니다.

제15장과 제16장은 전용회선을 이용한 장거리 통신망(WAN, Wide Area Network) 개요와 다수가 사용하는 장거리 통신망을 사설 네트워크처럼 사용할 수 있는 기술을 알아봅니다.

제17장은 IPv6에 대해 설명합니다.

제18장은 네트워크 보안 등 여러 기술을 설정할 때 사용되는 액세스 리스트를 다룹니다.

제19장은 사설 IP 주소와 공인 IP 주소를 상호 변환시키는 기술인 NAT를 소개합니다.

제20장은 인터넷 전화(VoIP)와 같이 실시간성을 요구하는 패킷을 빨리 전송하고, 중요한 트래픽에 대한 대역폭을 보장하거나 업무와 관련이 없는 트래픽은 대역폭을 제한하는 일을 하는 QoS를 설명합니다.

제21장에서는 게이트웨이를 이중화시키는 HSRP와 유동 IP 주소를 할당하는 DHCP를 다뤘습니다.

제22장에서는 AAA, 포트 보안 등 기본적인 네트워크 보안에 대하여, 제23장에서는 여러 가지 네트워크 관리용 프로토콜들인 IP SLA, SNMP, NTP, Syslog, 넷 플로우, SPAN에 대해서 설명합니다.

제24장에서는 네트워크의 새로운 세계를 열고 있는 SDN과 클라우드를 다루었으며, 제25장에서는 소규모 네트워크 구성 사례 및 장애처리 방법을 다뤘습니다.

이 책이 독자 여러분들이 네트워크 분야에서 중추가 되는 데 도움이 되기를 바랍니다.

저자 피터 전

책 읽는 법 = 실습하는 법

훑어보세요

차례를 훑어봅니다. 특히 예제에 주목하고 내용을 상상하며 책 전체 구성을 살펴보세요.

(팁 / 에피소드) '차례가 이렇게 많아?' 하며 계속 넘기다보면 어느새 요약 차례가 등장하며 끝이 납니다.

읽어보세요

1장과 2장은 그냥 성실하게 읽습니다. 그리고 잘 이해했는지 연습문제를 한번 풀어보세요.

준비하세요

675쪽 부록을 참조하여 프로그램을 설치하세요. 3장부터 설정과 실습이 시작됩니다.

실습하세요

'공부'하려고 읽는데 설명이 어렵게 느껴진다면, 고민 말고 일단 예제를 '실습'해나가세요.

이 컬러의 예제 창은 입력용을 나타냅니다.
볼드체는 입력 내용입니다.

이 컬러의 예제 창은 결과 확인용을 나타냅니다.
볼드체는 입력 내용입니다.

체크하세요

실습한 예제는 차례 페이지에 체크해두세요. 체크 기호가 늘어갈수록 뿌듯해집니다.

문의하세요

읽다가 실습하다가 궁금한 것이 생긴다면 **피터 전 공식 카페**에 접속하여 문의하세요.

CONTENTS

요약 차례

제1장

OSI 참조 모델과 TCP/IP

OSI 참조 모델

TCP/IP

킹-오브-
네트워킹

OSI 참조 모델

네트워크 이론을 설명할 때 가장 먼저 나오는 용어 중의 하나가 OSI 참조 모델입니다. OSI 참조 모델을 이용하면 네트워크 이론 설명이 아주 쉬워지기 때문이죠. 이 책도 OSI 참조 모델에 관한 설명을 시작으로 재미있는 네트워크 세계로의 여행을 시작하고자 합니다.

OSI(Open Systems Interconnection) 참조 모델은 국제표준화기구(ISO)에서 만든 것입니다. 컴퓨터 간의 통신 단계를 7개의 계층으로 분류하고, 각 계층별 기능을 정의해 놓은 것입니다. 장비 간의 통신 단계는 사람 간의 의사소통 단계와 유사합니다.

사람 간의 의사소통

사람 간의 의사소통 단계를 분석해 보면 물리 계층, 표현 계층 및 개념 계층으로 나눌 수 있습니다. 의사소통이 이루어지려면 두 사람이 각 계층에서 사용하는 의사소통 수단이 동일해야 합니다.

[그림 1-1] 사람 간의 의사소통 단계

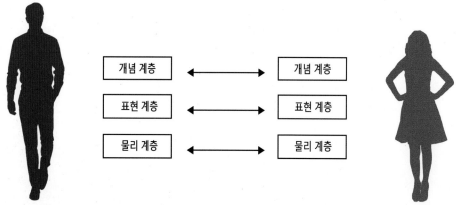

물리 계층에서 사용할 수 있는 의사소통 수단은 두 사람이 마주보고 공기를 이용하여 대화하는 방법을 비롯하여 전화, 이메일, 메신저, 문자, 편지 등 여러 가지가 있습니다. 만약, 한 사람은 전화를 사용하고, 상대방은 이메일을 통하여 내용을 전달받으려고 한다면 의사소통이 되지 않겠지요. 즉, 의사소통을 위해 사용하는 물리 계층의 종류가 동일해야 합니다.

두 번째 단계인 표현 계층에서 사용할 수 있는 의사소통 수단은 언어라고 할 수 있습니다. 두 사람 간의 의사소통에 사용되는 물리 계층의 수단이 동일하면 한 사람이 보낸 신호가 다른 사람에게 전달됩니다. 이때, 한 사람은 우리말을 사용하고, 상대방은 우리말을 이해하지

KING of NETWORKING

못한다면 표현 계층이 달라 대화가 되지 않습니다. 표현 계층에서도 대화 당사자들이 이해할 수 있는 동일한 언어를 사용해야 합니다.

물리 계층과 표현 계층이 동일하면 상대방은 '아, 저 사람이 우리말로 이야기하는구나'라고 생각할 것입니다. 그러나 대화의 내용을 이해하려면 대화 주제, 즉, 개념 계층도 동일해야 합니다. 만약, 필자가 어머니께 네트워크 이론을 설명드린다면 어머니는 '이놈이 무슨 말을 하고 있지? 용돈을 더 준다는 얘긴감?'하고 생각하실지도 모릅니다. 이처럼 두 사람 간의 원활한 의사소통을 위해서는 각 계층에서 동일한 수단을 사용해야 합니다.

OSI 참조 모델의 구성

OSI 참조 모델이 정의한 각 계층 및 계층별 역할, 주요 프로토콜은 다음 표와 같습니다. 통신 프로토콜(protocol)이란 각 통신장비들이 사용하는 통신방식 즉, 통신규약을 의미하며, 수많은 종류가 있습니다. 우리는 이 책을 통해 통신에 사용되는 여러 프로토콜들의 동작 방식을 알아보고, 적절하게 사용하는 방법을 살펴볼 것입니다.

[표 1-1] OSI 참조 모델

계층	계층 이름	역할	주요 프로토콜
7	응용 계층	응용 프로그램과 통신 프로그램간 인터페이스 제공	HTTP, FTP
6	표현 계층	데이터의 표현 및 암호화 방식	ASCII, MPEG, SSL
5	세션 계층	세션의 시작 및 종료 제어	TCP session setup
4	전송 계층	종단 프로그램 간의 데이터 전달	TCP, UDP
3	네트워크 계층	종단 장비 간의 데이터 전달	IP, ICMP
2	데이터 링크 계층	인접 장비와 연결을 위한 논리적 사양	이더넷, PPP, ARP
1	물리 계층	인접 장비와 연결을 위한 물리적 사양	100Base-TX, V.35

독자 여러분들은 이 표에 있는 생소한 용어나 내용에 머리를 싸맬 필요가 없습니다. 그냥 한 번 훑어보고 '아 이런 게 있구나' 하면 됩니다. 일부분의 내용은 바로 설명할 것이고, 나머지 부분들은 이 책 전반에 걸쳐 설명을 할 것입니다.

이제, 각 계층의 역할 및 내용에 대해 하나씩 자세히 살펴봅시다.

물리 계층

물리 계층(physical layer)은 인접한 두 장비 간에 통신 신호를 전송하는 역할을 합니다. 이를 위해 필요한 구성품들의 기계적(mechanical), 기능적(functional), 전기적(electrical) 사양을 정의합니다.

먼저, 기계적인 사양을 정의한 표준(프로토콜)의 역할을 공부하기 위해 PC에서 사용하는 LAN(근거리 통신망) 케이블과 커넥터(connector)를 예로 들어 살펴봅시다. 랜 장비들을 연결하는 커넥터를 RJ45 커넥터라고 하며, UTP(Unshielded Twisted Pair)라는 8가닥의 구리선을 이용하여 장비들을 연결합니다.

PC, 통신용 스위치(switch), 커넥터 및 케이블을 만드는 제조사는 대부분 서로 다릅니다. 따라서 PC나 스위치를 RJ45 커넥터로 연결하려면 커넥터의 크기, 모양 등이 동일해야 합니다. 이를 위해 RJ45 커넥터의 기계적 사양을 정의한 표준에는 다음 그림과 같이 커넥터의 크기, 각 핀의 너비, 길이 등이 정해져 있습니다. (이 그림은 참고용이니까 내용을 자세히 살펴볼 필요는 없습니다.)

[그림 1-2] RJ45 커넥터의 기계적인 사양 (출처: ANSI/TIA-1096-A)

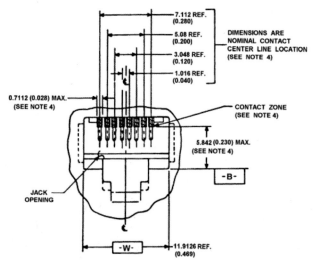

이렇게 기계적인 사양을 정의한 표준에 맞추어 만든 커넥터를 사용하면 어느 회사의 제품을 사용하든 물리적으로 연결하는 데 문제가 없습니다.

다음으로 기능적 사양과 관련된 표준을 살펴봅시다. RJ45 커넥터의 핀과 8가닥으로 이루어진 랜 케이블을 어떻게 연결해야 하는지를 결정해야 합니다. 케이블 배열에 대한 표준은 TIA/EIA-568에 정의되어 있습니다. 이 표준에 따르면 녹색 케이블은 2번 핀과 연결하고, 청색은 4번 핀, 주황색은 6번 핀 등과 같이 연결한다고 되어 있습니다. 이렇게 표준에 따라 커넥터와 케이블을 접속한 다음 PC와 스위치를 연결합니다.

이번에는 어느 핀을 통하여 어떤 신호를 송수신해야 할지를 정해야 하며, 통신 방식에 따라 여러 표준이 있습니다. LAN에서 100Mbps의 속도로 데이터를 전송할 때 사용하는 100Base-TX라는 표준에 따르면 다음 표와 같이 핀 1, 2번을 이용하여 데이터를 전송하고, 핀 3, 6번을 이용하여 데이터를 수신합니다.

[표 1-2] RJ45 커넥터 핀별 신호

핀 번호	신호
1	데이터 송신+
2	데이터 송신-
3	데이터 수신+
4	
5	
6	데이터 수신-
7	
8	

이제 전기적 사양과 관련된 표준에 대해서 살펴봅시다. 예를 들어, 앞서 살펴본 100Base-TX 표준에 따르면 '신호의 전압이 2V 이상이면 1을, 0.8V 이하면 0을 의미한다'고 정의되어 있습니다.

지금까지, 표준의 기계적인 사양에 따라 커넥터와 케이블을 조립하여 PC와 스위치를 연결했고, 기능적인 사양에 따라 필요한 신호를 송수신할 핀의 번호를 지정했으며, 전기적인 사양에 따라 0과 1을 나타내는 전압을 정의했습니다.

물리 계층의 표준을 이용하여 PC와 스위치를 연결하면 한쪽에서 전송하는 0 또는 1로 구성된 비트(bit)라는 단위의 신호를 상대방이 수신하고 구분할 수 있게 됩니다. 이처럼 물리 계층의 역할은 직접 연결된 두 장비 간의 통신신호 송수신을 가능하게 하는 것입니다.

물리 계층에서는 여러 개의 0과 1이 조합되어 만들어지는 내용의 의미는 모릅니다. 전송도중 에러가 발생했을 때 복구하는 것이나, 신호의 내용이 가지는 의미를 해석하여 그에 따라 적절하게 동작하는 것은 링크 계층을 포함한 상위 계층에서 할 일입니다.

물리 계층의 표준은 이외에도 장거리통신망(WAN) 장비를 연결할 때 사용하는 V.35, RS-232 등의 커넥터와 T1, E1 등으로 불리는 신호 전송방식 등 여러 가지가 있습니다.

물리 계층의 동작범위는 인접한 장비까지입니다. 즉, '케이블을 잡아당겼을 때 흔들리는 구간까지가 특정한 물리 계층의 동작범위입니다. 예를 들어, 다음 그림에서 100Base-TX라는 물리 계층 표준은 웹 서버와 인접한 스위치 간에서만 적용됩니다.

[그림 1-3] 물리 계층 동작구간

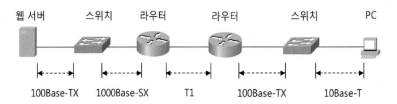

다시, 스위치와 라우터 구간에는 1000Base-SX라는 또 다른 물리 계층 표준이 적용됩니다. (같은 종류의 물리 계층 프로토콜이 사용될 수도 있습니다.)

데이터 링크 계층

데이터 링크 계층(data link layer)은 라우터(router)라는 장비로 구분된 구간에서 프레임(frame)이라는 데이터의 묶음을 전달하는 역할을 담당합니다. 데이터 링크 계층은 보통 줄여서 링크 계층이라고 합니다. 링크 계층 프로토콜들은 용도에 따른 프레임의 종류를 정의하고, 프레임 내 각 필드(field)의 길이, 의미 등을 지정합니다. 그리고 링크 계층에서 사용하는 주소를 정의하고, 에러 발생 확인 및 에러 복구 절차 등도 지정합니다.

링크 계층은 물리 계층을 통하여 수신한 0과 1로 이루어진 신호를 조합하여 프레임 단위의 묶음으로 신호를 해석합니다. 예를 들어, LAN에서 사용하는 링크 계층 프로토콜인 이더넷이 사용하는 프레임의 형태(포맷, format)는 다음과 같습니다. (나중에 자세히 설명하므로 지금은 개략적인 형태만 살펴봅시다.)

상대 장비에게서 수신한 신호의 처음 6바이트(48비트)는 목적지 MAC 주소로 인식합니다. MAC(Media Access Control) 주소는 LAN에서 사용하는 링크 계층 주소입니다. 링크 계층에서 사용하는 MAC 주소는 장비를 만들 때 LAN 포트(port)마다 할당하여 저장하며, 물리적인 주소(physical address)라고도 합니다.

[그림 1-4] 링크 계층에서 사용하는 프레임의 포맷

목적지 MAC 주소 (6바이트)	출발지 MAC 주소 (6바이트)	타입 (2바이트)	데이터 (48-1500바이트)	에러체크 (4바이트)
00111...	11010...	10000...	10101011...	01011...

이어서, 두 번째 6바이트는 출발지 MAC 주소로 인식합니다. 이와 같은 방식으로 송신 또는 수신시 신호를 묶어서 해석하고 그에 따라 사전에 정의된 적절한 동작을 취합니다.

링크 계층의 동작범위는 라우터에 의해서 구분됩니다. 다음 그림에서 웹 서버와 라우터 사이에 이더넷(ethernet)이라는 링크 계층 프로토콜이 동작합니다. 라우터와 또 다른 라우터 사이에는 PPP(Point to Point Protocol)라는 링크 계층 프로토콜이 동작합니다. 즉, 라우터를 건너면 또 다른 링크 계층 프로토콜이 동작합니다. (같은 종류의 링크 계층 프로토콜이 사용될 수도 있습니다.)

[그림 1-5] 링크 계층 동작구간

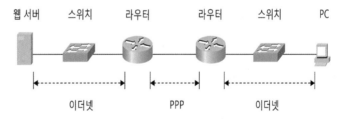

링크 계층의 프로토콜로는 LAN에서 사용되는 이더넷, WAN(장거리통신망)에서 사용하는 PPP, 프레임 릴레이(frame relay), HDLC(High-level Data Link Control) 등이 있습니다.

네트워크 계층

네트워크 계층(network layer)은 통신의 최종 당사자들인 종단장비(종단장치, end system) 간에 패킷(packet)이라는 데이터의 묶음을 전달하는 역할을 합니다.

네트워크 계층에서는 각 장비를 구분하기 위한 주소를 정의해서 사용합니다. 이 주소들은 장비를 생산할 당시에 정해진 것들이 아니고, 네트워크를 설정할 때 사용자가 정하므로 논리적인 주소라고도 합니다. IP(Internet Protocol)라는 네트워크 계층 프로토콜이 사용하는 주소를 'IP 주소'라고 하고, IPv6(IP version 6)라는 프로토콜에서 사용하는 주소를 'IPv6 주소'라고 합니다.

물리 계층은 인접 장비 간에 동작하고, 링크 계층은 라우터에 의해서 구분된 구간에서 동작하는 반면, 네트워크 계층은 스위치, 라우터 등을 지나 종단장비 간에 동작합니다. 즉, 웹 서버에서 출발한 IP 패킷이 도중에 변경 없이 PC까지 도달합니다. (나중에 공부할 주소변환 기술인 NAT 등을 사용하는 경우에는 패킷이 변경될 수도 있습니다.)

[그림 1-6] 네트워크 계층 동작구간

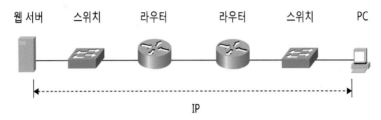

대표적인 네트워크 계층의 프로토콜로 IP, ICMP(Internet Control Message Protocol), IPv6, ICMPv6 등이 있습니다.

전송 계층

전송 계층(transport layer)은 종단장비에서 동작 중인 응용 계층 간에 세그먼트(segment)라는 데이터의 묶음을 전달하는 역할을 합니다.

예를 들어, PC에서 웹 서버를 접속할 때 HTTP(HyperText Transfer Protocol)라는 응용 계층 프로토콜이 동작합니다. 네트워크 계층 프로토콜인 IP가 PC에서 웹 서버까지 패킷을 전달하면, IP 패킷 내부에 있던 전송 계층 프로토콜인 TCP(Transmission Control Protocol)가 내부의 데이터를 HTTP라는 응용 계층 프로토콜에게 전달합니다.

[그림 1-7] 전송 계층 동작구간

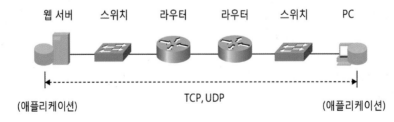

대표적인 전송 계층의 프로토콜로 TCP와 UDP(User Datagram Protocol)가 있습니다.

세션 계층

세션 계층(session layer)은 종단장비 간 세션(통신)의 시작, 종료 및 관리 절차 등을 정의합니다. 대표적인 세션 계층의 프로토콜로 NetBIOS, TCP 세션 관리절차 등이 있습니다. 세션 계층 이상에서 송수신하는 데이터의 단위를 메시지(message)라고 합니다. 세션 계층 프로토콜에 속하는 TCP 세션 관리절차는 다음 절의 '커넥션 오리엔티드와 커넥션리스 프로토콜' 항목에서 자세히 설명합니다.

표현 계층

표현 계층(presentation layer)은 상위 계층 프로토콜인 응용 계층에 대해 데이터 표현 방식의 변환, 암호화 등의 서비스를 제공합니다. 대표적인 표현 계층의 서비스로 ASCII('애스키'라고 발음함) 형식의 데이터를 EBCDIC('엡스딕'이라고 발음함) 형식으로 변환하는 것을 들 수 있습니다. ASCII와 EBCDIC은 모두 문자를 표현하는 방법입니다.

응용 계층

응용 계층(application layer)은 응용 프로그램과 통신 프로그램 간의 인터페이스를 제공합니다. 예를 들어, HTTP라는 응용 계층 프로토콜은 응용 프로그램인 웹(worldwide web) 브라우저(browser)에게 필요한 데이터를 송수신할 때 사용합니다. 대표적인 응용 계층 프로토콜로는 원격 접속을 위한 텔넷(telnet), 파일전송을 위한 FTP, 도메인 이름을 IP 주소로 변환시켜주는 DNS, 메일전송을 위한 프로토콜인 SMTP 등이 있습니다.

인캡슐레이션과 디캡슐레이션

각 프로토콜들의 동작에 필요한 정보를 기록한 것을 프로토콜 헤더(header)라고 합니다. 모든 프로토콜들이 자신의 동작에 필요한 정보들을 데이터의 앞부분에 붙이므로 헤더라는 용어를 사용합니다. 이더넷 헤더에는 출발지 및 목적지 이더넷 주소 등이 기록되어 있고, IP 헤더에는 출발지 및 목적지 IP 주소 등이 기록되어 있습니다.

응용 계층 프로토콜인 HTTP는 웹 프로그램으로부터 데이터를 받아 HTTP 헤더를 붙이고 이를 하위 계층 프로토콜에게 내려보냅니다. 하위 계층 프로토콜은 상위 계층 프로토콜로부터 전달받은 헤더와 데이터를 모두 데이터로 간주하고, 여기에 자신의 헤더를 붙여 다시 하위 계층으로 내려보냅니다.

이처럼 상위 계층 정보에 자신의 헤더를 부착하는 것을 인캡슐레이션(encapsulation)이라고 합니다. 상위 계층에서부터 차례로 인캡슐레이션되어 내려온 데이터를 최종적으로 물리계층에서 0 또는 1이라는 비트(bit) 신호로 전송합니다.

다른 계층과 달리 링크 계층에서는 에러를 확인하기 위하여 프레임의 꼬리에 필드를 추가하며, 이를 트레일러(trailer)라고 합니다.

[그림 1-8] 인캡슐레이션과 디캡슐레이션 과정

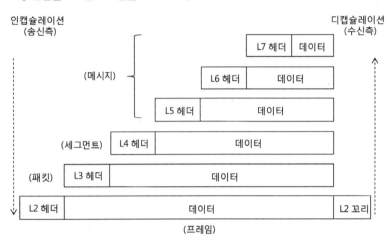

장비가 통신 상대에게서 물리 계층을 통하여 비트들을 수신하면 이들을 조합하여 프레임으로 해석하고, 프레임 헤더(L2 헤더)의 정보 중에서 목적지 주소가 자신인지 확인합니다. 트레일러 정보를 이용하여 에러 발생 여부도 확인합니다. 문제가 없으면 L2 프로세스(process)는 L2 헤더를 제거하고, 상위 계층으로 데이터를 올려보냅니다.

상위 계층은 자신의 헤더를 확인하고, 이상이 없으면 자신의 헤더를 제거하고 다시 상위 계층으로 데이터를 올려보냅니다. 이처럼, 수신측의 각 계층이 자신의 헤더를 제거하는 것을 디캡슐레이션(decapsulation)이라고 합니다.

각 계층의 프로토콜들은 여러 종류의 상위 계층 프로토콜 데이터를 실어 나를 수 있습니다. 따라서 자신의 데이터 부분에 인캡슐레이션되어 있는 상위 계층 프로토콜의 종류를 알고 있어야 목적지에 가서 해당 상위 계층 프로토콜로 데이터를 올려줄 수 있습니다. 상위 계층 프로토콜을 기록하는 필드의 이름 및 주요 값들은 다음과 같습니다.

링크 계층의 프로토콜인 이더넷이 상위 계층을 구분하기 위한 용도로 사용하는 필드 이름은 타입(type)이며, 주요 값들은 다음 표와 같습니다. 값을 표시할 때 0x로 시작하면 16진수 값이라는 의미입니다. 표의 각 프로토콜들에 대해서는 차차 공부하기로 합니다. 여기서는 '이런 것이 있구나' 하는 정도로만 생각하면 됩니다.

[표 1-3] 이더넷 타입 필드의 값

상위 계층 프로토콜	타입 필드의 값
IPv4	0x0800
ARP	0x0806
IPv6	0x08DD

네트워크 계층의 프로토콜인 IP가 상위 계층을 구분하기 위한 용도로 사용하는 필드 이름은 프로토콜(protocol)이며, 프로토콜 필드의 주요 값들은 다음 표와 같습니다.

[표 1-4] IP 프로토콜 필드의 값

상위 계층 프로토콜	프로토콜 필드의 값
ICMP	1
IGMP	2
TCP	6
UDP	17
EIGRP	88
OSPF	89

전송 계층의 프로토콜인 TCP가 상위 계층을 구분하기 위한 용도로 사용하는 필드 이름은 포트(port)이며, 주요 값들은 다음 표와 같습니다.

[표 1-5] TCP 포트 필드의 값

상위 계층 프로토콜	포트 필드의 값
FTP	20, 21
텔넷	23
SMTP	25
DNS	53
HTTP	80
BGP	179

전송 계층의 프로토콜인 UDP가 상위 계층을 구분하기 위한 용도로 사용하는 필드의 이름도 포트(port)이며, 주요 값들은 다음 표와 같습니다.

[표 1-6] UDP 포트 필드의 값

상위 계층 프로토콜	포트 필드의 값
DNS	53
DHCP	67, 68
TFTP	69
NTP	123
RIP	520

표에서 DHCP와 같이 한 프로토콜이 여러 개의 포트 번호를 사용하는 경우도 있습니다. 이때 각 포트 번호는 동일 프로토콜 내에서 서로 다른 역할을 하기 위해서 사용됩니다.

처음 네트워크를 공부할 때 새로운 용어나 약어가 많아서 힘들 수 있습니다. 그러나 해당 프로토콜을 공부하다보면 자연스레 익숙해지므로 너무 신경 쓰지 마세요.

각 장비들이 참조하는 계층

네트워크를 구성하는 모든 통신장비들이 모든 계층을 이해해야 할 필요는 없습니다. 예를 들어, 두 사람이 전화를 통하여 대화하는 경우, 전화기나 전화국의 장비들은 두 사람 간의 대화내용을 이해할 필요도 없고, 이해하지도 못합니다. 다만, 음성에서 전기적인 신호로 변환된 데이터를 목적지까지 제대로 전달하기만 하면 됩니다.

물리 계층에 해당하는 전화기를 만드는 회사에서는 전화기를 이용하여 전송될 표현 계층의 내용에 대해서는 신경 쓸 필요가 없습니다. 즉, 한국어를 위한 전화기, 영어를 위한 전화기 등으로 구분하지 않고, 음성을 깨끗하게 전달할 수 있는 기능만 충실하게 만들면 됩니다.

컴퓨터 네트워크에서도 종단장비인 PC나 서버 간의 데이터를 전송해주는 스위치나 라우터들은 각 장비가 지원하는 계층들과 관련된 임무만 제대로 수행하면 됩니다. 일반적으로 스위치는 링크 계층의 헤더까지만 확인하고, 프레임을 전송합니다.

[그림 1-9] 각 장비들이 참조하는 계층

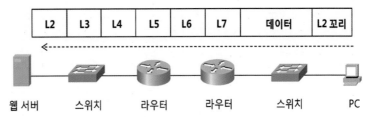

라우터는 네트워크 계층의 헤더까지만 확인하고, 목적지 방향으로 패킷을 전송합니다. 경우에 따라서 라우터를 해킹을 방지하는 방화벽으로 사용할 수도 있으며, 이때에는 응용 계층까지 확인하기도 합니다.

위 그림에서 최종 통신 목적지인 PC나 웹 서버는 물리 계층부터 응용 계층까지 모든 계층을 확인합니다.

TCP/IP

인터넷에서 사용되는 여러 가지 프로토콜을 통틀어 TCP/IP라고 합니다. OSI 참조 모델과 달리 TCP/IP는 4계층으로 분류합니다. 물리 계층에 대한 언급이 없으며, 세션 계층, 표현 계층 및 응용 계층을 합쳐 응용 계층이라고 합니다. TCP/IP의 계층에 대한 정의는 IETF에서 만든 문서인 RFC 1122와 1123에 기술되어 있습니다.

> 프로토콜을 제정하는 기구은 다양하지만 LAN(근거리 통신망) 관련 프로토콜은 주로 IEEE에서 만들고, WAN(장거리 통신망) 관련은 ITU-T, 인터넷 관련 프로토콜은 주로 IETF라는 기구에서 만듭니다. IETF(Internet Engineering Task Force)에서 만든 프로토콜 문서들은 모두 RFC nnnn의 형태로 명명됩니다. nnnn은 문서가 만들어지는 순서대로 부여하는 일련번호입니다. RFC는 Request For Comments의 약자입니다.

TCP/IP 개요

TCP/IP의 각 계층별 주요 프로토콜은 다음과 같습니다.

[표 1-7] TCP/IP 계층별 주요 프로토콜

계층	계층 이름	주요 프로토콜
5	응용 계층(application layer)	HTTP, FTP, 텔넷, SMTP, DNS
4	전송 계층(transport layer)	TCP, UDP
3	인터넷 계층(internet layer)	IP, ICMP
2	링크 계층(link layer)	ARP

ARP(Address Resolution Protocol)는 LAN에서 상대 장비의 링크 계층 주소(MAC 주소)를 알아내기 위하여 사용하는 프로토콜이며 나중에 자세히 설명합니다.

ICMP(Internet Control Message Protocol)는 IP 네트워크의 동작 확인을 위한 도구인 핑(ping), 트레이스 루트(traceroute) 등과 같은 프로그램이 사용하는 프로토콜이며 역시 나중에 자세히 설명하겠습니다.

IP

IP(Internet Protocol)는 레이어 3에서 동작하는 프로토콜로 주 용도는 패킷을 목적지 장비까지 전송하는 것입니다. IP가 사용하는 헤더는 다음과 같이 구성되어 있습니다.

[그림 1-10] IP 헤더

버전	헤더 길이	DSCP	ECN	전체 패킷 길이	
ID				플래그	분할 위치
TTL		프로토콜		헤더 첵섬	
출발지 IP 주소					
목적지 IP 주소					
옵션					
데이터					

각 필드의 길이와 용도는 다음과 같습니다.

- 버전(version, 4비트)

  IP의 버전을 나타내며, 항상 4입니다. 즉, IPv4임을 표시합니다.

- 헤더 길이(header length, 4비트)

  IP 헤더의 길이를 워드(word) 단위로 표시합니다. 1워드는 4바이트입니다. IP 헤더의 최소 길이는 20바이트이며, 최대 길이는 60바이트(15워드 x 4바이트)입니다.

- DSCP(Differentiated Services Code Point, 6비트)

  DSCP는 패킷의 우선순위를 표시합니다.

- ECN(Explicit Congestion Notification, 2비트)

  종단장비 간에 혼잡발생을 통보하는 필드입니다.

- 전체 패킷 길이(total length, 16비트)

  헤더와 데이터를 포함한 전체 패킷의 길이를 바이트 단위로 나타냅니다. IP 패킷의 길이는 최소 20바이트(헤더 20바이트 + 데이터 0바이트)이고, 최대 65,535바이트입니다.

- ID(identification, 16비트)

  각 패킷마다 고유하게 부여하는 일련번호입니다. 패킷이 너무 길어 분할하여 전송 시, 수신 측에서 분할된 패킷을 원래대로 조립할 때 ID 값이 동일한 패킷들을 하나로 만듭니다.

- 플래그(flags, 3비트)

  패킷 분할 가능 여부와 분할 시 최종 패킷임을 표시합니다.

- 분할 위치(fragment offset, 13비트)

  분할된 패킷이 원래 패킷의 어느 위치에 있었는지 표시합니다. ID, 플래그, 분할 위치라는 세 필드의 정보를 이용하여 최종적으로 패킷을 수신한 장비가 분할된 패킷들을 원래의 패킷으로 조립합니다.

- TTL(time to live, 8비트)

  패킷이 두 장비 사이에서 빙빙 도는 패킷 루핑(looping)을 방지하기 위한 필드입니다. 라우터가 패킷을 중계할 때마다 TTL 값을 1씩 감소시키고, 이 값이 0이 되면 해당 패킷을 폐기합니다.

- 프로토콜(protocol, 8비트)

  IP 패킷이 실어나르는 상위 계층 프로토콜을 표시합니다. 예를 들어, TCP를 실어나르는 중이라면 이 값을 6으로 표시하고, UDP인 경우에는 17로 표시합니다.

- 헤더 쳅섬(header checksum, 16비트)

  IP 헤더의 에러 발생 여부를 확인하는 필드입니다.

- 출발지 IP 주소(source address, 32비트)

  출발지 장비의 IP 주소를 기록하는 필드입니다.

- 목적지 IP 주소(destination address, 32비트)

  목적지 장비의 IP 주소를 기록하는 필드입니다.

- 옵션(option, 최대 40바이트)

  패킷 전송경로 기록 등 추가적인 옵션을 사용하기 위한 필드이지만, 잘 사용하지 않습니다.

- 데이터(data, 최대 65,515바이트)

  IP 패킷이 실어나르는 데이터가 위치하는 부분입니다. 상위 계층의 헤더들과 실제 데이터를 합쳐 모두 데이터로 간주합니다.

TCP

TCP(Transmission Control Protocol)와 UDP(User Datagram Protocol)는 레이어 4에서 동작하는 프로토콜로 주 용도는 IP가 목적지 장비까지 전송한 패킷을 상위의 특정 응용 계층 프로토콜에게 전달하는 것입니다.

TCP와 UDP의 가장 큰 차이는 세그먼트(segment) 전달의 신뢰성에 있습니다. 즉, TCP는 수신한 세그먼트에 에러가 발생했으면 재전송을 요구하여 에러를 복구합니다. 이처럼 에러 복구 기능이 있는 프로토콜을 '신뢰성 있는 프로토콜(reliable protocol)'이라고 합니다. 신뢰성 있는 통신을 하려면 각 세그먼트마다 에러 확인 및 복구를 위한 정보를 확인해야 하므로 처리속도가 느립니다.

그러나 UDP는 에러가 발생한 세그먼트는 폐기시키고, 그것으로 끝입니다. 이처럼 에러 복구 기능이 없는 프로토콜을 '신뢰성 없는 프로토콜(unreliable protocol)'이라고 합니다. 신뢰성 없는 통신은 에러 복구 기능이 불필요하므로 처리속도가 빠릅니다.

TCP는 속도가 좀 느려도 에러 복구가 필요한 파일 전송 등에 사용되고, UDP는 인터넷 전화와 같이 실시간의 빠른 처리속도가 필요한 프로그램에 사용됩니다. TCP가 사용하는 헤더(header)는 다음과 같이 구성되어 있습니다.

[그림 1-11] TCP 헤더

출발지 포트 번호				목적지 포트 번호	
순서 번호					
수신확인 번호					
옵셋	예비	플래그		윈도우 사이즈	
책섬				긴급 포인터	
(옵션)					

각 필드의 길이와 용도는 다음과 같습니다.

- **출발지 포트 번호(source port, 16비트)**
  출발지 포트 번호를 표시합니다. 응용 계층의 종류에 따라 출발지 포트 번호가 정해져 있는 것도 있지만 대부분의 경우 처음 세그먼트를 전송하는 측에서 임의의 번호를 사용합니다.

- **목적지 포트 번호(destination port, 16비트)**
  목적지 포트 번호를 표시합니다. 응용 계층의 종류에 따라 처음 세그먼트를 전송하는 측에서 사용하는 목적지 포트 번호가 정해져 있습니다. 예를 들어, 웹에서 사용하는 HTTP는 포트 번호가 80번입니다.

- **순서 번호(sequence number, 32비트)**
  TCP 세그먼트의 순서 번호를 표시합니다. 통신을 시작하는 양단의 장비들이 별개로 임의의 번호부터 시작합니다.

- **수신확인 번호(acknowledgment number, 32비트)**
  상대방이 보낸 세그먼트를 잘 받았다는 것을 알려주기 위한 번호입니다.

- **데이터 옵셋(data offset, 4비트)**
  TCP 헤더의 길이를 4바이트 단위로 표시합니다. TCP 헤더는 최소 20바이트, 최대 60바이트입니다.

- **예비(reserved, 4비트)**
  사용하지 않는 필드이며 모두 0으로 표시됩니다.

- 플래그(flags, 8비트)

  제어 비트(control bits)라고도 하며, 세그먼트의 종류를 표시하는 필드입니다. 현재의 세그먼트가 통신 시작을 요청하는 것이라면 플래그 내의 Sync 라는 비트를 1로 설정하고, 수신 확인 번호를 포함하는 세그먼트라면 플래그 내의 Ack라는 비트를 1로 설정합니다.

- 윈도우 사이즈(window size, 16비트)

  상대방의 확인 없이 전송할 수 있는 최대 바이트 수를 표시합니다.

- 첵섬(checksum, 16비트)

  헤더와 데이터의 에러를 확인하기 위한 필드입니다.

- 긴급 포인트(urgent pointer, 16비트)

  현재의 순서 번호부터 긴급 포인트에 표시된 바이트까지가 긴급한 데이터임을 표시합니다.

- 옵션(option, 0-40바이트)

  최대 세그먼트 사이즈 지정 등 추가적인 옵션이 있을 경우 표시합니다.

UDP

UDP(User Datagram Protocol)가 사용하는 헤더(header)의 구성을 살펴봅시다.

[그림 1-12] UDP 헤더

출발지 포트 번호	목적지 포트 번호
길이	첵섬

각 필드의 길이와 용도는 다음과 같습니다.

- 출발지 포트 번호(source port, 16비트)

  출발지 포트 번호를 표시합니다. 응용 계층의 종류에 따라 출발지 포트 번호가 정해져 있는 것도 있지만 대부분의 경우 처음 세그먼트를 전송하는 측에서 임의의 번호를 사용합니다.

- 목적지 포트 번호(destination port, 16비트)

  목적지 포트 번호를 표시합니다. 응용 계층의 종류에 따라 처음 세그먼트를 전송하는 측에서 사용하는 목적지 포트 번호가 정해져 있습니다. 예를 들어, www.cisco.com과 같은 도메인 이름을 IP 주소로 변환시켜주는 DNS라는 프로토콜은 포트 번호가 53번입니다.

- **길이(length, 16비트)**

헤더와 데이터를 포함한 전체 길이를 바이트 단위로 표시합니다.

- **첵섬(checksum, 16비트)**

헤더와 데이터의 에러를 확인하기 위한 필드입니다. 이처럼 UDP 헤더는 TCP 헤더에 비해
간단합니다. 그 이유 중의 하나는 에러 복구를 위한 필드들이 불필요하기 때문입니다.

커넥션 오리엔티드와 커넥션리스 프로토콜

커넥션 오리엔티드(connection-oriented) 프로토콜은 데이터를 전송하기 전에 상대에게 연
락하여 통신할 준비를 하는 프로토콜을 말합니다. 커넥션리스(connectionless) 프로토콜은
상대에게 연락 없이 그냥 데이터를 전송하고 끝내는 프로토콜을 말합니다.

TCP는 커넥션 오리엔티드 프로토콜이어서 데이터를 전송하기 전에 상대에게 알립니다. 이
과정은 다음 그림과 같습니다. 예를 들어, PC가 웹 서버에 접속하는 경우를 생각해봅시다.

[그림 1-13] TCP 3-way handshake

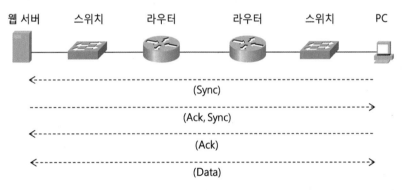

1) PC가 웹서버에게 '통신을 시작합시다'라는 의미의 TCP Sync('싱크' 또는 '신 syn'이라고
발음함) 비트가 설정된 세그먼트를 전송합니다.

2) 웹 서버가 '당신이 보낸 TCP 세그먼트를 에러 없이 잘 받았습니다'라는 것을 의미하는
Ack 필드와 '좋습니다. 통신을 시작합시다'라는 의미의 TCP Sync 비트가 설정된 세그먼트
를 전송합니다.

3) PC도 '당신이 보낸 TCP 세그먼트를 에러 없이 잘 받았습니다'라는 것을 의미하는 Ack
필드가 설정된 세그먼트를 전송합니다. 이후 실제적인 데이터를 교환하기 시작합니다. 이처
럼 데이터를 교환하기 전에 세션을 만들기 위하여 세 번 신호를 교환하므로 이를 'TCP 쓰

리웨이 핸드세이크(TCP 3-way handshake)'라고 합니다.

TCP 외에 나중에 공부할 링크 계층의 프로토콜인 HDLC, PPP, 프레임 릴레이 등도 커넥션 오리엔티드 프로토콜입니다. 링크 계층의 이더넷, 네트워크 계층의 IP, 전송 계층의 UDP는 커넥션리스 프로토콜입니다.

응용 계층 프로토콜

TCP/IP에서 많이 사용되는 몇 가지 응용 계층 프로토콜들은 다음과 같습니다. 미리 정해진 포트 번호를 사용하지만 경우에 따라 다른 포트 번호를 사용할 수도 있습니다.

- DNS(Domain Name System)

도메인 이름에 대한 IP 주소를 알려줄 때 사용하며, UDP 또는 TCP 포트 53번을 사용합니다. 일반적으로 DNS는 UDP 포트 53번을 사용하지만, 대량의 데이터를 전송할 때에는 TCP 포트 53번을 사용합니다. 그리고 특정 회사의 제품들은 DNS를 위하여 항상 TCP를 사용하는 경우도 있습니다.

- FTP(File Transfer Protocol)

파일 전송을 위해서 사용하며, TCP 포트 번호 20번과 21번을 사용합니다. 처음 서버에게 파일 전송을 요청하는 클라이언트(client)는 TCP 포트 번호 21번을 사용합니다. 이것을 제어 접속(control connection)이라고 하며, 통신이 종료될 때까지 유지됩니다.

이후, 서버가 포트 번호 20을 사용하여 데이터를 전송할 수 있으며, 이 방식을 액티브 모드(active mode)라고 합니다. 반대로 클라이언트가 임의 포트 번호를 이용하여 데이터 전송을 위한 추가적인 세션을 만들 수 있으며, 이 방식을 패시브 모드(passive mode)라고 합니다.

- TFTP(Trivial FTP)

FTP에 비해 기능이 적고 단순하게 동작하는 파일 전송용 프로토콜이며 UDP 포트 69번을 사용합니다. 시스코(Cisco Systems)사에서 만드는 라우터나 스위치와 같은 통신장비의 OS(운영체제)를 IOS라고 하며, 이 IOS를 업그레이드하거나 백업받을 때 주로 TFTP 프로토콜을 많이 사용합니다.

- HTTP(HyperText Transfer Protocol)

웹(WWW) 데이터를 전송하기 위한 프로토콜이며 TCP 포트 80번을 사용합니다. HTTP는 전세계적으로 가장 많이 사용되는 응용 계층 프로토콜이며, 설정에 의해 사용 포트 번호를 8080 등으로 변경할 수도 있습니다.

KING of NETWORKING

- SMTP(Simple Mail Transfer Protocol)

  이메일을 전송할 때 사용하며, TCP 포트 25번을 사용합니다.

- 텔넷(telnet)

  원격으로 장비에 접속할 때 사용하는 프로토콜이며 TCP 포트 23번을 사용합니다.

- SSH(secure shell)

  텔넷과 마찬가지로 원격으로 장비에 접속할 때 사용하는 프로토콜이며 TCP 포트 22번을 사용합니다. 보안성이 없는 텔넷과 달리 SSH는 데이터를 암호화시켜 전송하고, 전송 도중 데이터의 변조 여부도 확인할 수 있습니다.

  이상으로 OSI 참조 모델과 TCP/IP에 대한 설명을 마칩니다.

연습 문제

1. 각 계층의 프로토콜들은 자신이 실어 나르는 상위 계층 프로토콜의 종류를 알고 있어야 디캡슐레이션 후 적절한 프로세스에게 정보를 올려보낸다. 이처럼 상위 계층 프로토콜을 표시하는 필드의 이름은 프로토콜의 종류마다 다르다. 다음 표의 빈 칸을 채우시오.

계층 이름	프로토콜	상위계층을 나타내는 필드명
전송 계층	TCP와 UDP	
네트워크 계층	IP	
링크 계층	이더넷	

2. OSI 참조모델에서 데이터의 묶음을 PDU(Protocol Data Unit)라고 한다. 다음 표에서 각 계층별 PDU의 이름을 적으시오.

계층 번호	계층 이름	PDU 이름
7	응용 계층(application layer)	
6	표현 계층(presentation layer)	
5	세션 계층(session layer)	
4	전송 계층(transport layer)	
3	네트워크 계층(network layer)	
2	데이터 링크 계층(data link layer)	
1	물리 계층(phisical layer)	

3. 다음 중 물리적인 주소(physical address)를 사용하는 계층은 무엇인가?

   1) 물리 계층

   2) 데이터 링크 계층

   3) 네트워크 계층

4. 다음 중 스위치가 기본적으로 참조하는 계층을 2개 고르시오.

    1) 물리 계층

    2) 데이터 링크 계층

    3) 네트워크 계층

    4) 전송 계층

5. 다음 중 라우터가 기본적으로 참조하는 계층을 3개 고르시오.

    1) 물리 계층

    2) 데이터 링크 계층

    3) 네트워크 계층

    4) 전송 계층

6. 다음 중 IP 헤더에서 IP 패킷의 루핑을 방지하기 위한 필드는 무엇인가?

    1) 출발지 IP 주소

    2) 목적지 IP 주소

    3) TTL(Time To Live)

    4) 프로토콜

7. 다음 중 커넥션 오리엔티드(connection-oriented) 프로토콜을 2개 고르시오.

    1) TCP

    2) UDP

    3) PPP

    4) 이더넷

8. 다음 중 신뢰성 있는 프로토콜(reliable protocol)을 하나만 고르시오.

    1) TCP

    2) UDP

    3) IP

제2장

실습 네트워크 구축

통신장비의 구조

실습 네트워크 구축하기

장비와 접속하기

킹-오브-
네트워킹

통신장비의 구조

이 책은 전세계적으로 가장 많이 사용하는 통신장비인 시스코(Cisco Systems)사의 스위치(switch)와 라우터(router)를 이용하여 실습을 진행합니다. 스위치나 라우터의 구조는 크게 내부 구조와 외부 구조로 구분할 수 있습니다. 내부에는 CPU, DRAM, 플래시 메모리 및 NVRAM 등이 있습니다. 외부에는 다른 장비와 접속할 때 필요한 각종 포트(port), 장비 설정 및 제어를 위하여 PC 등과 접속할 때 사용하는 콘솔(console) 포트와 AUX 포트 등이 있습니다.

네트워크 장비의 내부 구조

네트워크 장비의 내부에 있는 주요 요소 및 역할은 다음과 같습니다.

- **CPU**

  CPU는 PC나 서버와 마찬가지로 시스템을 제어하고, 각종 연산을 합니다.

- **DRAM**

  현재 사용 중인 OS의 코드가 임시로 저장되고, 각 포트에서 필요한 버퍼를 제공합니다. 스위치가 참조하는 MAC 주소 테이블과 라우터가 참조하는 라우팅 테이블 등이 저장됩니다. DRAM의 내용은 장비가 재부팅되면 초기화됩니다. 라우터나 스위치에서 사용하는 DRAM의 크기는 보통 수십 Mbyte에서 수백 Mbyte 정도입니다.

- **플래시 메모리**

  PC나 서버의 하드 디스크에 해당하는 것이 통신장비의 플래시(flash) 메모리입니다. OS가 저장되고, 장비에 따라 설정 내용이 저장됩니다. 라우터나 스위치에서 사용하는 플래시 메모리 크기는 보통 수 Mbyte에서 수백 Mbyte 정도입니다.

- **NVRAM**

  NVRAM(Non-Volatile RAM)에는 설정 파일이 저장됩니다. 즉, 장비의 동작에 필요한 IP 주소, 라우팅/스위칭 정책 등이 저장됩니다. 어떤 장비들은 설정 내용이 플래시 메모리에 저장되며, 경우에 따라 PC 등과 같은 외부 저장장치에 저장할 수도 있습니다. NVRAM의 내용은 장비가 재부팅되어도 없어지지 않습니다.

KING of NETWORKING

- ROM

  ROM(Read Only Memory)에는 OS를 구동시키기 위한 코드, 통신장비 장애발생 시 복구를 위한 최소한의 OS 등이 저장되어 있습니다.

네트워크 장비의 외부 구조

통신장비 외부를 구성하는 주요 요소 및 역할은 다음과 같습니다.

[그림 2-1] 라우터의 포트

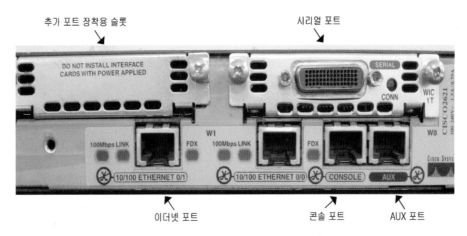

- 시리얼 포트

  WAN 장비와 연결되는 부분을 시리얼 포트(serial port)라고 합니다. 보통 인터페이스(interface)와 포트라는 용어를 혼용하여 사용합니다. LED를 이용하여 포트의 동작 상태를 표시합니다.

  설정이나 동작 확인 시 시리얼 인터페이스를 지정할 때 **interface serial 0/0** 또는 줄여서 **interface s0/0**과 같은 명령어를 사용합니다. 이때 앞의 0은 모듈(module) 번호(또는 슬롯 slot 번호라고도 함)이고 뒤의 0은 포트 번호입니다. 만약 첫 번째 모듈, 두 번째 포트의 시리얼 인터페이스를 지정하려면 **interface serial 0/1**이라고 하면 됩니다.

  장비에 따라서 **interface s0**과 같이 모듈 번호 없이 포트 번호만 사용하는 것도 있고, **interface s0/0/0**과 같이 모듈 번호(network module slot)/카드 번호(interface card slot)/포트 번호를 사용하는 것들도 있습니다.

- 이더넷 포트

  LAN 장비와 연결되는 부분으로 이더넷(ethernet) 포트, 패스트(fast) 이더넷 포트, 기가비트(gigabit) 이더넷 포트, 10G('텐 지'라고 발음함) 이더넷 포트 등이 있습니다. 각 포트별로 동작속도, 상태 및 두플렉스(duplex)를 표시하는 LED가 있습니다.

두플렉스란 동시에 송신과 수신을 할 수 있는지를 나타내는 것입니다. 항상 한쪽 방향으로만 신호를 전달하는 방식을 심플렉스(simplex)라고 하고, 전통적인 방송이 여기에 해당합니다. 특정 순간에는 송신과 수신 중 한 가지 통신만 할 수 있는 것을 하프 두플렉스(half duplux)라고 하고, 대표적인 것이 무전기입니다. 송신과 수신이 동시에 가능한 통신방식을 풀 두플렉스(full duplex)라고 하며, 대표적으로 전화기에 여기에 해당합니다.

설정이나 동작 확인 시 100Mbps 속도의 패스트 이더넷 인터페이스를 지정할 때 **interface fastethernet 0/0** 또는 줄여서 **interface f0/0**과 같은 명령어를 사용합니다. 이때 앞의 0은 슬롯(slot) 번호이고 뒤의 0은 포트 번호입니다. 만약 첫 번째 슬롯, 두 번째 패스트 이더넷 포트를 지정하려면 **interface f0/1**이라고 하면 됩니다.

스위치에서 포트 번호를 지정할 때는 라우터와 달리 첫 포트의 번호를 1부터 시작합니다. 만약 첫 번째 슬롯, 첫 번째 패스트 이더넷 포트를 지정하려면 **interface f0/1**이라고 합니다.

- **콘솔 포트**

  PC 등을 이용하여 장비를 설정하거나, 동작을 확인할 때 사용하는 포트를 콘솔(console) 포트라고 합니다. 설정이나 동작 확인 시 콘솔 포트를 지정할 때 **line console 0**과 같은 명령어를 사용합니다.

  콘솔 포트를 통하여 라우터나 스위치와 접속을 하면 해당 장비를 완전히 장악할 수 있습니다. 텔넷(telnet)이나 SSH라는 방식으로 원격 접속을 하거나, 다음에 설명할 AUX 포트를 통하여 접속한 경우, 해당 장비에 관리자용 암호가 설정되어 있지 않다면 관리자 모드로 들어갈 수 없습니다. 그러나 콘솔 포트로 접속한 경우에는 해당 장비에 관리자용 암호가 설정되어 있지 않다면 바로 관리자 모드로 들어갈 수 있습니다. 또한, 설정되어 있는 관리자용 암호를 모른다면 콘솔 포트를 통하여 새로운 것으로 변경할 수도 있습니다.

- **AUX 포트**

  AUX(auxiliary) 포트는 콘솔 포트와 용도가 같습니다. 다만, 콘솔 포트와 달리 AUX 포트는 관리자용 암호가 설정되어 있지 않으면 관리자 모드로 들어갈 수 없습니다. 모뎀(modem)을 통하여 원격에서 장비를 제어할 때 사용할 수 있으며, 저속의 WAN 포트로도 사용할 수 있습니다.

  대부분의 스위치에는 AUX 포트가 없습니다. 설정이나 동작 확인 시 AUX 포트를 지정할 때 **line aux 0**과 같은 명령어를 사용합니다.

실습 네트워크 구축하기

이 책에서 실습에 사용할 장비는 라우터 4대, 스위치 3대, 프레임 릴레이 스위치 1대입니다. 필요한 수만큼의 장비를 다음에 설명할 내용과 같이 케이블로 연결하고 각 장에서 설명하는 내용을 실습으로 확인합니다.

실제 필요한 만큼의 장비를 구하여 실습 네트워크를 구성할 수 있지만, 대부분의 독자들은 비용, 설치장소, 전기료 등의 부담 때문에 실제 장비를 사용하기가 힘들 것입니다. 그러나 걱정할 필요가 없습니다. 실습용 프로그램인 패킷 트레이서(packet tracer), GNS3, UNetLab(Unified Networking Lab), VIRL(Virtual Internet Routing Lab) 등을 사용하면 되기 때문입니다. 실습 환경이 구축되어 있지 않으면 인터넷에서 적당한 실습용 프로그램을 다운받아 실습 환경을 구성하면 됩니다. 이중에서 GNS3을 설치하고 설정하는 방법이 부록(675쪽)에 설명되어 있습니다.

라우터와 스위치 간의 연결

라우터와 스위치를 이용한 여러 가지 기술들에 대한 연습을 위하여 라우터 4대와 이더넷 스위치 2대를 다음 그림과 같이 연결합니다.

[그림 2-2] 라우터와 스위치 연결도

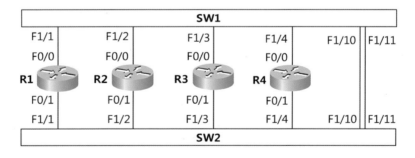

R1, R2, R3, R4는 각각 라우터를 나타내고, SW1, SW2는 스위치를 의미합니다.
R1의 F0/0 포트는 SW1의 F1/1 포트, F0/1 포트는 SW2의 F1/1 포트와 연결합니다.
R2의 F0/0 포트는 SW1의 F1/2 포트, F0/1 포트는 SW2의 F1/2 포트와 연결합니다.
R3의 F0/0 포트는 SW1의 F1/3 포트, F0/1 포트는 SW2의 F1/3 포트와 연결합니다.
R4의 F0/0 포트는 SW1의 F1/4 포트, F0/1 포트는 SW2의 F1/4 포트와 연결합니다.
그리고 SW2와 SW3 사이에는 다음과 같이 라우터 1대를 연결합니다.

[그림 2-3] 라우터와 스위치 연결도

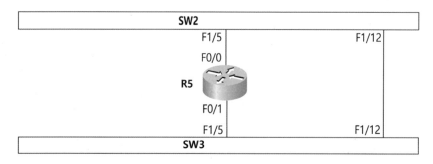

R5의 F0/0 포트는 SW2의 F1/5 포트, F0/1 포트는 SW3의 F1/5 포트와 연결합니다.

이더넷 스위치 연결

이더넷 스위치 간의 연결은 다음과 같습니다.

[그림 2-4] 이더넷 스위치 간의 연결

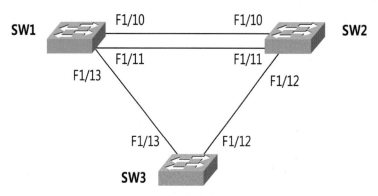

SW1의 F1/10, F1/11 포트를 SW2의 F1/10, F1/11 포트와 각각 연결했습니다. SW1의 F1/13 포트를 SW3의 F1/13 포트와 연결하고, SW2의 F1/12 포트를 SW3의 F1/12 포트와 연결했습니다.

시리얼 인터페이스 연결

장거리 통신망 연결 실습을 위하여 다음과 같이 시리얼 포트를 이용하여 라우터 간을 연결합니다.

[그림 2-5] 시리얼 포트 연결도

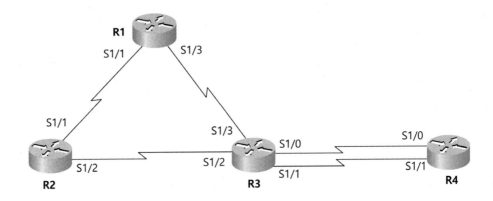

R1의 S1/1 포트는 R2의 S1/1 포트, S1/3 포트는 R3의 S1/3 포트와 연결하고, R2의 S1/2 포트와 R3의 S1/2 포트를 연결합니다. 그리고 R3의 S1/0 포트와 R4의 S1/0 포트, R3의 S1/1 포트와 R4의 S1/1 포트를 연결합니다.

이 책에서는 이렇게 연결된 장비들을 이용하여 실습을 진행합니다. 독자들께서는 앞의 각 그림을 복사하거나 별도의 종이에 그려 실습 시 포트번호를 참고하면 편리합니다.

장비와 접속하기

시스코의 스위치와 라우터를 동작시키는 OS를 IOS(Internetworking OS)라고 합니다. IOS 를 이용하여 장비를 설정하려면 PC와 장비를 접속해야 합니다. PC를 통신장비와 접속하 는 방법은 콘솔 포트나 AUX 포트를 이용한 직접 접속과 텔넷(telnet), SSH(secure shell), HTTP(웹 브라우저를 이용한 접속) 등과 같은 원격 접속용 프로그램을 이용하는 방법이 있 습니다.

보통 콘솔 포트를 이용하여 통신장비와 접속하여 IP 주소, 비밀번호 등 기본적인 사항을 설 정합니다. 이후 상황에 따라 콘솔 포트를 이용하거나, 또는 원격으로 접속하여 장비를 제어 할 수 있습니다. 어느 경우든 PC에는 통신용 프로그램이 설치되어 있어야 합니다.

이때 통신용 프로그램은 윈도우에서 기본적으로 제공하는 하이퍼 터미널(hyper terminal) 이라는 것을 사용하거나, 상용 또는 무료 통신 프로그램을 사용하기도 합니다. 하이퍼 터미 널보다는 상용 프로그램인 SecureCRT, 무료 프로그램인 Putty 등을 사용하는 것이 기능도 많고, 편리합니다.

GNS3, 패킷 트레이서 등 실습용 프로그램을 사용하는 경우라면 '실습용 프로그램에서 장비와 접속하기' 항목으로 바로 넘어가면 됩니다. 그러나 나중에 실제 장비를 사용하는 경우를 대비하여 다음의 내용들도 읽어보는 것이 좋습니다.

PC의 COM 포트와 장비의 콘솔 포트 연결하기

PC와 라우터, 스위치의 콘솔 포트를 연결하려면 콘솔 케이블이 필요합니다. 콘솔 케이블은 통신장비를 구매할 때 따라옵니다.

[그림 2-6] 콘솔 케이블

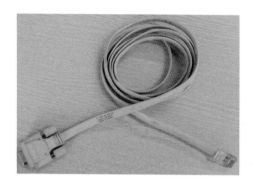

구멍이 여러 개 있는 부분(보통 9개 또는 25개이며, 이를 RS-232 커넥터라고 함)을 PC의 COM 포트에 연결합니다. RJ-45 잭을 라우터나 스위치의 콘솔 포트에 연결합니다.

[그림 2-7] 콘솔 케이블을 이용한 PC와 라우터 연결

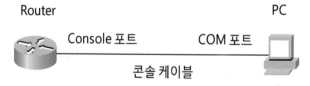

노트북과 같이 COM 포트가 없는 경우라면 USB-시리얼 컨버터가 필요합니다.

[그림 2-8] 콘솔 케이블을 이용한 노트북과 라우터 연결

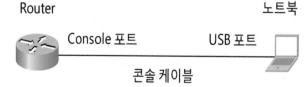

이렇게 통신장비의 콘솔 케이블과 연결되면 장비의 모든 것을 제어할 수 있습니다.

터미널 서버를 이용한 콘솔 포트 접속

설정해야 할 장비가 많은 경우, 일일이 콘솔 케이블을 바꾸기가 힘듭니다. 이때에는 터미널 서버(terminal server)라는 장비를 이용하면 편리합니다. 터미널 서버에는 옥탈 케이블(octal cable)이라고 하는 8개의 콘솔 케이블을 연결할 수 있습니다.

[그림 2-9] 옥탈 케이블

따라서 터미널 서버의 콘솔 포트와 PC의 COM 포트를 연결하거나, 터미널 서버의 이더넷 포트와 원격 접속을 하면 한꺼번에 여러 대의 장비를 제어할 수 있습니다.

[그림 2-10] 터미널 서버를 이용한 장비 접속

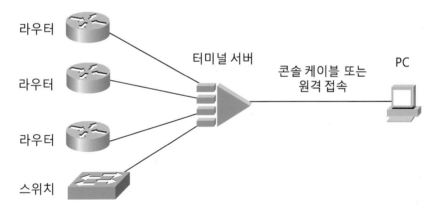

터미널 서버도 일종의 라우터이며, 옥탈 케이블을 꽂을 수 있는 포트 외에 원격 접속을 위한 이더넷 포트가 있습니다.

통신 프로그램의 설정

PC와 통신장비를 콘솔 포트로 연결한 다음에는 PC에서 통신 프로그램을 설정합니다. SecureCRT라는 통신 프로그램을 사용하는 경우를 예로 들어 설명합니다. 프로그램을 실행시키고 난 다음, 왼쪽 상단에서 **File -> Quick Connect**를 차례로 선택하면 다음과 같은 화면이 나옵니다. **Protocol**을 Serial로 선택합니다.

[그림 2-11] 프로토콜 지정

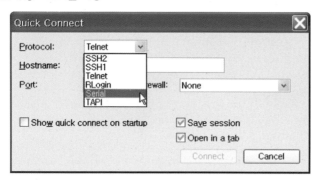

다음 그림과 같이 **Port**를 PC에서 콘솔 케이블을 접속한 COM 포트 번호와 일치시킵니다. 사용된 COM 포트 번호를 알 수 없으면 COM1, COM2 등을 차례로 선택합니다. **Buad rate**('보 레이트'라고 읽음)는 콘솔 포트의 속도를 의미하는데 보통 9600bps를 사용합니다. **Data bits, Parity, Stop bits**는 기본값을 그대로 사용합니다.

[그림 2-12] 시리얼 포트 파라메터 설정

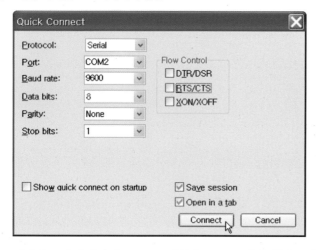

선택이 끝나면 하단의 **Connect** 버튼을 누르고 **엔터 키**를 두어 번 치면 라우터 또는 스위치와 연결됩니다.

[그림 2-13] 통신장비와 연결된 화면

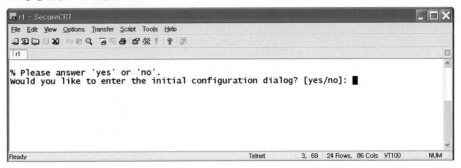

통신장비의 전원은 켜져 있어야 합니다.

장비와의 원격 접속

라우터나 스위치의 콘솔 포트로 연결하여 나중에 설명할 IP 주소, 관리자용 암호 등을 설정한 다음 원격으로 접속할 수 있습니다. 이때, 텔넷(telnet), SSH 등의 프로토콜을 이용합니다. 텔넷으로 접속하려면 다음과 같이 프로토콜 **Telnet**을 선택하고, **Hostname:**에 접속하고자 하는 라우터나 스위치의 IP 주소를 지정합니다.

[그림 2-14] 텔넷 접속 설정하기

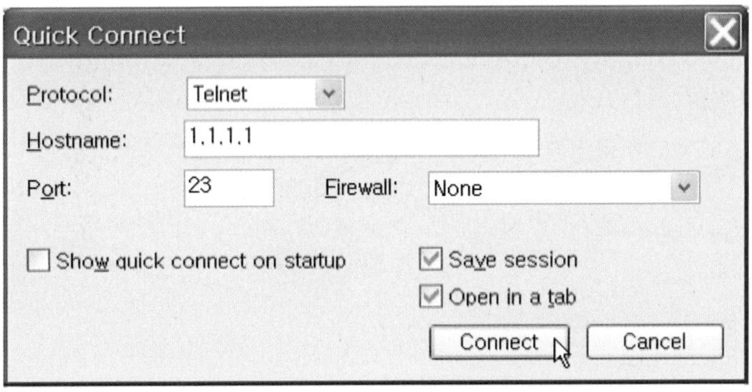

필요 시 기본값이 23인 텔넷 포트번호를 변경할 수도 있습니다. 선택 후 하단의 **Connect** 버튼을 누르면 해당 장비와 연결됩니다. 텔넷 접속은 별도의 통신 프로그램을 사용하지 않고 윈도우의 명령어 창에서 **telnet 1.1.1.1** 등과 같이 접속해도 됩니다.

지금까지 실제 장비와 접속하는 방법에 대해서 설명했습니다.

실습용 프로그램에서 장비와 접속하기

실습용 프로그램인 패킷 트레이서는 프로그램 실행 후 사용 장비에서 왼 마우스 버튼을 클릭한 다음 **CLI**(Command Line Interface) 탭을 누르면 바로 장비의 콘솔과 연결됩니다.

[그림 2-15] 패킷 트레이서 CLI 탭

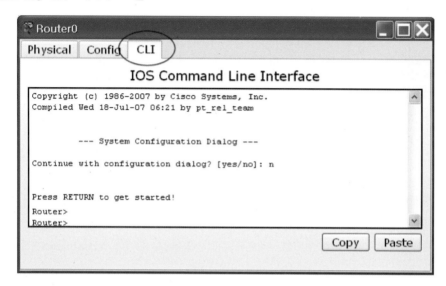

GNS3은 전원을 켠 후에 해당 장비를 더블 클릭하거나 오른 마우스 클릭 후 다음과 같이 **Console**을 선택하면 됩니다.

[그림 2-16] GNS3 장비 접속

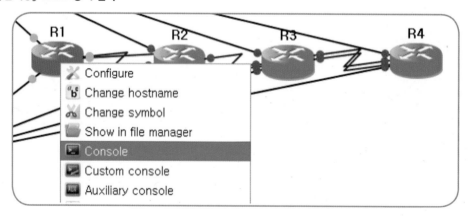

이상으로 실습 네트워크를 구축하는 방법에 대하여 살펴보았습니다.

연습 문제

1. 다음 중 NVRAM(Non-Volatile RAM)에 대한 설명으로 맞는 것을 2개 고르시오.

   1) 장비의 설정 내용이 저장된다.

   2) NVRAM의 내용은 장비가 재부팅되어도 없어지지 않는다.

   3) 장비의 OS가 저장된다.

   4) 라우팅 테이블이 저장된다.

2. 다음 중 장비의 각 포트(port)에 대한 설명으로 틀린 것을 하나만 고르시오.

   1) 시리얼(serial) 포트는 장거리 통신망과 연결할 때 사용한다.

   2) 콘솔(console) 포트는 장비를 제어할 때 사용한다.

   3) 이더넷(ethernet) 포트는 속도가 1Mbps 이하이다.

   4) AUX 포트는 저속으로 장거리 통신망과 연결할 때 사용한다.

3. 다음 중 동시에 여러 대의 라우터나 스위치의 콘솔 포트에 접속 가능한 장비는 무엇인가?

   1) 라우터

   2) 스위치

   3) 터미널 서버

   4) 서버

4. 다음 중 관리를 위하여 장비와 접속하는 방법으로 맞는 것을 모두 고르시오.

   1) 텔넷(telnet)이나 SSH를 이용하여 원격으로 접속한다.

   2) 콘솔 포트를 이용하여 접속한다.

   3) HTTP를 이용하여 원격으로 접속한다.

   4) AUX 포트를 이용하여 접속한다.

제3장

기본적인 라우터 설정과 IPv4 주소

라우터 기본 설정

IPv4 주소

라우터 기본 설정

시스코 장비에서 사용하는 운영체제를 IOS(Internetworking Operating System)라고 합니다. IOS를 사용하여 주요 통신장비인 라우터와 스위치를 설정하고 제어하며, 동작을 확인합니다. 라우터에서 기본적인 항목들을 설정하는 방법에 대해서 살펴봅시다.

명령어 모드

테스트를 위하여 다음 그림과 같은 네트워크를 구성합니다.

[그림 3-1] 테스트 네트워크

이를 위하여 두 대의 라우터 R1과 R2를 동작시키고 접속합니다. 처음 라우터와 접속하면 다음처럼 대화식으로 라우터를 설정할지 묻습니다.

[예제 3-1] 셋업 모드로 들어가기 위한 질문

```
% Please answer 'yes' or 'no'.
Would you like to enter the initial configuration dialog? [yes/no]:
```

이 모드를 셋업 모드(setup mode)라고 하며, 셋업 모드는 불필요한 사항들에 대한 질문이 많고, 원하는 것을 상세히 설정하기 힘들어 거의 사용하지 않습니다.

> GNSS3과 같은 에뮬레이터를 사용하는 경우, 셋업 모드로 들어가지 않고 바로 사용자 모드나 관리자 모드로 들어가기도 합니다.

다음과 같은 경우에 셋업 모드로 들어갑니다.

- 공장 출하 시
- 관리자 모드에서 setup 명령어 사용 시
- 설정 레지스터의 끝에서 두 번째 값이 0X2142처럼 4일 때
  (설정 레지스터는 라우터의 콘솔 포트 속도 등을 제어하는 값들임)
- 설정 파일을 삭제한 후 재부팅할 때

KING of NETWORKING

질문에 다음처럼 **no**라고 입력하여 셋업 모드에서 빠져나옵니다. 그러면 'Press RETURN to get started!(시작하려면 엔터 키를 누르세요!)'라는 메시지와 더불어 장비의 인터페이스 상태를 표시하는 여러 가지 메시지가 표시됩니다.

[예제 3-2] 셋업 모드 빠져나오기

```
% Please answer 'yes' or 'no'.
Would you like to enter the initial configuration dialog? [yes/no]: no

Press RETURN to get started!

*Mar  1 00:00:14.295: %LINK-3-UPDOWN: Interface FastEthernet0/0, changed state to up
  (생략)
```

엔터 키를 한두 번 누르면 다음과 같이 Router>라는 프롬프트가 표시됩니다.

[예제 3-3] 이용자 모드

```
Router>
Router>
```

이 모드를 이용자 모드(user mode)라고 합니다. 이용자 모드에서는 제한된 명령어만 사용할 수 있습니다. 현재의 모드에서 사용할 수 있는 명령어를 확인하려면 물음표(?)를 입력합니다. IOS에서는 물음표 다음에 엔터 키를 누르지 않습니다. 물음표 이외의 명령어 대부분은 **엔터 키**를 누르는 순간 실행됩니다.

[예제 3-4] 사용 가능 명령어 보기

```
Router> ?
Exec commands:
 access-enable   Create a temporary Access-List entry
 access-profile  Apply user-profile to interface
 clear          Reset functions
 connect         Open a terminal connection
  (생략)
 name-connection  Name an existing network connection
--More--
```

사용 가능한 명령어가 한 화면만 표시됩니다. **엔터 키**를 누르면 한 줄씩 더 표시되고, **스페이스 바**를 누르면 한 화면씩 더 표시되며, 나머지 **아무 키**나 누르면 다시 프롬프트가 나타납니다. 다음과 같이 **enable** 명령어를 입력한 다음에 엔터 키를 치면 프롬프트가 **Router#**로 변경됩니다. 이 모드를 관리자 모드(privileged mode)라고 합니다.

[예제 3-5] 관리자 모드 들어가기

```
Router> enable
Router#
```

일단 관리자 모드로 들어가면 해당 장비에 대한 모든 작업을 할 수 있습니다. 관리자 모드에서 물음표를 쳐보면 이용자 모드보다 훨씬 더 많은 명령어가 나타나는 것을 알 수 있습니다. IOS는 다양한 명령어 모드가 있습니다. 앞서 설명한 것처럼 처음 장비와 접속하면 이용자 모드로 들어갑니다. 암호가 설정되어 있다면 암호를 입력해야만 합니다.

[그림 3-2] 모드의 종류 및 이동 방법

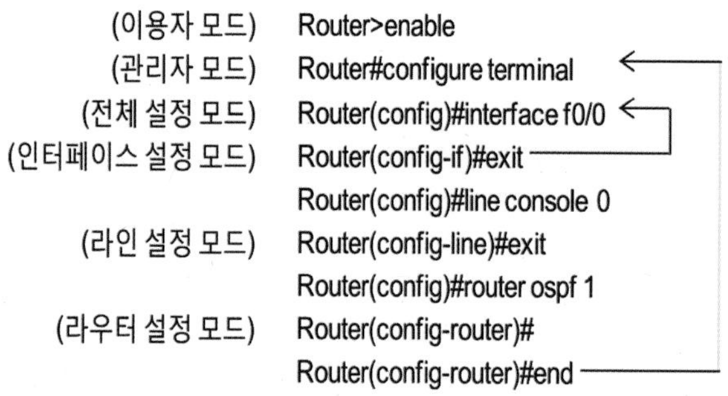

```
(이용자 모드)        Router>enable
(관리자 모드)        Router#configure terminal        ←
(전체 설정 모드)     Router(config)#interface f0/0   ←
(인터페이스 설정 모드) Router(config-if)#exit
                    Router(config)#line console 0
(라인 설정 모드)     Router(config-line)#exit
                    Router(config)#router ospf 1
(라우터 설정 모드)   Router(config-router)#
                    Router(config-router)#end
```

이용자 모드에서 **enable** 명령어를 사용하면 관리자 모드로 들어갑니다. 이때에도 암호가 설정되어 있는 경우는 암호를 입력해야만 합니다. 이용자 모드와 관리자 모드를 EXEC 모드라고도 하며, 설정을 제외한 **show, debug, ping** 등과 같은 네트워크 관리용 명령어를 사용할 수 있습니다.

관리자 모드에서 **configure terminal** 명령어를 사용하면 전체 설정 모드(global configuration mode)로 들어갑니다. 전체 설정 모드에서는 장비명, 콘솔 포트 암호 및 관리자 모드용 암호 등 장비 전체에 영향을 미치는 설정을 할 수 있습니다.

전체 설정 모드에서 **interface f0/0**과 같이 인터페이스 이름을 입력하면 인터페이스 설정 모드(interface configuration mode)로 들어갑니다. 인터페이스 설정 모드에서는 인터페이스 활성화, 인터페이스 IP 주소 등 해당 인터페이스와 관련된 명령어를 사용할 수 있습니다. 어느 모드에서라도 **exit** 명령어를 사용하면 상위 모드로 빠져나옵니다. **end** 명령어나 **Control+z** 명령어를 입력하면 관리자 모드로 빠져나옵니다.

앞의 그림에서 보이는 모드들 외에 각 명령어를 수행하기 위한 다양한 모드가 있습니다. IOS에서는 **show**, **ping** 등과 같은 네트워크 관리용 명령어는 EXEC 모드에서 수행하고, 각종 설정 명령어는 해당 설정 모드에서 실행합니다.

IOS 도움말 기능

스위치나 라우터의 명령어들이 많지만 크게 걱정할 필요는 없습니다. IOS는 아주 풍부한 도움말 기능을 가지고 있습니다. 장비를 설정하고 동작을 확인하기 전에 먼저 IOS의 도움말 기능을 살펴봅시다.

IOS 도움말 기능은 크게 물음표(?)를 이용한 명령어 안내와 화면에 에러 메시지를 표시해 주는 것으로 구분할 수 있습니다. 앞서 살펴본 것처럼 물음표를 입력하면 현재의 단계에서 사용할 수 있는 모든 명령어를 보여줍니다.

명령어에서 띄우지 말고 연속해서 물음표를 치면 해당 글자로 시작하는 명령어들을 보여줍니다. 예를 들어, **e**로 시작하는 명령어를 보려면 다음과 같이 합니다.

[예제 3-6] 특정 글자로 시작하는 명령어 보기

```
Router# e?
enable  eou  ephone-hunt  erase
event  exit

Router# e
```

이때 표시되는 명령어는 IOS의 버전과 기능(feature)에 따라 다릅니다. 명령어 입력 후 **스페이스** 다음에 물음표를 치면 사용 가능한 옵션을 보여줍니다.

[예제 3-7] 특정 명령어 다음의 옵션 보기

```
Router# erase ?
 /all        Erase all files(in NVRAM)
 flash:      Filesystem to be erased
 nvram:      Filesystem to be erased
 startup-config  Erase contents of configuration memory
Router# erase
```

탭(Tab) 키를 치면 명령어를 완성해줍니다. 예를 들어 **en**이라고 입력한 다음 **탭 키**를 누르면 다음과 같이 **enable**이라는 명령어를 완성해줍니다.

[예제 3-8] 탭 키를 이용하여 명령어 완성하기

```
Router# en⇥
Router# enable
```

이번에는 IOS가 제공하는 에러 메시지 기능을 살펴봅시다. 에러 메시지를 보면 명령어가 어디서부터 잘못 되었는지 확인할 수 있습니다. 모호한 명령어를 입력하면 다음처럼 'Ambiguous(애매모호한) 명령어'라는 메시지가 표시됩니다.

다음 예제는 현재 모드에서 c로 시작하는 명령어가 2개 이상 있어 어느 명령어를 실행해야 할지 애매모호하다는 의미입니다.

[예제 3-9] 모호한 명령어를 입력했을 때 나타나는 화면 에러 메시지

```
Router# c
% Ambiguous command: "c"
```

확인해보면 다음과 같이 c로 시작하는 명령어가 여러 개 있습니다.

[예제 3-10] c로 시작하는 명령어

```
Router# c?
call  ccm-manager cd      clear
clock cns        configure connect
copy  credential crypto   ct-isdn

Router# c
```

IOS는 명령어의 일부분만 입력해도 됩니다. 앞의 예에서 **clock** 명령어는 **clo**까지만 입력해도 다른 명령어와 구분됩니다. 실전에서, 명령어에 익숙해지면 이렇게 명령어의 일부분만 입력하는 것이 편리합니다.

> 명령어 전체를 다 입력하면 스펠링이 틀릴 가능성도 높고 작업 속도도 느려집니다. 게다가 옆에서 보면 명령어를 짧게 사용하는 사람이 훨씬 더 고수처럼 보입니다.

해당 명령어 다음에 필요한 옵션을 입력하지 않으면 다음과 같이 'Incomplete(미완성의) 명령어'라는 메시지가 표시됩니다. 다음 예제에서는 **clock** 명령어 다음에 무언가를 더 입력해야 한다는 의미입니다.

[예제 3-11] 미완성 명령어를 입력했을 때 나타나는 화면 에러 메시지

```
Router# clock
% Incomplete command.

Router#
```

clock 명령어는 장비의 시간을 설정할 때 사용합니다. 다음과 같이 물음표를 이용하여 필요한 옵션을 확인하면서 2018년 5월 19일 1시 1분 1초로 시간을 맞추어 봅시다.

[예제 3-12] clock 명령어를 사용한 시간 설정

```
Router# clock ?
  set  Set the time and date

Router# clock set ?
hh:mm:ss  Current Time

Router# clock set 1:1:1 ?
  <1-31>  Day of the month
  MONTH   Month of the year

Router# clock set 1:1:1 19 ?
  MONTH  Month of the year

Router# clock set 1:1:1 19 may ?
  <1993-2035>  Year

Router# clock set 1:1:1 19 may 2018 ?
  <cr>

Router# clock set 1:1:1 19 may 2018
Router#
```

다음과 같이 show clock 명령어를 이용하여 장비에 설정된 현재의 시간을 확인해봅시다.

[예제 3-13] show clock 명령어를 이용한 시간 확인

```
Router# show clock
01:01:02.527 UTC Thu May 19 2018
```

잘못된 명령어를 치면 잘못된 철자 밑에 ^ 표시를 하고 다음과 같이 '^ 표시 부분에 Invalid(잘못된) 입력이 발견되었다'라는 메시지가 나타납니다.

[예제 3-14] 잘못된 명령어를 입력했을 때 나타나는 화면 에러 메시지

```
Router# shou clock
       ^
% Invalid input detected at '^' marker.
```

Control + P(Control 키를 누른 상태에서 p를 누름) 또는 **위 화살표(↑)**를 누르면 현재의 명령어 모드에서 이전에 사용했던 명령어를 차례로 표시합니다. Control + N 또는 **아래 화살표(↓)**를 누르면 최근 사용 명령어를 차례로 표시합니다.

Control + A는 해당 줄 맨 앞으로 커서를 이동시키고, Control + E는 해당 줄 맨 뒤로 커서를 이동시킵니다.

전체 설정 모드에서의 설정 사항들

관리자 모드에서 **configure terminal** 명령어를 입력하면 전체 설정 모드(global configuration mode)로 들어갑니다. 이 명령어는 줄여서 **conf t**('콘프 티'라고 발음함)만 입력하는 것이 보통입니다.

[예제 3-15] 전체 설정 모드로 들어가기

```
Router> enable
Router# configure terminal
Router(config)#
```

전체 설정 모드에서 설정해야 할 주요 사항들은 다음과 같습니다.

[예제 3-16] 전체 설정 모드에서의 설정 항목

```
① Router(config)# hostname R1
② R1(config)# no ip domain-lookup
③ R1(config)# enable secret cisco
```

① 라우터의 이름을 지정합니다. 이름 지정은 라우터가 동작하기 위해서 반드시 필요한 것은 아니지만, 복수 개의 장비를 설정하거나 운영할 때 현재 어떤 장비에서 작업하는지를 알기 위해서 필요합니다. 그리고 어떤 설정에서는 호스트 이름이 인증용 ID로 사용되기도 합니다.

② IOS는 관리자 모드나 이용자 모드에서 명령어가 아닌 문자열을 입력하면 다음과 같이 해당 문자열에 해당하는 IP 주소를 알아내기 위하여 DNS 서버를 찾는데, 이때 시간이 많이 걸립니다.

[예제 3-17] DNS 서버를 찾는 화면

```
R1# eee
Translating "eee"...domain server (255.255.255.255)
% Unknown command or computer name, or unable to find computer address
```

그러나 **no ip domain-lookup** 명령어를 사용하면 명령어를 잘못 입력해도 네임 서버를 찾지 않습니다.
③ 라우터의 관리자 모드로 들어가기 위한 암호를 **cisco**라고 지정합니다.

라인 설정 모드에서의 설정 사항들

콘솔 라인 및 원격 접속을 위한 텔넷 라인과 관련된 기본적인 설정은 다음과 같습니다. 이중 텔넷 라인은 논리적인 라인입니다.

[예제 3-18] 라인 설정 모드에서의 설정 사항

```
① R1(config)# line console 0
② R1(config-line)# logging synchronous
③ R1(config-line)# exec-timeout 0

④ R1(config-line)# line vty 0 4
⑤ R1(config-line)# password cisco
⑥ R1(config-line)# exit
```

① 콘솔 라인 설정 모드로 들어갑니다. **line console 0** 또는 **line 0**이라고만 입력해도 됩니다.
② 명령어 입력 도중 콘솔 화면에 시스템 메시지가 표시될 때 새로 줄을 바꾸라는 명령어입니다. 이 명령어를 사용하지 않으면 명령어 입력 도중 상황에 따른 각종 시스템 메시지가 표시될 때 명령어와 섞여서 불편합니다. 이 명령어와 결과는 동일하나 일회용으로만 사용할 수 있는 것이 **Control + R** 명령어입니다.
③ 장비와 콘솔로 접속 후 기본적으로 10분 동안 아무런 입력이 없으면 자동으로 다음처럼 콘솔 화면에서 빠져 나옵니다.

[예제 3-19] 콘솔에서 빠져나온 상태

R1 con0 is now available

Press RETURN to get started.

이 상태에서는 다시 **엔터 키**, **enable** 명령어를 차례로 입력하고, 필요 시 콘솔 암호와 관리자용 암호를 다시 입력해야 관리자 모드로 들어갈 수 있어, 여러 대의 라우터를 동시에 설정해야 하는 환경에서는 귀찮습니다. 이때, **exec-timeout 0** 명령어를 사용하면 명령어 입력이 없어도 콘솔 밖으로 빠져 나오지 않습니다.

그리고 **exec-timeout 30 10**과 같이 지정하면 명령어 입력이 없어도 30분 10초 동안은 콘솔 밖으로 빠져 나오지 않습니다. 그러나 현업에서는 이 명령어를 사용하면 보안상 문제가 발생할 수 있으므로 가급적 사용하지 않는 것이 좋습니다.

> GNS3을 사용하는 경우에는 반드시 exec-timeout 0 명령어를 사용하는 것이 좋습니다. GNS3에서 장비들이 콘솔 밖으로 빠져나오면 CPU 사용률이 높게 올라갑니다.

④ 텔넷 라인 설정 모드로 들어갑니다. 동시 텔넷 접속 가능한 수는 IOS의 버전이나 기능(feature)에 따라 다릅니다. 현재의 IOS가 지원하는 동시 텔넷 세션 수를 확인하려면 다음과 같이 ?를 입력하면 됩니다.

[예제 3-20] 동시 텔넷 접속 수 확인하기

R1(config)# **line vty 0 ?**
 <1-1276> Last Line number
 <cr>

⑤ 텔넷용 암호를 지정합니다. 기본적으로 텔넷 암호가 지정되어 있지 않으면 텔넷을 할 수 없습니다. **no login** 명령어를 사용하면 텔넷용 암호가 필요없지만 현업에서는 해커에게 장비로 들어오는 문을 활짝 열어놓는 것과 같은 일입니다.
⑥ 라인 설정 모드에서 빠져 나옵니다.

설정 확인 및 저장하기

명령어를 입력하고 엔터 키를 누르면 해당 명령어가 적용됩니다. 그러나 명령어를 저장하지 않고 전원을 끄면 명령어도 사라집니다. 현재 적용되고 있는 설정 내용 확인 시 다음과 같이 **show running-config** 명령어를 사용하며, 보통은 줄여서 **show run**이라고 입력합니다.

[예제 3-21] 설정 내용 확인하기

```
R1# show running-config
Building configuration...

Current configuration : 1083 bytes
!
version 15.2
service timestamps debug datetime msec
service timestamps log datetime msec
!
hostname R1
!
   (생략)
!
line con 0
 logging synchronous
line aux 0
line vty 0 4
 login
 transport input all
!
!
end
```

show running-config 명령어는 설정 내용 중 기본값이 아닌 것들을 주로 보여줍니다. 어떤 명령어가 기본적으로 동작하는지를 확인해보려면 해당 명령어를 입력한 다음 **show run**으로 확인합니다. 해당 명령어가 보이면 기본값이 아닙니다.

그리고 해당 명령어 입력 후 **show run**으로 확인 시 보이지 않으면 해당 명령어는 기본적으로 적용되고 있다는 것을 의미합니다. 그러나 과거 기본값이 아닌 명령어가 최근 버전의 IOS에서 기본값으로 변경된 것들은 혼란을 피하기 위하여 **show run** 명령어를 사용했을 때 보이게 됩니다.

명령어를 저장하면 NVRAM에 기록됩니다. 현재의 DRAM에 있는 설정 내용을 NVRAM에 저장하는 명령어는 **copy running-config startup-config** 또는 **write memory**입니다. 이 명령어들도 **copy run start** 또는 **wr**과 같이 줄여서 사용하면 됩니다. 이 경우, 기존의 NVRAM에 있는 내용이 지워지고 새로운 것으로 대체됩니다.

[예제 3-22] 명령어 저장하기

```
R1# wr
Building configuration...
[OK]
```

저장된 명령어를 확인하려면 **show startup-config** 또는 **show configuration** 명령어를 사용합니다. 이 명령어들도 줄여서 보통 **show star** 또는 **show config**라고 합니다. NVRAM에 저장된 내용을 확인해보면 다음과 같습니다.

[예제 3-23] 저장된 내용 확인하기

```
R1# show config
Using 1127 out of 129016 bytes
!
version 12.4
service timestamps debug datetime msec
service timestamps log datetime msec
no service password-encryption
!
hostname R1
!
   (생략)
```

NVRAM에 저장된 설정은 장비가 재부팅될 때 적용됩니다. 만약, 현재 NVRAM에 저장된 내용을 DRAM으로 복사하여 바로 적용시키려면 **copy startup-config running-config** 명령어를 사용하면 됩니다. 이 경우, 기존의 DRAM에 있던 내용에 NVRAM의 내용이 추가(merge)됩니다.

라우터 초기화

라우터에 저장된 설정을 모두 지우고 초기화하는 방법은 다음과 같습니다.

[예제 3-24] 저장된 설정 지우기

```
R1# erase startup-config ①
Erasing the nvram filesystem will remove all configuration files! Continue? [confirm]Enter

R1# reload ②
Proceed with reload? [confirm]Enter
```

① **erase startup-config** 명령어를 사용하여 NVRAM에 저장되어 있는 설정을 삭제합니다. 'Erasing the nvram filesystem will remove all configuration files! Continue?(NVRAM을 지우면 모든 설정 파일이 제거됩니다. 계속하시겠습니까?)'라는 메시지가 나오면 **엔터 키**를 누릅니다.

② **reload** 명령어를 사용하여 라우터를 재부팅시킵니다. 'Proceed with reload?(재부팅하시겠습니까?)' 메시지에서 **엔터 키**를 누르면 장비가 재부팅되고 초기화됩니다.

> GNS3을 사용한다면, 해당 라우터 그림에 오른쪽 마우스 클릭 후 reload를 선택해야 재부팅됩니다.

다음과 같이 현재 동작 중인 두 대의 라우터에 지금까지 공부한 기본적인 설정을 해봅시다. 먼저, R1에서 다음과 같이 설정합시다.

[예제 3-25] 기본 설정하기

```
Router> enable

Router# configure terminal

Router(config)# hostname R1
R1(config)# enable secret cisco
R1(config)# no ip domain-lookup

R1(config)# line console 0
R1(config-line)# logging synchronous
R1(config-line)# exec-timeout 0
R1(config-line)# exit

R1(config)# line vty 0 15
R1(config-line)# password cisco
R1(config-line)# end

R1# copy running-config startup-config
```

> GNS3을 사용하는 경우, 호스트 이름 등 일부 내용이 미리 설정되어 있을 수 있습니다.

R2에서는 다음과 같이 명령어를 짧게 사용했습니다.

[예제 3-26] R2 기본 설정하기

```
Router> en
Router# conf t
Router(config)# host R2
```

```
R2(config)# ena sec cisco
R2(config)# no ip domain-look
R2(config)# line console 0
R2(config-line)# logg syn
R2(config-line)# exec-t 0
R2(config-line)# line vty 0 15
R2(config-line)# pass cisco
R2(config-line)# end
R2# wr
```

이상으로 기본적인 라우터 설정 방법에 대해서 살펴보았습니다.

IPv4 주소

인터넷에서 사용되는 각종 장비들인 라우터, 스위치, 서버, PC 등에 부여하는 고유한 주소에는 IPv4(IP version 4) 주소와 IPv6 주소가 있습니다. 이 주소들은 IANA(인터넷할당번호 관리기관)에서 APNIC(아시아태평양 인터넷정보센터), KISA(한국인터넷진흥원), 각 인터넷 회사(ISP, Internet Service Provider)를 거쳐 최종 사용자에게 할당됩니다.

IPv4 주소는 1983년부터 할당되기 시작했으며, 주소가 부족하여 IANA에서는 2011년 2월 3일부터 할당을 중지했습니다. APNIC은 기존에 할당받은 주소 중 남아있는 것과 반납받는 주소를 이용하여 계속 할당하다가 2011년 4월 15일부로 할당이 사실상 종료되었습니다.

추가적인 IPv4 주소의 할당이 중지되어도 현재 인터넷에서 사용하는 대부분의 주소가 IPv4 이고 장래에도 당분간 사용될 것이기 때문에 네트워크를 공부하는 사람은 IPv4 주소와 관련된 내용들을 알고 있어야 합니다.

IPv4 주소를 대체하여 사용될 주소는 IPv6 주소입니다. IPv6 주소는 1999년부터 할당되기 시작했으며, 현재 대부분의 ISP, 기업체, 정부기관들이 IPv6 주소를 도입하고 있습니다. IPv6 주소에 대해서는 별도의 장에서 설명합니다.

아직까지 많은 사람들이 IPv4 주소에 익숙해 있기 때문에 IPv4 주소를 그냥 IP 주소라고 부릅니다. 이 책에서도 대부분의 경우 IP 주소는 IPv4 주소를 의미하고, IPv6 주소는 명시적으로 IPv6라는 용어를 사용합니다.

IPv4 주소 표기

IPv4 주소는 32비트이며, 다음과 같이 8비트 단위로 점을 찍어 구분합니다.

10101100.00010000.00000110.00001010

그러나 사람이 사용하기에 불편하므로 다음과 같이 십진수로 표시합니다. 이처럼 점으로 구분된 십진 표기법을 돗터드 데시멀(dotted decimal)이라 부릅니다.

172.16.6.10

각 자리에 사용할 수 있는 제일 작은 수는 8비트 모두가 0인 경우이며(00000000), 이를 10진수로 나타내어도 0입니다. 각 자리에 사용할 수 있는 제일 큰 수는 8비트 모두가 1인 경우이며(11111111), 이를 10진수로 나타내면 255입니다. 따라서 IPv4 주소 중 제일 작은 것은 0.0.0.0이며, 제일 큰 것은 255.255.255.255입니다.

IP 주소는 네트워크(network) 부분과 호스트(host) 부분으로 나뉩니다. 네트워크 부분이 다른 IP 주소를 가진 장비들 간의 통신에는 반드시 라우터가 필요합니다. 반대로, 네트워크 부분이 동일한 장비들 간의 통신에는 스위치를 사용하며, 라우터는 사용할 수 없습니다.

클래스 A 주소

IPv4 주소 중 첫 번째 비트가 0인 것들을 클래스 A(class A) 주소라고 합니다. 클래스 A 주소 중 가장 작은 것은 0.0.0.0 (00000000.00000000.00000000.00000000)이며, 가장 큰 주소는 127.255.255.255 (01111111.11111111.11111111.11111111)입니다.

클래스 A 주소는 처음 8비트가 네트워크 부분을 나타내며, 나머지 부분은 호스트(host) 부분을 표시합니다. 따라서 **10.1.2.3**, **10.2.2.3**, **10.100.100.1** 등은 모두 같은 네트워크에 속한 IP 주소들이며, **10.1.2.3**, **11.2.3.4**, **100.5.6.7**은 서로 다른 네트워크에 속한 주소들입니다.

클래스 B 주소

IP 주소 중 처음 두 비트가 10인 것들을 클래스 B(class B) 주소라고 합니다. 클래스 B 주소 중 가장 작은 것은 128.0.0.0 (10000000.00000000.00000000.00000000)이며, 가장 큰 주소는 191.255.255.255 (10111111.11111111.11111111.11111111)입니다. 클래스 B 주소는 앞부분의 16비트까지가 네트워크 부분을 나타내고 나머지 16비트는 호스트 부분을 표시합니다. 따라서 **150.1.2.3**, **150.1.20.3**, **150.1.100.1** 등은 모두 같은 네트워크에 속한 주소들이며, **150.1.2.3**, **150.200.3.4**, **151.205.6.7** 등은 서로 다른 네트워크에 속한 주소들입니다.

클래스 C 주소

IP 주소 중 처음 세 비트가 110인 것들을 클래스 C(class C) 주소라고 합니다. 클래스 C 주소 중 가장 작은 것은 192.0.0.0 (**11000000.00000000.00000000.00000000**)이며, 가장 큰 주소 는 223.255.255.255 (**11011111.11111111.11111111.11111111**)입니다.

클래스 C 주소는 앞부분의 24비트까지가 네트워크 부분을 나타내고 나머지 8비트는 호스 트 부분을 표시합니다. 따라서 **200.1.2.3**, **200.1.2.30**, **200.1.2.100** 등은 모두 같은 네트워크 에 속한 주소들이며, **200.1.0.1**, **200.1.20.4**, **201.1.30.7** 등은 서로 다른 네트워크에 속한 주 소들입니다.

클래스 D 주소

IP 주소 중 처음 네 비트가 1110인 것들을 클래스 D(class D) 주소라고 합니다. 클래스 D 주 소 중 가장 작은 것은 224.0.0.0 (**11100000.00000000.00000000.00000000**)이며, 가장 큰 주소는 239.255.255.255 (**11101111.11111111.11111111.11111111**)입니다. 이 주소들은 네트워크와 호스트의 구분 없이 하나의 그룹(group)을 나타내며, 멀티캐스트(multicast)라 는 통신방식 용도로 사용합니다.

클래스 E 주소

IP 주소 중 처음 네 비트가 1111인 것들을 클래스 E(class E) 주소라고 합니다. 클래스 E 주 소 중 가장 작은 것은 240.0.0.0(**11110000.00000000.00000000.00000000**)이며, 가장 큰 주 소는 255.255.255.255(**11111111.11111111.11111111.11111111**)입니다. 이 주소들은 사 용이 유보되어 있습니다. 장비에 부여할 수 있는 IP 주소는 A, B, C 클래스입니다.

라우터에 IP 주소 부여하기

라우터에 IP 주소를 부여하는 기본적인 규칙은 다음과 같습니다.

- 하나의 인터페이스에 하나의 IP 주소를 부여한다

- 인터페이스가 다르면 네트워크 주소가 달라야 한다

KING of NETWORKING

다음 그림과 같이 각 라우터에 IP 주소를 부여해봅시다.

[그림 3-3] IP 주소 부여

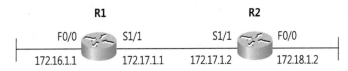

R1의 인터페이스에 IP 주소를 부여하는 방법은 다음과 같습니다.

[예제 3-27] R1 인터페이스 IP 주소 부여하기

```
R1# configure terminal ①

R1(config)# interface fastethernet 0/0 ②
R1(config-if)# ip address 172.16.1.1 255.255.0.0 ③
R1(config-if)# no shutdown ④
R1(config-if)# exit ⑤

R1(config)# interface serial 1/1 ⑥
R1(config-if)# ip address 172.17.1.1 255.255.0.0 ⑦
R1(config-if)# no shutdown ⑧
```

① 전체 설정 모드로 들어갑니다.

② F0/0 인터페이스에 IP 주소를 부여하기 위해 해당 인터페이스 설정 모드로 들어갑니다.

③ ip address 172.16.1.1 명령어를 사용하여 IP 주소를 부여한 후 네트워크 부분의 길이를 255.255.0.0이라고 표시합니다. 이 표기법에 대한 내용은 다음 절에서 설명합니다. 여기서는 그냥 따라서 입력하기로 합니다.

④ 라우터의 인터페이스들은 기본적으로 비활성화(shutdown)되어 있습니다. **no shutdown** 명령어를 이용하여 인터페이스를 활성화시킵니다. IOS 명령어 앞에 no를 사용하면 해당 명령어와 반대로 동작합니다. 예를 들어, 앞서와 같이 IP 주소를 부여할 때 인터페이스 설정 모드에서 **ip address** 명령어를 사용하였고, 반대로 부여된 IP 주소를 없애려면 **no ip address** 라고 하면 됩니다.

⑤ **exit** 명령어를 사용하여 인터페이스 설정 모드에서 빠져나와 전체 설정 모드로 들어갑니다. 대부분의 설정 명령어들은 **exit** 명령어를 사용하지 않고 다음 명령어를 바로 사용해도 됩니다. 여기서도 바로 **interface serial 1/1** 명령어를 사용하면 IOS가 알아서 해당 명령어 모드로 들어갑니다.

⑥ **interface serial 1/1** 명령어를 사용하여 시리얼 인터페이스 설정 모드로 들어갑니다.

⑦ 시리얼 인터페이스에는 IP 주소 172.17.1.1을 부여합니다. 라우터의 각 인터페이스에 부

여하는 IP 주소가 달라야 하므로 패스트 이더넷 인터페이스에 부여한 172.16.1.1과 네트워크 부분이 다른 IP 주소를 사용했습니다.

⑧ 시리얼 인터페이스를 활성화시킵니다.

인터페이스의 동작 상태와 IP 주소를 확인하려면 다음과 같이 **show ip interface brief** 명령어를 사용합니다.

[예제 3-28] 인터페이스 동작 상태와 IP 주소 확인하기

```
R1# show ip interface brief

  ①                  ②                         ③                          ④
Interface        IP-Address   OK? Method  Status                  Protocol
FastEthernet0/0  172.16.1.1   YES manual  up                      up
FastEthernet0/1  unassigned   YES unset   administratively down   down
Serial1/0        unassigned   YES unset   administratively down   down
Serial1/1        172.17.1.1   YES manual  up                      up
   (생략)
```

① 현재 라우터에 연결된 인터페이스의 이름을 표시합니다.

② 해당 인터페이스에 부여된 IP 주소를 표시합니다. **unassigned**는 해당 인터페이스에 IP 주소가 할당되지 않았음을 의미합니다.

③ **Status**는 인터페이스의 물리 계층 상태를 표시합니다. **up**이면 해당 인터페이스의 물리 계층이 정상적으로 동작하고 있다는 것을 의미합니다. **administratively down**은 해당 인터페이스를 활성화시키지 않았다는 의미입니다. **down**이라고 표시되면 해당 인터페이스에 연결된 케이블이 불량이거나, 케이블과 연결된 상대 장비(스위치, 모뎀 등)에 문제가 있음을 의미합니다.

④ **Protocol**은 인터페이스의 링크 계층 상태를 표시합니다. **up**이면 해당 인터페이스의 링크 계층이 정상적으로 동작하고 있다는 것을 의미합니다. **down**은 해당 인터페이스의 링크 계층이 문제가 있음을 의미하여 링크 계층의 장애를 발생 시키는 원인은 여러 가지가 있습니다. 주요 원인으로는 물리 계층의 장애, 잘못된 링크 계층 프로토콜 설정 등이 있습니다.

R2에서는 다음과 같이 명령어를 짧게 사용하여 인터페이스에 IP 주소를 부여했습니다.

[예제 3-29] R2 인터페이스 IP 주소 부여

```
R2# conf t

R2(config)# int s1/1
R2(config-if)# ip addr 172.17.1.2 255.255.0.0
R2(config-if)# no shut
```

```
R2(config-if)# int f0/0
R2(config-if)# ip addr 172.18.1.2 255.255.0.0
R2(config-if)# no shut
```

이상으로 라우터의 인터페이스에 IP 주소를 부여하고, 동작을 확인해보았습니다.

네트워크 주소와 브로드캐스트 주소

IP 주소 중에서 호스트 부분이 모두 0인 것은 해당 네트워크를 표시할 때 사용합니다. 즉, 172.16.0.0이란 네트워크 부분이 172.16인 주소를 의미합니다. 네트워크 주소는 나중에 라우팅 프로토콜을 설정하거나 라우팅 테이블을 표시할 때 사용됩니다.

라우팅 테이블(routing table)이란 라우터가 특정 목적지 네트워크와 연결되는 방향을 기록해 놓은 데이터베이스입니다. 다음과 같이 **show ip route** 명령어를 사용하면 라우팅 테이블을 확인할 수 있습니다.

[예제 3-30] 라우팅 테이블 확인하기

```
R1# show ip route
   (생략)
C  172.17.0.0/16 is directly connected, Serial1/1
C  172.16.0.0/16 is directly connected, FastEthernet0/0
```

결과를 보면 172.17.0.0 네트워크는 Serial1/1 인터페이스와 연결된다는 것을 알 수 있습니다. 즉, IP 주소 중 네트워크 부분이 172.17으로 시작되는 것들은 모두 Serial1/1로 전송한다는 것을 의미합니다. 장비의 인터페이스에 IP 주소를 부여할 때 172.17.0.0 255.255.0.0과 같은 네트워크 주소를 사용할 수 없습니다.

IP 주소 중에서 호스트 부분이 모두 1인 것은 브로드캐스트(broadcast)용 주소로 사용됩니다. 예를 들어, 172.16.0.0 네트워크 내의 모든 호스트들에게 무언가를 전송할 일이 있을 때는 목적지의 IP 주소를 172.16.255.255로 하면 됩니다.

모든 비트가 1인 IP 주소, 즉, 255.255.255.255를 로컬 브로드캐스트(local broadcast) 주소 또는 제한적(limited) 브로드캐스트라고 부르며, 브로드캐스트 패킷을 전송하는 장비와 동일한 네트워크에 소속된 모든 장비들에게 데이터를 전송할 때 사용됩니다. 장비의 인터페이스에 IP 주소를 부여할 때 172.17.255.255 255.255.0.0과 같은 브로드캐스트 주소를 사용할 수 없습니다.

특별한 용도의 IP 주소

다음과 같은 IP 주소는 특별한 용도로 할당한다고 RFC 1918, RFC 5735 등의 문서에 정리되어 있습니다. 각 주소 다음에 슬래시 기호(/)와 함께 표시된 숫자는 네트워크 부분의 비트 수를 의미하며 나중에 '네트워크 축약'에서 자세히 설명합니다.

- 10.0.0.0/8, 172.16.0.0/12, 192.168.0.0/16 : 조직 내부에서만 사용하는 사설(private) IP 주소로 할당되어 있습니다.
- 127.0.0.0/8 : 장비 자신을 나타내는 루프백(loopback) 주소로 사용합니다.
- 169.254.0.0/16 : PC 등 장비가 자동으로 IP 주소를 받아오지 못할 때 스스로에게 부여하는 링크 로컬(link local) 주소로 사용합니다.
- 192.0.2.0/24 : 테스트용 주소입니다. 예를 들어, DDoS(서비스 거부공격)를 차단할 때 공격 패킷들을 이 주소로 전송하여 폐기시킬 수 있습니다.

서브넷팅

라우터의 인터페이스가 다르면 부여하는 IP 주소의 네트워크 부분도 달라야 합니다. 다음 그림과 같은 네트워크를 구성하려면 서로 다른 네트워크 주소 3개가 필요합니다. 만약, 192.168.1.0 대역의 IP 주소만을 사용해야 한다고 가정해봅시다. 이 주소는 C 클래스이고, 하나의 네트워크입니다.

[그림 3-4] 네트워크가 3개 필요한 구성

따라서 추가적으로 2개의 네트워크 주소가 더 필요합니다. 이때 하나의 네트워크 주소를 여러 개로 분할하는 것을 서브넷팅(subnetting) 또는 서브넷 마스킹(subnet masking)이라고 합니다. 그리고 분할된 각각의 네트워크를 서브넷(subnet)이라고 합니다.

IP 주소를 이진수로 표기하고 네트워크 부분을 나타내는 비트 위에는 1을, 호스트를 나타내는 비트 위에는 0을 적어보면 다음과 같은데 이것을 서브넷 마스크(subnet mask) 또는 네트워크 마스크라고 부릅니다.

11111111.11111111.00000000.00000000 (서브넷 마스크)

10101100.00010000.00000001.00000001 (2진 표기 IP 주소)

172.   16.   1.   1   (10진 표기 IP 주소)

즉, 서브넷 마스크는 IP 주소 중에서 네트워크 부분의 길이를 나타냅니다. 서브넷 마스크는 항상 IP 주소 다음에 표시하며, IP 주소처럼 점으로 구분된 10진수를 사용합니다.

172.16.1.1 255.255.0.0

그리고 다음처럼 서브넷 마스크로 사용된 1의 개수로 표시하기도 합니다.

172.16.1.1/16

> IP 주소의 클래스에 의해 자동으로 정해지는 마스크, 즉 A 클래스 주소 마스크 길이인 8, B 클래스 주소의 16, C 클래스 주소의 24를 서브넷 마스크와 구분하여 네트워크 마스크(network mask)라고도 합니다.

그러나 서브넷 마스크를 다음처럼 더 길게 만들면 어떻게 될까요?

11111111.11111111.11111111.00000000 (서브넷 마스크)

10101100.00010000.00000001.00000001 (2진 표기 IP 주소)

172.   16.   1.   1   (10진 표기 IP 주소)

원래 172.16.1.1/16이라는 IP 주소는 172.16.0.0 네트워크에 속하며, 이 네트워크에 포함되는 호스트의 개수는 256×256 = 65,536입니다. (정확히는 여기에서 네트워크 주소인 172.16.0.0과 브로드캐스트 주소인 172.16.255.255를 제외하면 65,534개입니다.) 그런데, 서브넷 마스크 길이를 B 클래스 주소의 기본인 16에서 8을 추가하여 24로 바꾸면 IP 주소의 세 번째 부분도 네트워크 주소가 됩니다.

따라서 이전에는 172.16.1.1/16과 172.16.2.1/16이 서로 같은 네트워크에 속하는 호스트였으나, 이제는 172.16.1.1/24와 172.16.2.1/24는 서로 다른 네트워크에 속하게 됩니다.

즉, 172.16.0.0/16이라는 하나의 네트워크가 172.16.0.0/24, 172.16.1.0/24, 172.16.2.0/24, ... ,172.16.255.0/24 등 256개의 서로 다른 네트워크로 분할되고, 각각의 네트워크에 속한 호스트의 수는 65,535개에서 256개로 바뀝니다. 결과적으로 서브넷팅을 하면 네트워크의 수는 증가하는 반면, 하나의 네트워크에 포함된 호스트의 수는 감소합니다.

이처럼 서브넷 마스크 길이를 8의 배수 만큼만 증가시키면 별도의 계산없이 직관적으로 특정 IP 주소가 소속된 네트워크, 서브넷 수, 호스트의 수를 알 수 있습니다. 예를 들어, 172.20.1.1/24라는 주소는 172.20.0.0/16을 서브넷팅한 것이고, 서브넷 수는 256(=2^8)개, 각 서브넷 당 호스트의 수도 256개입니다. 172.20.1.1/24가 소속된 서브넷 주소는 172.20.1.0/24이고, 브로드캐스트 주소는 172.20.1.255/24입니다.

그리고 10.100.200.100/24라는 주소는 10.0.0.0/8을 서브넷팅한 것이고, 서브넷 수는 65,535(256×256)개, 각 서브넷 당 호스트의 수는 256개입니다. 10.100.200.100/24가 소속된 서브넷 주소는 10.100.200.0/24이고, 브로드캐스트 주소는 10.100.200.255/24입니다. 그러나 서브넷 마스크 길이가 8의 배수가 아닌 경우에는 약간의 계산이 필요합니다.

필요한 서브넷 계산 방법

다음 표를 참조하여 필요한 서브넷을 계산하는 방법에 대해서 살펴봅시다.

[표 3-1] 서브넷 계산표

서브넷 마스크	마스크 길이 (n)	서브넷 수 (2^n)	호스트 수 (256 서브넷 수)	서브넷 주소
1000 0000	1	2	128	0, 128
1100 0000	2	4	64	0, 64, 128, 192
1110 0000	3	8	32	0, 32, 64, ...
1111 0000	4	16	16	0, 16, 32, ...
1111 1000	5	32	8	0, 8, 16, ...
1111 1100	6	64	4	0, 4, 8, ...
1111 1110	7	128	2	0, 2, 4, ...
1111 1111	8	255	1	0, 1, 2, ...

① 서브넷 마스크 길이를 정하고, 서브넷 수를 계산합니다.

서브넷 마스크 길이가 n이면 서버넷 수 2^n개가 만들어집니다. 예를 들어, 기존의 마스크 길이에 2를 더하면 서브넷이 $2^2=4$개가 만들어집니다. 이처럼 분할되는 서브넷 수는 항상 2의 승수입니다. 따라서 필요한 서브넷이 3개이면 최소한 3보다 큰 수 중에서 2의 승수인 4개로 분할해야 합니다.

② 서브넷당 호스트 수를 계산합니다.

분할된 각 서브넷당 호스트 수는 256÷서브넷 수입니다. 서브넷 수가 4이면 한 서브넷당 호스트 수는 256÷4=64개입니다.

③ 서브넷 주소는 호스트 수의 배수들입니다.

한 서브넷당 호스트 수가 64개이면 서브넷 부분의 주소는 0, 64, 128, 192가 됩니다. 따라서 첫 번째 서브넷에 속하는 수는 0~63 사이가 되고, 두 번째는 64~127, 세 번째는 128~191, 마지막은 192~255가 됩니다.

각 서브넷 부분의 IP 주소 중에서 첫 번째는 해당 서브넷의 네트워크 주소이고, 마지막은 해당 서브넷의 브로드캐스트 주소입니다. 따라서 이 두 개의 주소를 제외한 나머지 주소들을 라우터의 인터페이스와 PC, 서버 등의 호스트에 부여하면 됩니다.

192.168.1.0/24 네트워크를 서브넷팅하여 각 라우터 인터페이스에 부여해봅시다.

[그림 3-5] 라우터 인터페이스별 IP 주소

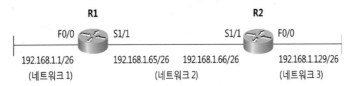

R1   R2

F0/0 ⌁ S1/1   S1/1 ⌁ F0/0

192.168.1.1/26   192.168.1.65/26   192.168.1.66/26   192.168.1.129/26
(네트워크 1)   (네트워크 2)   (네트워크 3)

필요한 네트워크의 수가 3개이므로 4개의 서브넷으로 분할해야 합니다. 따라서 서브넷 마스크 길이는 2비트(2^2=4)가 추가되어야 합니다. 한 서브넷당 호스트의 수는 64(256÷4=64)개가 됩니다. 결과적으로 분할된 4개의 서브넷은 192.168.1.**0/26**, 192.168.1.**64/26**, 192.168.1.**128/26**, 192.168.1.**192/26**이 됩니다.

앞 그림 R1의 F0/0 인터페이스에 첫 번째 서브넷에 소속된 적당한 IP 주소 192.168.1.1/26을 부여합니다. R1의 S1/1 인터페이스에는 두 번째 서브넷에 소속된 IP 주소인 192.168.1.65/26을 부여하고, 연결되는 R2의 S1/1 인터페이스에는 동일한 서브넷에 소속된 IP 주소 192.168.1.66/26을 부여합니다. 이처럼 인접한 라우터를 연결하는 인터페이스에는 동일한 서브넷에 소속된 IP 주소를 사용해야 합니다. R2의 F0/0 인터페이스에는 세 번째 서브넷인 192.168.1.129/26을 부여합니다.

IOS에서 인터페이스에 IP 주소를 부여할 때 서브넷 마스크는 192.168.1.1 255.255.255.**192**와 같이 10진수로 표시합니다. 따라서 서브넷 마스크 길이를 10진수로 변환한 값을 알고 있으면 편리합니다.

[표 3-2] 10진수 서브넷 마스크

추가 비트수	(서브넷 마스크)	10진수 표기
1	1000 0000	128
2	1100 0000	192
3	1110 0000	224
4	1111 0000	240
5	1111 1000	248
6	1111 1100	252
7	1111 1110	254
8	1111 1111	255

IP 주소 192.168.1.1/26에서 서브넷 마스크 길이 26은 8의 배수인 24에 2가 추가된 것입니다. 8의 배수 부분은 모두 255로 표시되므로 추가된 2비트를 10진수로 표시하는 방법만 알

면 됩니다. 앞의 표에서 서브넷 마스크 길이가 2비트이면 11000000이고 10진수로 표기하면 192입니다. 따라서 서브넷 마스크 /26을 10진수로 표시하면 255.255.255.192입니다.

IP 주소가 소속된 서브넷 계산 방법

이번에는 반대로 IP 주소가 소속된 서브넷을 계산해봅시다. 예를 들어, 192.168.1.50/27이 소속된 서브넷의 주소가 무엇일까요? 계산하는 방법은 앞서 살펴보았던 서브넷을 계산하는 것과 동일합니다.

1) 서브넷 마스크 길이를 이용하여 분할된 서브넷의 수를 계산합니다.

서브넷 마스크 길이가 27-24=3이므로, 서브넷의 수는 2^3=8개입니다.

2) 서브넷당 호스트 수를 계산합니다.

서브넷당 호스트 수는 256÷8=32개입니다. 결과적으로, 분할 후 만들어진 서브넷은 192.168.1.0/27, 192.168.1.32/27, 192.168.1.64/27 등과 같이 32의 배수로 이루어집니다. 따라서 IP 주소 192.168.1.50/27이 소속된 서브넷은 192.168.1.32/27이고, 브로드캐스트 주소는 해당 서브넷의 마지막 IP 주소인 192.168.1.63/27입니다. IP 주소 192.168.1.32/24는 라우터의 특정 인터페이스나 PC 등에 부여할 수 있는 호스트 주소입니다.

[예제 3-31] IP 주소 부여

```
R1(config)# interface f0/0
R1(config-if)# ip address 192.168.1.32 255.255.255.0
R1(config-if)#
```

그러나 27비트로 서브넷팅된 IP 주소 192.168.1.32/27은 서브넷 주소이므로 특정 인터페이스에 부여할 수 없습니다. 서브넷 주소를 인터페이스에 부여하면 다음처럼 'Bad mask...(마스크가 잘못되었다)'라는 에러 메시지가 표시됩니다.

[예제 3-32] 잘못된 서브넷 사용

```
R1(config)# interface f0/0
R1(config-if)# ip address 192.168.1.32 255.255.255.224
Bad mask /27 for address 192.168.1.32
```

마찬가지로 IP 주소 192.168.1.63/24는 라우터의 특정 인터페이스나 PC 등에 부여할 수 있는 호스트 주소입니다. 그러나 27비트로 서브넷팅된 IP 주소 192.168.1.63/27은 브로드캐스트 주소이므로 특정 인터페이스에 부여할 수 없습니다. 브로드캐스트용 IP 주소를 인터페이스에 부여해봅시다.

[예제 3-33] 브로드캐스트용 IP 주소 사용 시의 메시지

```
R1(config)# interface f0/0
R1(config-if)# ip address 192.168.1.63 255.255.255.224
Bad mask /27 for address 192.168.1.63
```

네트워크 주소를 부여할 때와 마찬가지로 'Bad mask...(마스크가 잘못되었다)' 에러 메시지가 표시됩니다.

서브넷 제로

서브넷 중에서 첫 번째 것을 서브넷 제로(subnet zero)라고 합니다. 그 이유는 서브넷의 네트워크 부분이 모두 0이기 때문입니다. 앞서 예를 들었던 서브넷 192.168.1.0/27을 다시 한 번 살펴봅시다. 192.168.1.0에서 마지막 0을 2진수로 표시하면 0000 0000이고, 이중에서 앞의 3비트가 서브넷을 표시하는데 모두 0입니다.

만약, 서브넷 마스크를 표시하지 않으면 서브넷 제로와 서브넷팅하지 않은 네트워크 주소를 구분할 수 없습니다. 즉, 192.168.1.0/27과 192.168.1.0/24는 모두 마지막 8비트가 0입니다. 나중에 공부할 라우팅 프로토콜의 종류 중에서, 자신이 알고 있는 네트워크를 다른 라우터에게 알려주면서 서브넷 마스크 길이를 알려주지 못하는 것들이 있고, 이런 종류의 라우팅 프로토콜을 클래스풀 라우팅 프로토콜(classful routing protocol)이라고 합니다.

클래스풀 라우팅 프로토콜에서는 서브넷 제로를 사용하지 못합니다. 그 이유는 서브넷 제로와 서브넷팅하지 않은 원래의 네트워크를 구분하지 못하기 때문입니다. 이를 위하여 IOS에서는 전체 설정 모드에서 **no ip subnet-zero**라는 명령어를 사용할 수 있고, 그 의미는 서브넷 제로를 사용하지 못한다는 것입니다. 이런 환경에서는 인터페이스에 IP 주소 192.168.1.1/27를 부여하면 에러 메시지가 표시됩니다.

그러나 요즈음은 클래스풀 라우팅 프로토콜을 거의 사용하지 않습니다. (지금은 시스코 라우터에서 지원하지 않는 IGRP라는 것과 지원해도 거의 사용하지 않는 RIP 버전 1이라는 것이 클래스풀 라우팅 프로토콜입니다.) 따라서 IOS에서 기본적으로 서브넷 제로를 사용할 수 있도록 **ip subnet-zero**라는 명령어가 동작합니다. 결론은, 서브넷 제로를 잊으라는 것입니다. 그래도 이 책에 이에 대해서 언급한 이유는 CCNA 등과 같은 시험에 한 번씩 나오기 때문입니다.

VLSM

PC나 서버 등에 IP 주소를 부여할 때는 라우터의 인터페이스에 부여된 것과 동일한 서브넷에 소속된 것을 사용해야 하며, 라우터의 인터페이스에 부여된 IP 주소를 게이트웨이 (gateway) 주소라고 합니다.

[그림 3-6] PC의 IP 주소

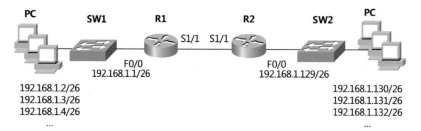

게이트웨이 주소는 해당 서브넷에 소속된 IP 주소 중에서 어느 것을 사용해도 되나, 보통 서브넷의 사용 가능한 처음 주소 또는 마지막 것을 사용하는 것이 일반적입니다. 앞의 그림에서 R1의 F0/0 인터페이스에 사용된 IP 주소가 192.16.1.1/26이므로 해당 인터페이스에 접속된 PC들에게 부여할 수 있는 IP 주소들은 192.16.1.2부터 192.16.1.62까지 61개입니다.

즉, 해당 서브넷에 소속된 주소 중에서 처음 192.16.1.0은 서브넷 주소이고, 마지막 192.16.1.63은 브로드캐스트 주소이므로 PC에 부여하지 못합니다. 그리고 192.16.1.1은 게이트웨이 주소로 사용되었으므로 결국 남아있는 주소는 64 중에서 3개를 제외한 61개입니다. 보통 스위치에도 관리를 위하여 하나의 IP 주소를 부여하므로 그림에서 R1의 F0/0 인터페이스와 연결되는 네트워크에 접속할 수 있는 PC의 대수는 60개입니다.

만약, R1의 F0/0에 접속해야 할 PC의 수가 100대인 경우에는 어떻게 해야 할까요?

[그림 3-7] VLSM이 필요한 네트워크

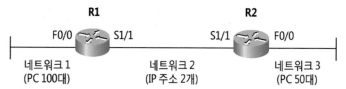

그림에서 R1, R2를 연결하는 시리얼 인터페이스에는 PC가 없으므로 2개의 IP 주소만 있으면 됩니다. 이처럼 네트워크의 다른 부분에서 남는 IP 주소를 필요한 부분에서 사용할 수 있습니다.

이때 VLSM(Variable Length Subnet Masks, 가변길이 서브넷 마스크)이라는 방법을 사용하면 됩니다. 즉, VLSM이란 서로 다른 길이의 서브넷 마스크를 사용하는 것을 의미합니다.

R1의 F0/0 인터페이스에는 100개 이상의 호스트를 지원하는 서브넷이 필요합니다. 앞서 사용했던 서브넷 계산표를 다시 한 번 살펴보면, 호스트 수 100개 이상을 지원하는 마스크 길이는 1비트이고, 이 경우 호스트 수가 128이 됩니다.

[표 3-3] 서브넷 계산표

(서브넷 마스크)	마스크 길이	서브넷 수	호스트 수	서브넷 주소
1000 0000	1	2	128	0, 128
1100 0000	2	4	64	0, 64, 128
1110 0000	3	8	32	0, 32, 64, …
1111 0000	4	16	16	0, 16, 32, …
1111 1000	5	32	8	0, 8, 16, …
1111 1100	6	64	4	0, 4, 8, …
1111 1110	7	128	2	0, 2, 4, …
1111 1111	8	255	1	0, 1, 2, …

따라서 R1의 인터페이스에는 192.168.1.0/25에 소속된 IP 주소를 부여하면 됩니다. 서브넷 마스크 길이가 1이므로 분할되어 생기는 서브넷은 2개이고, 뒷부분의 192.168.1.128/25 하나가 남습니다. 그런데, 실제 필요한 서브넷은 네트워크 2와 네트워크 3에 사용할 2개입니다. 이를 위하여 남은 192.168.1.128/25를 다시 분할합니다.

두 개의 서브넷이 필요하므로 서브넷 마스크 길이 1을 증가시키면 됩니다. 결과적으로 192.168.1.128/26과 192.168.1.192/26이 만들어지며, 다음 그림과 같이 각 라우터의 인터페이스에 부여하면 됩니다.

[그림 3-8] VLSM을 이용한 IP 주소 부여

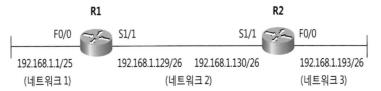

필요 시 시리얼 인터페이스 구간에 사용된 192.168.1.128/26 서브넷을 다시 서브넷팅하여 사용할 수도 있습니다.

서브넷 마스크 길이가 32비트인 주소를 호스트 루트(host route)라고 합니다. /32 주소는 일반 인터페이스에는 부여할 수 없고, 루프백(loopback)이라는 논리적인 인터페이스 등에만 부여할 수 있으며, 특별한 용도로 사용됩니다. 호스트 루트는 특정 호스트로 가는 경로를 지정할 때 사용합니다.

경로 축약

지금까지는 주어진 네트워크 주소를 분할하는 서브넷팅 기술에 대해서 살펴보았습니다. 이번에는 반대로 여러 개의 네트워크를 하나로 표시하는 경로 축약에 대해 알아봅시다.

경로 축약(route summary)이란 복수 개의 네트워크를 하나로 표시하는 것을 말합니다. 경로 축약은 수퍼넷팅(supernetting), 루트 서머라이제이션(route summarization) 등으로도 불리며 용어에 따라 약간의 뉘앙스 차이는 있으나 동일한 의미로 사용해도 무방합니다. 경로를 축약하면 다음과 같은 장점이 있습니다.

1) 네트워크 변화 정보가 일부에게만 전송되어 네트워크를 안정화시킵니다.

라우터는 자신이 알고 있는 네트워크 정보를 다른 라우터에게 광고하여 알려줍니다. 이때 (나중에 공부할) 라우팅 프로토콜(routing protocol)을 사용합니다. 다음 그림과 같이 R2에 4개의 라우터가 접속되어 있는 경우를 생각해봅시다.

[그림 3-9] 축약 전의 네트워크 정보 내용

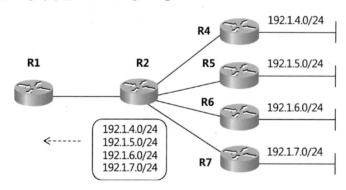

R2는 목적지 IP 주소가 192.1.4.0/24 ~ 192.1.7.0/24 사이인 패킷들은 모두 자신에게 전송하라는 정보를 R1에게 알려줍니다. 이와 같은 광고를 수신한 R1은 라우팅 테이블에 이를 기록합니다.

[그림 3-10] 축약 전의 라우팅 테이블

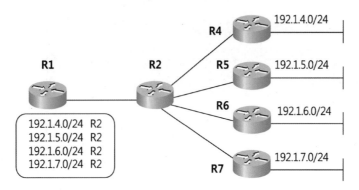

만약, R2에 접속된 라우터 R4가 다운되면 R2는 이를 R1에게 통보합니다. 즉, 네트워크 192.1.4.0/24는 다운되었으니 해당 패킷들을 R2로 보내지 마라는 정보를 보냅니다. 그러면 R1은 자신의 라우팅 테이블에서 192.1.4.0/24 정보를 제거합니다.

다시 R4가 살아나면 R2는 이를 R1에게 알리고, R1은 재차 라우팅 테이블을 수정합니다. 현재 인터넷에 할당된 IP 주소는 수억 개가 넘습니다. 만약, 모든 IP 주소들의 UP/DOWN 정보를 모든 라우터들이 수시로 교환한다면 라우터들은 라우팅 테이블을 유지하는 일 때문에 부하가 걸려 실제 데이터를 전송하지 못할 것입니다.

그러나 경로 축약을 사용하면 이와 같은 문제가 많이 해결됩니다.

[그림 3-11] 축약 후의 네트워크 정보 내용

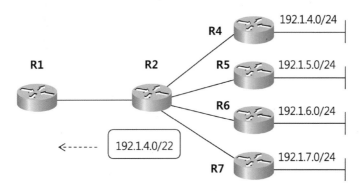

경로를 축약하면 R2가 4개의 네트워크 정보를 알리는 대신에 192.1.4.0/22 정보 하나만 R1에게 전송합니다. 192.1.4.0/22는 192.1.4.0/24, 192.1.5.0/24, 192.1.6.0/24, 192.1.7.0/24 네트워크 4개를 의미합니다. 계산 방법은 잠시 후 설명합니다.

이를 수신한 R1은 라우팅 테이블에 다음 그림과 같이 하나의 네트워크만 기록합니다.

[그림 3-12] 축약 후의 라우팅 테이블

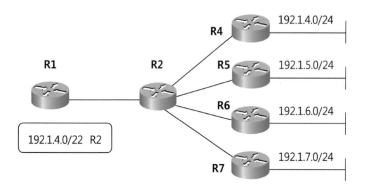

이후 R2에 접속된 라우터 R4가 다운되어도 R2는 이를 R1에게 통보하지 않습니다. 즉, 축약된 네트워크에 소속된 일부가 다운되어도 통보하지 않으며, 네트워크 4개가 모두 다운된 경우에만 192.1.4.0/22 네트워크는 다운되었으니 R2로 전송하지 마라는 정보를 보냅니다. 결과적으로 경로 축약은 하나의 라우터에서 발생한 장애 정보가 전체 네트워크로 전송되어 라우터에 부하를 주는 것을 방지할 수 있습니다. 즉, 네트워크의 상태가 변화하는 상황을 국지화(localization)시켜 전체망을 안정화시킵니다.

전세계에서 가장 큰 라우팅 테이블의 크기는 약 35만개 정도입니다. 이는 인터넷에 접속된 수억개 이상의 IP 주소를 수많은 라우터들이 축약을 한 결과입니다. 만약, 경로 축약을 하지 않았다면 인터넷에 접속된 라우터들의 라우팅 테이블 크기가 모두 수억개가 될 것입니다. 이 경우, 사람들이 PC의 전원을 켜거나 끌 때마다 끊임없이 라우팅 테이블이 변할 것이므로 라우터들은 새로운 경로 계산 때문에 데이터를 라우팅시킬 수 없게 됩니다. 그리고 현재 사용 중인 대부분의 라우터는 라우팅 테이블의 크기가 수만 개 이상 넘어가면 성능이 떨어집니다.

2) 장애처리 및 네트워크 관리가 쉽습니다.

라우팅 테이블이 크면 네트워크 장애 시 상황파악이 힘듭니다. 그러나 경로 축약으로 라우팅 테이블에 기록된 네트워크 정보가 적으면 장애처리 및 네트워크 관리가 쉽습니다.

3) 라우팅 테이블을 유지하기 위해서 필요한 라우터 자원(CPU, 메모리 등)의 낭비를 방지합니다.

라우팅 테이블은 라우터의 DRAM에 저장되며, 크기가 증가하면 라우터의 성능이 떨어지고, 경로를 검색하는 시간이 느려집니다. 그리고 성능이 떨어지는 라우터가 수만 개 정도의 네트워크 정보를 광고받으면 장비가 다운되기도 합니다.

경로 축약의 단점은 목적지까지 갈 수 없는 패킷들도 전송하여 대역폭(bandwidth)을 낭비할 수 있다는 것입니다. 앞서의 예에서 192.168.4.0/24 네트워크가 다운되어도 이를 R1에게 알리지 않아 해당 패킷이 R2까지 재전송되고, R2가 이를 폐기하게 되므로 R1, R2 간의 대역폭이 불필요하게 낭비됩니다. 그러나 이런 단점보다는 네트워크의 안정화가 더욱 중요하므로 경로 축약을 하게 됩니다.

축약 경로 계산 방법

축약 경로 계산 시 다음 두 가지 규칙을 적용하면 쉽습니다.

1) 현재의 마스크에서 n을 빼면, 현재의 마스크를 가진 네트워크 2^n개가 축약됩니다.

2) 축약 시작수가 2^n의 배수이면 2^n개까지 동시 축약 가능합니다. 즉, 다음 표와 같이 축약이 시작되는 수가 2의 배수이면 최대 2개까지, 4의 배수이면 최대 4개까지 축약할 수 있습니다.

[표 3-4] 축약 가능 네트워크 수

시작수	최대 축약수 (2^n)
2의 배수	2
4의 배수	4
8의 배수	8
16의 배수	16
32의 배수	32
64의 배수	64
128의 배수	128

먼저, '현재의 마스크에서 n을 빼면, 현재의 마스크를 가진 네트워크 2^n개가 축약된다'는 첫 번째 규칙을 살펴봅시다. 축약 네트워크 192.168.4.0/22란 192.168.4.0 네트워크와 22번째 비트까지는 동일한 값을 가지는 네트워크들이라는 의미입니다.

즉, 23번째 비트부터는 어떤 값을 가져도 상관없습니다.

11111111.11111111.11111100.00000000 (네트워크 마스크)

<u>11000000.10101000.00000100.00000000 (192.168.4.0의 2진 표기)</u>

11000000.10101000.00000101.00000000 (192.168.5.0의 2진 표기)

11000000.10101000.00000110.00000000 (192.168.6.0의 2진 표기)

11000000.10101000.00000111.00000000 (192.168.7.0의 2진 표기)

이 조건에 해당되는 것이 192.168.4.0/24 ~ 192.168.7.0/24 네트워크 4개입니다. 즉, 마스크 길이가 2개 감소했으므로 $2^2 = 4$개가 축약됩니다.

같은 이유로 192.168.0.0/23은 192.168.0.0/24, 192.168.1.0/24 네트워크 2개를 축약한 것입니다. 즉, 마스크 길이가 1이 감소했으므로 2^1=2개가 축약됩니다.

그리고 192.168.0.0/17은 192.168.0.0/24 ~ 192.168.127.0/24 네트워크 128개를 축약한 것입니다. 즉, 마스크 길이가 7이 감소했으므로 2^7=128개가 축약됩니다.

이번에는 '축약 시작수가 4의 배수이면 4개까지 축약 가능하다'는 두 번째 규칙을 살펴봅시다.

축약 네트워크 192.168.4.0/22란 192.168.4.0 네트워크와 22번째 비트까지는 동일한 값을 가지는 네트워크들이라는 의미입니다. 그런데, 다음의 예에서 보면 192.168.3.0은 22번째의 비트값이 다릅니다. 마찬가지로 192.168.8.0도 22번째의 비트값이 다릅니다.

11111111.11111111.11111 **1** 00.00000000 (네트워크 마스크)

11000000.10101000.00000 **0** 11.00000000 (192.168.3.0의 2진 표기)

<u>11000000.10101000.00000 **1** 00.00000000 (192.168.4.0의 2진 표기)</u>

11000000.10101000.00000 **1** 01.00000000 (192.168.5.0의 2진 표기)

11000000.10101000.00000 **1** 10.00000000 (192.168.6.0의 2진 표기)

11000000.10101000.00000 **1** 11.00000000 (192.168.7.0의 2진 표기)

11000000.10101000.00001 **0** 00.00000000 (192.168.8.0의 2진 표기)

결과적으로 축약 시작수가 4의 배수이면 최대 4개까지만 축약할 수 있습니다.

192.168.**12**.0에서 12도 4의 배수이므로 192.168.12.0 ~ 192.168.15.0까지 4개의 네트워크를 축약할 수 있습니다.

192.168.**96**.0에서 96은 2의 승수 중 32의 배수이므로 192.168.96.0/19라고 표시하면 192.168.96.0 ~ 192.168.127.0까지 최대 32개 네트워크를 축약할 수 있습니다. 경우에 따라 2, 4, 8, 16개로 축약할 수도 있습니다.

느슨한 축약과 롱기스트 매치 룰

경로 축약은 앞서의 예제와 같이 정확하게 하지 않아도 되는 경우가 많습니다.

[그림 3-13] 느슨한 축약

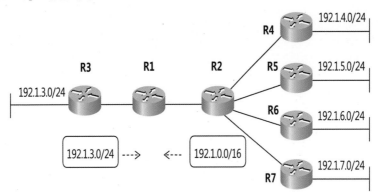

이는 '비트 수가 가장 길게 일치하는 방향으로 패킷을 전송한다'라는 롱기스트 매치 룰 (longest match rule)이라는 것 때문입니다. 앞과 같은 네트워크에서 이를 살펴봅시다.

R3에는 192.1.3.0/24 네트워크가 접속되어 있고, 이를 R1에게 광고합니다. R2는 자신이 알고 있는 네트워크 4개를 상세하게 광고하지 않고 192.1.0.0/16으로 광고합니다. 즉, '192.16으로 시작하는 모든 패킷은 R2로 전송하라'고 광고합니다. 이 경우, 목적지 IP 주소가 192.16.3.1인 패킷을 수신하면 R1은 이를 R3으로 전송합니다. R1의 라우팅 테이블에 저장된 네트워크 정보 중에서 192.16.3.0/24는 192.16.3.1과 24비트가 일치하고, 192.16.0.0/16은 16비트만 일치합니다. 따라서 롱기스트 매치 룰에 의해서 IP 주소가 길게 일치하는 R3으로 전송하므로 통신이 이루어집니다.

만약, 목적지 IP 주소가 192.16.4.1인 패킷을 수신하면 R1은 이를 R2로 전송합니다. R1의 라우팅 테이블에 저장된 네트워크 정보 중에서 192.16.3.0/24는 192.16.4.1과 다른 네트워크이므로 사용할 수 없습니다. 그러나 192.16.0.0/16에는 포함되므로 R2로 전송하게 됩니다. 이처럼, 네트워크의 구성에 따라 느슨하게 축약해도 문제 없습니다. 필요하다면 192.0.0.0/8과 같이 더 느슨하게 해도 됩니다.

이상으로 IPv4 주소와 관련된 여러 가지 내용을 살펴보았습니다.

연습 문제

1. 다음 중 셋업 모드로 들어가는 방법을 모두 고르시오.

   1) 공장 출하 시

   2) 관리자 모드에서 setup 명령어를 사용했을 때

   3) 설정 레지스터의 끝에서 두 번째 값이 0X2142처럼 4 일 때

   4) 설정 파일을 삭제한 후 재부팅할 때

   5) 플래시 메모리의 IOS 파일을 삭제한 후 재부팅할 때

2. 다음 중 어느 모드에서라도 바로 관리자 모드로 빠져나오는 방법을 2가지 고르시오.

   1) end 명령어를 입력한다.

   2) show version 명령어를 입력한다.

   3) logout 명령어를 입력한다.

   4) Control+z 명령어를 입력한다.

3. 다음 중 현재의 설정을 저장하는 명령어를 3가지 고르시오.

   1) copy startup-config running-config

   2) copy running-config startup-config

   3) write memory

   4) wr

4. erase flash: 명령어는 플래시 메모리에 저장된 내용을 모두 삭제한다. 연습용 프로그램인 emulator를 사용할 때에는 이 명령어를 사용해도 상관없다. 그러나 실제 장비에서는 이 명령어를 사용하면 IOS가 삭제된다. 실수로 IOS를 삭제했을 때 어떻게 해야 할까?

1) reload 명령어를 사용하거나 전원을 끄기 전까지는 장비가 정상적으로 동작한다. 절대로 장비를 끄거나 재부팅시키지 말고, 미리 백업(backup)해둔 해당 장비의 IOS를 찾아서 다시 설치한다.

2) IOS가 없는 상태에서 장비를 재부팅하여 ROM 모니터(ROM monitor) 모드로 들어가는 가는 것을 확인한다. ROM 모니터 모드에서 콘솔 포트를 통하여 몇시간 걸려 IOS를 복구하는 연습을 해본다.

3) 다른 사람이 재부팅하여 네트워크가 다운될 때까지 모르는 척 한다.

5. IP 주소 10.1.100.0/24를 이용하여 다음 네트워크가 제대로 동작할 수 있도록 각 라우터의 인터페이스에 적당한 IP 주소와 서브넷 마스크를 부여하시오.

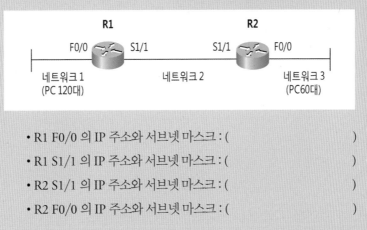

- R1 F0/0 의 IP 주소와 서브넷 마스크 : (   )
- R1 S1/1 의 IP 주소와 서브넷 마스크 : (   )
- R2 S1/1 의 IP 주소와 서브넷 마스크 : (   )
- R2 F0/0 의 IP 주소와 서브넷 마스크 : (   )

6. IP 주소 192.168.200.50/29가 소속된 서브넷 주소와 브로드캐스트 주소를 구하시오.

- 서브넷 주소 : (   )
- 브로드캐스트 주소 : (   )

7. IP 주소 172.16.1.100/28이 소속된 서브넷 주소와 브로드캐스트 주소를 구하시오.

- 서브넷 주소 : (   )
- 브로드캐스트 주소 : (   )

8. 다음 중 네트워크를 축약(summary)하는 이유를 3가지 고르시오.

1) 네트워크를 안정화시킨다.

2) 장애처리가 쉽다.

3) 네트워크 관리가 쉽다.

4) 목적지까지 갈 수 없는 패킷들도 전송시킨다.

9. 다음 중 서브넷 마스킹(subnet masking)을 하는 이유를 2가지 고르시오.

1) 네트워크 주소가 부족해서

2) 라우터는 인터페이스별로 서로 다른 네트워크를 사용해야 하기 때문에

3) 라우팅 테이블의 크기를 줄이기 위하여

4) 축약을 하기 위하여

10. 명령어 입력결과 '% Ambiguous command: '라는 에러 메시지가 표시되었다. 이 메시지가 의미하는 내용은 무엇인가?

1) 동일한 문자열로 시작하는 명령어가 2개 이상이다.

2) 명령어 다음에 필요한 옵션을 지정하지 않았다.

3) 잘못된 명령어이다.

4) 지원되지 않는 명령어이다.

11. 명령어 입력결과 '% Incomplete command.'라는 에러 메시지가 표시되었다. 이 메시지가 의미하는 내용은 무엇인가?

    1) 동일한 문자열로 시작하는 명령어가 2개 이상이다.

    2) 명령어 다음에 필요한 옵션을 지정하지 않았다.

    3) 잘못된 명령어이다.

    4) 지원되지 않는 명령어이다.

12. 관리자 모드나 이용자 모드에서 명령어가 아닌 문자열을 입력했을 때 IOS는 어떻게 동작할까?

    1) 문자열을 도메인 이름이나 호스트 이름으로 인식하고 해당하는 IP 주소를 알아내기 위하여 DNS 서버를 찾는다.

    2) 해당 문자열을 관리자용 암호로 해석한다.

    3) 전체 설정 모드로 들어간다.

    4) 인터페이스 설정 모드로 들어간다.

KING of NETWORKING

KING of NETWORKING

제4장

네트워크 동작 확인

show와 디버그

CDP와 LLDP

핑

트레이스 루트

텔넷과 SSH

킹-오브-
네트워킹

show와 디버그

이번 장에서는 네트워크를 관리하기 위한 여러 가지 명령어들에 대해서 살펴봅니다. 먼저, 카메라와 같이 특정 순간의 동작 상황을 알려주는 **show** 명령어와 캠코더와 같이 실시간 동작 상황을 알려주는 **debug** 명령어에 대해서 공부해봅시다.

테스트 네트워크 구축

테스트를 위하여 다음과 같은 네트워크를 구축합니다.

> 실장비를 사용하는 경우에는 이더넷 스위치 SW1도 동작시켜야 R1, R3의 F0/0 인터페이스가 살아납니다. 그러나 에뮬레이터는 인접 포트의 물리적인 상태를 알지 못하므로 SW1을 동작시키지 않아도 됩니다.

라우터 R1, R2, R3을 동작시키고, 콘솔 포트를 통하여 연결합니다.

[그림 4-1] 테스트 네트워크 구성

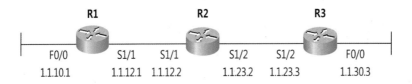

각 장비에서 기본 설정을 합니다. R1의 설정은 다음과 같습니다.

[예제 4-1] R1의 기본 설정

```
Router> enable
Router# conf t

Router(config)# hostname R1
R1(config)# enable secret cisco
R1(config)# no ip domain-lookup

R1(config)# line console 0
R1(config-line)# logging sync
R1(config-line)# exec-timeout 0
R1(config-line)# exit

R1(config)# line vty 0 4
R1(config-line)# password cisco
R1(config-line)# end
```

R2, R3에서도 **hostname**만 R2, R3으로 지정하고 나머지는 동일하게 설정합니다. 기본 설정이 끝나면 각 장비에서 필요한 인터페이스에 IP 주소를 부여하고 활성화시킵니다. IP 주소는 1.1로 시작하는 것을 사용하고, 서브넷 마스크는 모두 24비트로 설정합니다.

[예제 4-2] 인터페이스 IP 주소 부여

```
R1(config)# interface f0/0
R1(config-if)# ip address 1.1.10.1 255.255.255.0
R1(config-if)# no shutdown
R1(config-if)# exit
R1(config)# interface s1/1
R1(config-if)# ip address 1.1.12.1 255.255.255.0
R1(config-if)# no shutdown

R2(config)# int s1/1
R2(config-if)# ip addr 1.1.12.2 255.255.255.0
R2(config-if)# no shut
R2(config-if)# int s1/2
R2(config-if)# ip addr 1.1.23.2 255.255.255.0
R2(config-if)# no shut

R3(config)# int s1/2
R3(config-if)# ip addr 1.1.23.3 255.255.255.0
R3(config-if)# no shut
R3(config-if)# int f0/0
R3(config-if)# ip addr 1.1.30.3 255.255.255.0
R3(config-if)# no shut
```

기본적으로 라우터는 자신과 직접 접속되어 있는 네트워크만 알고 있습니다. 따라서 R1에서 원격지인 R3의 1.1.30.0/24 네트워크와 통신하려면 이 네트워크에 대한 정보를 알고 있어야 합니다. 라우터에게 원격지 네트워크 정보를 알려주는 방법은 동적인 라우팅 프로토콜을 사용하는 것과 정적으로 직접 설정하는 방법이 있습니다.

라우팅 프로토콜을 사용하는 방법은 나중에 자세히 설명하기로 하고, 여기서는 정적으로 원격 네트워크를 알려주기로 합니다. 이를 위하여 각 라우터에서 정적으로 라우팅 경로를 설정하는 방법은 다음과 같습니다.

[예제 4-3] 정적경로 설정

```
① R1(config)# ip route 1.1.0.0 255.255.0.0 1.1.12.2

② R2(config)# ip route 1.1.10.0 255.255.255.0 1.1.12.1
③ R2(config)# ip route 1.1.30.0 255.255.255.0 1.1.23.3

④ R3(config)# ip route 1.1.0.0 255.255.0.0 1.1.23.2
```

① R1에서 목적지가 1.1.0.0/16인 패킷들을 1.1.12.2 (R2)로 보냅니다.

② R2에서 목적지가 1.1.10.0/24인 패킷들을 1.1.12.1 (R1)로 보냅니다.

③ R2에서 목적지가 1.1.30.0/24인 패킷들을 1.1.23.3 (R3)으로 보냅니다.

④ R3에서 목적지가 1.1.0.0/16인 패킷들을 1.1.23.2 (R2)로 보냅니다.

이제, 관리 명령어 테스트를 위한 네트워크 구성이 끝났습니다.

show 명령어

show 명령어는 장비의 설정 내용 또는 동작 상태를 확인할 때 사용합니다. IOS에는 수많은 show 명령어가 있으므로 상황에 맞추어 적당한 것을 사용하면 됩니다. 자주 사용하는 명령어는 기억해 놓으면 편리합니다.

그러나 명령어를 잘 몰라도 대략적인 것을 유추하고, 물음표(?)를 이용한 도움말 기능을 사용하면 됩니다. 예를 들어, R1의 라우팅 테이블 내용을 보려면 다음과 같이 show ip route 명령어를 사용합니다.

[예제 4-4] R1의 라우팅 테이블

```
R1# show ip route
   (생략)
Gateway of last resort is not set

     1.0.0.0/8 is variably subnetted, 3 subnets, 2 masks
S     1.1.0.0/16 [1/0] via 1.1.12.2
C     1.1.10.0/24 is directly connected, FastEthernet0/0
C     1.1.12.0/24 is directly connected, Serial1/1
```

show ip route 명령어를 사용하여 R1의 라우팅 테이블을 확인해보면 원격지 네트워크인 1.1.23.0/24와 1.1.30.0/24가 느슨하게 축약되어 1.1.0.0/16으로 표시되어 있고, 이 네트워크로 가려면 1.1.12.2 (R2)로 보내도록 설정되어 있습니다.

[그림 4-2] 원격지 네트워크

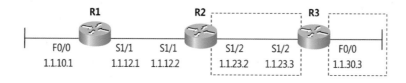

KING of NETWORKING

show 명령어는 명령어를 사용하는 순간의 상황을 보여줍니다. 따라서 시간이 지난 후 동일한 명령어를 사용하면 내용이 달라질 수 있습니다.

디버그

디버그(debug) 명령어는 라우터나 스위치의 동작내용을 실시간으로 보여줍니다. 특정 순간의 내용을 알려주는 show 명령어를 사진에 비유한다면, 실시간 동작상황을 알려주는 debug 명령어는 동영상에 비유할 수 있습니다. 디버그 명령어는 관리자 모드에서 사용합니다.

show 명령어와 마찬가지로 debug 명령어의 종류도 라우터의 동작과 관련된 거의 대부분을 관찰할 수 있을 정도로 많습니다. 그러나 크게 걱정할 필요는 없습니다. 처음에는 debug ?를 사용해 필요한 명령어를 찾으면 됩니다. 일단 한 번 익숙해지면, 장애처리나 라우팅 공부를 할 때 디버깅 명령어들이 없었다면 어떻게 되었을까 싶을 정도로 많은 정보를 알려줍니다.

> 과거 라우팅 공부를 할 때 라우팅이 되지 않아 무려 3일 동안이나 머리를 쥐어뜯은 경우가 있었습니다. 좌절하다가 갑자기 떠오른 생각이 '디버깅해보자'였습니다. 고수들이 들으면 혀를 찰 일입니다. 그때 사용한 명령어가 debug ip ospf neighbor 였는데, '인접 장비와 MTU(최대 전송 사이즈)가 달라서 정보교환을 못합니다'라는 메시지가 떴습니다. MTU를 조정하니 바로 라우팅이 해결되었습니다.

각종 디버깅 명령어의 사용 및 해석 방법은 해당 단원에서 설명하기로 하고, 지금은 자주 사용하는 디버깅 명령어 중의 하나인 debug ip packet을 사용하는 방법과 결과 해석에 대해서 알아봅시다.

debug ip packet

debug ip packet 명령어는 라우터의 CPU가 처리하는 모든 IP 패킷을 실시간으로 보여주는 명령어입니다.

> 디버깅은 장비에 부하를 많이 가하므로 실무에서는 특히 조심해야 합니다. 트래픽이 많은 라우터에 debug ip packet 명령어를 사용하면 바로 장비가 다운될 수 있습니다. 디버그를 설명할 때마다 웃음짓게 하는 세 사람이 있습니다. 디버그를 걸어서 ISP의 경인 지역 인터넷을 다운시킨 이_ IDC 백본 라우터에 디버그 명령어를 걸어놓고 퇴근하다가 도중에 불려온 정아무개_ 국가기관 특정망에 디버그를 걸었다가 해당 업무를 마비시킨 신아무개_ 아픔(?)은 있었지만 모두들 위기를 극복하고, 지금은 대기업의 관리자로서 폼잡고 있습니다.

다음과 같이 IP 패킷에 대한 디버깅을 겁니다.

[예제 4-5] IP 패킷 디버깅하기

```
R1# debug ip packet
IP packet debugging is on
```

트래픽을 발생 시키기 위하여 **ping** 명령어를 사용합니다. IOS에서 핑 명령어를 사용하면 목적지까지 5개의 패킷을 전송하고, 2초 이내에 응답이 오면 느낌표(!)를 표시합니다.

[예제 4-6] 핑 때리기

```
R1# ping 1.1.12.2

Type escape sequence to abort.
Sending 5, 100-byte ICMP Echos to 1.1.12.2, timeout is 2 seconds:
!!!!!
Success rate is 100 percent (5/5), round-trip min/avg/max = 4/44/88 ms
```

다음과 같이 디버그 결과가 표시됩니다.

[예제 4-7] 디버그 결과

```
R1#
09:36:17.729: IP: tableid=0, s=1.1.12.1 (local), d=1.1.12.2 (Serial1/1), routed via FIB
09:36:17.733: IP: s=1.1.12.1 (local), d=1.1.12.2 (Serial1/1), len 100, sending
                      ①                      ②                    ③    ④

09:36:17.793: IP: tableid=0, s=1.1.12.2 (Serial1/1), d=1.1.12.1 (Serial1/1), routed via RIB
09:36:17.797: IP: s=1.1.12.2 (Serial1/1), d=1.1.12.1 (Serial1/1), len 100, rcvd 3
                      ⑤                      ⑥                    ⑦    ⑧
```

① 출발지 IP 주소가 1.1.12.1 (R1)로 설정됩니다.

② 목적지 IP 주소가 1.1.12.2 (R2)로 설정됩니다.

③ 패킷의 길이(length)가 100바이트입니다.

④ 이상과 같은 패킷을 전송합니다(sending). 그러면 아래와 같은 응답을 받습니다.

⑤ 출발지 IP 주소가 1.1.12.2 (R2)로 설정됩니다.

⑥ 목적지 IP 주소가 1.1.12.1 (R1)로 설정됩니다.

⑦ 패킷의 길이가 100바이트입니다. 즉, 송신한 패킷을 그대로 돌려줍니다.

⑧ 이상과 같은 패킷을 수신합니다(received).

이처럼 **debug ip packet** 명령어를 사용하면 송수신되는 패킷의 내용을 확인할 수 있습니다.

주요 디버깅 결과 해석

debug ip packet 명령어를 사용할 때 흔히 볼 수 있는 디버깅 메시지의 종류와 의미를 살펴봅시다.

• **정상적인 통신이 이루어지는 경우**

정상적으로 통신이 이루어지는 경우에는 앞의 예제와 같이 라우터가 패킷을 보내고 (sending), 받는 것을(rcvd) 확인할 수 있습니다.

• **목적지로 가는 경로가 없을 때**

R1에서 라우팅 설정을 제거해봅시다.

[예제 4-8] R1 라우팅 제거

```
R1(config)# no ip route 1.1.0.0 255.255.0.0 1.1.12.2
```

다음과 같이 라우팅 테이블을 확인해보면 원격지로 가는 경로 정보가 없습니다.

[예제 4-9] R1 라우팅 테이블

```
R1# show ip route
   (생략)
Gateway of last resort is not set

   1.0.0.0/24 is subnetted, 2 subnets
C    1.1.10.0 is directly connected, FastEthernet0/0
C    1.1.12.0 is directly connected, Serial1/1
```

이번에는 R3에 접속된 원격지 네트워크인 1.1.30.3으로 핑을 해봅시다. 다음과 같이 **unroutable**(언라우터블, 라우팅 불가)이라는 메시지가 표시됩니다. 이것은 목적지 네트워크가 현재 라우터의 라우팅 테이블에 없을 때 나타나는 메시지입니다.

[예제 4-10] 원격지 네트워크로 핑 때리기

```
R1# ping 1.1.30.3
```

```
Type escape sequence to abort.
Sending 5, 100-byte ICMP Echos to 1.1.30.3, timeout is 2 seconds:

*Mar  1 10:01:23.529: IP: s=1.1.10.1 (local), d=1.1.30.3, len 100, unroutable.
*Mar  1 10:01:25.529: IP: s=1.1.10.1 (local), d=1.1.30.3, len 100, unroutable.
*Mar  1 10:01:27.553: IP: s=1.1.10.1 (local), d=1.1.30.3, len 100, unroutable.
*Mar  1 10:01:29.553: IP: s=1.1.10.1 (local), d=1.1.30.3, len 100, unroutable.
*Mar  1 10:01:31.553: IP: s=1.1.10.1 (local), d=1.1.30.3, len 100, unroutable.
Success rate is 0 percent (0/5)
```

테스트를 위하여 다시 R1에 라우팅을 설정합시다.

[예제 4-11] R1 라우팅 설정

```
R1(config)# ip route 1.1.0.0 255.255.0.0 1.1.12.2
```

중간의 라우터에 목적지로 가는 경로가 없을 때

이번에는 R2에서 R3으로 설정된 라우팅을 제거합니다.

[예제 4-12] R2 라우팅 제거

```
R2(config)# no ip route 1.1.30.0 255.255.255.0 1.1.23.3
```

다시 R1에서 R3으로 핑을 해봅시다.

[예제 4-13] R1에서 R3으로 핑 때리기

```
R1# ping 1.1.30.3

Type escape sequence to abort.
Sending 5, 100-byte ICMP Echos to 1.1.30.3, timeout is 2 seconds:

10:22:01.289: IP: tableid=0, s=1.1.12.1 (local), d=1.1.30.3 (Serial1/1), routed via FIB
10:22:01.289: IP: s=1.1.12.1 (local), d=1.1.30.3 (Serial1/1), len 100, sending

10:22:01.425: IP: tableid=0, s=1.1.12.2 (Serial1/1), d=1.1.12.1 (Serial1/1), routed via RIB
10:22:01.429: IP: s=1.1.12.2 (Serial1/1), d=1.1.12.1 (Serial1/1), len 56, rcvd 3
```
①   ②

① 핑이 실패하고, 디버그 메시지를 보면 목적지인 1.1.30.3이 아닌 도중의 1.1.12.2 (R2)가 응답합니다.

② 응답 내용은 목적지로 가는 경로가 없다는 것입니다. (실제 내용을 보려면 **debug ip packet detail** 명령어를 사용하면 됩니다.)

- **돌아오는 경로가 없을 때**

  R2에서 다시 R3으로 가는 라우팅을 설정하고, R3에 설정된 라우팅을 제거합니다.

[예제 4-14] 라우팅 조정

```
R2(config)# ip route 1.1.30.0 255.255.255.0 1.1.23.3
R3(config)# no ip route 1.1.0.0 255.255.0.0 1.1.23.2
```

다시 R1에서 R3으로 핑을 해봅시다.

[예제 4-15] R1에서 R3으로 핑 때리기

```
R1# ping 1.1.30.3

Type escape sequence to abort.
Sending 5, 100-byte ICMP Echos to 1.1.30.3, timeout is 2 seconds:

10:13:19.621: IP: tableid=0, s=1.1.12.1 (local), d=1.1.30.3 (Serial1/1), routed via FIB
10:13:19.625: IP: s=1.1.12.1 (local), d=1.1.30.3 (Serial1/1), len 100, sending.
10:13:21.621: IP: s=1.1.12.1 (local), d=1.1.30.3 (Serial1/1), len 100, sending.
10:13:23.621: IP: s=1.1.12.1 (local), d=1.1.30.3 (Serial1/1), len 100, sending.
10:13:25.621: IP: s=1.1.12.1 (local), d=1.1.30.3 (Serial1/1), len 100, sending.
10:13:27.621: IP: s=1.1.12.1 (local), d=1.1.30.3 (Serial1/1), len 100, sending.
Success rate is 0 percent (0/5)
```

패킷이 최종 목적지로 갔다가 돌아오는 도중에 경로를 모르면 출발지 장비는 아무런 응답을 받지 못합니다. 이때 디버그 결과처럼 출발지 장비에는 'sending'이라는 메시지만 표시됩니다. 다음 테스트를 위하여 다시 R3에서 라우팅을 설정합시다.

[예제 4-16] R3 라우팅 설정

```
R3(config)# ip route 1.1.0.0 255.255.0.0 1.1.23.2
```

이외에도 여러 가지 디버그 메시지가 있으며, 인터넷 등을 참조하여 해석하고 적절히 대처하면 됩니다.

디버깅 명령어 사용 시 주의 사항

디버깅 명령어를 사용하면 장비에 많은 부하가 걸리므로 트래픽이 많은 장비는 다운될 수도 있습니다. 따라서 네트워크 장애발생 시 우선 show 명령어 등 다른 방법으로 네트워크의 이상유무를 확인하고, 디버깅 명령어는 마지막 방법으로 사용하는 것이 좋습니다.

그리고 debug ip packet 등 라우터에 부하를 많이 주는 디버깅보다는 debug ip routing 등 의심이 가는 특정한 활동에 대해서만 디버깅하는 것이 좋습니다. 부득이 debug ip packet과 같은 명령어를 사용해야 하는 경우라면, (나중에 설명할) 액세스 리스트와 병행하여 사용하면 디버그 내용이 줄어들어 결과 해석도 편리하고, 장비에 주는 부하도 줄일 수 있습니다.

그러나 실습장비나 에뮬레이터를 이용하여 공부할 때에는 가능한 한 여러 가지 디버깅을 많이 해봐야 프로토콜이 동작하는 것을 정확히 이해할 수 있고, 오랫동안 기억에 남습니다.

디버그는 라우터나 스위치의 CPU가 처리하는 패킷들만 확인할 수 있습니다. 처리 속도를 빠르게 하기 위하여, 라우터와 스위치를 통과하는 패킷들은 대부분 CPU를 거치지 않고, 캐시(cache)에서 처리되며, 이와 같은 것들은 디버깅해도 보이지 않습니다. 꼭, 디버깅해야 하는 패킷이 있다면 인터페이스 설정 모드에서 no ip route-cache 명령어를 사용하여 해당 패킷이 CPU를 거치도록 하면 됩니다.

디버깅 확인과 중지

현재 실행 중인 디버깅 종류를 보려면 show debug 명령어를 사용합니다.

[예제 4-17] 실행 중인 디버깅 종류 보기

```
R1# show debugging
Generic IP:
  IP packet debugging is on
```

특정 디버깅을 중지하려면 undebug 또는 no debug 명령어를 사용합니다.

[예제 4-18] 특정 디버깅 중지

```
R1# no debug ip packet
IP packet debugging is off
```

모든 디버깅을 중지하려면 no debug all 또는 undebug all이라고 입력하면 됩니다. 보통 undebug all의 단축 명령어인 un all을 많이 사용합니다.

[예제 4-19] 모든 디버깅 중지

```
R1# un all
All possible debugging has been turned off
```

화면에 엄청 많은 디버깅 메시지가 뿌려지는 동안 디버깅 중지 메시지를 입력하면 명령어가 제대로 입력 되었는지 혼란스럽습니다. 이때는 화면을 보지 말고 키보드만 보면서 천천히 un all 명령어를 두어 번 입력 합니다. 디버깅 중지 명령어를 사용해도 한참동안 화면에 디버깅 메시지가 뿌려지는 경우가 많습니다. 그 이유는 버퍼에 남아있던 메시지가 표시되기 때문입니다.

CDP와 LLDP

CDP(Cisco Discovery Protocol)는 시스코 장비에서만 사용되는 프로토콜로 인접 장비에게 자신의 정보를 알려줄 때 사용합니다. CDP는 스위치와 같이 접속된 장비가 많을 때 특히 유용합니다. LLDP(Link Layer Discovery Protocol)는 CDP와 같이 자신의 정보를 인접 장비에게 알려주는 프로토콜입니다. LLDP는 시스코 고유의 프로토콜인 CDP와 달리 IEEE 802.1AB에서 규정한 표준 프로토콜입니다.

CDP 동작 방식

CDP는 이더넷과 HDLC, PPP 등과 같은 포인트 투 포인트 프로토콜을 사용하는 인터페 이스에 기본적으로 동작합니다. CDP가 동작하는 인터페이스를 확인하려면 다음과 같이 **show cdp interface** 명령어를 사용합니다. 명령어 사용 결과 나타나는 인터페이스들은 모두 CDP가 동작하는 것들입니다.

[예제 4-20] **CDP가 동작하는 인터페이스 확인하기**

```
R2# show cdp interface
FastEthernet0/0 is administratively down, line protocol is down
  Encapsulation ARPA
  Sending CDP packets every 60 seconds ①
  Holdtime is 180 seconds ②

Serial1/1 is up, line protocol is up
  Encapsulation HDLC
  Sending CDP packets every 60 seconds
  Holdtime is 180 seconds
    (생략)
```

① CDP는 기본적으로 60초마다 자신의 정보를 이웃에게 전송합니다.

② CDP 정보를 연속해서 180초간 수신하지 못하면 상대방의 CDP 정보를 제거합니다. 이 시간을 홀드타임(holdtime)이라고 합니다.

CDP를 이용한 인접 장비 정보 확인

CDP를 이용하여 인접 장비의 정보를 확인하려면 다음과 같이 **show cdp neighbor** 명령어를 사용합니다.

[예제 4-21] CDP를 이용한 인접 장비 정보 확인

```
R2# show cdp neighbors
Capability Codes: R - Router, T - Trans Bridge, B - Source Route Bridge
        S - Switch, H - Host, I - IGMP, r - Repeater
     ①         ②          ③        ④        ⑤        ⑥
Device ID  Local Intrfce  Holdtme  Capability Platform Port ID
R3        Ser 1/2        165      R S I    3660     Ser 1/2
R1        Ser 1/1        139      R S I    3660     Ser 1/1
```

① 상대 장비의 호스트 네임을 의미합니다

② 상대 장비와 연결되는 현재 장비의 인터페이스 이름을 의미합니다. 현재 R2에서 **show cdp neighbor** 명령어를 사용했으므로 다음 그림에서 R2의 인터페이스인 S1/1, S1/2를 의미합니다.

[그림 4-3] CDP를 이용한 인접 장비 정보 확인시 참조 네트워크 구성

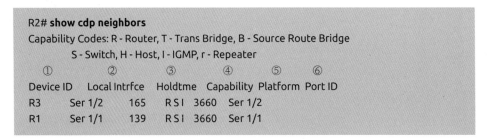

R1 (Port ID) (Local Interface) R2 (Local Interface) (Port ID) R3
S1/1   S1/1   S1/2   S1/2
1.1.12.1 1.1.12.2 1.1.23.2 1.1.23.3

③ 홀드타임(holdtime)을 의미합니다. 기본적인 홀드타임은 180초입니다. 이 기간 동안 상대로부터 CDP 정보를 수신하지 못하면 해당 장비를 CDP 테이블에서 삭제합니다. 정상적인 경우라면 60초이내에 CDP 정보를 수신할 것이고, 표시되는 홀드타임 값은 다시 180으로 초기화됩니다. 이 값이 120 이하로 떨어지면 상대 장비 또는 상대 장비와의 통신에 어떤 문제가 발생했다는 것을 의미합니다.

④ 상대 장비의 기능을 의미합니다. R(Router), S(Switch) 및 I(IGMP) 기능을 가진 장비임을 나타냅니다.

⑤ 상대 장비의 모델번호를 표시합니다.

⑥ 현재 장비와 연결되는 상대 장비의 포트번호를 표시합니다.

상대 장비에 대한 좀 더 상세한 내용을 확인하려면 다음과 같이 **show cdp neighbors detail** 명령어를 사용합니다.

[예제 4-22] 상대 장비에 상세한 내용 확인하기

```
R2# show cdp neighbors detail
-------------------
Device ID: R3
Entry address(es):
 IP address: 1.1.23.3
Platform: Cisco 3660,  Capabilities: Router Switch IGMP
Interface: Serial1/2,  Port ID (outgoing port): Serial1/2
Holdtime : 122 sec

Version :
Cisco IOS Software, 3600 Software (C3660-JK9O3S-M), Version 12.4(15)T14, RELEASE
SOFTWARE (fc2)
Technical Support: http://www.cisco.com/techsupport
Copyright (c) 1986-2010 by Cisco Systems, Inc.
Compiled Tue 17-Aug-10 10:59 by prod_rel_team

advertisement version: 2
VTP Management Domain: "

--------------------------------------
Device ID: R1
Entry address(es):
 IP address: 1.1.12.1
Platform: Cisco 3660,  Capabilities: Router Switch IGMP
Interface: Serial1/1,  Port ID (outgoing port): Serial1/1
Holdtime : 154 sec
  (생략)
```

결과를 보면 상대 장비의 IP 주소, 사용하는 IOS 버전 등 상세한 정보를 알 수 있습니다. **show cdp neighbors detail** 명령어는 모든 인접 장비의 정보를 표시하므로 좀 불편할 수 있습니다.

특정 인접 장비의 정보만 확인하려면 다음과 같이 **show cdp entry** 명령어 다음에 인접 장비의 디바이스 ID(호스트명)를 지정합니다. 디바이스 ID는 대소문자를 구분합니다.

[예제 4-23] 특정 인접 장비 정보만 확인

```
R2# show cdp entry R1
---------------------
Device ID: R1
Entry address(es):
 IP address: 1.1.12.1
Platform: Cisco 3660,  Capabilities: Router Switch IGMP
Interface: Serial1/1,  Port ID (outgoing port): Serial1/1
Holdtime : 154 sec

Version :
Cisco IOS Software, 3600 Software (C3660-JK9O3S-M), Version 12.4(15)T14, RELEASE
SOFTWARE (fc2)
(생략)
```

앞의 결과처럼 특정 인접 장비 하나의 상세정보만 표시됩니다. CDP는 장비관련 민감한 정보를 포함하고 있어 보안과 연관이 있습니다. 만약, 특정 인터페이스 방향으로 CDP 정보를 전송하지 않으려면 다음과 같이 인터페이스 설정 모드에서 **no cdp enable** 명령어를 사용합니다.

[예제 4-24] 특정 인터페이스 방향 CDP 비활성화

```
R2(config)# interface s1/2
R2(config-if)# no cdp enable
```

장비전체에서 아예 CDP의 동작을 비활성화시키려면 전체 설정 모드에서 **no cdp run** 명령어를 사용합니다.

[예제 4-25] 장비전체 CDP 비활성화

```
R2(config)# no cdp run
```

이상으로 CDP에 대해서 살펴보았습니다.

과거 필자가 근무하던 회사에서 회사의 네트워크 구성도를 다시 그리는 작업을 했었습니다. 만든 구성도를 참조하여 실제 장비가 제대로 연결되어 있는지를 확인하던 직원이 심각한 얼굴로 네트워크 구성도에 문제가 있는 것 같다고 했습니다. 그 이유를 물으니 show cdp neighbor 명령어를 사용해도 상대 장비가 보이지 않는다는 것이었습니다. 확인해 보니, 상대 장비는 시스코가 아닌 다른 회사의 제품이었습니다. 지금 그

직원은 세계적인 통신회사의 본사에서 상급 매니저로 롬잡고 있습니다. 한 번씩 볼 때마다 그때 이야기를 하면서 웃습니다.

LLDP 동작 방식

이번에는 LLDP에 대해서 살펴봅시다. 테스트를 위하여 다음과 같은 네트워크를 구성합니다. (LLDP는 비교적 최근 기능이기 때문에 에뮬레이터가 지원하지 않을 수 있습니다. 필자도 별도의 랩으로 테스트했습니다.)

[그림 4-4] LLDP 테스트 네트워크

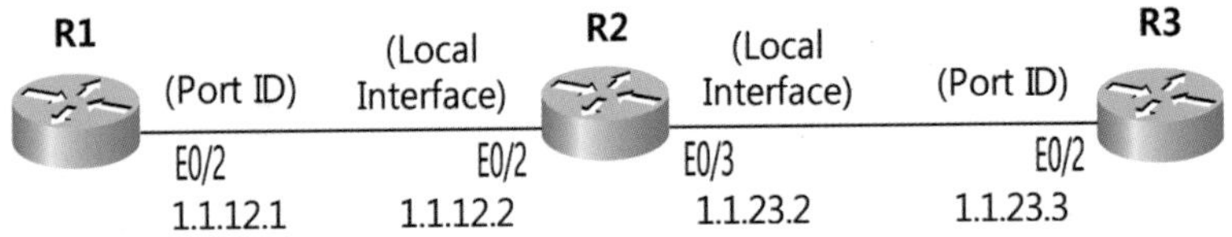

다음과 같이 R1에서 인터페이스를 활성화시킵니다.

[예제 4-26] 인터페이스 활성화

```
R1(config)# interface e0/2
R1(config-if)# ip address 1.1.12.1 255.255.255.0
R1(config-if)# no shut
```

R2의 설정은 다음과 같습니다.

[예제 4-27] R2의 설정

```
R2(config)# interface e0/2
R2(config-if)# ip address 1.1.12.2 255.255.255.0
R2(config-if)# no shut
R2(config-if)# exit

R2(config)# interface e0/3
R2(config-if)# ip address 1.1.23.2 255.255.255.0
R2(config-if)# no shut
```

R3의 설정은 다음과 같습니다.

[예제 4-28] R3의 설정

```
R3(config)# interface e0/2
R3(config-if)# ip address 1.1.23.3 255.255.255.0
R3(config-if)# no shut
```

LLDP의 기본적 활성화 여부는 장비에 따라 다릅니다. 다음과 같이 **show lldp** 명령어를 사용하여 LLDP의 동작 여부를 확인합니다.

[예제 4-29] LLDP 활성화 여부 확인

```
R2# show lldp
% LLDP is not enabled
```

다음과 같이 모든 장비에서 LLDP를 활성화시킵니다.

[예제 4-30] LLDP 활성화

```
R1(config)# lldp run
R2(config)# lldp run
R3(config)# lldp run
```

다시 **show lldp** 명령어를 사용하여 LLDP의 동작 여부를 확인해보면 이번에는 활성화되어 있습니다.

[예제 4-31] LLDP 동작 여부 확인

```
R2# show lldp

Global LLDP Information:
  Status: ACTIVE
  LLDP advertisements are sent every 30 seconds  ①
  LLDP hold time advertised is 120 seconds  ②
  LLDP interface reinitialisation delay is 2 seconds
```

① LLDP는 기본적으로 30초마다 자신의 정보를 이웃에게 전송합니다.

② LLDP 정보를 연속해서 120초간 수신하지 못하면 상대방의 LLDP 정보를 제거합니다. 이 시간을 홀드타임(holdtime)이라고 합니다.

LLDP가 동작하는 인터페이스를 확인하려면 다음과 같이 **show lldp interface** 명령어를 사용합니다. 명령어 사용 결과 나타나는 인터페이스들은 모두 LLDP가 동작하는 것들입니다.

[예제 4-32] LLDP가 동작하는 인터페이스 확인

```
R2# show lldp interface

Ethernet0/0:
  Tx: enabled
  Rx: enabled
  Tx state: INIT
  Rx state: WAIT PORT OPER

Ethernet0/1:
  Tx: enabled
  Rx: enabled
  Tx state: INIT
  Rx state: WAIT PORT OPER

Ethernet0/2:
  Tx: enabled
  Rx: enabled
  Tx state: IDLE
  Rx state: WAIT FOR FRAME

Ethernet0/3:
  Tx: enabled
  Rx: enabled
  Tx state: IDLE
  Rx state: WAIT FOR FRAME
```

이상으로 기본적인 LLDP 동작 상태를 확인해보았습니다.

LLDP를 이용한 인접 장비 정보 확인

LLDP를 이용하여 인접 장비의 정보를 확인하려면 다음과 같이 **show lldp neighbor** 명령어를 사용합니다.

[예제 4-33] 인접 장비 정보 확인

```
R2# show lldp neighbors
Capability codes:
  (R) Router, (B) Bridge, (T) Telephone, (C) DOCSIS Cable Device
  (W) WLAN Access Point, (P) Repeater, (S) Station, (O) Other
    ①          ②          ③          ④          ⑤
Device ID   Local Intf  Hold-time  Capability  Port ID
```

R3	Et0/3	120	R	Et0/2
R1	Et0/2	120	R	Et0/2

Total entries displayed: 2

① 상대 장비의 호스트 이름을 의미합니다

② 상대 장비와 연결되는 현재 장비의 인터페이스 이름을 의미합니다. 현재 R2에서 **show lldp neighbor** 명령어를 사용했으므로 다음 그림에서 R2의 인터페이스인 E0/2, E0/3을 의미합니다.

[그림 4-5] 테스트 네트워크

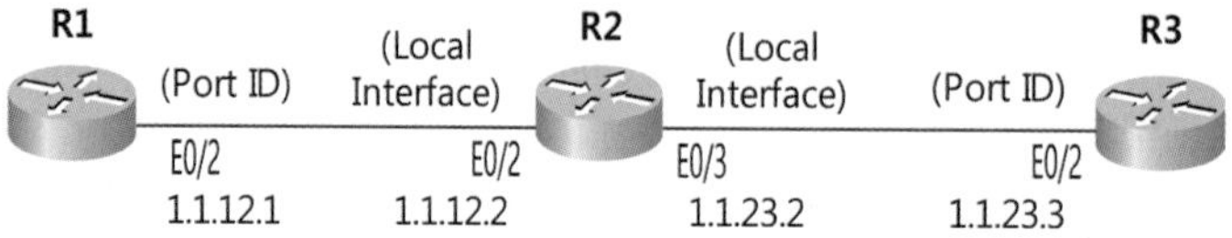

③ 홀드타임(holdtime)을 의미합니다. 기본적인 홀드타임은 120초입니다. 이 기간 동안 상대로부터 LLDP 정보를 수신하지 못하면 해당 장비를 LLDP 테이블에서 삭제합니다. 정상적인 경우라면 30초 이내에 LLDP 정보를 수신할 것이고, 표시되는 홀드타임 값은 다시 120으로 초기화됩니다. 이 값이 90 이하로 떨어지면 상대 장비 또는 상대 장비와의 통신에 어떤 문제가 발생했다는 것을 의미합니다.

④ 상대 장비의 기능을 의미합니다. R(Router), B(Bridge) 등의 기능을 가진 장비임을 나타냅니다.

⑤ 현재 장비와 연결되는 상대 장비의 포트번호를 표시합니다.

상대 장비에 대한 좀 더 상세한 내용을 확인하려면 다음과 같이 **show cdp neighbors detail** 명령어를 사용합니다.

[예제 4-34] 상대 장비에 대한 상세한 내용 확인하기

```
R2# show lldp neighbors detail
------------------------------------------------
Chassis id: aabb.cc00.0d00
Port id: Et0/2
Port Description: Ethernet0/2
System Name: R3

System Description:
Cisco IOS Software, Linux Software (I86BI_LINUX-ADVENTERPRISEK9-M), Version 15.2(2.3)T,
```

```
ENGINEERING WEEKLY BUILD, synced to V151_4_M1_13
Copyright (c) 1986-2011 by Cisco Systems, Inc.
Compiled Thu 13-Oct-11 01:08 by hlo

Time remaining: 104 seconds
System Capabilities: B,R
Enabled Capabilities: R
Management Addresses:
  IP: 1.1.23.3
Auto Negotiation - not supported
Physical media capabilities - not advertised
Media Attachment Unit type - not advertised
Vlan ID: - not advertised


------------------------------------------------
Chassis id: aabb.cc00.0b00
Port id: Et0/2
Port Description: Ethernet0/2
System Name: R1
   (생략)
```

결과를 보면 상대 장비의 IP 주소, 사용하는 IOS 버전 등 상세한 정보를 알 수 있습니다. **show lldp neighbors detail** 명령어는 모든 인접 장비의 정보를 표시하므로 정보가 너무 많을 수 있습니다.

특정 인접 장비의 정보만 확인하려면 다음과 같이 **show lldp entry** 명령어 다음에 인접 장비의 디바이스 ID(호스트명)를 지정합니다. 디바이스 ID는 대소문자를 구분합니다.

[예제 4-35] 특정 인접 장비 정보만 확인

```
R2# show lldp entry R1

Capability codes:
   (R) Router, (B) Bridge, (T) Telephone, (C) DOCSIS Cable Device
   (W) WLAN Access Point, (P) Repeater, (S) Station, (O) Other
------------------------------------------------
Chassis id: aabb.cc00.0b00
Port id: Et0/2
Port Description: Ethernet0/2
System Name: R1

System Description:
   (생략)
```

앞의 결과처럼 특정 인접 장비 하나의 상세정보만 표시됩니다. LLDP는 장비 관련 민감한 정보를 포함하고 있어 보안과 연관이 있습니다. 만약, 특정 인터페이스 방향으로 LLDP 정보를 전송하지 않으려면 다음과 같이 인터페이스 설정 모드에서 **no lldp transmit** 명령어를 사용합니다.

[예제 4-36] 특정 인터페이스 LLDP 정보 전송 차단

```
R2(config)# interface E0/2
R2(config-if)# no lldp ?
 receive    Enable LLDP reception on interface
 tlv-select Selection of LLDP TLVs to send
 transmit   Enable LLDP transmission on interface

R2(config-if)# no lldp transmit
```

핑

핑(ping)은 PC, 서버, 라우터, 스위치 등 특정 장비의 동작 상태를 원격에서 확인할 때 사용하는 명령어입니다. 핑은 ICMP 프로토콜을 이용하여 동작합니다.

ICMP

ICMP(Internet Control Message Protocol)는 라우터, 스위치, PC, 서버 등 네트워크에 접속되어 있는 장비의 동작 상태를 확인할 때 사용하는 프로토콜입니다. ICMP 패킷의 헤더에는 다음 표와 같은 ICMP 타입(type)과 코드(code) 필드가 있으며, 이 값들을 이용하여 특정한 작업을 요청하고 응답합니다.

[표 4-1] 주요 ICMP 메시지 타입 및 의미

ICMP 타입	ICMP 코드	의미
0	0 = (항상 0)	핑에 대한 응답 패킷
3	0 = 네트워크 도달 불가	목적지 도달 불가
	1 = 호스트 도달 불가	
	2 = 프로토콜 도달 불가	
	3 = 포트 도달 불가	
	4 = 패킷분할이 필요하나 DF 비트가 셋팅되어 있음	
	5 = 소스 루트 실패	
8	0 = (항상 0)	핑 패킷
11	0 = TTL 초과	시간 초과
	1 = 분할 패킷 재조립 시간 초과	

예를 들어, IP 주소가 1.1.30.3인 장비가 제대로 동작 중인지 확인할 때 **ping 1.1.30.3**이라는 명령어를 사용합니다. 이때 타입 8, 코드 0이 설정된 ICMP 메시지를 보냅니다. 이 ICMP 패킷을 수신한 장비가 정상적으로 동작 중이면 타입 0 코드 0이 설정된 ICMP 메시지를 사용하여 응답합니다.

만약, 경로상의 라우터에 1.1.30.3과 관련된 정보가 라우팅 테이블에 없으면 타입 3, 코드 0인 ICMP 메시지로 응답하여 해당 네트워크가 도달 불가능하다는 것을 알립니다.

표준 핑

핑(ping)은 네트워크의 동작 확인 및 장애처리용으로 가장 많이 사용되는 도구로 ICMP 패킷을 이용합니다. 표준 핑은 이용자 모드나 관리자 모드에서 확인하고자 하는 네트워크 장비의 IP 주소나 네트워크 주소를 입력하면 됩니다. 예를 들어, R1에서 R3에 접속된 IP 주소인 1.1.30.3까지의 통신을 확인하는 방법은 다음과 같습니다.

[예제 4-37] 표준 핑

```
R1# ping 1.1.30.3

Type escape sequence to abort.
Sending 5, 100-byte ICMP Echos to 1.1.30.3, timeout is 2 seconds:
```

```
!!!!!
Success rate is 100 percent (5/5), round-trip min/avg/max = 12/48/120 ms
```

그러면 100바이트 크기의 패킷 5개를 연속해서 목적지로 전송하며, 2초 이내에 반향되어 오지 않으면 해당 장비나 도중의 네트워크에 장애가 발생한 것으로 간주합니다. 성공적으로 패킷이 돌아오면 느낌표(!)를 표시하고, 실패하면 마침표(.)를 표시합니다. 그리고 패킷이 목적지까지 왕복하는 데 걸린 최소시간(min)/평균시간(avg)/최대시간(max)도 알려줍니다. 핑 결과 코드의 종류와 의미는 다음과 같습니다.

[표 4-2] 핑 결과 코드

코드	의미
!	핑이 성공함
.	지정된 시간내에 핑 패킷이 돌아오지 않음 (타임 아웃됨)
U	목적지 도달 불가 메시지를 받음
Q	소스퀜치 (목적지가 혼잡함)
M	전송도중 패킷분할이 필요하나 분할할 수 없음
?	알 수 없는 패킷 타입

핑을 도중에 중지하려면 **Control + Shift** 키를 누른 상태에서 6 키를 누릅니다.

핑 패킷을 전송하는 것을 "핑을 때린다"라고 합니다. 핑이 실패하는 것을 "핑이 빠진다"라고 합니다.

확장 핑

확장 핑(extended ping)이란 핑을 할 때 출발지 주소, 패킷 개수, 패킷 크기 등을 정할 수 있는 것으로 관리자 모드에서만 가능하고, 다음과 같이 **ping**이라고만 입력하고 나머지는 대화방식으로 지정해주면 됩니다.

[예제 4-38] 확장 핑

```
R1# ping
Protocol [ip]:
Target IP address: 1.1.30.3
Repeat count [5]:
```

KING of NETWORKING

```
Datagram size [100]:
Timeout in seconds [2]:
Extended commands [n]: yes
Source address or interface: 1.1.10.1
Type of service [0]:
Set DF bit in IP header? [no]:
Validate reply data? [no]:
Data pattern [0xABCD]:
Loose, Strict, Record, Timestamp, Verbose[none]:
Sweep range of sizes [n]:

Type escape sequence to abort.
Sending 5, 100-byte ICMP Echos to 1.1.30.3, timeout is 2 seconds:
Packet sent with a source address of 1.1.10.1
!!!!!
Success rate is 100 percent (5/5), round-trip min/avg/max = 12/23/48 ms
```

확장 핑 옵션의 의미와 용도는 다음과 같습니다.

- Protocol [ip]

  핑에 사용할 네트워크 레이어 프로토콜을 지정합니다. 기본값은 ip이며, 기본값을 사용하려면 **엔터 키**를 누릅니다.

- Target IP address

  목적지 주소를 지정합니다.

- Repeat count [5]

  연속해서 몇 개의 패킷을 보낼지를 지정합니다. 기본값은 5입니다.

- Datagram size [100]

  핑에 사용할 패킷의 길이를 지정합니다. 기본값은 100바이트입니다.

- Timeout in seconds [2]

  패킷이 돌아와야 하는 최대 시간을 지정합니다. 기본값은 2초입니다. 지연이 심하거나 규모가 큰 네트워크에서는 이 값을 충분히 길게 지정해주어야 타임아웃 되지 않고 핑이 되는 것을 확인할 수 있습니다.

- Extended commands [n]

  확장 명령어를 사용할지를 지정합니다. 다음에 설명하는 조건들을 정의하려면 'y'라고 입력하여 확장 핑 모드로 들어가야 합니다.

- Source address or interface

핑의 출발지 주소를 지정합니다. 이렇게 출발지 IP 주소를 지정하는 것을 소스 핑(source ping)이라고 합니다. 출발지를 지정하지 않으면 핑 패킷이 빠져나가는 인터페이스의 주소가 출발지 주소로 지정됩니다. 핑에서 출발지 주소는 핑이 돌아올 때는 목적지 주소로 사용됩니다.

따라서 특정 네트워크에서 출발하는 패킷이 목적지로 갔다가 제대로 돌아오는지를 확인하려면 여기에 확인하고자 하는 인터페이스의 주소를 지정하면 됩니다. 이때 지정하는 주소는 반드시 현재 라우터의 인터페이스에 부여된 주소를 사용해야 합니다.

예를 들어, 다음 그림의 R1의 F0/0에서 R3의 F0/0 사이의 통신이 되는지 확인하려면 'Source address or interface:'란에 R1의 F0/0 인터페이스에 설정된 주소인 1.1.10.1을 적거나 인터페이스 이름인 'fastethernet0/0'을 지정하면 됩니다.

[그림 4-6] 소스 핑(source ping)의 용도

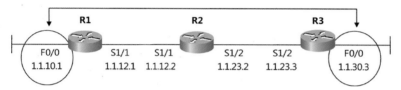

IP 주소를 지정하는 경우에는 반드시 라우터에 설정된 것을 사용해야 하고, 인터페이스 종류를 지정하려면 생략하지 말고 'fastethernet0/0'과 같이 이름 전체와 인터페이스 번호를 지정합니다.

- Type of service [0]

IP 패킷의 TOS(Type Of Service)를 지정합니다. 일반적으로 기본값을 사용합니다.

- Set DF bit in IP header? [no]

라우터, 스위치와 같은 통신장비들은 인터페이스를 통하여 전송할 수 있는 최대 데이터 길이가 정해져 있으며, 이를 MTU(Maximum Transmission Unit 최대 전송 단위)라고 합니다. 다음과 같이 **show interface** 명령어 다음에 확인하려는 인터페이스를 지정하면 해당 인터페이스의 MTU를 알 수 있습니다.

[예제 4-39] 인터페이스 MTU 확인

```
R1# show int f0/0
FastEthernet0/0 is up, line protocol is up
  Hardware is AmdFE, address is cc03.08f0.0000 (bia cc03.08f0.0000)
  Internet address is 1.1.10.1/24
```

> **MTU 1500 bytes**, BW 100000 Kbit/sec, DLY 100 usec,
>   reliability 255/255, txload 1/255, rxload 1/255
> (생략)

MTU 사이즈보다 큰 IP 패킷을 특정 인터페이스를 통하여 전송해야 하는 경우에는 어떻게 될까요? 이에 대한 답은 IP 헤더의 DF(Don't Fragment, 분할 불가) 필더에 달려있습니다. 기본값인 '**no**'로 지정하면 패킷이 분할되어 전송됩니다. 이 값을 '**yes**'로 하면 전송도중 패킷의 크기보다 작은 MTU를 가진 인터페이스를 만나면 패킷이 폐기됩니다. 따라서 경로의 MTU를 확인하는 데 유용하게 사용됩니다.

- Data pattern [0xABCD]

  핑 패킷에 사용될 데이터 패턴을 지정합니다. 기본적으로는 데이터 부분에 ' 0xABCD'라는 데이터가 반복적으로 채워져 전송됩니다. 0x는 16진수를 의미하고 16진수 A는 이진수 1010입니다. B, C, D는 1011, 1100, 1101입니다. 결과적으로 1010 1011 1100 1101이라는 데이터가 반복되어 100바이트 만큼 전송됩니다.

- Loose, Strict, Record, Timestamp, Verbose[none]

  IP 패킷 헤더의 옵션 필드를 사용하여 다음과 같은 사항을 확인할 수 있습니다.

- Loose

  일반적으로 핑 패킷이 전송되는 경로는 라우터의 라우팅 테이블에 따릅니다. 그러나 이 옵션을 사용하면 다음과 같이 핑 패킷이 지나가는 경로를 미리 지정해줍니다. 중간 경로 중 일부를 생략할 수도 있습니다. 만약 지정된 경로를 거칠 수 없으면 핑이 실패합니다. 이것은 라우팅 테이블과 다른 경로의 동작 여부를 확인할 때 유용하게 사용됩니다.

  Loose, Strict, Record, Timestamp, Verbose[none]: **Loose**

  Source route: **1.1.23.3**

- Strict

  앞서 설명한 Loose 옵션과 유사하며, 다음과 같이 목적지로 가는 경로를 지정할 때 일부를 생략하지 말고 모두 적어주어야 합니다.

  Loose, Strict, Record, Timestamp, Verbose[none]: **Strict**

  Source route: **1.1.12.2 1.1.23.3**

- Record

  핑 패킷이 왕복하는 경로를 확인할 때 유용한 옵션입니다. 목적지까지 가는 경로만을 알려주는 트레이스 루트와는 달리 이 옵션을 사용하면 왕복 경로를 모두 알려줍니다.

```
R1# ping
Protocol [ip]:
Target IP address: 1.1.30.3
Repeat count [5]: 1
Extended commands [n]: yes
Loose, Strict, Record, Timestamp, Verbose[none]: rec

 (생략)

Reply to request 0 (160 ms).  Received packet has options
 Total option bytes= 40, padded length=40
 Record route:
  (1.1.12.1)
  (1.1.23.2)
  (1.1.30.3)
  (1.1.23.3)
  (1.1.12.2)
  (1.1.12.1) <*>
  (0.0.0.0)
  (0.0.0.0)
  (0.0.0.0)
 End of list

Success rate is 100 percent (1/1), round-trip min/avg/max = 160/160/160 ms
```

이 옵션은 왕복경로가 다른 비대칭 경로(asymmetric route)를 찾아내는 데 유용합니다.

- Timestamp

  목적지까지 가는 경로 중에 있는 라우터에 설정되어 있는 시간을 표시해주는 옵션입니다.

- Verbose

  핑 결과를 상세하게 표시할지 여부를 지정하는 옵션입니다. **Vervose** 옵션을 사용하면 핑 결과를 상세하여 보여줍니다. **verbose** 옵션을 사용하지 않으면 핑 성공 유무만 표시해줍니다.

- Sweep range of sizes [n]: **y**

  패킷의 크기를 증가시키면서 핑을 할 때 사용되며, 전송경로의 MTU를 확인할 때 유용합니다. 이때 DF 비트를 셋팅해야(Set DF bit in IP header? [no]: **yes**) 하며, 그렇지 않으면 MTU가 작은 인터페이스에서 패킷이 분할되어 전송되므로 전송경로의 MTU들을 제대로 확인할 수 없습니다.

  패킷의 최소 크기와 최대 크기 및 증가폭을 지정해주면 패킷의 크기를 차례로 증가시키면서 핑을 합니다. 다음의 출력물은 패킷의 크기를 1000바이트부터 2000바이트까지 100바이트씩 차례로 증가시키면서 핑을 했을 때, 6개까지는(MTU가 1500바이트) 핑이 되고 이후로는 실패하는 것을 확인할 수 있습니다. 따라서 전송경로의 최소 MTU 사이즈가 1500바이트라는 것을 알 수 있습니다.

[예제 4-41] 핑을 이용한 전송경로의 최소 MTU 사이즈 확인

```
R1# ping
Target IP address: 1.1.30.3
Repeat count [5]: 1
Extended commands [n]: yes
Set DF bit in IP header? [no]: yes
Sweep range of sizes [n]: yes
Sweep min size [36]: 1000
Sweep max size [18024]: 2000
Sweep interval [1]: 100

Type escape sequence to abort.
Sending 11, [1000..2000]-byte ICMP Echos to 1.1.30.3, timeout is 2 seconds:
Packet sent with the DF bit set
!!!!!!.....
Success rate is 54 percent (6/11), round-trip min/avg/max = 1/40/140 ms
```

- Success rate is 100 percent

  핑이 성공한 비율을 표시해줍니다.

- round-trip min/avg/max = 1/2/4 ms

  각 패킷이 왕복하는 데 소요된 최소/평균/최대 시간을 밀리초(millisecond) 단위로 표시해줍니다.

직접 핑 옵션 입력하기

앞서와 같이 대화식으로 옵션을 정하지 않고 다음과 같이 직접 옵션을 입력하여 확장핑을 할 수 있습니다.

[예제 4-42] 직접 옵션을 입력한 확장핑

```
R1# ping 1.1.30.3 ?
  data    specify data pattern
```

```
df-bit    enable do not fragment bit in IP header
repeat    specify repeat count
size      specify datagram size
source    specify source address or name
timeout   specify timeout interval
validate  validate reply data
<cr>
```

급하게 장애처리를 해야 할 때 이렇게 직접 옵션을 지정하여 핑을 하는 경우가 많습니다.
핑 성공 유무에 따른 결과 해석 시 고려해야 할 사항은 다음과 같습니다.

• 핑 패킷의 출발지 주소는 출력 인터페이스의 것을 사용한다

핑을 할 때 사용되는 패킷의 출발지 IP 주소는 기본적으로 라우터에서 출력되는 인터페이
스의 IP 주소를 사용합니다.

• 핑은 갔다 오는 것이다

핑은 패킷이 목적지까지 갔다가 돌아와야 합니다. 따라서 핑이 실패했다면 목적지까지 가는
데 문제가 있는지 또는 돌아오는 데 문제가 있는지를 파악해야 합니다.

트레이스 루트

트레이스 루트(traceroute)는 목적지까지 가는 경로를 알고자 할 때 사용하는 명령어입니다.
네트워크 장애발생 시 이 명령어를 사용하면 목적지까지 가는 라우터 중 어느 것까지가 정
상적으로 동작하는지 확인할 수 있습니다.

표준 트레이스 루트

트레이스 루트 명령어를 사용하여 경로를 알아내는 방법은 다음과 같습니다.

[예제 4-43] 표준 트레이스 루트

```
R1# traceroute 1.1.30.3

Type escape sequence to abort.
Tracing the route to 1.1.30.3
```

```
1 1.1.12.2   72 msec 48 msec 12 msec
2 1.1.23.3   40 msec * 116 msec
```

결과 내용을 보면 목적지로 가는 경로상에 있는 각 라우터의 IP 주소인 1.1.12.2, 1.1.23.3과 각 IP 주소까지의 왕복시간을 알 수 있습니다.

트레이스 루트 동작 방식

트레이스 루트는 경로탐지를 위해서 UDP를 사용하고, 응답은 ICMP를 이용합니다. 구체적인 동작 방식은 다음과 같습니다.

1) 최종 목적지 IP 주소, TTL 값이 1, 잘 사용하지 않는 UDP 포트 번호가 설정된 UDP 패킷을 목적지 방향으로 전송합니다.

2) TTL 값이 1이므로 인접한 라우터는 더 이상 패킷을 목적지로 보내지 못하며, 이를 출발지 IP 주소로 통보합니다. 이때, 'TTL 값이 만료되어 더 이상 패킷을 전송하지 못한다'는 의미의 메시지 타입 11, 코드 0의 값을 가진 ICMP 패킷을 이용합니다. 트레이스 루트를 시작한 측에서는 이 패킷의 출발지 IP 주소를 확인하여 목적지로 가는 첫 번째 IP 주소를 알게 됩니다.

3) 동일한 과정을 두 번 더 반복합니다. 이후 TTL 값을 1 증가시켜 다시 패킷을 보냅니다. 그러면, 두 번째 라우터까지 도달하고, 이번에는 두 번째 라우터가 응답합니다.

4) 이런식으로 TTL 값을 차례로 증가시키면서 UDP 패킷을 보내고, 도중의 라우터들이 보내는 ICMP 패킷에 포함된 출발지 IP 주소를 확인하여 경로를 기록해 나갑니다. 패킷이 목적지에 도달하면 해당 장비는 UDP 포트번호가 사용하지 않는 것임을 확인한 후 포트 도달 불가(ICMP type=3, code=3) 메시지를 보내고, 이 메시지를 받으면 트레이스 루트가 끝납니다. 트레이스 루트 결과에서 표시되는 코드는 다음과 같습니다.

[표 4-3] 트레이스 루트 결과 코드

코드	의미
nn msec	왕복 시간 (milliseconds)
*	프로브 타임 아웃
A	액세스 리스트 등으로 인하여 액세스가 차단됨
Q	소스 치 (목적지가 혼잡함)
I	사용자가 인터럽트함

U	포트 도달 불가
H	호스트 도달 불가
N	네트워크 도달 불가
P	프로토콜 도달 불가
T	타임아웃
?	알 수 없는 패킷 타입

트레이스 루트를 도중에 끝내려면 **Control + Shift** 키를 누른 상태에서 **6**키를 누릅니다. 트레이스 루트 종료 명령어를 모르면 화면에 찍히는 별표(*)를 한없이 바라만 보고 있어야 하는 경우도 있습니다.

윈도우에서 트레이스 루트 명령어는 tracert이며, 끝내려면 Control + C 키를 누릅니다.

확장 트레이스 루트

트레이스 루트에 사용되는 각종 변수를 조정하려면 다음과 같이 확장 트레이스 루트 (extended traceroute) 기능을 사용합니다. 이 명령어는 관리자 모드에서만 사용 가능합니다.

[예제 4-44] 확장 트레이스 루트

```
R1# traceroute
Protocol [ip]:
Target IP address: 1.1.30.3
Source address: 1.1.10.1
Numeric display [n]:
Timeout in seconds [3]:
Probe count [3]:
Minimum Time to Live [1]:
Maximum Time to Live [30]:
Port Number [33434]:
Loose, Strict, Record, Timestamp, Verbose[none]:

Type escape sequence to abort.
Tracing the route to 1.1.30.3

  1 1.1.12.2 52 msec 60 msec 24 msec
  2 1.1.23.3 36 msec * 116 msec
```

- Protocol [ip]

  경로를 추적할 프로토콜 종류를 지정합니다. 기본값은 IP입니다.

- Target IP address

  목적지 주소를 지정합니다.

- Source address

  출발지 주소를 지정합니다.

- Probe count [3]

  각 라우터에 대해 연속적으로 전송하는 패킷의 개수를 지정합니다.

- Minimum Time to Live [1]

  최초의 TTL 값을 지정합니다. 예를 들어, 이 값을 3으로 지정하면 목적지로 가는 경로 중에 있는 3번째 라우터부터 경로 추적을 시작합니다.

텔넷과 SSH

텔넷과 SSH는 원격으로 장비에 접속하기 위한 프로토콜입니다. 이중에서 텔넷은 원격 접속을 위하여 많이 사용하는 프로토콜이기는 하지만 보안성이 없습니다. 즉, 송수신되는 내용이 암호화되지 않은 평문이므로 공격자가 내용을 모두 확인할 수 있습니다. 그러나 SSH는 메시지가 암호화되어 전송되므로 보안성이 높습니다.

텔넷

텔넷(telnet)은 가장 많이 사용되는 원격 접속용 프로토콜입니다. R1에서 원격지 라우터인 R3으로 텔넷을 이용하여 접속하려면 다음과 같이 **telnet** 명령어 다음에 목적지의 IP 주소를 입력하면 됩니다.

[예제 4-45] 텔넷 접속

```
R1# telnet 1.1.30.3
Trying 1.1.30.3 ... Open
```

```
User Access Verification

Password:
R3>
```

접속 후 R3이 텔넷 접속용 암호를 묻습니다. 암호를 입력하면 기본적으로 사용자 모드로 접속됩니다. enable 명령어를 치고, 관리자용 암호를 입력하면 관리자 모드로 들어갑니다. 텔넷 접속을 끝내려면 다음과 같이 exit 명령어를 사용하면 됩니다.

[예제 4-46] 텔넷 접속 끝내기

```
R3> exit

[Connection to 1.1.30.3 closed by foreign host]
R1#
```

텔넷 접속 후 상대 장비의 IP 주소가 변경되거나 통신에 문제가 발생하면 먹통이 되어 빠져나올 수 없는 상황이 됩니다. 예를 들어, R3으로 텔넷한 다음 R3의 S1/2 인터페이스의 IP 주소를 제거해봅시다.

[예제 4-47] 실수하기

```
R1# telnet 1.1.30.3
Trying 1.1.30.3 ... Open

User Access Verification

Password:

R3> enable
Password:
R3# conf t
Enter configuration commands, one per line.  End with CNTL/Z.
R3(config)# interface s1/2
R3(config-if)# no ip address
```

R3의 IP 주소를 삭제하는 순간 아무리 엔터 키를 눌러도 반응이 없습니다. 이때 텔넷을 끊지 않고 임시로 원래의 장비로 돌아오려면 Control+Shift키를 누른 상태에서 숫자 6 키를 누릅니다. 다시, 모든 손을 떼고(만세를 부르고) x 키를 누릅니다. 그러면, 텔넷이 끊기지 않은 상태에서 R1로 돌아옵니다. 이제, R1에서 disconnect 명령어를 사용하면 R3과의 텔넷이 종료됩니다.

[예제 4-48] 임시로 돌아오기

```
R1# disconnect
Closing connection to 1.1.30.3 [confirm]
R1#
```

테스트를 위하여 다시 R3의 IP 주소를 설정합시다.

[예제 4-49] R3의 IP 주소 설정

```
R3(config)# int s1/2
R3(config-if)# ip address 1.1.23.3 255.255.255.0
```

텔넷 암호가 설정되어 있지 않으면 텔넷을 할 수 없습니다. 테스트를 위하여 다음과 같이 R3
에서 텔넷 암호를 제거합니다.

[예제 4-50] R3 텔넷 암호 제거

```
R3(config)# line vty 0 4
R3(config-line)# no password
```

R1에서 R3으로 텔넷을 해보면 다음과 같이 '필요한 암호가 설정되지 않았다'는 메시지와
함께 통신이 끊깁니다.

[예제 4-51] 텔넷 암호가 없으면 텔넷을 할 수 없다

```
R1# telnet 1.1.30.3
Trying 1.1.30.3 ... Open

Password required, but none set

[Connection to 1.1.30.3 closed by foreign host]
R1#
```

R3의 텔넷 암호를 다시 설정합시다.

[예제 4-52] R3 텔넷 암호 설정

```
R3(config)# line vty 0 4
R3(config-line)# password cisco
```

관리자용 암호가 설정되어 있지 않으면 텔넷 후 관리자 모드로 들어갈 수 없습니다. 다음과 같이 R3의 관리자용 암호를 제거합니다.

[예제 4-53] 관리자용 암호 제거

```
R3(config)# no enable secret
```

다시 R3으로 텔넷 후 **enable** 명령어를 사용하여 관리자 모드로 들어가려면 '% No password set' 메시지와 함께 거부됩니다.

[예제 4-54] 관리자용 암호가 없으면 관리자 모드로 들어갈 수 없다

```
R1# telnet 1.1.30.3
Trying 1.1.30.3 … Open


User Access Verification

Password:
R3> enable
% No password set
R3>
```

다시 R3의 관리자용 암호를 설정합시다.

[예제 4-55] R3 관리자용 암호 설정

```
R3(config)# enable secret cisco
```

텔넷 설정에서 **no login** 명령어를 사용하면 텔넷 접속 시 암호를 묻지 않습니다.

[예제 4-56] no login 명령어

```
R3(config)# line vty 0 4
R3(config-line)# no login
```

다음과 같이 R3으로 텔넷 접속 시 암호를 묻지 않고 바로 접속됩니다.

KING of NETWORKING

[예제 4-57] no login 명령어 사용 시 암호를 묻지 않는다

```
R1# telnet 1.1.30.3
Trying 1.1.30.3 ... Open

R3>
```

다음과 같이 텔넷 설정에서 **privilege level 15** 명령어를 사용하면 텔넷 접속 시 관리자용 암호를 묻지 않고 바로 관리자 모드로 들어갑니다.

[예제 4-58] privilege level 15 명령어

```
R3(config)# line vty 0 4
R3(config-line)# privilege level 15
```

R3으로 텔넷을 하면 다음과 같이 암호를 묻지 않고 바로 관리자 모드로 들어갑니다.

[예제 4-59] 바로 관리자 모드로 들어가기

```
R1# telnet 1.1.30.3
Trying 1.1.30.3 ... Open

R3#
```

> 실무에서 no login과 privilege level 15 명령어를 사용하는 것은 해커에게 대문을 활짝 열어놓는 것과 같습니다.

R3에서 **show user**나 **who** 명령어를 사용하면 현재 장비에 텔넷으로 접속해 있는 사람의 IP 주소와 접속시간을 확인할 수 있습니다.

[예제 4-60] 현재 텔넷 접속자 확인

```
R3# show user
    Line    User    Host(s)      Idle    Location
*  0 con 0          idle       00:00:00
  226 vty 0         idle       00:01:26 1.1.12.1
```

텔넷 접속자를 끊으려면 다음과 같이 **clear line** 명령어 다음에 앞서 **show user** 명령어를 사용했을 때 표시된 라인 번호를 입력하면 됩니다.

```
R3# clear line 226
[confirm]
 [OK]
R3#
```

원격 디버깅

텔넷으로 접속한 장비에서 디버깅을 하려면 먼저 원격 장비의 전체 설정 모드에서 **terminal monitor**라는 명령어를 입력하여야 합니다. 이 명령을 중지시키는 명령은 **terminal no monitor**입니다.

SSH

SSH(secure shell)은 원격 접속 시 상대를 확인하는 인증(authentication) 기능 외에 텔넷에 없는 패킷 암호화(encryption) 기능, 패킷 변조를 방지하는 무결성 확인(integrity) 기능을 제공하여 보안성이 뛰어납니다.

SSH는 버전 1과 2가 있으며, 버전 1의 취약점을 보완한 것이 버전 2이므로 가능하면 이것을 사용하는 것이 좋습니다. 두 버전 간에는 호환성이 없습니다. SSH를 설정하는 방법은 다음과 같습니다.

[예제 4-62] SSH에서 사용할 암호키 만들기

```
① R3(config)# ip domain-name cisco.com
② R3(config)# crypto key generate rsa modulus 1024
```

① SSH에서 사용할 암호키를 만들려면 이처럼 적당한 도메인 이름을 지정해야 합니다.
② SSH에서 사용할 암호키를 만들면서 키의 길이를 지정합니다. SSH 2를 사용하려면 768비트 이상을 지정해야 합니다.

[예제 4-63] 로컬 DB 만들기

```
① R3(config)# username ccna password cisco
② R3(config)# line vty 0 4
③ R3(config-line)# login local
```

① SSH에서 사용할 이용자명과 암호를 지정합니다.

② 원격 라인 설정 모드로 들어갑니다.

③ 앞서 설정할 이용자명과 암호를 이용하여 원격 접속자를 인증(authentication)하도록 설정합니다. 여기까지만 설정해도 다른 장비에서 R3으로 SSH을 이용하여 접속할 수 있습니다. 다음 설정은 옵션입니다.

[예제 4-64] SSH 옵션 설정하기

```
① R3(config)# ip ssh version 2
   R3(config)# line vty 0 4
② R3(config-line)# transport input ssh
```

① SSH 버전 2 접속만 허용합니다.

② 원격 접속 방식을 SSH만 가능하게 합니다. 텔넷 접속은 차단됩니다.

설정 후 R1에서 R3으로 SSH을 이용하여 접속하는 방법은 다음과 같습니다.

[예제 4-65] SSH을 이용한 접속

```
R1# ssh -v 2 -l ccna 1.1.30.3

Password:

R3>
```

ssh 명령어 다음에 -v 옵션을 사용하여 버전을 지정하고, -l(엘) 옵션을 사용하여 이용자명을 지정하며, 접속대상의 IP 주소를 지정한 다음 **엔터 키**를 치면 상대와 SSH 버전 2로 연결됩니다.

다음과 같이 show ssh 명령어를 사용하여 확인하면 현재 접속된 SSH 버전, 암호화 방식 (Encryption), 무결성 확인 방식(Hmac), 이용자명 등을 알 수 있습니다.

[예제 4-66] show ssh 명령어를 사용한 확인

```
R3# show ssh
Connection Version Mode Encryption  Hmac       State         Username
0      2.0   IN   aes128-cbc hmac-sha1 Session started   ccna
0      2.0   OUT  aes128-cbc hmac-sha1 Session started   ccna
%No SSHv1 server connections running.
```

이상으로 SSH를 이용한 원격 접속 방법에 대해서 살펴보았습니다.

연습 문제

1. 다음 중 핑에 대해 설명한 것 중 틀린 것을 고르시오.

    1) ICMP라는 프로토콜을 이용한다.

    2) 시스코 IOS는 100 바이트 크기의 패킷을 전송한다.

    3) 시스코 IOS는 100 바이트 크기의 패킷을 그대로 돌려준다.

    4) 시스코 IOS는 기본적으로 1초 이내에 응답이 없으면 핑이 실패한 것으로 간주한다.

2. 원격지의 장비에 텔넷을 했다가 먹통이 되었다. 텔넷을 종료하는 가장 적당한 방법은?

    1) 장비의 전원을 내린다.

    2) Control + Shift + 6 키를 눌렀다가 손을 모두 뗀 후, x 키를 누른 다음, disconnect
       명령어를 사용한다.

    3) Control + Shift + 6 키를 누른다.

    4) 커피를 마시면서 자동으로 텔넷 세션이 종료될 때까지 기다린다.

3. 다음 중 트레이스 루트(traceroute) 명령어가 사용하는 프로토콜을 모두 고르시오.

  1) ICMP

  2) IP

  3) TCP

  4) UDP

4. 텔넷으로 접속한 장비의 동작을 디버깅하기 위하여 필요한 명령어는 무엇인가?

  1) monitor terminal

  2) remote terminal

  3) terminal monitor

  4) terminal no monitor

제5장

이더넷과 이더넷 스위치

이더넷 물리계층

이더넷 MAC 서브 계층

스위치의 종류 및 기본 설정

킹-오브-
네트워킹

이더넷 물리 계층

이더넷(ethernet)은 IEEE 802.2와 802.3에서 정의한 표준을 따르는, LAN에서 사용되는 물리 계층 및 링크 계층 프로토콜입니다. 특히, IEEE 802.3 프로토콜에는 이더넷 속도, 케이블 등 물리 계층과 이더넷의 프레임 포맷, 전송방식 등 링크 계층 일부가 정의되어 있습니다. 이더넷이 지원하는 전송속도는 10Mbps, 100Mbps, 1Gbps, 10Gbps, 40Gbps, 100Gbps 등이 있습니다. 현재, 이더넷은 건물 내부의 통신인 LAN뿐만 아니라 전송거리가 수십 km 이상인 제품들도 있어 도시 내의 통신(MAN, Metropolitan Area Network)에서도 사용됩니다.

이더넷 물리 계층 표준

이더넷 물리 계층은 신호 변환방식, 속도, LAN에서 사용되는 커넥터 및 케이블 종류 등을 정의합니다. 이더넷 물리 계층은 IEEE 802.3에 정의되어 있으며 종류가 다양합니다. IEEE 802.3 표준 중 몇 가지만 살펴봅시다.

- **10BaseT**
  4가닥의 UTP(Unshielded Twisted Pair) 케이블을 사용하는 10Mbps 이더넷 표준으로 최대 전송거리는 100미터입니다. 앞의 10은 속도가 10Mbps임을 나타내고, **Base**는 베이스밴드 (baseband) 신호를 사용한다는 것을 나타내며, 마지막의 **T**는 꼬임선(twisted pair cable)을 사용한다는 것을 의미합니다.

- **100BaseT**
  4가닥의 UTP 케이블을 사용하는 100Mbps 이더넷 표준으로 최대 전송거리는 100미터입니다. 100Mbps 이더넷을 패스트 이더넷(fast ethernet)이라고도 하며, 현재 가장 많이 사용되는 표준입니다.

- **1000BaseT**
  8가닥의 twisted pair 케이블을 사용하는 1000Mbps 이더넷 표준으로 최대 전송거리는 100미터입니다. 1000Mbps 이더넷을 기가비트 이더넷(gigabit ethernet)이라고도 합니다.

[그림 5-1] twisted pair 케이블 (출처 : 위키피디아)

- **1000BaseSX**

  광 케이블을 사용하는 1000Mbps 이더넷 표준으로 최대 전송거리는 550미터입니다. S는 단거리(short)를 의미합니다.

- **1000BaseLX**

  광 케이블을 사용하는 1000Mbps 이더넷 표준으로 최대 전송거리는 5km입니다. L은 장거리(long)를 의미합니다.

- **10GBaseSR**

  광 케이블을 사용하는 10Gbps 이더넷 표준으로 최대 전송거리는 케이블의 종류에 따라 300미터입니다. **SR**은 단거리(short range)를 의미합니다. 10Gbps 이더넷을 10G('**텐** 지'라고 발음) 이더넷이라고도 합니다.

- **10GBaseLR**

  광 케이블을 사용하는 10Gbps 이더넷 표준으로 최대 전송거리는 케이블의 종류에 따라 25km입니다. **LR**은 장거리(long range)를 의미합니다.

- **40GBASE-T**

  카테고리 8 twisted pair 케이블을 사용하는 40GMbps 이더넷 표준으로 최대 전송거리는 30미터입니다.

- **100GBASE-ER4**

  광 케이블을 사용하는 100Gbps 이더넷 표준으로 전송거리는 40km입니다.

이더넷 케이블

이더넷에서 주로 사용되는 케이블은 TP(twisted pair)와 광케이블이 있습니다. TP 케이블 관련 사양은 TIA(Telecommunications Industry Association)에서 만든 카테고리(category) 5, 5e, 6, 6a, 7, 7a, 8 등으로 표시합니다. 현재, 100Mbps 이더넷용으로는 카테고리 5, 1Gbps는 카테고리 5e 케이블을 많이 사용합니다.

TP 케이블은 차폐가 된 것(STP, Shielded Twisted Pair)과 되지 않은 것(UTP, Unshielded Twisted Pair)이 있으며, 주로 UTP가 많이 사용됩니다.

이더넷에서 사용되는 광케이블은 레이저(laser)의 파장, 전송모드 및 광케이블의 지름에 따라서 전송거리가 달라집니다. 레이저의 파장은 850, 1310, 1550nm(나노미터) 등이 사용됩니다.

전송모드는 멀티모드(multimode)와 싱글모드(single mode)가 있으며, 싱글모드의 전송거리가 더 깁니다. 광케이블의 지름은 9, 50, 62.5미크론(micron) 등이 있으며, 지름이 작을수록 전송거리가 길어집니다.

케이블 연결 방법

이더넷 케이블은 다음 그림과 같은 RJ45 커넥터를 이용하여 연결합니다.

[그림 5-2] RJ45 커넥터 (출처 : 위키피디아)

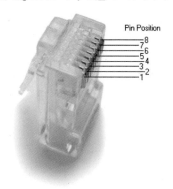

RJ45 커넥터는 그림과 같이 8개의 핀을 사용하며, 1부터 8까지 핀 번호가 부여되어 있습니다. TP 케이블은 각각 별개의 색깔이 있으며, 다음과 같은 색깔의 순서로 커넥터와 연결하는 것을 TIA/EIA-568-B라고 하며 줄여서 T568B라고 합니다.

[그림 5-3] T568B 케이블링

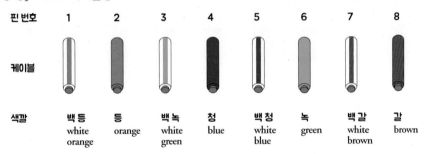

T568B 케이블을 만드는 방식은 다음과 같습니다.

① 등, 녹, 청, 갈색의 순서로 배열하고, 각 색깔별 흰색 띠가 있는 것을 앞세운다.

② 청색은 띠가 없는 것을 앞세운다.

③ 녹색을 벌리고, 청색을 끼운다.

④ RJ45 커넥터의 꼬리를 지구로 향하게 하고, 케이블을 끼운다.

다음과 같은 방식으로 케이블을 연결하는 것을 T568A라고 합니다. T568A와 T568B의 차이는 등색과 녹색 케이블의 위치입니다.

[그림 5-4] T568A 케이블링

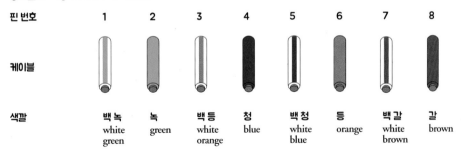

T568A 케이블을 만드는 방식은 다음과 같습니다.

① 녹, 등, 청, 갈색의 순서로 배열하고, 각 색깔별 흰색 띠가 있는 것을 앞세운다.

② 청색은 띠가 없는 것을 앞세운다.

③ 등색을 벌리고, 청색을 끼운다.

④ RJ45 커넥터의 꼬리를 지구로 향하게 하고, 케이블을 끼운다.

어느 방식을 사용해도 되나, 장애처리 등을 위하여 기존에 사용하던 것과 동일한 방식을 사용합니다. 다음 그림과 같이 양쪽 끝 모두 동일하게 T568B 또는 T568A 방식으로 연결한 케이블을 다이렉트 또는 스트레이트 스루(straight-through) 케이블이라고 합니다.

[그림 5-5] 다이렉트 케이블

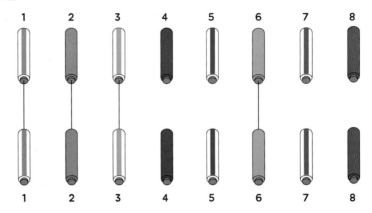

다이렉트 케이블은 다음 그림과 같이 라우터와 스위치 또는 PC와 스위치를 연결할 때 사용합니다.

[그림 5-6] 다이렉트 케이블의 용도

라우터   스위치   PC

다음 그림과 같이 한쪽은 T568A 나머지쪽은 T568B 방식으로 연결한 케이블을 크로스(cross) 케이블 또는 크로스오버(crossover) 케이블이라고 합니다.

[그림 5-7] 크로스 케이블

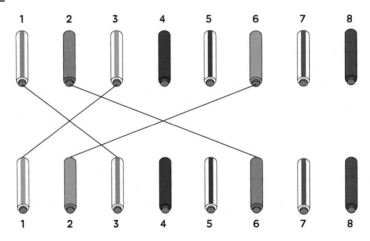

크로스 케이블은 다음 그림과 같이 동일한 종류의 장비인 스위치 간, 허브(hub) 간, 라우터 간 및 PC 간을 연결할 때 사용합니다.

[그림 5-8] 크로스 케이블의 용도 1

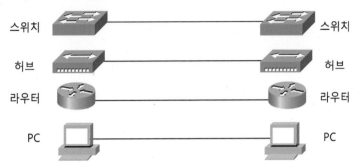

스위치와 허브를 연결할 때나 라우터와 PC를 직접 연결할 때 크로스 케이블을 사용합니다.

[그림 5-9] 크로스 케이블의 용도 2

이처럼 다이렉트 케이블과 크로스 케이블의 용도가 정해져 있으나, 어떤 장비들은 크로스 케이블 대신 다이렉트 케이블을 사용해도 자동으로 감지하여 동작하기도 합니다.

다음 그림과 같이 양측 커넥터의 케이블 연결이 반대로 된 것을 롤오버(rollover) 케이블 또는 롤드(rolled) 케이블이라고 합니다. 롤오버 케이블을 만들려면 양쪽 모두 동일한 T568A 또는 T568B를 사용하되, 한쪽은 RJ45 커넥터의 꼬리를 아래로 한 상태에서 케이블을 꽂고, 나머지는 RJ45 커넥터의 꼬리를 위로 한 상태에서 케이블을 꽂으면 됩니다.

[그림 5-10] 롤오버 케이블

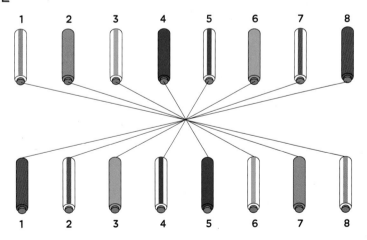

롤오버 케이블은 다음 그림과 같이 주로 시스코의 콘솔 케이블로 사용됩니다.

[그림 5-11] 롤오버 케이블의 용도

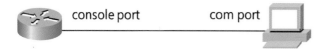

console port   com port

콘솔 케이블의 사양은 표준이 없어 제조사마다 다릅니다. 따라서 해당 장비가 사용하는 콘솔 케이블의 핀 번호를 확인하여 맞는 콘솔 케이블을 구하거나 만들어야 합니다.

이더넷 MAC 서브 계층

IEEE 802.3 MAC(Media Access Control) 서브 계층(sublayer)은 이더넷의 프레임 포맷(format), 이더넷 동작 방식, 충돌감지 및 재전송 방식 등을 정의합니다. 서브 계층이라고 하는 이유는 이더넷 MAC에서 정의하는 프로토콜이 링크 계층 전체가 아닌 일부에만 해당하기 때문입니다. 먼저 이더넷 MAC 서브 계층에서 정의하는 이더넷의 포맷, 동작 방식 등에 대해서 알아봅시다.

이더넷 프레임 포맷

이더넷에서 사용되는 프레임의 포맷(format)은 다음 그림과 같습니다.

[그림 5-12] 이더넷 프레임 포맷

프리엠블	SOF	목적지 MAC	출발지 MAC	길이/타입	데이터	FCS
7	1	6	6	2	46-1500	4

이더넷 프레임 각 필드의 내용 및 역할에 대해서 알아봅시다.

- 프리엠블

  프리엠블(preamble)은 10101010이 반복되는 7바이트 길이의 필드이며, 수신측에게 이제 곧 도착할 이더넷 프레임에서 0과 1을 제대로 구분할 수 있도록 동기(synchronization) 신호를 제공하는 역할을 합니다.

- SOF

  SOF(Start Of Frame)는 프리엠블과 달리 마지막 비트가 1인 10101011의 값을 가지며, 프레임의 시작을 알리는 데 사용됩니다. 즉, SOF 필드 바로 다음에 이더넷 프레임의 목적지 MAC 주소 필드가 시작되는 것을 알립니다. 이더넷 프레임의 크기를 나타낼 때 프리엠블과 SOF 필드는 제외합니다.

- **목적지 MAC 주소**

MAC 주소는 이더넷 장비의 링크 계층 주소를 나타냅니다. MAC 주소는 48비트(6바이트)로 구성되며, 16진수로 표시합니다. MAC 주소의 앞부분 24비트를 OUI(Organizationally Unique Identifier) 또는 회사 코드(vendor code, company ID)라고 하며, IEEE에 일정 금액을 지불하면 고유한 코드를 부여받을 수 있습니다.

MAC 주소의 첫 번째 비트는 유니캐스트 또는 멀티캐스트를 나타냅니다. 0이면 유니캐스트(uncast, individual), 1이면 멀티캐스트(multicast, group) 주소이고, 48비트 모두가 1이면 브로드캐스트를 의미합니다.

유니캐스트(unicast) 주소는 하나의 장비 주소를 말하고, 멀티캐스트(multicast) 주소는 특정한 그룹을 표시합니다. 그리고 브로드캐스트(broadcast) 주소는 해당 서브넷에 속하는 모든 장비에게 프레임을 전송할 때 사용됩니다.

MAC 주소의 두 번째 비트는 사설 또는 공인 MAC 주소를 표시합니다. 0이면 공인(public, universal), 1이면 사설(private, local) 주소를 의미합니다. 따라서 실제 OUI 코드는 앞의 두 비트를 제외하면 22비트로 약 4백만개입니다.

MAC 주소의 뒷부분 24비트는 각 회사에서 자체의 일련번호를 부여하여 사용합니다. 결과적으로 이더넷 포트들은 제품이 생산되는 시점에서 고유한 MAC 주소를 가집니다. 그래서 MAC 주소를 BIA(Burned In Address)라고도 합니다. 그리고 MAC 주소는 링크 계층에서 사용되는 주소지만 물리적인 포트에 부여되므로 물리적인 주소(physical address)라고도 합니다. 일련번호는 24비트이므로 하나의 OUI당 약 1천6백만개의 MAC 주소를 자체의 제품에 할당할 수 있습니다.

- **출발지 MAC 주소**

출발지 MAC 주소는 이더넷 프레임이 전송되는 출발지 이더넷 포트의 MAC 주소가 표시됩니다. 출발지 MAC 주소는 항상 유니캐스트 주소입니다.

- **길이/타입**

길이(length)/타입(type) 필드는 2바이트 길이를 가지며, 이더넷 프레임의 데이터 필드 길이나 상위 계층인 네트워크 계층에서 사용하는 프로토콜의 종류를 표시합니다. 이 값이 1,500 이하이면 프레임의 데이터 필드 길이를 표시합니다.

- 데이터

  이더넷 데이터 필드는 최소 46바이트, 최대 1500바이트입니다. 데이터가 46바이트 이하이면 의미가 없는 비트를 패딩(padding)하여 46바이트로 만듭니다.

- FCS

  FCS(Frame Check Sequence)는 전송되는 이더넷 프레임의 목적지 MAC 주소부터 데이터 필드까지 에러 발생 여부를 확인하기 위한 필드입니다.

CSMA/CD

이더넷이 프레임을 전송하는 방식은 두플렉스 모드가 하프 또는 풀인가에 따라 다릅니다. 하프 두플렉스(half duplex)는 데이터의 송신과 수신을 동시에 할 수 없는 통신방식을 의미합니다. 즉, 데이터를 수신하고 있을 때에는 송신이 불가능하고, 송신할 때에는 수신이 불가능합니다. 그러나 풀 두플렉스(full duplex) 모드에서는 프레임의 동시 송수신이 가능합니다. 다음 그림을 참조하여 하프 두플렉스로 동작하는 네트워크에서 이더넷이 프레임을 전송하는 절차를 살펴봅시다.

[그림 5-13] 하프 두플렉스로 동작하는 네트워크

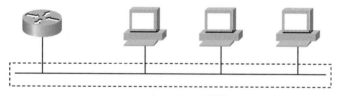

허브 또는 스위치

1) 하프 두플렉스로 동작하는 이더넷 장비들은 프레임을 전송하기 전에 케이블상에 현재 전송되고 있는 프레임이 있는지 확인합니다. 이 과정을 캐리어 센스(carrier sense)라고 합니다. 전송 중인 프레임이 없으면 자신의 프레임을 케이블상으로 전송합니다. 만약 전송 중인 프레임이 있으면 기다립니다.

2) 이처럼 전송할 프레임을 가진 모든 이더넷 장비들은 중앙제어장치와 같은 특별한 제어장치 없이 언제라도 캐리어를 센싱한 다음 자신의 프레임을 전송할 수 있는데 이를 멀티플 액세스(multiple access)라고 합니다.

3) 하프 두플렉스로 동작하는 허브나 스위치에 접속된 이더넷 장비들은 여러 장비가 동시에 프레임을 전송할 수 있고, 이 경우 충돌이 일어날 수 있으므로, 프레임 전송 후에는 항상 충돌발생 여부를 확인합니다. 이것을 충돌 감지(collision detection)라고 합니다. 만약 충돌

이 발생하면 임의의 시간 동안 기다렸다가 다시 전송합니다. 재충돌을 최소화시키기 위하여 백오프(backoff) 알고리즘이라는 것을 사용합니다.

이상에서 설명한 이더넷 동작 방식을 줄여서 CSMA/CD(Carrier Sense Multiple Access with Collision Detection)라고 부릅니다.

풀 두플렉스 모드에서의 이더넷 동작

풀 두플렉스 모드로 동작하는 링크는 프레임의 송신과 수신이 서로 다른 채널을 통하여 이루어지므로 충돌이 발생할 염려가 없습니다. 송신할 프레임이 있는 장비는 항상 송신할 수 있으며, 송신 후에 충돌 감지도 하지 않습니다. 따라서 풀 두플렉스 모드에서의 이더넷 동작 방식은 CSMA/CD가 아닙니다.

풀 두플렉스 모드에서는 송신과 수신이 별개의 채널로 이루어지기 때문에 송수신 트래픽의 양이 동일하다면 하프 두플렉스보다 속도가 2배나 더 빠릅니다. 현재 10Mbps로 동작하는 10BaseT를 비롯하여 모든 상위 전송속도의 이더넷에서 풀 두플렉스 모드를 지원합니다. 허브와 연결된 장비들은 풀 두플렉스를 지원하지 않습니다.

허브와 리피터

허브(hub)와 리피터(repeater)는 전기적인 신호를 증폭시켜 LAN의 전송거리를 연장시키는 장비입니다. 전기적인 신호는 물리 계층에 속하므로 허브와 리피터를 물리 계층 장비 또는 L1 장비라고 합니다. 특히, 허브는 10BaseT나 100BaseT처럼 UTP 케이블을 사용하는 환경에서 장비들을 상호 연결시키는 콘센트레이터(concentrator, 집선장치) 역할도 함께 제공합니다.

[그림 5-14] 허브

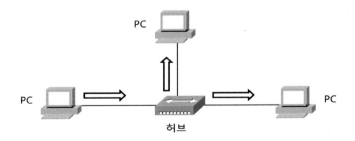

허브는 한 장비에서 전송된 데이터 프레임을 허브와 연결된 모든 장비에게 다 전송하며 이를 플러딩(flooding)이라고 합니다. 결과적으로 충돌이 많이 발생하여 하나의 허브에 많은 장비를 연결할 수 없습니다. 같은 이유 때문에 보안성도 떨어집니다. 그리고 하프 두플렉스(half duplex)로만 동작하기 때문에 이더넷 프레임의 충돌이 발생할 가능성이 더욱 높고, 네트워크의 성능도 떨어집니다.

이처럼 한 장비가 프레임을 전송하면 모든 장비와 충돌이 발생할 수 있으므로 허브에 접속된 모든 장비들은 하나의 충돌 영역(collision domain)에 있다고 합니다. 요즈음에는 특별한 경우를 제외하고는 허브나 리피터를 사용하지 않습니다.

스위칭 허브(switching hub)라고 적힌 장비들은 대부분 스위치입니다.

스위치와 브리지

스위치와 브리지(bridge)는 MAC 주소 테이블(MAC address table)을 가지고 있어, 해당 목적지 MAC 주소를 가진 장비가 연결된 포트로만 프레임을 전송합니다. MAC 주소는 링크 계층에서 사용되므로 스위치와 브리지를 링크 계층 장비 또는 L2 장비라고 합니다.

ASIC(Application-Specific Integrated Circuit)을 이용하여 하드웨어상에서 고속으로 이더넷 프레임을 스위칭시키는 스위치에 비해서 브리지는 소프트웨어적으로 스위칭시키기 때문에 속도가 느립니다. 그리고 수백 개 이상의 포트 수를 가지는 스위치에 비해 브리지는 포트 수가 수개 미만입니다. 따라서 브리지는 거의 사용하지 않습니다.

[그림 5-15] 스위치는 수신한 프레임을 목적지와 연결되는 포트만로 전송한다

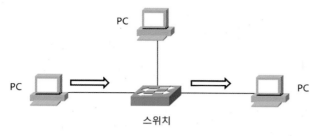

스위치나 브리지는 한 포트에서 전송된 프레임이 MAC 주소 테이블에 있는 특정 포트로만 전송되기 때문에 다른 포트가 전송하는 프레임과 충돌이 일어날 가능성이 줄어듭니다. 즉, 스위치나 브리지의 한 포트는 하나의 충돌 영역입니다. 따라서 스위치를 사용하면 충돌 영역의 수는 증가하고, 각 충돌 영역의 크기는 감소합니다.

스위치를 사용하면 프레임 충돌이 감소하여 네트워크 성능이 향상되고, 보안성도 좋아집니다. 요즈음은 스위치가 발전하여 MAC 주소뿐만 아니라 레이어 3, 4, 7 등 상위 계층의 정보도 함께 참조하는 제품들이 많습니다. 이런 스위치들과 구분하여 MAC 주소만 참조하여 스위칭시키는 제품들을 L2(layer 2) 스위치라고 합니다. 그러나 보통 L2 스위치를 그냥 스위치라고 부르는 경우가 대부분입니다.

작은 사이즈의 스위치와 허브를 외모로 구분하는 방법 : switch라고 적혀 있으면 스위치이고, hub라고 적혀 있으면 허브입니다. 참 쉽죠?

라우터와 L3 스위치

라우터와 L3 스위치는 IP 주소 등 레이어 3 헤더에 있는 주소를 참조하여 목적지와 연결되는 포트로 패킷을 전송합니다. 따라서 라우터와 L3 스위치를 레이어 3(L3) 장비라고 합니다. 서브넷이 다른 IP 주소를 가진 장비 간에 통신이 이루어지려면 반드시 레이어 3 장비를 거쳐야만 합니다. L3 장비는 브로드캐스트 프레임을 차단합니다. 따라서 L3 장비를 사용하면 브로드캐스트 영역(domain)이 분할되므로 브로드캐스트 영역의 크기는 줄어들고, 브로드캐스트 영역의 수는 증가합니다.

라우터(router)는 다음 그림처럼 네트워크 주소가 서로 다른 장비들을 연결할 때 사용합니다. 그리고 원격지에 위치한 네트워크들을 연결하는 경우가 많습니다. 그러나 최근에는 장거리 전송이 가능한 이더넷 기술이 발달하여 원격지의 LAN을 스위치로 직접 연결하는 경우도 많습니다.

[그림 5-16] 라우터는 서브넷이 다른 장비들을 연결한다

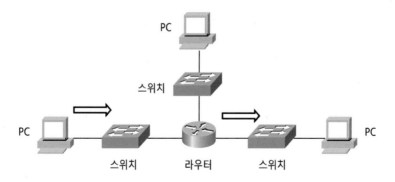

하나의 스위치를 논리적으로 다수의 스위치로 동작시킬 때 VLAN(virtual LAN, 가상랜)이라는 기술을 사용합니다. VLAN에 대해서는 나중에 자세히 설명합니다.

동일한 VLAN에 소속된 포트들 간의 통신에는 MAC 주소를 참조하고, 서로 다른 VLAN에 소속된 장비 간의 통신에는 IPv4, IPv6 등 L3 주소를 참조하는 것이 L3 스위칭이며, 이런 기능을 제공하는 스위치를 L3 스위치라고 합니다.

모든 L3 스위치들은 기본적으로 L2 스위치 기능을 제공합니다.

스위치의 종류 및 기본 설정

시스코의 이더넷 스위치는 카탈리스트(Catalyst) 시리즈와 데이터센터용 스위치인 넥서스(Nexus) 시리즈 등이 있습니다. 이 책에서는 일반적으로 가장 많이 사용되는 카탈리스트 스위치를 기준으로 실습을 진행합니다. 먼저, 이더넷 스위치의 종류를 살펴보고, 스위치의 기본적인 설정 방법 및 동작 확인 방법을 살펴봅시다.

이더넷 스위치의 종류

이더넷 스위치는 단독형 스위치, 스택형 스위치, 모듈형 스위치로 구분할 수 있습니다. 단독형 스위치(standalone switch)는 포트 수가 고정된 스위치를 말합니다. 다음 그림은 단독형 스위치 2대를 포개어 놓은 것입니다.

[그림 5-17] 단독형 스위치

스택형 스위치(stackable switch)는 다음 그림과 같이 여러 대의 스위치를 한 대처럼 동작시킬 수 있는 것을 말하며, 전용 스택(stack) 케이블을 이용하여 스위치 간을 연결합니다.

[그림 5-18] 스택형 스위치 (그림출처 : 시스코)

모듈형 스위치(modular switch)는 필요에 따라 여러 종류의 포트를 가진 모듈(module)을 선택하여 장착할 수 있는 스위치를 말합니다.

[그림 5-19] 모듈형 스위치

모듈형 스위치는 일반적인 스위치 기능뿐만 아니라 장착된 모듈에 따라 방화벽, VPN(가상 사설망) 등 다양한 기능을 제공합니다. 시스코 카탈리스트 스위치의 모델은 Catalyst 2960, 3560, 3650, 3850, 4500, 6500, 6800 등이 있습니다.

테스트 네트워크 구축

이제, 테스트용 스위치 네트워크를 구축합시다.

[그림 5-20] 테스트용 스위치 네트워크

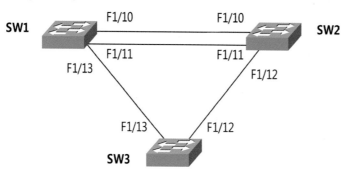

실장비인 경우 각 스위치의 전원을 켜고 콘솔 케이블로 연결합니다. 패킷 트레이서인 경우 각 스위치 그림에서 전원 버튼을 누르고 CLI로 접속합니다. GNS3을 사용하는 경우 각 스위치를 스타트시키고 해당 장비를 더블 클릭하면 장비와 접속됩니다.

카탈리스트 스위치도 라우터와 마찬가지로 IOS를 사용합니다. 따라서 장비 설정 및 동작 확인을 위한 명령어는 라우터와 거의 동일합니다. 다만, 기능이나 인터페이스의 종류 등에 따른 약간의 차이는 존재합니다. 처음 스위치를 부팅하면 다음 예제와 같은 메시지들이 나타납니다. (패킷 트레이서, GNS3 등을 사용하는 경우에는 아래의 메시지가 나타나지 않거나, 일부만 표시될 수 있습니다.)

[예제 5-1] 초기 부팅 화면

```
①
Loading "flash:/c2950-i6k2l2q4-mz.121-22.EA10.bin"...###########################
##############################################################################
##############################################################################
##############################################################################
###

②        Restricted Rights Legend

Use, duplication, or disclosure by the Government is subject to restrictions as set forth in
subparagraph (c) of the Commercial Computer Software - Restricted Rights clause at FAR sec.
52.227-19 and subparagraph (c) (1) (ii) of the Rights in Technical Data and Computer Software
clause at DFARS sec. 252.227-7013.
③
Initializing flashfs...
flashfs[1]: 422 files, 6 directories
flashfs[1]: 0 orphaned files, 0 orphaned directories
```

```
④
POST: System Board Test : Passed
POST: Ethernet Controller Test : Passed
ASIC Initialization Passed

⑤
Processor board ID FOC0712W25Z
Last reset from system-reset
Running Enhanced Image
24 FastEthernet/IEEE 802.3 interface(s)
2 Gigabit Ethernet/IEEE 802.3 interface(s)

32K bytes of flash-simulated non-volatile configuration memory.
Base ethernet MAC Address: 00:0C:85:7B:B1:80
Motherboard assembly number: 73-6114-08
Power supply part number: 34-0965-01

⑥      --- System Configuration Dialog ---

Would you like to enter the initial configuration dialog? [yes/no]:

⑦
00:00:23: %LINK-3-UPDOWN: Interface FastEthernet0/24, changed state to up
```

① IOS가 부팅됩니다. 샤프 표시(#)는 압축 저장된 IOS의 압축이 풀리고 있다는 것을 의미합니다.

② IOS의 저작권 등에 관한 안내입니다.

③ IOS가 저장된 플래시(flash)를 점검합니다.

④ 메인보드, 이더넷 콘트롤러 등에 대한 POST(Power On Self Test)를 실행합니다.

⑤ 메인보드 등의 일련번호, 최종 부팅 이유, 장착된 인터페이스의 종류 및 수량 등을 표시합니다.

⑥ 셋업모드로 들어갑니다.

⑦ 동작 중인 PC, 서버, 스위치, 라우터 등과 연결된 인터페이스를 자동으로 활성화시킵니다. 인터페이스를 직접 활성화시켜야 하는 라우터와 달리 이처럼 스위치는 인접 장비가 동작 중이면 자동으로 해당 인터페이스가 활성화됩니다.

다음과 같이 **no** 명령어를 입력하여 셋업모드에서 빠져나옵니다.

[예제 5-2] 셋업모드 빠져나오기

```
Would you like to enter the initial configuration dialog? [yes/no]: no
```

스위치의 기본 프롬프트는 'Switch'입니다. 그러나 GNS3에서는 카탈리스트 스위치가 지원되지 않으므로, 라우터에 이더넷 스위치 모듈을 장착하여 사용합니다. 이 경우에는 기본 프롬프트가 'Router'로 표시됩니다. 그리고 카탈리스트 6500 시리즈 스위치 등도 기본 프롬프트가 'Router'로 표시됩니다.

스위치 기본 설정 및 동작 확인

다음과 같이 SW1에서 기본 설정을 합니다.

[예제 5-3] SW1 기본 설정

```
Router(config)# hostname SW1 ①
SW1(config)# enable secret cisco ②
SW1(config)# no ip domain-lookup ③

SW1(config)# line console 0 ④
SW1(config-line)# logging synchronous ⑤
SW1(config-line)# exec-timeout 0 ⑥

SW1(config-line)# line vty 0 4 ⑦
SW1(config-line)# password cisco ⑧
```

① 장비의 이름을 지정합니다.
② 관리자용 암호를 설정합니다.
③ EXEC 모드에서 명령어를 잘못 입력해도 DNS 서버를 찾지 않도록 합니다.
④ 콘솔 설정 모드로 들어갑니다.
⑤ 콘솔 메시지 출력 시 자동으로 줄을 바꾸게 합니다.
⑥ 장시간 입력이 없어도 자동으로 콘솔 밖으로 빠져나오지 않게 합니다.
⑦ 텔넷 설정 모드로 들어갑니다.
⑧ 텔넷용 암호를 지정합니다.

나머지 스위치인 SW2와 SW3에서도 동일하게 기본 설정을 합니다. 다만, 장비 이름을 각각 SW2, SW3으로 변경합니다. 설정 후 다음과 같이 SW1에서 **show cdp neighbor** 명령어를 사용하여 앞서의 그림과 동일하게 네트워크가 구성되었는지 확인합니다.

[예제 5-4] 인접 장비 확인

```
SW1# show cdp neighbors
Capability Codes: R - Router, T - Trans Bridge, B - Source Route Bridge
            S - Switch, H - Host, I - IGMP, r - Repeater

Device ID     Local Intrfce   Holdtme   Capability  Platform  Port ID
Router        Fas 1/13           55        R S I      3660     Fas 1/13
  (생략)
SW3          Fas 1/13        175      R S I   3660    Fas 1/13
```

적당히 빠른 속도로 설정을 하였다면 앞서와 같이 장비명(Device ID)이 'Router'로 표시되는 항목들이 보일 것입니다. 홀드타임(Holdtime) 란을 보면 120초보다 더 작은 수치가 표시됩니다.

그 이유는 처음 호스트 이름이 'Router'였던 것을 SW2, SW3 등으로 변경했으므로 해당 정보는 더 이상 수신되지 않기 때문입니다. 최대 180초가 지나면 이 항목들은 모두 제거됩니다. 잠시 후 다시 SW1에서 **show cdp neighbor** 명령어를 사용하여 확인해봅시다.

[예제 5-5] 인접 장비 확인

```
SW1# show cdp neighbors
Capability Codes: R - Router, T - Trans Bridge, B - Source Route Bridge
            S - Switch, H - Host, I - IGMP, r - Repeater

Device ID    Local Intrfce   Holdtme   Capability  Platform  Port ID
SW2          Fas 1/11        174       R S I       3660      Fas 1/11
SW2          Fas 1/10        174       R S I       3660      Fas 1/10
SW3          Fas 1/13        175       R S I       3660      Fas 1/13
```

이제, 원하는 대로 네트워크가 구성된 것을 알 수 있습니다. 즉, SW1의 F1/11 포트와 SW2의 F1/11 포트가 연결되어 있고 나머지 포트들의 연결도 제대로 되어 있습니다. 최소한 IP 주소를 부여하고 인터페이스를 활성화시켜야 하는 라우터와 달리 스위치는 케이블을 연결하고 전원만 인가하면 기본적으로 동작합니다.

그래서 L2 스위치를 전원만 꽂으면 동작하는 '플러그 앤드 플레이(plug and play)'장비라고도 합니다. 그러나 앞으로 설명할 VLAN, 트렁킹 등을 설정해야 최적으로 동작합니다. 스위치는 포트가 많아서 다음과 같이 각 포트별로 **description** 명령어를 이용하여 설명을 달아놓으면 장애처리 등이 편리합니다.

[예제 5-6] 포트 설명 달기

```
SW1(config)# interface range f1/10 - 11  ①
SW1(config-if-range)# description #  To SW2 #  ②
SW1(config-if-range)# exit

SW1(config)# interface f1/13
SW1(config-if)# description # To SW3 #
```

① interface range 명령어를 사용하면 한꺼번에 여러 개의 포트를 설정할 수 있습니다.

② description 명령어 다음에 적당한 설명을 답니다.

스위치 동작 확인

스위치의 인터페이스 상태를 확인하려면 다음과 같은 명령어들을 사용합니다. 전체 인터페이스의 연결 상태와 소속 VLAN 번호, 두플렉스, 속도, 타입을 한꺼번에 확인하려면 show interfaces status 명령어를 사용합니다.

[예제 5-7] 인터페이스의 레이어 1, 2 상태를 한 눈에 확인하기

```
SW1# show interface status

①         ②          ③            ④      ⑤        ⑥        ⑦
Port      Name       Status       Vlan   Duplex   Speed    Type
Fa1/0                notconnect   1      auto     auto     10/100BaseTX
Fa1/1                connected    1      a-full   a-100    10/100BaseTX
Fa1/2                connected    1      a-full   a-100    10/100BaseTX
   (생략)
Fa1/10  # To SW2 #   connected    1      a-full   a-100    10/100BaseTX
Fa1/11  # To SW2 #   connected    1      a-full   a-100    10/100BaseTX
```

① 인터페이스 번호를 표시합니다.

② 인터페이스의 설명(description)을 표시합니다.

③ 인터페이스의 상태를 표시합니다. 다른 장비와 연결된 링크가 정상적으로 동작되고 있으면 'connected'로 표시됩니다. 연결되어 있지 않으면 'notconnect'로 표시됩니다. (GNS3에서는 인접 장비의 동작 여부와 상관없이 'connected'로 표시됩니다.)

④ 해당 인터페이스가 소속된 VLAN 번호를 표시합니다. 포트가 트렁크로 동작 중이면 'trunk'로 표시됩니다. 트렁크에 대해서는 나중에 자세히 공부합니다.

⑤ 인터페이스의 두플렉스 모드를 표시합니다. 하프 두플렉스로 설정된 포트는 'half', 풀 두플렉스로 설정된 포트는 'full'로 표시됩니다. 'a-half'는 포트의 두플렉스 설정은 auto이지만 상대 포트와의 자동 협상(auto-negotiation) 결과 하프 두플렉스로 동작 중임을 표시합니다. 'a-full'은 자동 협상 결과 풀 두플렉스로 동작 중임을 표시합니다.

⑥ Speed는 인터페이스의 전송속도를 표시합니다. 10Mbps로 설정된 포트는 '10'으로 나타나고, 100Mbps로 설정된 포트는 '100'으로 표시됩니다. 'a-10'은 포트의 속도 설정은 auto이지만 상태 포트와의 자동 협상 결과 10Mbps로 동작 중임을 표시합니다. 'a-100'은 자동 협상 결과 100Mbps로 동작 중임을 표시합니다.

⑦ Type은 인터페이스의 종류를 나타냅니다.

인접 장비 간 두플렉스가 서로 다르게 동작하는 것을 '두플렉스 미스매치(duplex mismatch)'라고 합니다. 이 경우에도 통신은 가능하지만 충돌이 발생하여 속도가 느려집니다. 그러나 인접 장비 간 속도는 반드시 일치해야 합니다. 속도가 다르면 통신이 되지 않습니다.

설정이 끝나면 **write** 또는 **copy running startup** 명령어를 사용하여 저장합니다.

연습 문제

1. 다음 중 UTP 케이블과 RJ45 잭을 연결할 때 사용하는 표준을 모두 고르시오.

    1) TIA/EIA-568-B

    2) TIA/EIA-568-A

    3) CCITT X.25

    4) RS-232

2. 다음 중 스위치와 스위치를 연결할 때 사용할 수 있는 케이블에 대해서 맞는 것을 두 가지 고르시오.

    1) 다이렉트 케이블(direct cable)

    2) 크로스 케이블(cross cable)

    3) 롤오버 케이블(rollover cable)

    4) 일반적으로 크로스 케이블을 사용하나 케이블의 종류를 자동으로 감지하는 스위치에서는 크로스 케이블 또는 다이렉트 케이블을 사용해도 된다.

3. 이더넷 헤더의 크기는 얼마인가?

    1) 20 바이트

    2) 18 바이트

    3) 8 바이트

    4) 40 바이트

4. 인접한 두 이더넷 장비 간의 통신 시 두플렉스(duplex)가 다르면 어떻게 될까?

    1) 통신이 되지 않는다.

    2) 아무런 문제가 없다.

    3) 프레임의 충돌이 많이 일어나 속도가 느려진다.

    4) 프레임의 충돌이 많이 일어나 포트가 녹아내린다.

제6장

ARP와 트랜스패런트 브리징

ARP

트랜스패런트 브리징

킹-오브-
네트워킹

ARP

이더넷 프레임을 만들기 위해서는 출발지 MAC 주소와 목적지 MAC 주소가 필요합니다. 그런데, 처음 통신을 시작할 때는 상대방의 MAC 주소 즉, 목적지 MAC 주소를 모릅니다. 예를 들어, IP 주소가 1.1.1.1인 장비에서 IP 주소 1.1.1.2로 핑을 했을 때 상대방의 IP 주소는 알지만(1.1.1.2) MAC 주소는 모릅니다. 이더넷에서 상대방의 MAC 주소를 알아내기 위하여 사용하는 프로토콜이 ARP(Address Resolution Protocol)입니다.

ARP 테스트 네트워크 구성

다음과 같이 ARP 동작 테스트를 위한 네트워크를 구성합니다.

[그림 6-1] ARP 동작 테스트 네트워크

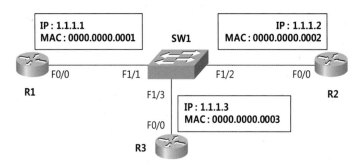

라우터 3대와 스위치를 동작시킨 후 다음과 같이 기본 설정을 합니다.

[예제 6-1] 라우터 기본 설정

```
Router> enable
Router# conf t

Router(config)# host R1
R1(config)# no ip domain-lookup
R1(config)# enable secret cisco

R1(config)# line console 0
R1(config-line)# logg sync
R1(config-line)# exec-t 0
R1(config-line)# exit

R1(config)# line vty 0 4
R1(config-line)# password cisco
```

모든 장비에서 호스트 이름만 다르고 나머지 설정은 동일합니다. 기본 설정이 끝나면 각 라우터의 F0/0 인터페이스에 IP 주소와 MAC 주소를 부여합니다.

일반적으로 장비의 MAC 주소는 변경하지 않습니다. 그러나 이번 장에서는 설명의 편의를 위하여 MAC 주소를 변경하여 사용합니다.

각 장비의 설정은 다음과 같습니다. IP 주소의 서브넷은 모두 1.1.1로 동일하며 호스트 번호는 라우터 번호를 사용합니다. 서브넷 마스크의 길이는 24비트로 합니다. MAC 주소는 끝부분만 라우터 번호와 동일하게 설정합시다.

[예제 6-2] IP 주소와 MAC 주소 할당

```
R1(config)# interface f0/0
R1(config-if)# ip address 1.1.1.1 255.255.255.0
R1(config-if)# mac-address 0000.0000.0001
R1(config-if)# no shutdown

R2(config)# interface f0/0
R2(config-if)# ip address 1.1.1.2 255.255.255.0
R2(config-if)# mac-address 0000.0000.0002
R2(config-if)# no shutdown

R3(config)# interface f0/0
R3(config-if)# ip address 1.1.1.3 255.255.255.0
R3(config-if)# mac-address 0000.0000.0003
R3(config-if)# no shutdown
```

설정이 끝나면 SW1에서 **show cdp neighbor** 명령어를 이용하여 장비들이 제대로 연결되어 있는지 확인합니다.

[예제 6-3] 장비 연결 확인

```
SW1# show cdp neighbors
Capability Codes: R - Router, T - Trans Bridge, B - Source Route Bridge
         S - Switch, H - Host, I - IGMP, r - Repeater

Device ID  Local Intrfce  Holdtme  Capability  Platform  Port ID
R2         Fas 1/2        143      R S I       3660      Fas 0/0
R3         Fas 1/3        144      R S I       3660      Fas 0/0
R1         Fas 1/1        170      R S I       3660      Fas 0/0
```

이상으로 테스트 네트워크가 완성되었습니다.

ARP 동작 방식

이제, ARP가 동작하는 방식을 살펴봅시다. 다음 그림에서 IP 주소가 1.1.1.1인 R1에서 R2로 핑을 하는 경우를 생각해봅시다.

[그림 6-2] 상대방의 MAC 주소가 필요한 경우

목적지 MAC 주소	출발지 MAC 주소	출발지 IP 주소	목적지 IP 주소	데이터
?	0000.0000.0001	1.1.1.1	1.1.1.2	1010...

IP : 1.1.1.1
MAC : 0000.0000.0001

IP : 1.1.1.2
MAC : 0000.0000.0002

F0/0 F1/1 F1/2 F0/0

R1 SW1 R2

R1이 핑 요청 패킷을 R2로 보내려면 IP 패킷을 이더넷 프레임에 실어서 전송해야 합니다. 이를 위하여 출발지 및 목적지의 IP 주소와 MAC 주소를 알아야 합니다. 출발지 MAC 주소와 IP 주소는 R1 자신의 것을 사용하므로 모두 알 수 있습니다. 목적지 IP 주소도 ping 1.1.1.2와 같이 핑의 목적지 주소를 명시하므로 알 수 있습니다.

[그림 6-3] ARP 요청 프레임의 전송

목적지 MAC 주소	출발지 MAC 주소	출발지 IP 주소	목적지 IP 주소	데이터
FFFF.FFFF.FFFF	0000.0000.0001	1.1.1.1	1.1.1.2	ARP 요청

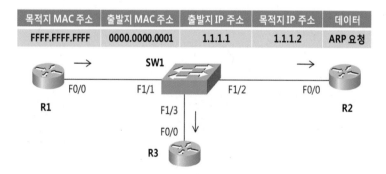

SW1

F0/0 F1/1 F1/2 F0/0

R1 R2

F1/3

F0/0

R3

그러나 IP 주소가 1.1.1.2인 장비의 MAC 주소를 모릅니다. 이처럼 목적지 이더넷 장비의 MAC 주소를 알아낼 때 사용하는 프로토콜이 ARP입니다. 이를 위하여 R1은 목적지 MAC 주소를 브로드캐스트 주소로 설정한 ARP 요청 프레임을 전송합니다.

이더넷 브로드캐스트 주소는 16진수로 FFFF.FFFF.FFFF이며, 2진수로는 모든 비트가 1로 설정됩니다. ARP 요청 내용은 'IP 주소가 1.1.1.2인 장비의 MAC 주소가 무엇인가?'라는 내용이 들어있습니다. 스위치는 목적지 MAC 주소가 브로드캐스트로 설정된 프레임을 수신하면 수신 포트를 제외한 모든 포트로 전송합니다.

결과적으로 R2와 R3이 ARP 요청 패킷을 수신합니다. IP 주소 1.1.1.2가 자신의 것임을 알고 있는 R2는 다음 그림과 같이 'IP 주소가 1.1.1.2인 장비의 MAC 주소는 0000.0000.0002이 다'라는 내용의 ARP 응답 패킷을 전송합니다. R3은 자신과 무관하므로 응답하지 않습니다.

[그림 6-4] ARP 응답 패킷

목적지 MAC 주소	출발지 MAC 주소	출발지 IP 주소	목적지 IP 주소	데이터
0000.0000.0001	0000.0000.0002	1.1.1.2	1.1.1.1	ARP 응답

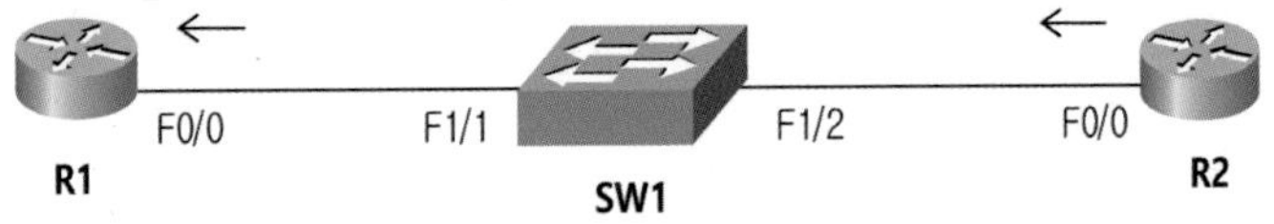

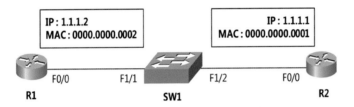

ARP 응답을 수신한 R1은 이제 목적지 IP 주소 1.1.1.2의 MAC 주소를 알게 됩니다. 이때, R1과 R2는 상대방의 IP 주소와 MAC 주소에 대한 ARP 결과를 ARP 테이블에 저장합니다.

[그림 6-5] ARP 테이블 저장

이제 R1은 완전한 이더넷 프레임을 만들 수 있습니다.

따라서 다음 그림과 같은 핑 요청 패킷을 만들어 R2에게 전송합니다.

[그림 6-6] 핑 요청 패킷의 전송

목적지 MAC 주소	출발지 MAC 주소	출발지 IP 주소	목적지 IP 주소	데이터
0000.0000.0002	0000.0000.0001	1.1.1.1	1.1.1.2	1010...

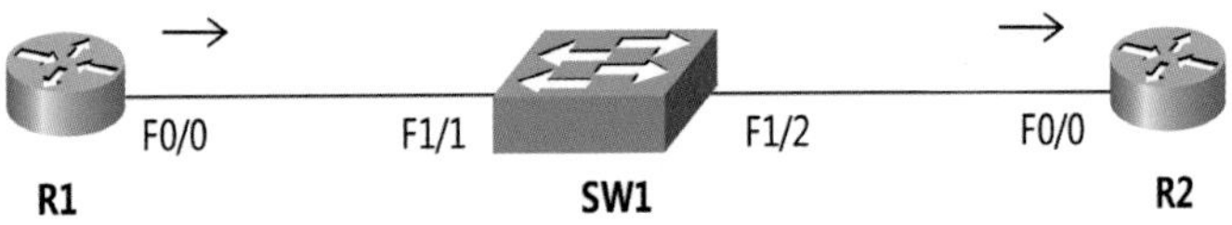

이를 수신한 R2는 R1에게 다음 그림과 같이 핑 응답 패킷을 전송합니다.

[그림 6-7] 핑 응답 패킷의 전송

목적지 MAC 주소	출발지 MAC 주소	출발지 IP 주소	목적지 IP 주소	데이터
0000.0000.0001	0000.0000.0002	1.1.1.2	1.1.1.1	1010...

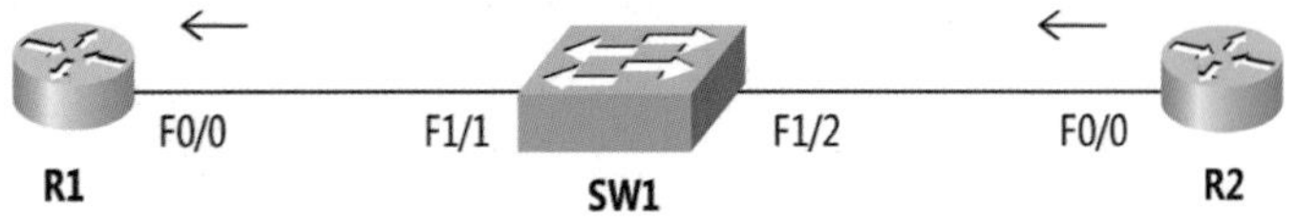

이제, 실제 장비에서 ARP가 동작하는 것을 살펴봅시다. 다음과 같이 R1에서 **debug arp** 명령어를 사용한 다음 R2에게 핑을 때립니다.

[예제 6-4] ARP 디버깅

```
R1# debug arp
ARP packet debugging is on
R1# ping 1.1.1.2


IP ARP: creating incomplete entry for IP address: 1.1.1.2 interface FastEthernet0/0
IP ARP: sent req src 1.1.1.1 0000.0000.0001,
        dst 1.1.1.2 0000.0000.0000 FastEthernet0/0 ①
IP ARP: rcvd rep src 1.1.1.2 0000.0000.0002, dst 1.1.1.1 FastEthernet0/0 ②

Sending 5, 100-byte ICMP Echos to 1.1.1.2, timeout is 2 seconds:
.!!!! ③
Success rate is 80 percent (4/5), round-trip min/avg/max = 28/64/140 ms
```

① 출발지 IP 주소/MAC 주소가 1.1.1.1/0000.0000.0001이고, 목적지 IP 주소/MAC 주소가 1.1.1.2/0000.0000.0000인 ARP 요청 패킷을 F0/0 인터페이스로 전송합니다. 여기서 디버깅되는 내용은 ARP 요청 패킷의 데이터 부분입니다. 이렇게 ARP 요청 패킷의 데이터 부분에는 모르는 상대의 MAC 주소를 0000.0000.0000으로 표시하지만, 외부의 이더넷 헤더에는 FFFF.FFFF.FFFF로 설정됩니다.

② IP 주소가 1.1.1.2인 장비의 MAC 주소가 0000.0000.0002라는 ARP 응답 패킷을 수신합니다.

③ 이더넷에서 처음 핑을 때리면 이처럼 한두 개의 패킷이 빠집니다. 그 이유는 ARP가 성공하기 전에는 핑 패킷을 전송할 수 없어 타임아웃되기 때문입니다.

R1에서 **show arp** 명령어를 사용하여 ARP 테이블을 확인해보면 상대의 IP 주소와 MAC 주소(Hardware Addr)가 기록되어 있습니다.

[예제 6-5] ARP 테이블

```
R1# show arp
Protocol Address    Age (min)    Hardware Addr  Type   Interface
Internet 1.1.1.1       -         0000.0000.0001 ARPA   FastEthernet0/0
Internet 1.1.1.2       0         0000.0000.0002 ARPA   FastEthernet0/0
```

시스코 장비의 기본적인 ARP 타임아웃 시간은 4시간입니다. MS 윈도우의 ARP 타임아웃 시간은 버전별로 다르며 대부분 10분 이내입니다. DOS 명령어창에서 **arp -a** 명령어를 사용하면 윈도우의 ARP 테이블을 확인할 수 있습니다.

ARP 대상 결정 방법

ARP 요청 시 항상 목적지 IP 주소의 MAC 주소를 요청하는 것은 아닙니다.

[그림 6-8] ARP 대상 결정 방법 설명을 위한 네트워크

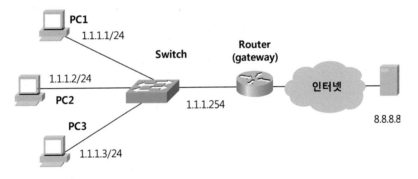

앞의 그림을 참조하여 이를 살펴봅시다. 특정 장비가 ARP 요청 패킷을 전송할 때는 다음과 같은 규칙을 적용합니다.

• 목적지 IP 주소가 자신과 동일한 서브넷 소속이면 해당 목적지 IP 주소를 가진 장비에게 직접 MAC 주소를 요청합니다.

• 목적지 IP 주소가 자신과 다른 서브넷 소속이면 게이트웨이에게 게이트웨이의 MAC 주소를 요청합니다.

앞 그림의 PC1에서 1.1.1.2로 핑을 했을 때 목적지 IP 주소 **1.1.1.2/24**와 PC1의 IP 주소 **1.1.1.1/24**가 동일 서브넷 소속입니다. 따라서 PC1은 1.1.1.2의 MAC 주소를 요청하는 ARP 패킷을 전송합니다.

만약 PC1에서 8.8.8.8로 핑을 했을 때 목적지 IP 주소 **8.8.8.8**과 PC1의 IP 주소 **1.1.1.1/24**

는 서브넷이 다르게 됩니다. 따라서 PC1은 목적지 IP 주소 8.8.8.8이 아닌 게이트웨이 주소 1.1.1.254의 MAC 주소를 요청하는 ARP 패킷을 전송합니다.

이후, PC1은 목적지 IP 주소가 8.8.8.8인 패킷들을 게이트웨이로 전송하고, 게이트웨이 라우터는 라우팅 테이블을 참조하여 해당 패킷을 목적지 방향으로 라우팅시킵니다.

> 보통 게이트웨이는 인접한 라우터 또는 L3 스위치의 주소를 사용합니다. 만약, PC의 네트워크 설정 시 게이트웨이 주소를 엉뚱한 것으로 지정하면 어떻게 될까요? 예를 들어, 앞의 그림에서 PC1에서 게이트웨이 주소를 실제 게이트웨이와 전혀 상관이 없는 100.1.1.1로 설정했다면? 결론은 인터넷이 될 수도 있고 안 될 수도 있습니다. 그 이유는 라우터의 프록시(proxy) ARP라는 기능 때문입니다. 프록시 ARP란(자신의 IP 주소가 아니어도) 라우팅 가능한 IP 주소에 대한 ARP 요청을 받으면 라우터가 자신의 MAC 주소를 알려주는 것을 말합니다. 인터넷과 연결된 대부분의 라우터에는 "모든 패킷을 인터넷으로 전송하라"는 의미의 디폴트 루트(default route)라는 것이 설정되어 있습니다. 따라서 라우터는 목적지 IP 주소가 무엇이건 간에 라우팅시킬 수 있다고 생각(?)합니다. 따라서 PC가 게이트웨이라고 여기고 전송한 100.1.1.1에 대한 ARP 요청을 받으면 라우터는 자신의 MAC 주소를 알려줍니다. 그러면, PC는 실제 데이터의 목적지가 8.8.8.8인 IP 패킷을 라우터로 전송하고, 라우터는 이를 인터넷 방향으로 라우팅시켜 통신이 됩니다. 만약, PC와 연결되는 라우터의 인터페이스에 no ip proxy-arp 라는 명령어를 이용하여 프록시 ARP 기능을 사용하지 않게 하면 엉뚱한 게이트웨이 주소를 사용할 수 없습니다.

트랜스패런트 브리징

이더넷 스위치는 MAC 주소 테이블을 참조하여 이더넷 프레임을 목적지 방향으로 전송합니다. 이때 MAC 주소 테이블을 만들고, 유지하며, MAC 주소 테이블을 참조하여 프레임을 전송하는 것을 트랜스패런트 브리징(transparent bridging)이라고 합니다.

통신에서 '트랜스패런트(투명한)'라는 용어가 자주 나오는데, 보통 '사용자가 의식하지 못하게 자동으로 동작한다'는 의미로 사용됩니다. IEEE 표준문서에 따르면 '브리징을 위하여 이더넷 프레임에 추가적인 필드가 불필요하고, 종단장비들도 브리지의 존재를 인식하지 못하므로 트랜스패런트라는 용어를 사용한다'고 되어 있습니다.

이더넷 스위치 관련 표준인 IEEE 802.1D에 트랜스패런트 브리징이 정의되어 있습니다.

트랜스패런트 브리징 절차

앞서 ARP의 동작을 살펴볼 때 사용했던 것과 같은 네트워크에서 트랜스패런트 브리징이 동작하는 것을 공부해봅시다. 스위치가 트랜스패런트 브리징을 수행하는 절차는 다음과 같습니다. 처음에는 스위치의 MAC 주소 테이블이 비어 있습니다.

[그림 6-9] 초기의 MAC 주소 테이블은 비어 있음

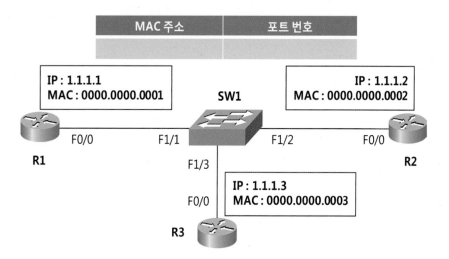

예를 들어, R1이 ARP 요청 프레임을 전송하면 스위치가 F1/1 인터페이스를 통하여 이를 수신한 다음 해당 이더넷 프레임의 출발지 MAC 주소를 읽습니다.

• MAC 주소 테이블에 해당 출발지 MAC 주소가 없으면 출발지 MAC 주소와 수신 포트번호를 기록합니다. 이것을 러닝(learning, 학습) 과정이라고 합니다. 다음 그림의 ①②③이 러닝 과정을 나타냅니다. 즉, R1이 출발지 MAC 주소가 0000.0000.0001인 프레임을 전송하고, SW1은 F1/1 포트를 통하여 이를 수신합니다. SW1은 프레임의 출발지 MAC 주소를 확인하여 수신 포트번호와 함께 이를 MAC 주소에 테이블에 기록합니다.

다음으로 이더넷 프레임의 목적지 MAC 주소를 읽습니다.

• 목적지 MAC 주소가 브로드캐스트 주소이거나, MAC 주소 테이블에 없는 유니캐스트(unknown unicast) 또는 멀티캐스트 주소이면 수신 포트를 제외하고 동일한 VLAN에 속하는 모든 포트로 다 전송합니다. 이 과정을 플러딩(flooding)이라고 합니다. 다음 그림의 ④가 플러딩 과정을 표시합니다.

[그림 6-10] 러닝과 플러딩

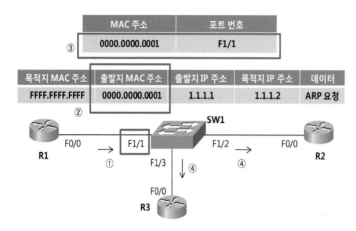

즉, R1이 전송한 ARP 요청 프레임의 목적지 주소가 FFFF.FFFF.FFFF인 브로드캐스트로 되어 있으므로 SW1은 이 프레임을 수신한 F1/1 포트를 제외한 나머지 포트 F1/2와 F1/3 으로 플러딩시킵니다.

• 목적지 주소가 MAC 주소 테이블에 존재 시, 해당 목적지 MAC 주소를 가진 유니캐스트(unicast) 프레임을 수신하면 목적지 포트로 프레임을 전송합니다. 이 과정을 포워딩(forwarding)이라고 합니다. 다음 그림의 ①②③이 포워딩 과정을 나타냅니다.

SW1은 R2가 전송한 ARP 응답 프레임의 수신 포트 F1/2와 출발지 MAC 주소 0000.00 00.0002를 MAC 주소 테이블에 기록합니다. 즉, R2의 MAC 주소를 러닝(learning)합니다. 이후, 목적지 MAC 주소가 0000.0000.0001인 것을 확인하고 MAC 주소 테이블을 참조합니다. MAC 주소 테이블에 목적지가 0000.0000.0001인 프레임은 F1/1 포트로 전송하라고 되어 있으므로 이를 F1/1로 전송합니다. 즉, 수신한 이더넷 프레임을 F1/1 포트로 포워딩합니다.

[그림 6-11] 포워딩

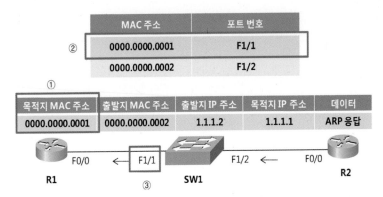

• MAC 주소 테이블에 해당 주소가 있으면 에이징 타이머(aging timer)를 초기화합니다.

[그림 6-12] 에이징

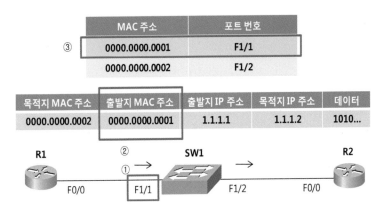

스위치가 MAC 주소를 MAC 주소 테이블에 기록할 때 항상 타이머를 동작시킵니다. 기본적으로 5분 동안 해당 MAC 주소가 출발지 주소로 설정된 프레임을 수신하지 못하면 스위치는 해당 MAC 주소를 MAC 주소 테이블에서 제거합니다. 이렇게 타이머 설정 후, 동일 출발지 MAC 주소를 가진 프레임을 수신할 때마다 타이머를 초기화하고, 정해진 시간 동안 해당 프레임의 활동이 없으면 MAC 주소 테이블에서 제거하는 과정을 에이징(aging)이라고 합니다. 앞 그림의 ①②③이 에이징 과정을 나타냅니다. 즉, SW1이 F1/1 포트를 통하여 수신한 프레임의 출발지 MAC 주소가 MAC 주소 테이블에 이미 기록되어 있는 0000.0000.0001임을 확인하고, 해당 항목 타이머를 초기화시킵니다.

• MAC 주소 테이블상에 출발지/목적지 MAC 주소가 동일한 포트에 소속되어 있으면 해당 프레임을 차단합니다. 이 과정을 필터링(filtering)이라고 합니다.

다음 그림처럼 허브와 연결된 포트에서 R1이 R2에게 프레임을 전송하는 경우를 생각해봅시다. 허브는 수신한 프레임을 모든 포트로 플러딩시키므로 스위치에게도 전송됩니다. 스위치가 포트 F1/1을 통해서 수신한 프레임의 목적지 MAC 주소가 0000.0000.0002인 것을 확인하고, MAC 주소 테이블을 참조합니다.

SW1의 MAC 주소 테이블에는 MAC 주소 0000.0000.0002도 0000.0000.0001과 동일한 F1/1 포트에 있다고 기록되어 있습니다. 따라서 이 프레임을 다른 포트로 전송할 필요가 없어 필터링(filtering, 차단)합니다.

[그림 6-13] 필터링

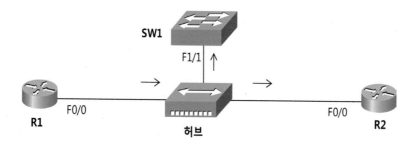

MAC 주소	포트 번호
0000.0000.0001	F1/1
0000.0000.0002	F1/1

이상에서 설명한 러닝, 플러딩, 포워딩, 에이징 및 필터링 과정이 모두 합쳐져 트랜스패런트 브리징 기능을 수행합니다.

MAC 주소 테이블

MAC 주소 테이블은 목적지 MAC 주소와 포트 번호가 기록된 데이터베이스로 스위치는 이것을 참조하여 수신 프레임을 전송합니다. 스위치의 MAC 주소 테이블을 확인하려면 다음과 같이 **show mac-address-table** 또는 **show mac address-table** 명령어를 사용합니다.

[예제 6-6] MAC 주소 테이블 보기

```
SW1# show mac-address-table
Destination Address  Address Type  VLAN  Destination Port
-----------------    ------------  ----  ----------------
cc00.1fe8.0000       Self          1     Vlan1
0000.0000.0001       Dynamic       1     FastEthernet1/1
```

KING of NETWORKING

```
0000.0000.0002    Dynamic    1    FastEthernet1/2
0000.0000.0003    Dynamic    1    FastEthernet1/3
```

MAC 주소 테이블에는 목적지 MAC 주소, MAC 주소의 형태, 해당 MAC 주소가 소속된 VLAN 번호, 해당 MAC으로 가기 위한 포트 등이 기록되어 있습니다.

MAC 주소 테이블을 확인하는 명령어 및 표시 내용은 스위치의 모델에 따라 약간씩 다릅니다. MAC 주소 테이블에 기록할 수 있는 MAC 주소의 수량도 스위치마다 다릅니다. 다음과 같이 **show mac-address-table count** 명령어를 사용하여 확인해보면 현재 사용하는 스위치의 MAC 주소 테이블 최대 용량을 알 수 있습니다.

[예제 6-7] MAC 주소 테이블 최대 용량

```
SW1# show mac-address-table count

NM Slot: 1
--------------

Dynamic Address Count:                  2
Secure Address (User-defined) Count:    0
Static Address (User-defined) Count:    1
System Self Address Count:              1
Total MAC addresses:                    4
Maximum MAC addresses:                  8192
```

일반적인 네트워크 환경에서 MAC 주소 테이블에 저장된 MAC 주소는 많지 않습니다. 그 이유는 MAC 주소는 라우터나 L3 스위치 등 네트워크 계층 장비를 통과할 때마다 해당 장비의 MAC 주소로 변경되기 때문입니다.

그러나 보안침해 등의 이유로 MAC 주소 테이블이 가득찰 수 있습니다. MAC 주소 테이블이 차면 더 이상 기록할 수 없습니다. 이후 수신되는 새로운 목적지 MAC 주소를 가진 프레임들은 허브처럼 모두 플러딩됩니다. 이처럼 MAC 주소 테이블을 채우는 공격을 MAC 플러딩 공격(MAC flooding attack)이라고 하며 흔히 일어나는 공격 유형 중의 하나입니다.

MAC 플러딩 공격을 방어하는 방법 중의 하나는 라우터, 서버 등 중요한 장비들의 MAC 주소가 플러딩되지 않도록 정적으로 MAC 주소 테이블을 만드는 것입니다. 예를 들어, R1의 MAC 주소인 0000.0000.0001에 대해서 정적인 MAC 주소 테이블을 만드는 방법은 다음과 같습니다.

[예제 6-8] 정적 MAC 주소

$$\qquad\qquad\qquad\qquad\qquad\qquad\qquad\qquad ①\qquad\qquad\qquad ②\qquad\qquad ③$$

```
SW1(config)# mac-address-table static 0000.0000.0001 interface f1/1 vlan 1
```

① 목적지 MAC 주소를 지정합니다.

② 목적지 MAC 주소와 연결되는 인터페이스 이름을 지정합니다.

③ 목적지 MAC 주소가 소속된 VLAN 번호를 지정합니다.

KING of NETWORKING

연습 문제

1. 정책상 각 PC에 직접 IP 주소를 설정하는 회사에서 IP 주소를 교체하는 작업을 했다. 비몽사몽 야간 작업을 하던 네트워크 엔지니어가 깜박 잊고 IP 주소만 변경하고 게이트웨이 주소는 그대로 두고 퇴근했다. 아침에 어떤 일이 벌어질까?

    1) 네트워크가 동작하지 않아 모든 업무가 중단된다. 단잠을 자던 엔지니어가 전화를 받고 달려가면서 다른 일자리를 알아본다.

    2) 네트워크가 아무런 문제없이 동작한다. 오후 늦게 출근한 엔지니어는 상사에게서 수고했다는 칭찬을 받는다.

    3) 네트워크가 제대로 동작할 수도 있고, 안 할 수도 있다.

2. 서울시청에서 근무하는 제로에게 미국 유학 간 아들로부터 전화가 왔다.

"아버지, 제가 하숙집에 있는 PC에 홈페이지를 만들었어요. 내 사진이랑 있으니까 들어와서 보세요. 브라우저에 http://98.1.1.1이라고 치면 돼요."

제로는 얼른 부인께 주소를 알려주고, 자신도 PC에서 브라우저를 열었다.

"이녀석, 보내준 돈으로 공부는 안 하고 뭐하는 거야. 그래도 보고 싶구먼."

아무리 기다려도 아들 홈페이지가 뜨지 않아 얼굴을 붉히고 있는데 부인께서 전화를 했다.

"여보, 우리 아들이 만든 홈페이지가 너무 멋있어요."

"뭐야? 내 PC에서는 아무것도 안 보이는데?" 왜 제로의 서울시청 사무실 PC에서는 아들의 홈페이지가 보이지 않을까?

다음 중 가능성 높은 것을 두 가지만 고르시오.

    1) 아들이 보기 싫어서

    2) 서울시와 아들이 사용하는 IP 주소의 네트워크 대역이 같아서

    3) ARP가 실패하기 때문에

    4) PC의 전원이 꺼져 있어서

3. 제로가 아들의 홈페이지를 볼 수 있는 방법을 모두 고르시오.

    1) 조퇴하고 얼른 집으로 간다.

    2) 소공동의 PC방으로 간다.

    3) 스마트 폰을 이용하여 접속한다.

    4) 아들에게 무료 DNS 서버를 이용하라고 한다.

4. 다음 중 트랜스패런트 브리징의 기능에 속하지 않는 것은 무엇인가?

    1) 러닝(learning)

    2) 플러딩(flooding)

    3) 포워딩(forwarding)

    4) 에이징(aging)

    5) 필터링(filtering)

    6) 드라이빙(driving)

5. 다음 중 플러딩 조건이 아닌 것을 하나만 고르시오.

    1) 브로드캐스트 프레임

    2) 유니캐스트 프레임

    3) 멀티캐스트 프레임

    4) MAC 주소 테이블에 없는 유니캐스트(unknown unicast) 프레임

6. MAC 플러딩(flooding) 공격을 맞게 설명한 것을 하나만 고르시오.

    1) 햄버거를 홍수처럼 배달하여 일을 못하게 하는 공격

    2) 목적지 MAC 주소가 다른 프레임을 무수히 전송하여 MAC 주소 테이블을 채우는 공격

    3) 출발지 MAC 주소가 다른 프레임을 무수히 전송하여 MAC 주소 테이블을 채우는 공격

    4) 브로드캐스트 프레임을 무수히 많이 전송하는 공격

KING of NETWORKING

KING -of- NETWORKING

제7장

VLAN, 트렁킹, VTP

VLAN

트렁킹

VTP

VLAN

VLAN(Virtual LAN, 가상 LAN)이란 논리적으로 분할된 스위치를 말합니다. 이제부터 VLAN을 사용하는 이유를 살펴보고, 직접 VLAN을 설정해봅시다. 서로 다른 VLAN에 소속된 장비들 간의 통신이 이루어지도록 하는 VLAN 간 라우팅에 대해서도 살펴보겠습니다.

VLAN을 사용하는 이유

VLAN을 사용하는 주된 이유는 스위치에 접속된 장비들의 성능 향상 및 보안성 증대에 있습니다. 하나의 스위치에 3대의 PC가 연결된 경우를 생각해봅시다. PC, 서버를 비롯하여 라우터와 같은 통신장비들도 ARP 등을 위하여 브로드캐스트 트래픽을 많이 사용합니다. 예를 들어, PC1이 PC2의 MAC 주소를 알아내기 위하여 브로드캐스트 프레임을 전송하면 SW1은 트랜스패런트 브리징이 동작하여 이를 모든 포트로 플러딩(flooding)시킵니다. 결과적으로 PC3은 불필요한 브로드캐스트 프레임을 수신합니다. 장비들은 브로드캐스트 프레임을 수신하면 일단 내용을 확인해야 하며, 확인 후 자신과 상관이 없는 내용이면 무시합니다.

[그림 7-1] VLAN이 없는 경우

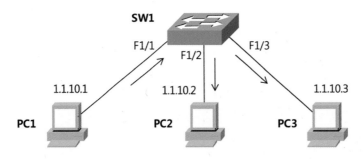

스위치에 접속된 장비가 많으면 수많은 브로드캐스트 프레임을 수신하고, 이를 확인하기 위하여 CPU를 낭비하게 됩니다. 특히, 바이러스 등으로 인하여 PC들이 엄청 많은 브로드캐스트 트래픽을 전송하면 다른 PC들의 인터넷 접속 속도에 영향을 미칠 뿐만 아니라, 통신과 상관없는 편집이나 표 계산 등의 작업 속도도 느려지게 됩니다.

다음 그림과 같이 스위치에 VLAN을 설정하여 PC1과 PC2가 접속된 포트는 VLAN 10에 소속시키고, 나머지 PC들은 VLAN 20에 소속시키는 경우를 생각해봅시다. 트랜스패런트 브리징 프로토콜에서 브로드캐스트는 동일한 VLAN에 소속된 포트로만 플러딩됩니다.

[그림 7-2] VLAN이 있는 경우

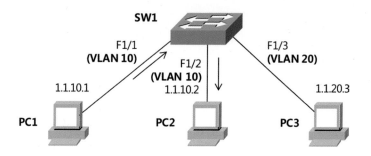

즉, 하나의 VLAN에서 발생한 브로드캐스트 프레임이 다른 VLAN에 소속된 포트로 전송되는 것을 차단하여 PC1이 생성한 것이 PC3으로 전달되는 것을 막아줍니다. 결과적으로 VLAN을 사용하면 브로드캐스트 프레임이 전송되는 범위 즉, 브로드캐스트 도메인의 크기가 줄어들어 각 장비들이 불필요한 프레임을 처리해야 하는 일도 감소합니다. 따라서 스위치에 접속된 장비들의 성능이 향상됩니다.

서로 다른 VLAN에 소속된 장비들 간의 통신을 위해서는 라우터나 L3 스위치와 같은 네트워크 계층의 장비가 필요합니다. 이와 같은 L3 장비에서 VLAN 간의 트래픽을 제어함으로써 스위치에 접속된 장비들의 보안성도 제고할 수 있습니다.

VLAN 설정하기

이제, 테스트 네트워크를 구축하고 VLAN을 설정해봅시다. SW1에 PC 대용으로 라우터 3대를 접속시키고, 각 라우터의 인터페이스에 IP 주소를 부여합니다. 먼저, 각 장비를 동작시키고, 기본 설정을 합니다. R1의 기본 설정은 다음과 같습니다.

[예제 7-1] R1 기본 설정

```
Router(config)# host R1
R1(config)# no ip domain-lookup
R1(config)# enable secret cisco

R1(config)# line console 0
R1(config-line)# logg sync
R1(config-line)# exec-t 0

R1(config-line)# line vty 0 4
R1(config-line)# password cisco
```

다른 장비의 설정도 호스트 이름만 다르고 나머지는 동일합니다.

[그림 7-3] 테스트 네트워크 설정

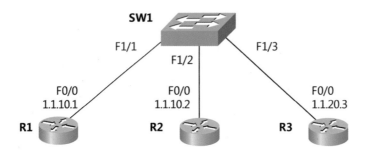

다음에는 각 라우터의 인터페이스에 IP 주소를 부여하고, 활성화시킵니다. R1과 R2의 IP 주소는 서브넷이 1.1.10.0/24이고, R3은 1.1.20.0/24를 사용합니다. 호스트 번호는 라우터 번호와 동일하게 각각 .1, .2, .3으로 설정합시다.

[예제 7-2] 인터페이스에 IP 주소 부여하기

```
R1(config)# interface f0/0
R1(config-if)# ip address 1.1.10.1 255.255.255.0
R1(config-if)# no shut

R2(config)# interface f0/0
R2(config-if)# ip address 1.1.10.2 255.255.255.0
R2(config-if)# no shut

R3(config)# interface f0/0
R3(config-if)# ip address 1.1.20.3 255.255.255.0
R3(config-if)# no shut
```

설정이 끝나면 다음과 같이 SW1에서 **show cdp neighbors** 명령어를 사용하여 장비들이 제대로 연결되었는지 확인합니다.

[예제 7-3] show cdp neighbors 명령어를 사용한 확인 결과

```
SW1# show cdp neighbors
Capability Codes: R - Router, T - Trans Bridge, B - Source Route Bridge
                  S - Switch, H - Host, I - IGMP, r - Repeater

Device ID   Local Intrfce   Holdtme   Capability   Platform   Port ID
R2          Fas 1/2         121       R S I        3660       Fas 0/0
R3          Fas 1/3         124       R S I        3660       Fas 0/0
R1          Fas 1/1         124       R S I        3660       Fas 0/0
```

이상으로 VLAN 설정을 위한 테스트 네트워크 구축이 끝났습니다.

KING of NETWORKING

VLAN 번호

VLAN은 번호(ID)로 구분합니다. 사용 가능한 VLAN 번호는 1~4094 사이입니다. VLAN 번호가 1~1005 사이인 것을 일반(normal) VLAN이라고 합니다. 이중에서 1002~1005는 토큰링과 FDDI라는 프로토콜용으로 사용됩니다. 요즘은 토큰링과 FDDI 프로토콜을 사용하지 않으므로 이 VLAN 번호 역시 실제로는 사용되지 않습니다. 이더넷에서 사용할 수 있는 일반 VLAN 번호는 1~1001까지입니다.

기본적으로 스위치의 모든 포트는 VLAN 1에 소속되어 있습니다. 현재 설정된 VLAN 정보를 확인하려면 다음과 같이 **show vlan brief** 명령어를 사용합니다.

[예제 7-4] show vlan brief 명령어를 사용한 확인 결과

```
SW1# show vlan brief

VLAN Name                        Status    Ports
------ -------------------- --------- ------------ ------------------------------------
1      default                   active    Fa1/0, Fa1/1, Fa1/2, Fa1/3
                                           Fa1/4, Fa1/5, Fa1/6, Fa1/7
                                           Fa1/8, Fa1/9, Fa1/10, Fa1/11
                                           Fa1/12, Fa1/13, Fa1/14, Fa1/15
1002   fddi-default              act/unsup
1003   token-ring-default        act/unsup
1004   fddinet-default           act/unsup
1005   trnet-default             act/unsup
```

GNS3에서 VLAN 설정을 확인하는 명령어는 show vlan-switch brief입니다.

VLAN 번호가 1006~4094인 것을 확장(extended) VLAN이라고 합니다. 실제 사용 가능한 VLAN의 수량은 스위치 모델에 따라 다릅니다.

VLAN 설정하기

다음 그림과 같이 SW1의 각 포트에 VLAN을 설정해봅시다.

[그림 7-4] 각 포트의 VLAN 번호

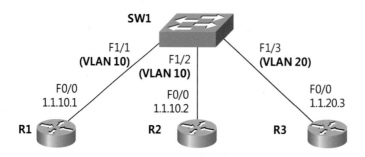

F1/1, F1/2는 VLAN 10에 할당하고, F1/3은 VLAN 20에 할당합니다. 먼저, 다음과 같이 VLAN을 만듭시다.

[예제 7-5] VLAN 설정

```
① SW1(config)# vlan 10
② SW1(config-vlan)# name ADMIN
③ SW1(config-vlan)# exit
④ SW1(config)# vlan 20
⑤ SW1(config-vlan)# name SALES
⑥ SW1(config-vlan)# exit
```

① VLAN 10을 만듭니다.

② VLAN 10의 이름을 지정합니다. 의미 있는 적당한 이름을 지정하면 관리 및 장애처리에 도움이 됩니다. 이름을 별도로 지정하지 않으면 자동으로 VLAN0010과 같이 VLAN이라는 단어와 4자리의 VLAN 번호가 합쳐진 이름이 지정됩니다.

③ VLAN 설정 모드에서 빠져나옵니다. 여러 개의 VLAN을 설정할 경우 exit 명령어를 사용하지 않고 바로 다음 VLAN 번호를 설정해도 됩니다.

④ VLAN 20을 만듭니다.

⑤ VLAN 20의 이름을 지정합니다.

⑥ VLAN 설정 모드에서 빠져나옵니다. vlan 명령어를 사용하여 다음 VLAN을 만들거나 exit 명령어를 사용하여 VLAN 설정 모드에서 빠져나와야 해당 VLAN이 만들어집니다. 이렇게 VLAN을 만든 다음에 각 포트를 VLAN에 할당합니다.

[예제 7-6] VLAN 할당

```
① SW1(config)# interface range f1/1 - 2
② SW1(config-if-range)# switchport mode access
③ SW1(config-if-range)# switchport access vlan 10
```

```
SW1(config-if-range)# exit

SW1(config)# interface f1/3
SW1(config-if)# switchport mode access
SW1(config-if)# switchport access vlan 20
```

① 포트 F1/1과 F1/2를 동시에 설정하기 위한 모드로 들어갑니다. 포트 번호가 연속되지 않게 포함되어 있을 때에는 **interface range f0/5 - 6 , f0/9** 등과 같이 설정하면 됩니다.

② 포트의 모드를 액세스 포트(access port)로 지정합니다. 액세스 포트는 하나의 VLAN에만 소속되는 포트입니다. 이렇게 지정하지 않으면 뒤에서 공부할 DTP라는 프로토콜이 동작하여 인접한 장비와의 협상 과정을 거쳐 포트의 모드가 결정됩니다.

앞서와 같이 모드를 명시적으로 지정한 스위치 포트를 정적(static) DTP 포트라고 하고, 협상된 포트를 동적(dynamic) DTP 포트라고 합니다. 동적 DTP 포트를 사용하면 보안상 취약합니다. 그리고 많은 스위치 설정 명령어들이 정적 DTP 포트에서만 동작하므로 가능하면 이렇게 포트의 모드를 지정하는 것이 좋습니다.

GNS3에서 사용하는 이더스위치 모듈에서는 모든 포트가 기본적으로 액세스 포트이므로 별도로 지정하지 않아도 됩니다.

③ 해당 포트의 VLAN 번호를 지정합니다. 설정 후 다시 **show vlan brief** 명령어를 사용하여 확인해보면 다음과 같이 VLAN 10, 20이 설정되었습니다.

[예제 7-7] VLAN 확인하기

```
SW1# show vlan brief

VLAN Name          Status    Ports
--------------------------------------------------------
   (생략)
10   ADMIN         active    Fa1/1, Fa1/2
20   SALES         active    Fa1/3
```

이제, R1, R2가 접속된 SW1의 F1/1과 F1/2는 VLAN 10에 소속되어 있고, R3이 접속된 F1/3은 VLAN 20에 소속되어 있습니다. 따라서 R3의 IP 주소를 1.1.10.3/24로 변경해도 VLAN이 다르므로 R1, R2와는 통신이 되지 않습니다. 그 이유는 ARP가 사용하는 브로드캐스트 프레임이 다른 VLAN으로 전송되지 않아 ARP가 실패하기 때문입니다.

[그림 7-5] VLAN 내부의 통신

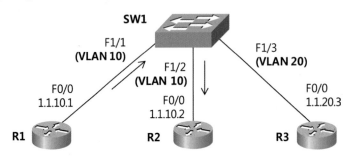

SW1

F1/1
(VLAN 10)

F1/2
(VLAN 10)

F1/3
(VLAN 20)

F0/0
1.1.10.1

F0/0
1.1.10.2

F0/0
1.1.20.3

R1   R2   R3

결과적으로 동일 VLAN에 소속된 R1, R2 간의 통신만 가능합니다.

VLAN 간의 라우팅

앞서와 같이 SW1에 VLAN을 설정함으로써 접속된 장비들의 성능 향상 및 보안성 강화라는 목적을 이룰 수 있습니다. 그런데, 서로 다른 VLAN 간의 통신이 필요한 경우도 많습니다. 이를 위해서 서로 다른 VLAN 간의 라우팅(inter-VLAN routing)이 필요합니다.

VLAN 간의 라우팅을 위하여 흔히 사용하는 방법은 다음 그림과 같이 라우터를 이용하는 것입니다. 예를 들어, 라우터 R4를 SW1에 접속시키고, R4의 인터페이스를 논리적으로 분할하여 각각 VLAN 10과 VLAN 20에 할당합니다. 이처럼 하나의 물리적인 인터페이스를 여러 개의 VLAN에 소속시키는 것을 트렁킹(trunking)이라고 하며, 해당 포트를 트렁크(trunk)라고 합니다. 트렁킹은 다음 절에서 상세히 공부합니다.

논리적으로 분할된 각 인터페이스를 서브인터페이스(sub-interface)라고 합니다. R4와 연결되는 SW1의 F1/4 포트도 트렁크(trunk)로 설정합니다. VLAN 10에 소속된 PC1, PC2에서 게이트웨이를 지정할 때 R4의 VLAN 10에 할당된 서브인터페이스에 설정한 IP 주소를 사용합니다.

[그림 7-6] VLAN 간의 라우팅

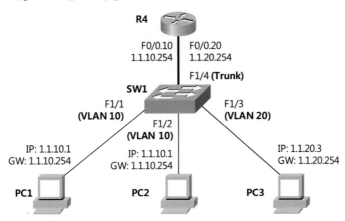

VLAN 20에 소속된 PC3에서 게이트웨이를 지정할 때 R4의 VLAN 20에 할당된 서브인터페이스에 설정한 IP 주소를 사용합니다. 실제, 다음과 같은 네트워크에서 VLAN간 라우팅을 설정해봅시다.

[그림 7-7] VLAN 간의 라우팅 설정

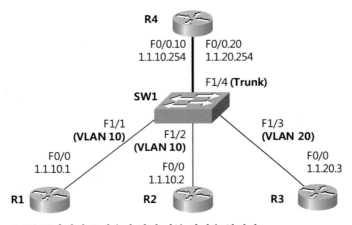

R4를 동작시키고 다음과 같이 기본 설정을 합니다.

[예제 7-8] R4의 기본 설정

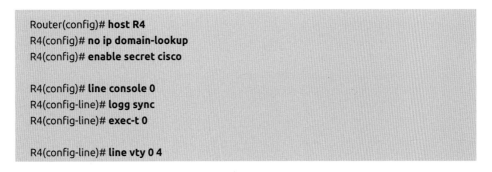

```
Router(config)# host R4
R4(config)# no ip domain-lookup
R4(config)# enable secret cisco

R4(config)# line console 0
R4(config-line)# logg sync
R4(config-line)# exec-t 0

R4(config-line)# line vty 0 4
```

```
R4(config-line)# password cisco
```

다음과 같이 R4에서 서브인터페이스를 만들고 VLAN 번호 및 IP 주소를 할당합시다.

[예제 7-9] 서브인터페이스 만들기

```
   R4(config)# interface f0/0
① R4(config-if)# no shut

② R4(config-if)# interface f0/0.10
③ R4(config-subif)# encapsulation dot1Q 10
④ R4(config-subif)# ip address 1.1.10.254 255.255.255.0
   R4(config-subif)# exit

⑤ R4(config)# interface f0/0.20
⑥ R4(config-subif)# encapsulation dot1Q 20
⑦ R4(config-subif)# ip address 1.1.20.254 255.255.255.0
```

① 주 인터페이스인 F0/0을 활성화시킵니다.

② 서브인터페이스를 만듭니다. 주 인터페이스 번호 F0/0 다음에 점(.)을 찍고 적당한 서 브인터페이스 번호를 지정합니다. 0에서 42억 사이의 어느 번호를 사용해도 상관없으나, VLAN 번호, 서브넷 번호 및 서브인터페이스 번호를 동일한 것으로 지정하면 관리 및 장애 처리가 편리합니다.

③ encapsulation dot1Q 명령어 다음에 VLAN 번호 10을 지정합니다.

④ VLAN 10에 소속된 호스트들이 게이트웨이 주소로 사용할 IP 주소를 지정합니다.

⑤ VLAN 20용 서브인터페이스를 만듭니다.

⑥ encapsulation dot1Q 명령어 다음에 VLAN 번호 20을 지정합니다.

⑦ VLAN 20에 소속된 호스트들이 게이트웨이 주소로 사용할 IP 주소를 지정합니다. 이것 으로 VLAN 10, 20에 소속된 호스트들이 게이트웨이로 사용할 R4의 설정이 끝났습니다. 다음에는 R4와 연결되는 SW1의 F1/4 포트를 트렁크로 지정합니다.

[예제 7-10] 트렁크 설정하기

```
① SW1(config)# interface f1/4
② SW1(config-if)# switchport trunk encapsulation dot1Q
③ SW1(config-if)# switchport mode trunk
```

① R4와 연결되는 인터페이스 설정 모드로 들어갑니다.

② **switchport trunk encapsulation dot1Q** 명령어를 사용하여 트렁킹 방식을 지정합니다. 트렁킹 방식은 **dot1q**와 **isl**이 있으며, 다음 절에서 설명합니다.

③ F1/4 포트를 트렁크 포트로 지정합니다.

이번에는 호스트 대용으로 사용할 R1, R2, R3에서 다음과 같이 게이트웨이 주소를 지정합니다.

[예제 7-11] 게이트웨이 주소 지정

```
R1(config)# ip route 0.0.0.0 0.0.0.0 1.1.10.254
R2(config)# ip route 0.0.0.0 0.0.0.0 1.1.10.254
R3(config)# ip route 0.0.0.0 0.0.0.0 1.1.20.254
```

PC에서 게이트웨이(gateway)라고 부르는 것을 라우터에서는 디폴트 루트(default route)라고 하며, 의미는 유사합니다. 즉, '상세한 경로를 모르면 모두 이쪽으로 전송하라'라는 의미입니다. 이제, 서로 다른 VLAN에 소속된 장비들 간에도 통신이 이루어집니다. 예를 들어, 다음과 같이 R1에서 R3으로 핑을 해보면 성공합니다.

[예제 7-12] 핑 확인

```
R1# ping 1.1.20.3

Type escape sequence to abort.
Sending 5, 100-byte ICMP Echos to 1.1.20.3, timeout is 2 seconds:
!!!!!
Success rate is 100 percent (5/5), round-trip min/avg/max = 4/57/120 ms
```

다음 그림을 참조하여 VLAN 간의 라우팅이 동작하는 절차와 방식을 살펴봅시다.

① R1에서 **ping 1.1.20.3**과 같이 다른 VLAN에 소속된 장비로 통신을 시작하면 ARP를 해야 합니다. 이때, 목적지 IP 주소와 R1의 주소가 서브넷이 다르므로 R1은 게이트웨이 1.1.10.254의 MAC 주소를 찾는 ARP 요청 패킷을 전송합니다.

[그림 7-8] VLAN 간의 라우팅 동작 방식

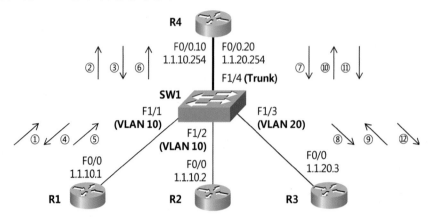

② 스위치는 목적지가 브로드캐스트인 프레임을 수신하면 수신 포트를 제외하고 동일 VLAN에 소속된 모든 포트로 플러딩합니다. 트렁크 포트는 모든 VLAN에 소속된 것이므로 R4에게도 ARP 프레임이 전송됩니다.

③ R4가 자신의 MAC 주소를 찾는 ARP에 대해서 응답합니다.

④ R1은 R4가 응답한 ARP 응답 패킷을 수신하고, R4의 MAC 주소를 알게 됩니다.

⑤ R1은 목적지 IP 주소가 R3의 주소인 1.1.20.3으로 설정되고, 목적지 MAC 주소는 게이트웨이인 R4의 것으로 설정된 핑 요청 패킷을 R4에게 전송합니다.

⑥ R4는 목적지 MAC 주소가 자신의 것인 프레임을 수신한 다음, L2 헤더를 제거합니다. 이처럼 라우터는 프레임을 수신하면 L2 헤더를 제거하고 새로운 것으로 대체합니다. L2 헤더를 제거하고 L3 헤더를 확인한 R4는 목적지 IP 주소가 VLAN 20에 소속된 1.1.20.3이라는 것을 알게 됩니다.

⑦ R4는 목적지 IP 주소가 1.1.20.3인 장비의 MAC 주소를 알아내기 위하여 VLAN 20으로 ARP 패킷을 전송합니다. 이때 출발지 MAC 주소는 R1이 아닌 R4의 것으로 대체됩니다.

⑧ VLAN 20에 소속된 F1/3 포트를 통해 R3이 자신을 찾는 ARP 요청 패킷을 수신합니다.

⑨ R3이 ARP 응답 패킷으로 자신의 MAC 주소를 게이트웨이인 R4에게 알려줍니다.

⑩ R3의 ARP 응답을 R4가 수신하여 IP 주소 1.1.20.3의 MAC 주소를 알게 됩니다.

⑪ R4는 출발지 MAC 주소가 R4의 MAC 주소, 출발지 IP 주소는 R1의 주소인 1.1.10.1로 설정되고, 목적지 MAC 주소가 R3의 MAC 주소, 목적지 IP 주소는 R3의 주소인 1.1.20.3으로 설정된 핑 요청 패킷을 R3에게 전송합니다.

⑫ R3이 R4를 거쳐서 R1이 전송한 핑 요청 패킷을 수신합니다.

이후, R3은 출발지 MAC 주소 및 출발지 IP 주소가 자신의 것으로 설정되고, 목적지 MAC 주소가 R4의 MAC 주소, 목적지 IP 주소는 R1의 주소인 1.1.10.1으로 설정된 핑 응답 패킷을 게이트웨이인 R4에게 전송합니다.

게이트웨이인 R4는 출발지 MAC 주소를 자신의 것으로 대체하고, 목적지 MAC 주소는 R1의 것으로 대체된 프레임을 R1에게 전송하면 R1과 R3 간의 통신이 이루어집니다. 이처럼, L3 장비를 통과할 때 L2 주소들은 변경되지만 L3 주소인 IP 주소는 변경되지 않습니다.

이번에는 동일 VLAN에 소속된 장비들 간의 통신방식을 살펴봅시다.

[그림 7-9] VLAN내부의 통신방식

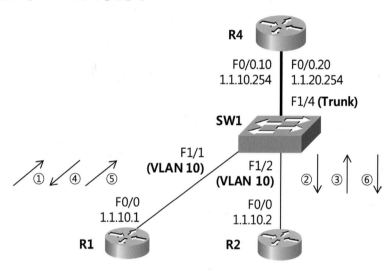

① R1에서 1.1.10.2로 통신을 시작하면 ARP가 시작됩니다. 이때, 목적지 IP 주소와 R1의 주소가 서브넷이 동일하므로 직접 목적지 IP 주소인 1.1.10.2의 MAC 주소를 찾는 ARP 요청 패킷을 전송합니다.

② 스위치는 목적지가 브로드캐스트인 프레임은 수신 포트를 제외하고 동일 VLAN에 소속된 모든 포트로 플러딩하므로, F1/2 포트로 ARP 요청패킷이 전송됩니다.

③ R2는 자신의 MAC 주소를 찾는 ARP에 대해서 응답합니다.

④ R1은 R2가 전송한 ARP 응답 패킷을 수신하고, 상대의 MAC 주소를 알게 됩니다.

⑤ R1은 목적지 IP 주소와 MAC 주소가 R2의 것으로 설정된 핑 요청 패킷을 스위치로 전송합니다.

⑥ R2가 핑 요청 패킷을 수신합니다. 이처럼 동일한 VLAN에 소속된 장비들 간의 통신 시에는 라우터를 거치지 않고 두 장비 간 직접 통신이 이루어집니다.

트렁킹

트렁크(trunk) 또는 트렁크 포트란 복수 개의 VLAN에 소속된 포트를 말합니다. 그리고 트렁크가 사용하는 프로토콜을 트렁킹(trunking) 프로토콜이라고 합니다.

트렁크 포트와 액세스 포트

하나의 VLAN에만 소속된 액세스 포트와 달리, 트렁크 포트는 복수 개의 VLAN에 소속된 포트입니다. 다음 그림에서 PC들이 접속된 스위치의 포트들은 모두 하나의 VLAN에만 소속되는 액세스 포트(access port)들입니다.

그러나 스위치 간을 연결하는 F1/10 포트는 VLAN 10과 VLAN 20에 소속된 프레임을 모두 전송해야 합니다. 따라서 F1/10 포트는 VLAN 10과 VLAN 20 모두에 소속시켜야 합니다. 이처럼 복수 개의 VLAN에 소속된 포트를 트렁크 포트(trunk port)라고 합니다.

[그림 7-10] 트렁크 포트와 액세스 포트

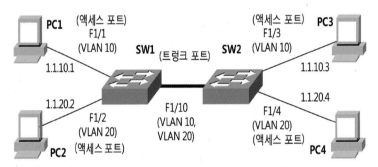

두 스위치에서 사용하는 VLAN 번호가 동일하다면 스위치 간을 연결하는 포트도 액세스 포트로 설정할 수 있습니다. 실제, 나중에 설명할 스패닝 트리 프로토콜이 가지는 문제점들을 해결하기 위하여 스위치 간의 링크를 액세스 포트로 동작시키는 경우도 많습니다.

트렁킹 프로토콜

다음 그림에서 PC1이 브로드캐스트 프레임을 전송하는 경우를 생각해봅시다. 브로드캐스트 프레임은 동일한 VLAN에 소속된 모든 포트로 전송해야 하므로 SW1은 이 프레임을 트렁크 포트인 F1/10 포트를 통하여 SW2로 전송합니다.

일반 이더넷 프레임에는 VLAN 번호를 표시하는 필드가 없습니다. 따라서 일반 이더넷 프레임을 사용한다면 SW2는 F1/10을 통하여 SW1에서 수신한 <u>브로드캐스트 프레임</u>을 어느 VLAN으로 플러딩해야 할지를 알 수 없습니다.

[그림 7-11] 트렁크 포트로 프레임을 전송할 때는 VLAN 번호를 알려주어야 한다

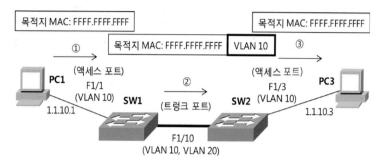

따라서 SW1은 브로드캐스트 프레임을 전송할 때 VLAN 번호를 표시해야 하며, 이때 사용되는 프로토콜이 트렁킹 프로토콜입니다. 트렁킹 프로토콜이 동작하는 방식은 다음과 같습니다.

① 액세스 포트를 통하여 프레임을 수신하면 스위치는 해당 프레임이 소속된 VLAN 번호를 알 수 있습니다.

② SW1이 트렁크 포트를 통하여 해당 프레임을 전송하면서 VLAN 번호를 표시합니다. 트렁크 포트를 통하여 프레임을 수신한 SW2는 VLAN 표시를 확인하고, 이 프레임이 소속된 VLAN 번호를 알게 됩니다.

③ SW2는 프레임의 VLAN 정보를 제거하고 VLAN 10에 소속된 모든 포트로 프레임을 전송합니다. 이처럼, 액세스 포트에 접속된 장비들은 VLAN의 존재를 인식하지 못합니다.

VLAN 표시 방법은 트렁킹 프로토콜에 따라 다릅니다. 트렁킹 프로토콜을 트렁킹 인캡슐레이션(encapsulation)이라고도 합니다. 시스코 이더넷 스위치에서 사용되는 트렁킹 인캡슐레이션은 ISL과 802.1Q 두 가지가 있습니다.

스위치 모델에 따라 두 가지 방식 모두를 지원하는 것도 있고, 한 가지만 지원하기도 합니다. 근래에는 다른 스위치와의 호환성 및 확장 VLAN 지원 등의 이유 때문에 ISL보다는 IEEE 802.1Q에 비중을 두고 있는 상황입니다.

802.1Q 트렁킹

802.1Q 트렁킹은 IEEE 802.1Q에서 정의된 표준 트렁킹 프로토콜입니다. 이 방식은 이더넷 프레임의 출발지 주소 다음에 4바이트 길이의 802.1Q 태그(tag, 꼬리표)를 추가하여 VLAN 번호와 기타 정보를 표시합니다.

[그림 7-12] 802.1Q 프레임 포맷

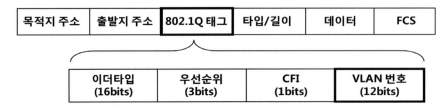

802.1Q 프레임 태그의 내용은 다음과 같습니다.

- **이더타입(ethertype)**

  현재의 프레임이 802.1 Q 프레임이라는 것을 표시하며, 항상 값이 0x8100입니다.

- **우선순위(priority)**

  프레임의 우선순위를 표시합니다. 이것을 802.1P 우선순위 필드 또는, CoS(class of service)
  필드라고도 합니다. 0에서 7 사이의 값을 가지며, 값이 클수록 우선순위가 높습니다. 음성이
  나 동영상 데이터를 전송할 때 이 값을 높게 지정하여 우선순위를 높이고, 스위치에서 다른
  프레임보다 빨리 전송되게 할 수 있습니다.

- **VLAN 번호(VLAN identifier)**

  프레임의 VLAN 번호를 표시합니다. 필드의 길이가 12비트이므로, 802.1Q 트렁킹 방식을
  사용하면 4096개의 VLAN이 지원됩니다.

  트렁킹 인캡슐레이션을 802.1Q 방식으로 지정하려면 인터페이스에서 다음과 같은 명령어
  를 사용합니다.

[예제 7-13] 트렁킹 인캡슐레이션을 802.1Q로 지정하기

```
SW1(config-if)# switchport trunk encapsulation dot1q
```

이처럼 트렁킹 프로토콜을 지정한다고 해서 해당 포트가 트렁크로 동작하는 것은 아닙니다.
즉, 해당 포트가 트렁크로 동작할 때 802.1Q 방식을 사용한다는 의미입니다.

네이티브 VLAN

802.1Q 트렁킹에서는 네이티브(native) VLAN이라는 것을 지원합니다. 네이티브 VLAN이

란 트렁크 포트로 전송 시 VLAN 표시를 하지 않는 VLAN을 말합니다. 다음 그림에서 트렁크 포트의 네이티브 VLAN이 10으로 설정되어 있다고 가정합시다. SW1이 VLAN 10에 소속된 PC1에서 프레임을 수신하여 이것을 트렁크 포트로 전송할 때 VLAN 표시를 하지 않고 전송합니다.

[그림 7-13] 네이티브 VLAN의 동작 방식

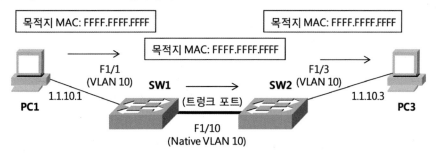

트렁크 포트를 통하여 VLAN 표시가 되지 않은 이더넷 프레임을 수신한 SW2는 해당 프레임을 네이티브 VLAN인 VLAN 10으로만 전송합니다. 네이티브 VLAN은 802.1Q 방식의 트렁킹 프로토콜에서만 사용됩니다. 기본적인 네이티브 VLAN 번호는 1번이며, 가능하면 다른 번호로 변경하는 것이 안전합니다.

ISL

ISL(Inter-Switch Link)은 시스코에서 개발한 트렁킹 프로토콜입니다. 그러나 802.1Q와 달리 확장 VLAN을 지원하지 못하여 시스코 스위치에서도 점차 802.1Q로 대체되고 있는 추세다. ISL은 이더넷 프레임은 변경하지 않고, 프레임 앞에 26바이트의 ISL 헤더를 추가합니다. 그리고 이더넷 FCS 다음에 별도로 4바이트 길이의 ISL FCS를 추가합니다. FCS(Frame Check Sequence)는 수신한 프레임의 에러 발생 여부를 확인하는 데 사용됩니다.

[그림 7-14] ISL 프레임 포맷

ISL 헤더 (26bytes)	이더넷 헤더 (14bytes)	데이터 (46-1500bytes)	이더넷 FCS (4bytes)	ISL FCS (4bytes)

ISL 헤더의 주요 필드는 다음과 같습니다.

- DA

이 프레임이 ISL 프레임이라는 것을 나타냅니다.

- User

  이더넷 프레임의 우선순위를 표시합니다.

- VLAN 번호

  VLAN 번호를 표시하는 필드로 15비트가 할당되어 있으나 실제로는 10비트만 사용합니다. 따라서 ISL은 1024개의 VLAN만 지원합니다.

- BPDU

  나중에 설명할 BPDU, VTP 또는 CDP 프레임을 전송할 때 이 필드를 1로 표시합니다. BPDU 비트가 1로 설정된 프레임을 수신하면, 스위치는 이 프레임의 최종 목적지가 자신임을 알고, 그 내용을 해독하고, 적절한 동작을 취합니다.

  트렁크 포트의 인캡슐레이션 방식을 ISL로 지정하려면 인터페이스 설정 모드에서 다음과 같은 명령어를 사용합니다.

[예제 7-14] 트렁킹 인캡슐레이션을 ISL로 지정하기

```
SW1(config-if)# switchport trunk encapsulation isl
```

802.1Q의 경우와 마찬가지로 이처럼 트렁킹 프로토콜을 지정한다고 해서 해당 포트가 트렁크로 동작하는 것은 아닙니다. 즉, 해당 포트가 트렁크로 동작할 때 ISL 방식을 사용한다는 의미입니다.

이더스위치 모듈에서는 ISL 방식의 트렁킹을 지원하지 않습니다.

스위치 포트의 DTP 모드

DTP(Dynamic Trunking Protocol)란 시스코 스위치에서 상대 스위치와 트렁크 관련 사항을 협상할 때 사용되는 프로토콜입니다. DTP는 트렁크 포트 전환여부와 트렁크 포트로 동작 시 사용할 프로토콜을 협상합니다. 스위치 포트의 DTP 모드는 다음과 같습니다.

[표 7-1] DTP 모드와 동작 방식

DTP 모드	동작 방식	모드 형태
액세스	항상 액세스 포트로 동작	정적(static) 포트
트렁크	항상 트렁크 포트로 동작	
다이내믹 디자이어러블	상대가 액세스 포트인 경우에만 액세스 포트로 동작. 나머지 경우는 트렁크 포트로 동작	동적(dynamic) 포트
다이내믹 오토	상대가 액세스나 다이내믹 오토인 경우 액세스 포트로 동작. 나머지 경우는 트렁크 포트로 동작	

- 액세스(access)

상대 포트와 상관없이 자신은 액세스 포트로 동작합니다. 스위치 포트를 액세스 모드로 설정하려면 인터페이스에서 다음 명령어를 사용합니다.

[예제 7-15] 액세스 포트 설정하기

```
SW1(config-if)# switchport mode access
```

- 트렁크(trunk)

상대 포트와 상관없이 자신은 트렁크 포트로 동작합니다. 상대 포트를 트렁크 포트로 동작시키기 위한 DTP 패킷을 전송합니다. 스위치 포트를 트렁크 모드로 설정하려면 인터페이스에서 다음 명령어를 사용합니다.

[예제 7-16] 트렁크 포트 설정하기

```
SW1(config-if)# switchport trunk encapsulation dot1q
SW1(config-if)# switchport mode trunk
```

스위치 포트의 모드를 트렁크로 지정하려면 앞의 예제와 같이 해당 인터페이스의 트렁크 인캡슐레이션 방식을 미리 지정해야 합니다.

이더스위치 모듈에서는 access와 trunk 모드만 지원됩니다. 즉, dynamic 모드는 지원되지 않습니다. 그리고 트렁크로 사용하는 경우 IEEE 802.1Q만 지원하므로 트렁킹 프로토콜을 지정하지 않아도 됩니다.

- 다이내믹 디자이어러블(dynamic desirable)

상대측이 트렁크, 디자이어러블, 오토인 경우에 트렁크로 동작합니다. 상대측이 액세스 모드이면 액세스 모드로 동작합니다. 스위치 포트를 다이내믹 디자이어러블로 설정하려면 인터페이스에서 다음 명령어를 사용합니다.

[예제 7-17] 트렁크 모드를 다이내믹 디자이어러블로 설정하기

```
SW1(config-if)# switchport mode dynamic desirable
```

- 다이내믹 오토(dynamic auto)

    상대측이 트렁크 또는 디자이어러블인 경우에 트렁크로 동작합니다. 상대측이 오토이거나
    액세스 모드이면 액세스 모드로 동작합니다. 스위치 포트를 다이내믹 오토 모드로 설정하려
    면 인터페이스에서 다음 명령어를 사용합니다.

[예제 7-18] 트렁크 모드를 오토로 설정하기

```
SW1(config-if)# switchport mode dynamic auto
```

스위치 포트의 기본적인 DTP 모드는 장비에 따라 다릅니다.

트렁킹 설정 및 동작 확인

다음과 같은 네트워크를 구성하여 트렁킹을 설정해봅시다.

[그림 7-15] 트렁킹을 위한 테스트 네트워크

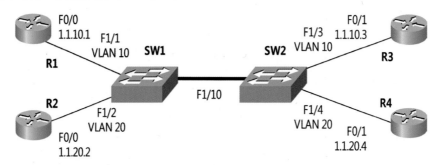

필요한 장비를 모두 동작시키고 기본 설정을 합니다. R1의 설정은 다음과 같습니다.

[예제 7-19] R1의 설정

```
Router(config)# host R1
R1(config)# no ip domain-lookup
```

```
R1(config)# enable secret cisco

R1(config)# line console 0
R1(config-line)# logg sync
R1(config-line)# exec-t 0

R1(config-line)# line vty 0 4
R1(config-line)# password cisco
```

나머지 장비들도 호스트 이름을 제외하고 모두 동일하게 설정합니다. 다음에는 각 라우터의
인터페이스에 IP 주소를 부여하고 활성화시킵니다.

[예제 7-20] IP 주소 부여 및 활성화

```
R1(config)# interface f0/0
R1(config-if)# ip address 1.1.10.1 255.255.255.0
R1(config-if)# no shut

R2(config)# interface f0/0
R2(config-if)# ip address 1.1.20.2 255.255.255.0
R2(config-if)# no shut

R3(config)# interface f0/1
R3(config-if)# ip address 1.1.10.3 255.255.255.0
R3(config-if)# no shut

R4(config)# interface f0/1
R4(config-if)# ip address 1.1.20.4 255.255.255.0
R4(config-if)# no shut
```

R3, R4에서는 F0/1 인터페이스를 사용합니다. 이 책에서 사용하는 기본적인 네트워크 구
성에서 각 라우터의 F0/1 포트가 SW2에 접속되어 있기 때문입니다. 그리고 테스트의 편의
를 위하여 다음과 같이 SW1, SW2를 연결하는 두 개의 포트 중 F1/11을 셧다운시킵니다.

[예제 7-21] 포트중 F1/11 셧다운

```
SW1(config)# interface f1/11
SW1(config-if)# shut

SW2(config)# interface f1/11
SW2(config-if)# shut
```

설정이 끝나면 SW1과 SW2에서 **show cdp neighbors** 명령어를 사용하여 네트워크 구성이

올바른지 확인합니다. SW1에서의 확인 결과는 다음과 같습니다.

[예제 7-22] SW1에서의 확인 결과

```
SW1# show cdp neighbors
Capability Codes: R - Router, T - Trans Bridge, B - Source Route Bridge
                  S - Switch, H - Host, I - IGMP, r - Repeater

Device ID   Local Intrfce   Holdtme   Capability  Platform   Port ID
SW2         Fas 1/10        139       R S I       3660       Fas 1/10
R2          Fas 1/2         138       R S I       3660       Fas 0/0
R1          Fas 1/1         126       R S I       3660       Fas 0/0
```

SW2에서의 확인 결과는 다음과 같습니다.

[예제 7-23] SW2 확인 결과

```
SW2# show cdp neighbors
Capability Codes: R - Router, T - Trans Bridge, B - Source Route Bridge
                  S - Switch, H - Host, I - IGMP, r - Repeater

Device ID   Local Intrfce   Holdtme   Capability  Platform   Port ID
SW1         Fas 1/10        155       R S I       3660       Fas 1/10
R3          Fas 1/3         161       R S I       3660       Fas 0/1
R4          Fas 1/4         172       R S I       3660       Fas 0/1
```

이제, 트렁크 설정을 위한 기본 네트워크가 구성되었습니다. 각 스위치에서 다음 표와 같이 VLAN을 설정합니다.

[표 7-2] VLAN 설정값

VLAN 번호	이름	소속 포트
10	지정하지 않음	SW1 F1/1, SW2 F1/3
20	지정하지 않음	SW1 F1/2, SW2 F1/4
999	Native_VLAN	X

즉, SW1의 F1/1, SW2의 F1/3 포트를 VLAN 10에 할당하고, SW1의 F1/2, SW2의 F1/4 포트를 VLAN 20에 할당합니다. VLAN 이름은 별도로 지정하지 않습니다. 나중에 네이티브 VLAN으로 사용하기 위하여 VLAN 999를 만들고, 이름을 **Native_VLAN**으로 지정합니다. SW1의 설정은 다음과 같습니다.

[예제 7-24] SW1 설정

```
SW1(config)# vlan 10
SW1(config-vlan)# vlan 20
SW1(config-vlan)# vlan 999
SW1(config-vlan)# name Native_VLAN
SW1(config-vlan)# exit

SW1(config)# interface f1/1
SW1(config-if)# switchport mode access
SW1(config-if)# switchport access vlan 10
SW1(config-if)# exit

SW1(config)# interface f1/2
SW1(config-if)# switchport mode access
SW1(config-if)# switchport access vlan 20
```

SW2의 설정은 다음과 같습니다.

[예제 7-25] SW2 설정

```
SW2(config)# vlan 10
SW2(config-vlan)# vlan 20
SW1(config-vlan)# vlan 999
SW1(config-vlan)# name Native_VLAN
SW2(config-vlan)# exit

SW2(config)# interface f1/3
SW2(config-if)# switchport mode access
SW2(config-if)# switchport access vlan 10
SW2(config-if)# exit

SW2(config)# interface f1/4
SW2(config-if)# switchport mode access
SW2(config-if)# switchport access vlan 20
```

각 스위치에서 VLAN 설정이 끝나면 설정 내용을 확인합니다.

> 제조사별로 트렁킹(trunking)의 의미가 다른 경우가 있습니다. 시스코를 제외한 많은 회사에서는 트렁킹라는 용어 대신 태깅(tagging)이라는 용어를 사용합니다. 그리고 트렁크(trunk) 포트 대신 태그드 포트(tagged port)라는 용어를 사용합니다.

SW1에서의 확인 결과는 다음과 같습니다.

[예제 7-26] SW1 확인 결과

```
SW1# show vlan-switch brief

VLAN      Name              Status      Ports
--------  ----------------  ----------  -----------------------------------
(생략)
10        VLAN0010          active      Fa1/1
20        VLAN0020          active      Fa1/2
999       Native_VLAN       active
```

이번에는 SW1, SW2를 연결하는 F1/10 포트를 트렁크로 동작시킵니다. 트렁킹 프로토콜은 802.1Q를 사용합니다. 이를 위한 SW1의 설정은 다음과 같습니다.

[예제 7-27] SW1 설정

```
① SW1(config)# interface f1/10
② SW1(config-if)# switchport trunk encapsulation dot1q
③ SW1(config-if)# switchport mode trunk
④ SW1(config-if)# switchport trunk native vlan 999
```

① 트렁크로 동작시킬 인터페이스로 들어갑니다.

② 트렁킹 프로토콜을 지정합니다.

③ 해당 포트를 트렁크로 동작시킵니다.

④ 트렁킹 프로토콜을 802.1Q로 사용할 경우 네이티브 VLAN을 지정할 수 있습니다. 이 설정은 필수적인 것은 아닙니다. 지정하지 않으면 네이티브 VLAN 값이 1이 됩니다. 트렁크 포트 양측에 설정된 네이티브 VLAN 값이 다르면 다음과 같이 에러 메시지가 표시됩니다.

[예제 7-28] 네이티브 VLAN 값이 다른 경우의 에러 메시지

```
SW1#
*Mar  1 00:35:44.035: %CDP-4-NATIVE_VLAN_MISMATCH: Native VLAN mismatch discovered on
FastEthernet1/10 (999), with SW2 FastEthernet1/10 (1).
```

SW2의 설정은 다음과 같으며, SW1과 동일합니다.

[예제 7-29] SW2의 설정

```
SW2(config)# interface f1/10
SW2(config-if)# switchport trunk encapsulation dot1q
```

```
SW2(config-if)# switchport mode trunk
SW2(config-if)# switchport trunk native vlan 999
```

설정 후 SW1에서 show interface trunk 명령어를 이용하여 트렁크가 동작하는 상황을 확인해보면 다음과 같습니다.

[예제 7-30] 트렁크 동작 상황 확인

```
SW1# show interface trunk
①          ②                    ③                 ④            ⑤
Port        Mode                 Encapsulation      Status       Native vlan
Fa1/10      on                   802.1q             trunking     999

Port        Vlans allowed on trunk
Fa1/10      1-4094

Port        Vlans allowed and active in management domain
Fa1/10      1,10,20,999

Port        Vlans in spanning tree forwarding state and not pruned
Fa1/10      1,10,20,999
```

① 트렁크로 동작하는 포트를 표시합니다.

② 트렁크 설정 방식을 표시합니다. 즉, switchport mode trunk 명령어를 사용하여 트렁크로 동작시켰다는 의미입니다.

③ 사용 중인 트렁킹 프로토콜을 표시합니다.

④ 현재 트렁크로 동작 중임을 표시합니다.

⑤ 네이티브 VLAN 번호를 표시합니다.

다음과 같이 show interface status 명령어를 사용하여 확인해보아도 트렁크로 동작 중인 포트를 알 수 있습니다.

[예제 7-31] 트렁크로 동작 중인 포트

```
SW1# show interface status

Port    Name         Status      Vlan    Duplex  Speed   Type
Fa1/1                connected   10      a-full  a-100   10/100BaseTX
Fa1/2                connected   20      a-full  a-100   10/100BaseTX
(생략)
Fa1/10               connected   trunk   a-full  a-100   10/100BaseTX
Fa1/11               disabled    1       auto    auto    10/100BaseTX
Fa1/12               notconnect  1       auto    auto    10/100BaseTX
```

이제, 다음과 같이 SW1에 접속되어 있는 R1에서 SW2에 접속되어 있는 R3과 트렁크 포트를 통하여 핑이 됩니다.

[예제 7-32] R3과의 핑

```
R1# ping 1.1.10.3

Type escape sequence to abort.
Sending 5, 100-byte ICMP Echos to 1.1.10.3, timeout is 2 seconds:
.!!!!
Success rate is 80 percent (4/5), round-trip min/avg/max = 28/74/116 ms
```

R2에서도 SW2에 접속되어 있는 R4와 트렁크 포트를 통하여 핑이 됩니다.

[예제 7-33] R4와의 핑

```
R2# ping 1.1.20.4

Type escape sequence to abort.
Sending 5, 100-byte ICMP Echos to 1.1.20.4, timeout is 2 seconds:
.!!!!
Success rate is 80 percent (4/5), round-trip min/avg/max = 8/61/92 ms
```

이상으로 트렁킹에 대하여 살펴보았습니다.

VTP

VTP(VLAN Trunking Protocol)란 하나의 스위치에 설정된 VLAN 번호와 이름을 다른 스위치에게 알려줄 때 사용하는 프로토콜입니다. VTP를 사용하면 VLAN 설정 작업이 편리합니다.

VTP 동작원리

VTP가 동작하는 방식은 다음과 같습니다.

1) 스위치에서 VLAN을 추가, 수정 또는 삭제합니다. 이 경우, VLAN 설정 정보가 변경되고, 새로운 VLAN 설정 정보를 다른 스위치에게 전송해야 합니다.

2) 스위치는 VTP 설정 번호(configuration revision)를 기존값보다 1을 증가시켜 다른 스위치에게 변경된 VLAN 정보와 함께 전송합니다.

3) VTP 정보를 수신한 스위치는 자신의 VTP 설정 번호와 수신한 번호를 비교합니다.

• 수신한 정보의 VTP 설정 번호가 더 높으면 자신의 VLAN 정보를 새로운 정보로 대체합니다.

• 수신한 정보의 VTP 설정 번호와 자신의 번호가 동일하면 수신한 정보를 무시합니다.

• 수신한 정보의 설정 번호가 자신의 번호보다 낮으면 자신의 VTP 정보를 전송합니다.

VTP 설정 및 확인

VTP가 동작하기 위한 최소의 조건은 스위치들이 트렁크 포트를 통하여 연결되어야 하고, VTP 도메인 이름이 같아야 합니다. 앞서 트렁크 설정을 위해서 사용했던 네트워크에서 VTP를 설정해봅시다.

SW1에서 VTP를 설정하는 방법은 다음과 같습니다.

[예제 7-34] VTP 설정하기

SW1(config)# **vtp domain MyVTP**

앞선 절에서 SW1, SW2 간에 트렁크를 설정했으므로, 이렇게 VTP 도메인 이름만 지정하면 VTP가 동작합니다. VTP 도메인 이름은 대소문자를 구분합니다. SW1에서 **show vtp status** 명령어를 사용하여 VTP 상태를 확인해보면 다음과 같습니다.

[예제 7-35] VTP 상태 확인

```
SW1# show vtp status
  VTP Version                          : 2
① Configuration Revision              : 3
  Maximum VLANs supported locally      : 68
② Number of existing VLANs            : 8
③ VTP Operating Mode                  : Server
④ VTP Domain Name                     : MyVTP
⑤ VTP Pruning Mode                    : Disabled
  VTP V2 Mode                          : Disabled
  VTP Traps Generation                 : Disabled
  MD5 digest                           : 0xF4 0xA3 0x9D 0x65 0xE5 0xE9 0xA8 0x81
  Configuration last modified by 0.0.0.0 at 3-1-02 00:34:08
  Local updater ID is 0.0.0.0 (no valid interface found)
```

① VTP 설정번호를 나타냅니다. VLAN을 추가하거나, 삭제하거나, 이름을 변경할 때마다 이 번호가 1씩 증가합니다.

② 현재 설정된 VLAN의 수를 표시합니다.

③ VTP가 서버 모드로 동작 중임을 표시합니다. VTP 모드에 대해서는 바로 설명합니다.

④ VTP 도메인 이름이 방금 설정한 **MyVTP**로 되어 있습니다.

⑤ 인접 스위치에 VLAN 10에 소속된 포트가 없으면 VLAN 10에서 만든 브로드캐스트 프레임을 인접 스위치쪽으로 전송하지 않게 하는 것이 VTP 프루닝(pruning)입니다. 전체 설정 모드에서 **vtp pruning** 명령어를 사용하면 VTP 프루닝이 동작합니다.

SW2에서 확인해보면 다음과 같이 VTP 도메인 이름이 SW1에서 설정한 **MyVTP**로 되어 있습니다. 이처럼 스위치가 트렁크로 연결되어 있고, 기존에 VTP 도메인 이름이 없으면 자동으로 다른 스위치에서 설정된 VTP 도메인 이름을 따라갑니다.

[예제 7-36] 자동으로 VTP 도메인 이름이 설정됨

```
SW2# show vtp status
VTP Version                        : 2
Configuration Revision             : 3
Maximum VLANs supported locally    : 68
Number of existing VLANs           : 8
VTP Operating Mode                 : Server
VTP Domain Name                    : MyVTP
  (생략)
```

다음과 같이 SW1에서 VLAN 100을 만들어봅시다.

[예제 7-37] VLAN 100 만들기

```
SW1(config)# vlan 100
SW1(config-vlan)# exit
```

SW2에서 확인해보면 VLAN 100이 설정되어 있습니다.

[예제 7-38] VLAN 100 설정확인

```
SW2# show vlan-switch brief

VLAN Name            Status  Ports
------- ------------------   --------- -------------------------------------------
  (생략)
10    VLAN0010       active  Fa1/3
```

```
20    VLAN0020      active    Fa1/4
100   VLAN0100      active
999   Native_VLAN   active
```

다음과 같이 SW1에서 VLAN 100을 제거해봅시다.

[예제 7-39] VLAN 100 제거하기

```
SW1(config)# no vlan 100
```

SW2에서 확인해보면 VLAN 100이 제거되었습니다.

[예제 7-40] VLAN 100이 제거됨

```
SW2# show vlan-switch id 100
VLAN id 100 not found in current VLAN database
```

이처럼 VTP가 동작하면 하나의 스위치에서 설정하는 VLAN 정보가 다른 스위치에게도 전달됩니다. SW2의 VTP 상태를 확인해봅시다. VTP 설정번호가 3에서 5로 2가 증가했습니다. 즉, VLAN을 만들거나 제거할 때 마다 설정번호가 하나씩 증가했습니다.

[예제 7-41] 설정번호 증가 확인

```
SW2# show vtp status
Configuration Revision   : 5
    (생략)
```

이상으로 기본적인 VTP 설정 방법과 동작 상태를 확인해보았습니다.

VTP 모드

VTP 모드는 서버, 클라이언트, 트랜스패런트 세 종류가 있습니다.

• 서버(server) 모드에서는 VLAN을 만들거나 지우거나 또는 VLAN의 이름을 변경할 수 있으며, 자신의 VLAN 설정 정보를 다른 스위치에게 전송합니다. 다른 스위치에게서 받은 정보와 자신의 정보를 일치시키며, 이를 다른 스위치에게 중계합니다. 스위치의 기본적인 VTP 모드입니다.

• 클라이언트(client) 모드에서는 VLAN을 만들거나 삭제할 수 없습니다. 그러나 자신의 VLAN 설정 정보를 다른 스위치에게 전송하며, 다른 스위치에게서 받은 정보와 자신의 정보를 일치시키고, 이를 다른 스위치에게 중계합니다.

• 트랜스패런트(transparent) 모드는 자신의 VTP 정보를 다른 스위치에게 전송하지 않으며, 다른 스위치에게서 받은 정보와 일치시키지 않습니다. 그러나 다른 스위치에게서 받은 정보를 중계하며, 자신이 사용할 VLAN을 만들거나 삭제할 수 있습니다.

[표 7-3] VTP 모드

모드	VLAN 생성, 변경, 삭제	VTP 정보 전송	VTP 정보 중계	VTP 정보 동기
서버 모드	O	O	O	O
트랜스패런트 모드	O	X	O	X
클라이언트 모드	X	O	O	O

SW1의 VTP 모드를 클라이언트로 지정하는 방법은 다음과 같습니다.

[예제 7-42] VTP 클라이언트 모드 지정하기

```
SW1(config)# vtp mode client
```

VTP 클라이언트 모드에서 VLAN을 만들면 다음과 같이 에러 메시지가 표시됩니다.

[예제 7-43] VLAN을 만들 수 없다는 에러 메시지

```
SW1(config)# vlan 200
VTP VLAN configuration not allowed when device is in CLIENT mode.
```

SW1의 VTP 모드를 트랜스패런트로 하려면 다음처럼 설정합니다.

[예제 7-44] VTP 트랜스패런트 모드 지정하기

```
SW1(config)# vtp mode transparent
```

트랜스패런트 모드에서는 자신에게 적용할 VLAN을 만들거나 제거할 수 있습니다. 그리고 VLAN 번호 1006 이상인 확장 VLAN을 만들 때에도 트랜스패런트 모드에서 설정해야 합니다.

VTP 설정번호 초기화

새로운 스위치를 추가할 때는 VTP 설정번호를 초기화시켜야 합니다. 만약, 스위치를 추가하기 전에 VTP 도메인 이름과 트렁크를 설정하고, 여러 가지 VLAN을 만들었다가 다 지우고 기존의 스위치와 접속하는 경우를 생각해봅시다.

이 경우 새로운 스위치의 VTP 설정번호가 기존 스위치들보다 더 높다면 기존 스위치에 설정된 VLAN 정보가 새로운 스위치의 것으로 대체됩니다. 만약, 새로운 스위치에 VLAN 1만 있다면 기존 스위치의 VLAN 정보가 다 삭제된다는 의미입니다.

포트에는 VLAN 번호가 할당되어 있지만 VLAN 데이터베이스에는 해당 VLAN 번호가 없다면 포트의 LED는 노란색으로 변경되고 통신이 안 됩니다. 이때에는 얼른 vlan 10, vlan 20 등과 같이 기존에 사용했던 VLAN을 만들어야 합니다.

이와 같은 상황을 피하려면 새로운 스위치를 추가할 때 반드시 VTP 설정번호를 0으로 초기화시켜야 합니다. VTP 설정번호 초기화하는 방법들은 다음과 같습니다.

- VTP 도메인 이름을 다른 것으로 변경하기

  VTP 도메인 이름을 기존에 사용했던 것과 다른 임의의 것으로 변경하면 VTP 설정번호가 0으로 바뀝니다.

- VTP 모드를 트랜스패런트로 변경하기

  VTP 모드를 트랜스패런트로 변경해도 VTP 설정번호가 0으로 바뀝니다.

- VLAN 데이터베이스를 삭제하고 재부팅하기

  스위치의 VLAN 및 VTP 관련 정보는 플래시에 **vlan.dat**라는 이름으로 저장되어 있습니다. 다음과 같이 스위치의 VLAN 데이터베이스 파일을 삭제하고 재부팅해도 VTP 설정번호가 초기화됩니다.

[예제 7-45] VLAN 데이터베이스 파일 삭제

```
SW1# delete vlan.dat
Delete filename [vlan.dat]?
Delete flash:vlan.dat? [confirm]
SW1# reload
```

스위치에서 erase startup-config 명령어 입력 후 재부팅해도 VLAN 데이터베이스는 제거되지 않습니다. 스위치를 초기화하려면 delete vlan.dat 명령어도 사용하여 VLAN 데이터베이스도 삭제해야 합니다.

KING of NETWORKING

연습 문제

1. 다음 중 VLAN을 사용하는 이유를 모두 고르시오.

    1) 브로드캐스트 도메인의 수를 늘이기 위하여

    2) 브로드캐스트 도메인의 크기를 줄이기 위하여

    3) 보안성 증대를 위하여

    4) VLAN간 부하분산을 위하여

2. 다음 명령어 설정결과를 설명하는 것 중에서 맞는 것을 2가지 고르시오.

```
SW1(config)# interface f1/3
SW1(config-if)# switchport access vlan 20
```

    1) F1/3 포트는 무조건 액세스 포트로 동작한다.

    2) F1/3 포트는 무조건 VLAN 20에만 소속된다.

    3) F1/3 포트가 액세스 포트로 동작하는 경우에 VLAN 20에 소속된다.

    4) F1/3 포트는 트렁크 포트로 동작할 수도 있다.

3. 다음 중 VTP가 동작하기 위한 필수조건을 두 가지 고르시오.

    1) 스위치를 트렁크 포트로 연결해야 한다.

    2) 스위치를 액세스 포트로 연결해야 한다.

    3) VTP 도메인 이름이 동일해야 한다.

    4) 양측 스위치에 연결된 PC의 대수가 같아야 한다.

4. SW2가 다음 그림과 같이 네이티브 VLAN이 10으로 설정되어 있는 트렁크 포트를 통하여 VLAN 번호가 표시되어 있지 않은 브로드캐스트 프레임을 수신했다. 다음 중 SW2의 동작으로 맞는 것을 하나만 고르시오.

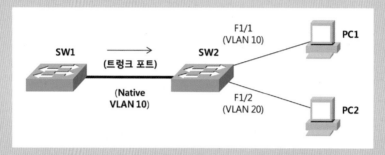

1) 수신한 프레임을 VLAN 10에 소속된 F1/1 포트로만 전송한다.

2) 수신한 프레임에 VLAN 표시가 없으므로 모든 포트로 전송한다.

3) 수신한 프레임에 VLAN 표시가 없으므로 해당 프레임을 폐기한다.

4) 수신한 프레임에 VLAN 표시가 없으므로 해당 프레임을 SW1에게 돌려보낸다.

5. 다음 중 VTP 설정번호를 초기화하는 방법을 모두 고르시오.

    1) 스위치를 재부팅하기

    2) VTP 도메인 이름을 다른 것으로 변경하기

    3) VTP 모드를 트랜스패런트로 변경하기

    4) VLAN 데이터베이스를 삭제하고 재부팅하기

6. VTP 설정 실수로 인하여 VLAN 번호가 다 삭제되었다. 필요한 조치를 하나 고르시오.

    1) 스위치를 재부팅한다.

    2) VTP 도메인 이름을 다른 것으로 변경한다.

    3) 자동으로 복구될 때까지 인내심을 가지고 기다린다.

    4) 얼른 원래의 VLAN을 만든다.

제8장

스패닝 트리 프로토콜

스패닝 트리 프로토콜

RSTP와 MSTP

킹-오브-
네트워킹

스패닝 트리 프로토콜

이더넷 프레임이 장비들 사이에서 빙빙 도는 것을 이더넷 프레임 루핑(looping)이라고 합니다. 스위치에서 이더넷 프레임의 루핑을 방지해주는 것이 스패닝 트리 프로토콜(STP, Spanning Tree Protocol)입니다. IP 패킷은 헤더에 TTL(Time To Live) 필드가 있어 패킷의 무한 루프를 막아줍니다. 그러나 이더넷 프레임 헤더에는 루프를 방지하는 필드가 없어 대신 STP가 사용됩니다.

STP는 IEEE에서 2004년에 개정한 802.1D-2004 표준에 의해서 RSTP(Rapid STP)로 대체되었습니다. 그러나 현재 필드에서 사용 중인 다수의 스위치들은 아직 RSTP 대신 STP를 사용하고 있습니다.

프레임 루프의 영향

이더넷 프레임 루프가 발생하면 다음과 같은 현상이 생깁니다.

- 브로드캐스트 폭풍 발생
  R1이 브로드캐스트 프레임 하나를 SW1로 전송하는 경우를 생각해봅시다. SW1은 이를 수신 포트를 제외한 나머지 포트로 플러딩(flooding)시킵니다. 만약, STP가 제대로 동작하지 않으면 SW2는 이를 SW3으로 전송하고 SW3은 다시 SW1로 전송하여 프레임 루핑이 일어납니다.

[그림 8-1] 브로드캐스트 폭풍

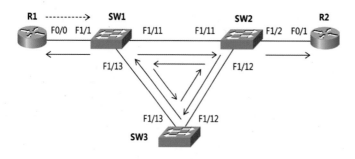

그리고 반대방향으로도 프레임 루핑이 일어납니다. SW1에 R1에서 수신한 프레임을 SW3으로도 전송하기 때문입니다. 결과적으로 스위치 및 접속된 장비들은 엄청나게 많은 브로드캐스트 프레임 즉, 브로드캐스트 스톰(broadcast storm, 폭풍)을 맞게 됩니다.

이처럼 브로드캐스트 폭풍이 발생하면 스위치들이 이를 처리하느라 정상적인 동작이 어렵습니다. 이 경우 스위치의 LED가 빠른 속도로 깜박이며, 노란색과 녹색이 번갈아 표시됩니다. 브로드캐스트 스톰은 스위치의 동작을 느리게 하거나 아예 다운시키기도 하며, 통신을 하지 않고 편집이나 표계산을 하는 PC들도 수신한 프레임 처리로 인하여 작업속도가 느려집니다.

하나의 VLAN에서 발생한 브로드캐스트 스톰이 스위치 전체를 느리게 하고, 결과적으로 다른 VLAN에 접속된 장비들에게도 영향을 미칩니다.

- **MAC 주소 테이블 불안정**

프레임 루핑이 발생하면 다음 그림과 같이 각 스위치들은 동일한 출발지 MAC 주소를 가진 이더넷 프레임을 서로 다른 인터페이스를 통하여 수신하게 됩니다.

[그림 8-2] MAC 주소 테이블 불안정

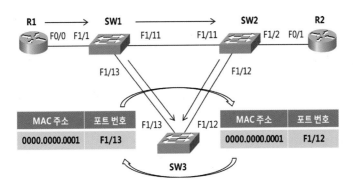

결과적으로 MAC 주소 테이블이 수시로 변경되는 MAC 테이블 불안정(MAC table instability) 현상이 발생합니다.

- **이중 프레임 수신**

이더넷 프레임 루핑이 발생하면 다음 그림과 같이 호스트는 동일한 프레임을 여러 개 수신하게 됩니다.

[그림 8-3] 프레임 이중 수신

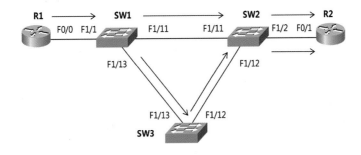

결과적으로 해당 프레임을 사용하는 애플리케이션이 제대로 동작하지 않습니다.

경우에 따라 STP가 동작해도 이더넷 프레임 루핑이 발생할 수 있으며, 이때에는 먼저 물리적인 루프를 제거한 다음 원인을 찾아 해결해야 합니다.

STP 테스트 네트워크 구축

다음 그림과 같이 STP 테스트 네트워크를 구축합니다. 라우터 2대와 스위치 3대를 동작시키고, 기본 설정을 합니다. R1의 기본 설정은 다음과 같습니다.

[예제 8-1] R1 기본 설정

```
Router(config)# host R1
R1(config)# no ip domain-lookup
R1(config)# enable secret cisco

R1(config)# line console 0
R1(config-line)# logg sync
R1(config-line)# exec-t 0

R1(config-line)# line vty 0 4
R1(config-line)# password cisco
```

다른 장비의 설정도 호스트 이름만 다르고 나머지는 동일합니다.

[그림 8-4] STP 테스트 네트워크

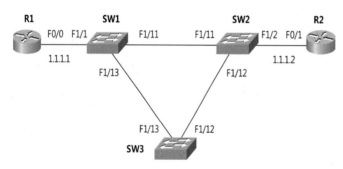

이번에는 R1, R2에서 IP 주소를 부여하고, 인터페이스를 활성화시킵니다.

[예제 8-2] IP 주소 부여 및 인터페이스 활성화

```
R1(config)# interface f0/0
R1(config-if)# ip address 1.1.1.1 255.255.255.0
```

```
R1(config-if)# no shut

R2(config)# interface f0/1
R2(config-if)# ip address 1.1.1.2 255.255.255.0
R2(config-if)# no shut
```

테스트의 편의를 위하여 다음과 같이 SW1, SW2를 연결하는 두 개의 포트 중 F1/10을 셧
다운시킵니다.

[예제 8-3] F1/10 셧다운시키기

```
SW1(config)# interface f1/10
SW1(config-if)# shut

SW2(config)# interface f1/10
SW2(config-if)# shut
```

설정 후 SW1, SW2에서 **show cdp neighbors** 명령어를 이용하여 네트워크가 앞 그림과 같
이 구성되었는지 확인합니다. 예를 들어, SW2에서의 확인 결과는 다음과 같습니다.

[예제 8-4] 네트워크 구성 확인

```
SW2# show cdp neighbors
Capability Codes: R - Router, T - Trans Bridge, B - Source Route Bridge
                  S - Switch, H - Host, I - IGMP, r - Repeater

Device ID    Local Intrfce    Holdtme    Capability    Platform    Port ID
SW1          Fas 1/11         149        R S I         3660        Fas 1/11
SW3          Fas 1/12         155        R S I         3660        Fas 1/12
R2           Fas 1/2          123        R S I         3660        Fas 0/1
```

이상으로 STP 테스트를 위한 네트워크가 완성되었습니다.

STP 동작 방식

이제 스패닝 트리 프로토콜이 동작하여 루프가 없는 스위치 네트워크를 구성하는 절차에
대해 알아봅시다.

STP가 동작하면 물리적으로 루프 구조인 네트워크에서 특정 포트를 차단상태로 바꾸어 논
리적으로 루프가 발생하지 않게 합니다. 그러다가, 동작 중인 스위치나 포트가 다운되면 차

단상태의 포트를 다시 전송상태로 바꾸어 계속적인 통신이 보장됩니다.

STP는 BPDU(Bridge Protocol Data Unit)라는 프레임을 이용하여 루프가 없는 경로를 구성합니다. BPDU는 설정(configuration) BPDU와 TCN(Topology Change Notification) BPDU 두 종류가 있습니다. 설정 BPDU는 스위치 및 포트의 역할을 결정하기 위하여 사용되고, TCN BPDU는 스위치 네트워크의 구조(topology)가 변경되었을 때 이를 알리기 위하여 사용됩니다.

스위치는 설정 BPDU를 이용하여 루트(root) 스위치를 선출하고, 스위치 포트의 역할을 결정합니다. 설정 BPDU는 항상 루트 스위치가 만들어 2초마다 전송하고, 다른 스위치들은 이것을 다음 스위치로 중계합니다. 설정 BPDU에는 브리지 ID, 루트 브리지 ID, 경로값 및 포트 ID 등과 각종 타이머 값들이 포함되어 있습니다.

STP의 동작 방식은 다음과 같습니다.

① 전체 스위치 중에서 루트(root) 스위치를 선택합니다.

② 루트 스위치가 아닌 모든 스위치에서 루트 포트를 하나씩 선택합니다.

③ 한 스위치 세그먼트(segment)당 지정(designated) 포트를 하나씩 선택합니다.

④ 루트 포트도 지정 포트도 아닌 포트를 대체 포트(alternate port)라고 합니다. 대체 포트는 항상 차단됩니다. 각 단계에 대해서 좀 더 자세히 살펴봅시다.

• **전체 스위치 중에서 브리지 ID 값이 가장 낮은 것이 루트 스위치가 된다**

브리지 ID는 2바이트의 우선순위(priority)와 6바이트의 MAC 주소로 이루어집니다. 브리지 ID에서 사용하는 우선순위는 기본값이 16진수로 8000이며 10진수로 변환하면 32768입니다. 따라서 가장 작은 브리지 ID는 0, 가장 큰 값은 65535입니다.

• **루트 스위치가 선택되면, 나머지 모든 스위치에서 루트 스위치를 기준으로 루트 포트 (root port)를 하나씩 선택한다**

루트 포트를 선택할 때 경쟁 포트 간에 다음 사항을 비교합니다.

1) 경로값의 합이 가장 작은 포트

2) 인접 스위치의 브리지 ID가 가장 낮은 포트

3) 인접 스위치의 포트 ID가 가장 낮은 포트

경로값(path cost)이란 포트의 속도별로 IEEE에서 미리 정해 놓은 값을 말합니다. 속도가 빠를수록 경로값이 작습니다. IEEE에서 지정한 각 속도별 경로값은 다음과 같습니다.

[표 8-1] 속도별 STP 경로값

속도(bandwidth)	경로값(path cost)
10Mbps(이더넷)	100
100Mbps(패스트 이더넷)	19
1Gbps(기가비트 이더넷)	4
10Gbps(10 기가 이더넷)	2

경로값의 합은 해당 스위치에서 루트 스위치까지 각 포트의 경로값을 합산한 것입니다. 포트(port) ID는 BPDU를 전송하는 포트의 포트 우선순위와 포트 번호로 구성됩니다. 포트 우선순위의 기본값은 128입니다.

- **다음으로 지정(designated) 포트를 선택한다**

  지정 포트는 한 세그먼트(segment)당 하나씩 선택합니다. 세그먼트란 스위치에 의해서 분리되지 않은 네트워크를 말합니다. 다음 그림에서 스위치 간을 연결하는 세그먼트 3개와 라우터와 연결되는 세그먼트 2개를 합쳐 모두 5개의 세그먼트가 존재합니다.

  따라서 5개의 지정 포트가 정해집니다. 이때 SW1, SW3 간의 허브는 무시합니다.

[그림 8-5] 스위치 세그먼트

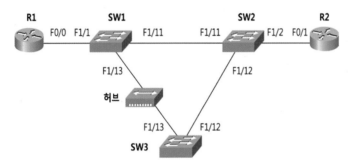

지정 포트를 결정할 때 다음 사항을 차례로 비교하여 먼저 우열이 가려지면 해당 포트가 지정 포트로 동작합니다. 루트 스위치의 각 포트들은 항상 지정 포트입니다.

① 경로값의 합이 작은 스위치의 포트

② 브리지 ID가 낮은 스위치의 포트

③ 포트 ID가 낮은 포트

이제, 테스트 네트워크에서 STP가 동작하는 것을 살펴봅시다. 시스코의 스위치에서는 하나의 VLAN당 하나씩의 STP가 동작하며, 이를 PVST(per VLAN spanning tree) 또는 PVST+

라고 합니다. 카탈리스트 스위치에서 VLAN 1에 대한 STP 상황을 확인하려면 다음과 같이 show spanning-tree vlan 1 명령어를 사용합니다.

[예제 8-5] VLAN 1에 대한 STP 확인

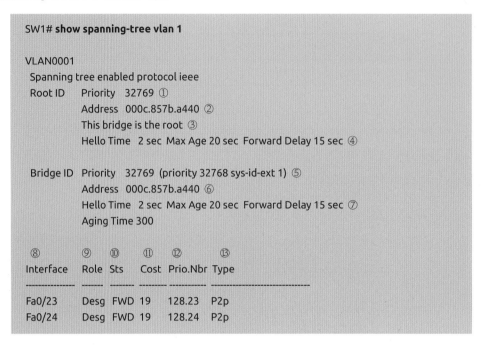

```
SW1# show spanning-tree vlan 1

VLAN0001
  Spanning tree enabled protocol ieee
  Root ID    Priority   32769 ①
             Address   000c.857b.a440 ②
             This bridge is the root ③
             Hello Time  2 sec  Max Age 20 sec  Forward Delay 15 sec ④

  Bridge ID  Priority   32769  (priority 32768 sys-id-ext 1) ⑤
             Address   000c.857b.a440 ⑥
             Hello Time  2 sec  Max Age 20 sec  Forward Delay 15 sec ⑦
             Aging Time 300

             ⑧           ⑨    ⑩     ⑪      ⑫        ⑬
  Interface  Role  Sts   Cost  Prio.Nbr  Type
  ---------------  ------  -------  --------  -----------  --------------------
  Fa0/23     Desg  FWD   19    128.23    P2p
  Fa0/24     Desg  FWD   19    128.24    P2p
```

① 루트 스위치의 우선순위를 표시합니다. 기본값 32768에 VLAN 번호가 더해진 값이 표시됩니다.

② 루트 스위치의 MAC 주소를 표시합니다.

③ 현재의 스위치가 루트 스위치임을 표시합니다.

④ 루트 스위치에 설정된 각종 타이머의 값들을 표시합니다.

⑤ 현재 스위치의 우선순위를 표시합니다. 기본값 32768에 VLAN 번호가 더해진 값이 표시됩니다.

⑥ 현재 스위치의 MAC 주소를 표시합니다. ③번 항목에서 표시된 루트 스위치의 MAC 주소와 현재 스위치의 MAC 주소가 동일하면 현재 스위치가 루트 스위치입니다.

⑦ 현재 스위치에 설정된 각종 타이머의 값들을 표시합니다. 현재 스위치의 타이머 값들은 지금은 사용되지 않고, 언젠가 현재 스위치가 루트 스위치의 역할을 하게 될 때 사용됩니다.

⑧ 인터페이스 번호를 표시합니다.

⑨ 인터페이스의 STP 역할을 표시합니다. 지정 포트인 경우 **Desg**라고 표시되며, 루트 포트는 **root**, 대체 포트는 **Altn**으로 표시됩니다.

⑩ 포트의 상태를 표시합니다. 상태의 종류는 차단(BLK, blocking), 청취(LIS, listening), 학습(LRN, learning), 전송(FWD, forwarding) 및 비활성(Disabled)이 있습니다.

⑪ 각 포트의 경로값(cost)을 표시합니다.

⑫ 포트의 우선순위와 포트 번호를 표시합니다.

⑬ 포트의 종류를 나타냅니다. 현재의 포트가 포인트 투 포인트(point-to-point)임을 의미합니다.

이더스위치 모듈에서는 **show spanning-tree vlan 1** 명령어를 사용하면 다음 결과와 같이 해석이 좀 불편합니다.

[예제 8-6] show spanning-tree vlan 1 명령어

```
SW1# show spanning-tree vlan 1

VLAN1 is executing the ieee compatible Spanning Tree protocol
 Bridge Identifier has priority 32768, address cc00.1e20.0000
 Configured hello time 2, max age 20, forward delay 15
 We are the root of the spanning tree
 Topology change flag not set, detected flag not set
 Number of topology changes 2 last change occurred 02:10:03 ago
          from FastEthernet1/10
 Times:      hold 1, topology change 35, notification 2
             hello 2, max age 20, forward delay 15
 Timers:     hello 0, topology change 0, notification 0, aging 300

 Port 42 (FastEthernet1/1) of VLAN1 is forwarding
  Port path cost 19, Port priority 128, Port Identifier 128.42.
  Designated root has priority 32768, address cc00.1e20.0000
  Designated bridge has priority 32768, address cc00.1e20.0000
  Designated port id is 128.42, designated path cost 0
  Timers: message age 0, forward delay 0, hold 0
  Number of transitions to forwarding state: 1
  BPDU: sent 4725, received 0
  (생략)
```

따라서 이더스위치 모듈에서는 다음과 같이 **show spanning-tree vlan 1 brief** 명령어를 사용해야 편리합니다.

[예제 8-7] show spanning-tree vlan 1 brief 명령어

```
SW1# show spanning-tree vlan 1 brief

VLAN1
 Spanning tree enabled protocol ieee
 Root ID     Priority   32768
```

```
                Address   cc00.1e20.0000
                This bridge is the root
                Hello Time   2 sec  Max Age 20 sec  Forward Delay 15 sec

    Bridge ID  Priority   32768
                Address   cc00.1e20.0000
                Hello Time   2 sec  Max Age 20 sec  Forward Delay 15 sec
                Aging Time 300

    Interface                                    Designated
    Name              Port ID  Prio Cost  Sts    Cost    Bridge ID                   Port ID
    ---------------   --------  ---- ----  ----   -----   ----------------------      --------
    FastEthernet1/1    128.42   128  19    FWD    0       32768 cc00.1e20.0000  128.42
    FastEthernet1/2    128.43   128  19    FWD    0       32768 cc00.1e20.0000  128.43
    FastEthernet1/11   128.52   128  19    FWD    0       32768 cc00.1e20.0000  128.52
    FastEthernet1/13   128.54   128  19    FWD    0       32768 cc00.1e20.0000  128.54
```

내용이 유사하므로 설명은 생략합니다. 다만, 우선순위를 표시할 때 기본값 32768에 VLAN 번호를 더하는 카탈리스트 스위치와 달리 이더스위치 모듈에서는 VLAN 번호를 더하지 않습니다. 그리고 Designated Cost, Designated Bridge ID, Designated Port ID는 지정 포트의 경로값, 브리지 ID 및 포트 ID를 표시합니다. SW2의 확인 결과는 다음과 같습니다.

[예제 8-8] SW2의 확인 결과

```
SW2# show spanning-tree vlan 1 brief
    (생략)
Interface                                    Designated
Name              Port ID  Prio Cost  Sts    Cost    Bridge ID                   Port ID
----------------  -------- ---- ----  ----   -----   ------------------------    -----
FastEthernet1/11   128.52   128  19    FWD    0       32768 cc00.1e20.0000  128.52
FastEthernet1/12   128.53   128  19    FWD    19      32768 cc01.1e20.0000  128.53
```

SW3의 확인 결과는 다음과 같습니다.

[예제 8-9] SW3의 확인 결과

```
SW3# show spanning-tree vlan 1 brief
    (생략)
Interface                                    Designated
Name              Port ID  Prio Cost  Sts    Cost    Bridge ID                   Port ID
----------------  -------- ---- ----  ----   -----   ------------------------    --------
FastEthernet1/12   128.53   128  19    BLK    19      32768 cc01.1e20.0000  128.53
FastEthernet1/13   128.54   128  19    FWD    0       32768 cc00.1e20.0000  128.54
```

이상의 결과를 그림으로 나타내면 다음과 같습니다.

[그림 8-6] STP 포트의 종류

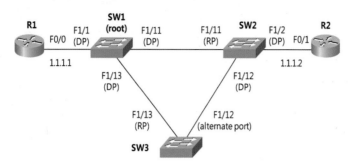

SW1은 브리지 우선순위가 32768, MAC 주소가 **cc00.1e20.0000**이고, SW2는 브리지 우선순위 32768, MAC 주소 **cc01.1e20.0000**이며, SW3은 브리지 우선순위 32768, MAC 주소 **cc02.1e20.0000**입니다. 우선순위는 별도로 조정하지 않았기 때문에 모두 동일한 기본값을 가집니다. 따라서 MAC 주소가 가장 낮은 SW1이 브리지 ID도 가장 낮으므로 루트 스위치가 됩니다.

SW2에서 F1/11과 F1/12 포트 중에서 루트 포트를 선택할 때 F1/11은 루트 스위치까지의 경로값이 19이고, F1/12는 19+19=38이 되어 경로값이 작은 F1/11 포트가 선택됩니다. SW3에서도 같은 이유로 F1/13 포트가 루트 포트로 선택됩니다.

루트 스위치의 모든 포트는 지정 포트입니다. 그리고 지정 포트는 세그먼트당 반드시 하나씩 선택해야 합니다. SW2의 F1/2 포트가 연결된 세그먼트에서 R2는 라우터이므로 지정 포트가 될 수 없어 스위치의 F1/2 포트가 지정 포트로 동작합니다.

SW2, SW3 간의 세그먼트에서는 각 스위치의 F1/12 포트들이 지정 포트로 선택되기 위한 경쟁을 합니다. 이때, SW2과 SW3에서 루트 스위치까지의 경로값은 모두 19로 동일합니다. 따라서 두 번째 조건인 브리지 ID를 비교하며, 이 값이 낮은 SW2에 소속된 포트가 지정 포트가 됩니다. 지정 포트는 모두 루트 스위치에서 멀어지는 방향의 포트들이고, 루트 포트는 루트 스위치로 가는 방향의 포트들입니다.

마지막으로 루트 포트도 아니고 지정 포트도 아닌 SW3의 F1/12 포트가 대체 포트로 동작하며, 차단 상태가 됩니다. STP 차단 상태에서는 데이터 프레임의 송수신이 차단됩니다. 그러나 상대측 지정 포트가 전송하는 BPDU는 수신합니다.

결과적으로 다음 그림과 같이 논리적으로 루프가 없는 네트워크가 만들어집니다.

[그림 8-7] 논리적으로 루프가 사라진 네트워크

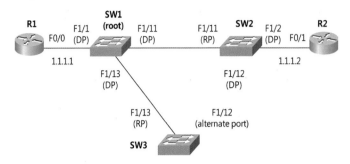

만약, 안정된 네트워크라면 SW2, SW3 간의 경로는 스위치를 교체할 때까지 한번도 사용되지 않을 것입니다. 따라서 다음에 공부할 루트 스위치 조정 방법을 이용하여 VLAN별로 서로 다른 경로를 이용할 수 있도록 하면 사용하지 않는 경로를 활용할 수 있습니다.

스패닝 트리 포트 상태

스패닝 트리는 포트의 상태를 차단, 청취, 학습, 전송 및 비활성 상태로 분류합니다. 스위치 포트의 STP 상태 변화를 그림으로 표시하면 다음 그림과 같습니다.

[그림 8-8] 스위치 포트의 STP 상태 변화

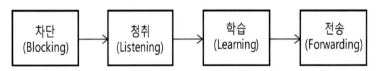

① 차단 상태에서는 데이터 프레임을 송수신하지 않습니다. 그러나 BPDU는 수신합니다. 포트가 활성화되면 역할에 따라 청취 또는 차단 상태가 됩니다. 즉, 활성화된 포트의 역할이 루트 포트 또는 지정 포트이면 바로 청취 상태가 됩니다. 그리고 포트의 역할이 대체 포트이면 바로 차단 상태가 됩니다. 만약, 포트 역할이 대체 포트에서 루트 포트나 지정 포트로 변경되면 20초 후에 청취 상태로 변경됩니다. 이 타이머를 맥스 에이지(max age)라고 합니다.

② 포트의 역할이 지정 포트라면 청취 상태에서 BPDU를 전송하기 시작합니다. 청취 상태에서 기본적으로 15초가 경과하면 학습 상태로 변경됩니다. 이 시간을 전송 지연(forward delay) 타이머라고 합니다.

③ 학습 상태에서는 MAC 주소 테이블을 채우기 시작합니다. 학습 상태에서 기본적으로 15초가 경과하면 전송 상태로 변경됩니다. 이때에도 전송 지연 타이머를 사용합니다.

④ 전송 상태에서는 데이터 프레임을 정상적으로 송수신합니다. 안정된 네트워크라면 스위치 간을 연결하는 각 포트의 상태는 전송 상태와 차단 상태 중 하나에 머물러 있습니다.

다운 상태에 있는 포트는 모두 STP 비활성 상태(disabled state)라고 합니다. 양측 포트간 스패닝 트리 설정이 잘못되거나, 설정 사항을 위반한 경우에도 비활성 상태가 됩니다. 비활성 상태에서는 이용자 트래픽과 BPDU 모두를 송수신하지 않습니다.

스위치의 전원을 켜면 각종 하드웨어의 구성 및 동작을 확인하는 POST(power on self test) 과정을 거칩니다. 그런 다음 포트의 역할이 지정 포트나 루트 포트로 결정되면 해당 포트는 청취 상태 및 학습 상태를 거쳐 30초 후에 전송 상태로 변경됩니다. 기본적으로 스위치 포트가 활성화되면 청취 상태부터 시작하기 때문입니다.

네트워크 장애 시 STP의 동작

스위치 네트워크 구조(토폴로지)가 변경되면 STP 포트의 역할이 변경되고 따라서 STP 포트의 상태도 변경됩니다. 다음 그림의 SW3과 같이 대체 포트를 가지고 있는 스위치의 관점에서 봤을 때 토폴로지가 변경되는 경우는, 직접 접속된 포트가 다운되었을 때와 간접 접속된 포트가 다운되었을 때로 구분할 수 있습니다.

[그림 8-9] 안정된 네트워크

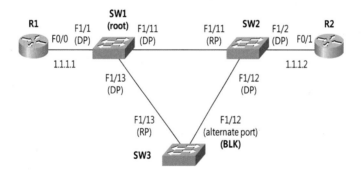

앞 그림과 같은 네트워크에서 STP 포트 상태가 변화하는 것을 살펴봅시다. 만약, 안정된 네트워크라면 포트 상태의 변화는 없습니다. 즉, SW3의 F1/12 포트가 대체 포트이므로 차단 상태에 있고 나머지 포트들은 모두 전송 상태를 유지합니다.

다음 그림과 같이 SW1, SW2 간의 링크가 다운된 경우의 동작을 살펴봅시다. SW1, SW2를 연결하는 F1/11 포트들은 비활성화되면서 즉시 차단 상태로 변경됩니다. 이후, SW3이 SW2에게서 수신하는 BPDU에 포함된 루트 브리지 ID가 SW1에서 값이 더 높은 SW2의 것으로 변경됩니다. 이와 같이 루트 브리지 ID가 후순위로 변경된 것을 후순위(inferior) BPDU라고 합니다.

[그림 8-10] 간접 연결된 링크 다운 시의 동작

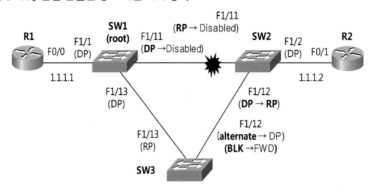

후순위 BPDU를 수신하여 SW2와 루트 스위치 간의 링크에 장애가 발생했다는 것을 알게 된 SW3은 F1/12 포트의 역할을 DP로 변경합니다. 그러나 상태는 전송 상태로 바로 변경하지 않습니다. 기본적으로 20초인 맥스 에이지 타이머가 만료될 때까지 기다립니다.

이후 청취 상태에서 15초, 학습 상태에서 15초를 더 기다린 다음, 장애 발생 50초 후에야 F1/12 포트를 전송 상태로 변경하고 데이터 프레임을 송수신합니다.

이처럼 간접 링크가 다운되었을 때에는 50초가 지나야 전송 상태로 변경되고 이 기간 동안 SW2에 접속된 장비들은 외부와의 통신이 단절됩니다. 스패닝 트리 프로토콜(STP)의 단점 중 하나인 적응시간이 느리다는 것을 직접 살펴보았습니다. 업무의 종류에 따라 다르겠지만, 증권사, 은행 등에서 50초간 통신이 단절된다는 것은 상상하기 힘듭니다. 따라서 IEEE에서는 더 이상 STP를 사용하지 말고, 다음에 공부할 RSTP를 사용하도록 표준을 변경했습니다. 그러나 아직도 STP를 사용하는 곳이 많습니다. 이번에는 대체 포트가 있는 스위치인 SW3에 직접 연결된 링크가 다운된 경우를 살펴봅시다.

[그림 8-11] 직접 연결된 링크가 다운되었을 때의 동작

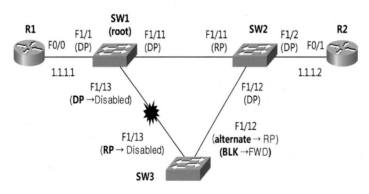

이때 SW3은 맥스 에이지 타이머 20초를 동작시키지 않고 바로 청취 상태로 들어갑니다. 따라서 청취 상태, 학습 상태를 거쳐 30초만에 F1/12 포트가 전송 상태로 변경됩니다.

포트 패스트

기본적으로 스위치의 각 포트는 PC 등의 종단장비가 접속되어 있어도 스패닝 트리 프로토콜에 의해 청취, 학습 및 전송 상태 단계를 거칩니다.

포트 패스트(portfast)는 포트가 활성화되면 바로 전송 상태가 되게 하는 것을 말합니다. 포트 패스트는 PC, 서버 등과 같이 종단장치와 연결된 포트에 많이 설정합니다. 포트 패스트가 설정된 포트라도 BPDU를 수신하면 그에 따른 적절한 STP 동작을 취합니다. 예를 들어, 포트의 역할이 대체 포트이면 차단 상태로 변경됩니다.

포트 패스트가 동작하는 것을 다음과 같이 **debug spanning-tree events** 명령어를 사용하여 확인해봅시다.

[예제 8-10] STP 디버깅

```
SW1# debug spanning-tree events
```

먼저, 포트 패스트를 설정하지 않았을 때의 동작을 살펴봅시다.

[예제 8-11] 포트 패스트를 설정하지 않았을 때의 동작

```
SW1# conf t
SW1(config)# interface f1/1
SW1(config-if)# shutdown

03:44:29.487: STP: VLAN1 Fa1/1 -> blocking ①

SW1(config-if)# no shut
03:44:44.847: STP: VLAN1 Fa1/1 -> listening ②
03:44:59.875: STP: VLAN1 Fa1/1 -> learning ③
03:45:14.895: STP: VLAN1 Fa1/1 -> forwarding ④
```

① 포트를 셧다운시키면 해당 포트의 STP 상태가 비활성화로 변경되고, 프레임 송수신이 차단됩니다.

② 포트를 활성화시키면 바로 청취(listening) 상태가 됩니다.

③ 15초가 지나면 전송지연 타이머가 만료되고, 학습(learning) 상태로 변경됩니다.

④ 다시 15초가 지나면 전송지연 타이머가 만료되고, 전송(forwarding) 상태로 변경됩니다.

이번에는 다음과 같이 F1/1 포트에 포트 패스트를 설정해봅시다.

[예제 8-12] 포트 패스트 설정

```
SW1(config)# interface f1/1
SW1(config-if)# spanning-tree portfast
%Warning: portfast should only be enabled on ports connected to a single host.
Connecting hubs, concentrators, switches, bridges, etc.to this interface
when portfast is enabled, can cause temporary spanning tree loops.
Use with CAUTION

%Portfast has been configured on FastEthernet1/1 but will only
have effect when the interface is in a non-trunking mode.
```

'포트 패스트는 단일 호스트가 접속된 포트에 설정해야 한다. 허브나 스위치 등에 설정하면 일시적인 루프가 발생할 수 있다.'는 경고 메시지가 표시됩니다. 다음과 같이 포트 패스트가 설정된 포트를 비활성화시켰다가 다시 활성화시켜봅시다.

[예제 8-13] 포트 패스트 설정 시의 동작

```
SW1(config)# interface f1/1
SW1(config-if)# shut
03:53:05.679: STP: VLAN1 Fa1/1 -> blocking  ①

SW1(config-if)# no shut
03:53:10.899: STP: VLAN1 Fa1/1 ->jump to forwarding from blocking  ②
```

① 인터페이스를 셧다운시키면 차단 상태가 됩니다.
② 인터페이스를 활성화시키면 '차단 상태에서 바로 전송 상태로 변경한다'는 메시지가 표시됩니다.

루트 스위치 조정

별도로 조정하지 않으면 브리지 우선순위가 모두 동일하므로 MAC 주소가 낮은, 오래된 스위치가 루트 스위치로 동작할 가능성이 높습니다. 그리고 기본적으로 모든 VLAN에 대해서 동일한 스위치가 루트 스위치의 역할을 하게 되므로 특정한 링크는 사용되지 않아 네트워크의 효율이 떨어집니다.

따라서 VLAN 당 서로 다른 스위치를 루트 스위치로 동작시켜 부하분산(load balancing)을 유도하는 것이 좋습니다. 다음 그림과 같이 SW1은 VLAN 10의 루트 스위치로 설정하고, SW2는 VLAN 20의 루트 스위치로 설정해봅시다.

SW3에서 F1/13은 VLAN 10의 루트 포트가 되고, F1/12는 대체 포트가 되어, F1/13 포트를 통하여 프레임이 전송됩니다. SW3에서 F1/13은 VLAN 20의 대체 포트가 되고, F1/12는 루트 포트가 되어, F1/12 포트를 통하여 VLAN 20의 프레임이 전송됩니다.

[그림 8-12] 루트 스위치 조정하기

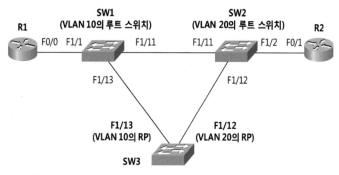

결과적으로 VLAN당 부하분산이 일어납니다. SW1을 VLAN 10의 루트 스위치로 조정하는 방법은 다음과 같습니다. 먼저, 각 스위치 간을 연결하는 포트를 트렁크로 설정합니다.

[예제 8-14] 트렁크 설정

```
SW1(config)# interface range f1/11 , f1/13
SW1(config-if-range)# switchport trunk encapsulation dot1q
SW1(config-if-range)# switchport mode trunk

SW2(config)# interface range f1/11 - 12
SW2(config-if-range)# switchport trunk encapsulation dot1q
SW2(config-if-range)# switchport mode trunk

SW3(config)# interface range f1/12 - 13
SW3(config-if-range)# switchport trunk encapsulation dot1q
SW3(config-if-range)# switchport mode trunk
```

다음에는 VTP를 설정합니다.

[예제 8-15] VTP 설정

```
SW1(config)# vtp domain VTP_01
```

설정 후 SW2, SW3의 VTP 도메인 이름도 따라서 변경되었는지 **show vtp status** 명령어를 사용하여 확인합니다. 다음과 같이 명령어 다음에 긴 줄(|)을 입력하고 **include** 옵션과 원하는 문자열을 입력하면 해당 문자열이 포함된 줄만 표시해주므로 편리합니다.

[예제 8-16] VTP 확인

```
SW2# show vtp status | include VTP_01
VTP Domain Name    : VTP_01
```

SW1에서 다음과 같이 VLAN 10과 20을 만듭시다. 적당한 이름을 부여합니다.

[예제 8-17] VLAN 만들기

```
SW1(config)# vlan 10
SW1(config-vlan)# name 1st_VLAN
SW1(config-vlan)# vlan 20
SW1(config-vlan)# name 2nd_VLAN
SW1(config-vlan)# exit
```

SW1을 VLAN 10의 루트 스위치로 동작시키고, SW2를 VLAN 10의 제2루트 스위치로 동작시키는 방법은 다음과 같습니다.

[예제 8-18] 루트 스위치 설정하기

```
SW1(config)# spanning-tree vlan 10 root primary
SW2(config)# spanning-tree vlan 10 root secondary
```

SW2를 VLAN 20의 루트 스위치로 동작시키고, SW1을 VLAN 20의 제2루트 스위치로 동작시키기 위하여 다음과 같이 직접 브리지 우선순위를 조정해도 됩니다.

[예제 8-19] 직접 브리지 우선순위 조정하기

```
SW2(config)# spanning-tree vlan 20 priority 0
SW1(config)# spanning-tree vlan 20 priority 4096
```

STP 브리지 우선순위 조정 시 이더스위치 모듈에서는 0-65535 사이의 아무 값이나 사용할 수 있습니다. 그러나 카탈리스트 스위치는 4096의 배수값을 사용해야 합니다.

설정 후 다음과 같이 SW1이 VLAN 10의 루트 스위치로 동작합니다.

[예제 8-20] SW1 확인

```
SW1# show spanning-tree vlan 10 root
  Root ID    Priority    8192
             Address    cc00.1028.0001
```

```
            This bridge is the root
            Hello Time   2 sec  Max Age 20 sec  Forward Delay 15 sec
```

SW2는 다음과 같이 VLAN 20의 루트 스위치로 동작합니다.

[예제 8-21] SW2에서의 확인

```
SW2# show spanning-tree vlan 20 root
Root ID    Priority    0
           Address    cc01.1028.0002
           This bridge is the root
           Hello Time  2 sec  Max Age 20 sec  Forward Delay 15 sec
```

SW3에서 확인해보면 다음과 같이 VLAN 10에 대해서 F1/12 포트가 대체 포트이며 차단 상태에 있습니다. 즉, F1/13 포트가 VLAN 10의 루트 포트입니다.

[예제 8-22] VLAN 10에 대해서는 F1/12 포트가 차단 상태에 있음

```
SW3# show spanning-tree vlan 10 brief
   (생략)
Interface                                   Designated
Name            Port ID Prio Cost  Sts   Cost   Bridge ID           Port ID
--------------- --------- ----- ----  ----- ------- ------------------- ---------
FastEthernet1/12  128.53 128  19    BLK   19     16384 cc01.1028.0001 128.53
FastEthernet1/13  128.54 128  19    FWD   0      8192 cc00.1028.0001  128.54
```

VLAN 20에 대해서는 F1/13 포트가 대체 포트이며 차단 상태에 있습니다. 즉, F1/12 포트가 VLAN 20의 루트 포트입니다.

[예제 8-23] VLAN 20에 대해서 F1/13 포트가 차단 상태에 있음

```
SW3# show spanning-tree vlan 20 brief
   (생략)
Interface                                   Designated
Name            Port ID Prio Cost  Sts   Cost   Bridge ID           Port ID
--------------- --------- ----- ------  ----- ------- ------------------- ---------
FastEthernet1/12  128.53 128  19    FWD   0      0 cc01.1028.0002     128.53
FastEthernet1/13  128.54 128  19    BLK   19     4096 cc00.1028.0002  128.54
```

결과적으로 SW3의 두 포트가 모두 사용되어 VLAN별로 부하분산이 이루어집니다. 이상으로 루트 스위치를 조정하는 방법에 대하여 살펴보았습니다.

이더채널

이더채널(EtherChannel)이란 두 스위치 간에 연결된 다수 개의 포트를 하나의 포트처럼 동작시키는 것을 말합니다. 이더채널을 구성 시 사용한 물리적인 포트의 종류에 따라 패스트 이더채널, 기가비트 이더채널 또는 10G 이더채널이라고 합니다. 이더채널은 레이어 2 또는 레이어 3 인터페이스로 동작시킬 수 있으며, 액세스 포트 및 트렁크 포트로 사용할 수 있습니다.

시스코가 아닌 다른 벤더(vendor)들은 이더채널을 트렁크라고 부르기도 합니다.

이더채널의 멤버 포트 중 하나에 장애가 발생하면, 나머지 포트들을 통하여 트래픽이 전송됩니다. STP는 이더채널을 하나의 포트로 간주합니다. 이더채널로 액세스 포트를 구성하려면 모든 포트의 속도, 두플렉스 모드, VLAN 번호가 같아야 합니다. 이더채널로 트렁크 포트를 구성하려면 인캡슐레이션, 네이티브 VLAN 번호, 허용 VLAN 번호가 같아야 합니다. 다음과 같이 SW1, SW2 간에 이더채널을 구성해봅시다.

[그림 8-13] 이더채널 구성을 위한 네트워크

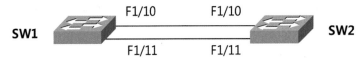

두 스위치를 동시에 연결하는 F1/10, F1/11 포트를 이더채널로 구성하는 방법은 다음과 같습니다.

[예제 8-24] 이더채널 구성하기

```
① SW1(config)# interface range f1/10 - 11
② SW1(config-if-range)# switchport trunk encapsulation dot1q
③ SW1(config-if-range)# switchport mode trunk
④ SW1(config-if-range)# channel-group 1 mode on
⑤ SW1(config-if-range)# no shut
```

① 인터페이스 설정 모드로 들어갑니다.

② 트렁킹용 프로토콜을 802.1Q로 지정합니다. 이더채널을 트렁크로 사용하지 않으려면 이 설정은 필요 없습니다.

③ 포트를 트렁크로 지정합니다. 이더채널을 트렁크로 사용할 경우에만 이 설정이 필요합니다.

④ **channel-group 1 mode on** 명령어를 사용하여 포트를 이더채널로 동작시킵니다.

⑤ 물리적인 포트를 활성화시킵니다. 스위치의 포트들은 기본적으로 활성화되기 때문에 이 설정도 꼭 필요한 것은 아니지만 앞선 테스트에서 F1/10 포트를 셧다운시켰기 때문에 다시 활성화시켰습니다. SW2에서도 동일하게 설정합니다. 설정 후 **show etherchannel summary** 명령어를 사용하여 확인해보면 다음과 같습니다.

[예제 8-25] 이더채널 동작 확인

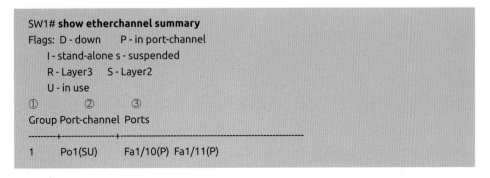

① 이더채널 그룹 번호를 나타냅니다.

② 이더채널 포트 번호를 나타냅니다. 이더채널을 설정할 때는 **channel-group**이라는 명령어를 사용했다. 그러나 결과적으로 만들어진 이더채널의 포트 이름은 **port-channel**로 표시됩니다. 괄호안의 SU 표시 중 S는 L2 이더채널이라는 의미이며, U는 이더채널이 제대로 동작하고 있다는 의미입니다.

③ 이더채널에 소속된 물리적인 포트들을 표시합니다.

다음과 같이 **show spanning-tree vlan 10 brief** 명령어를 사용해서 확인해보면 STP는 이더채널을 하나의 포트로 간주하고 있는 것을 알 수 있습니다.

[예제 8-26] STP와 이더채널

```
SW2# show spanning-tree vlan 10 brief
  (생략)
Interface                                   Designated
Name            Port ID Prio Cost Sts       Cost    Bridge ID          Port ID
--------------- ------- ---- ---- ---        ----    ----------------   --------
Port-channel1   129.65  128  12   FWD        0       8192 cc00.1028.0001 129.65
```

따라서 스위치 간을 연결하는 다수의 포트들이 하나의 포트로 간주되므로 STP에 의해 차단되는 포트가 없고, 결과적으로 이더채널에 소속된 포트를 모두 사용할 수 있습니다.

이더채널은 최대 8개의 포트를 묶어 하나의 포트처럼 사용합니다. 여러 개의 물리적인 포트를 묶어서 사용

RSTP와 MSTP

스패닝 트리 프로토콜은 장애 발생 시 대체 경로가 동작하는 시간이 느립니다. 그래서 IEEE 가 2001년 6월 STP를 보완한 RSTP(Rapid Spanning Tree Protocol)라는 프로토콜을 발표 했습니다.

RSTP는 처음 IEEE 802.1W에서 표준화하였으며, IEEE의 내부 절차에 따라 지금은 IEEE 802.1D-2004에 정의되어 있습니다. RSTP는 STP의 단점인 컨버전스 시간(convergence time)을 획기적으로 단축시켜줍니다. 컨버전스 시간이란 네트워크 상태가 변화되었을 때 이것을 반영하여 포트의 역할과 상태가 변경되기까지의 시간을 말합니다.

STP의 컨버전스 시간이 경우에 따라 30초 또는 50초인 반면 RSTP는 토폴로지 변화가 즉 시 반영됩니다. RSTP에서 루트 스위치를 선택하고, 루트 포트와 지정 포트를 결정하는 기 준은 STP와 동일합니다.

즉, 브리지 ID가 가장 낮은 스위치가 루트 스위치가 되고, 포트 역할을 결정할 때 BPDU내 의 루트 브리지 ID, 경로값, 브리지 ID, 포트 ID를 차례로 비교하여 각 값이 낮은 포트가 루 트 포트와 지정 포트로 선택됩니다.

포트 역할을 결정하는 기준은 이처럼 동일하지만 절차는 완전히 다릅니다. 예를 들어, 간접 링크 다운 시 STP에서는 대체 포트가 바로 전송 상태로 변경되지 않고 20초간 기다립니다. 이후 다시 30초를 기다렸다가 전송 상태가 됩니다. 이렇게 기다리는 이유는 바로 전송 상태 로 변경 시 프레임 루프가 발생할 수 있기 때문입니다.

그러나 RSTP에서는 자신의 BPDU 정보가 우세하면 바로 자신이 지정 포트임을 주장하는 제안(proposal) BPDU를 전송합니다. 이것을 수신한 상대 포트는 이에 동의하여 자신은 루 트 포트가 되겠다는 동의(agreement) BPDU를 보내면서 해당 포트를 바로 전송 상태로 변 경합니다.

동의 BPDU를 수신한 지정 포트도 즉시 자신의 포트를 전송 상태로 변경합니다. 결과적으 로 STP에서 30초 또는 50초만에 지정 포트와 루트 포트가 전송 상태로 변경되는 것에 비하 여 RSTP에서는 거의 순간적으로 전송 상태로 변경됩니다.

RSTP 포트 역할

RSTP는 포트의 역할을 루트 포트, 지정 포트, 대체 포트, 백업(backup) 포트 및 비활성 포트로 구분합니다.

[그림 8-14] RSTP 포트의 역할

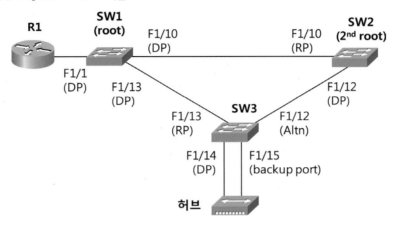

- **지정 포트(designated port)**

STP의 지정 포트와 동일합니다. 특정 세그먼트에서 루트 스위치 방향으로 데이터 프레임이 전송되는 포트입니다. 스위치 네트워크에서 세그먼트(segment)란 스위치에 의해서 분리되지 않은 구간을 말합니다.

앞 그림에서 스위치 SW1, SW2, SW3을 연결하는 링크와, 스위치 SW1과 R1을 연결하는 링크 및 스위치 SW3과 허브를 연결하는 링크를 합쳐 5개의 세그먼트가 존재합니다. 따라서 지정 포트도 5개가 선택됩니다.

- **루트 포트(root port)**

STP의 루트 포트와 동일합니다. 즉, 특정 스위치에서 루트 스위치 방향으로 데이터 프레임이 전송되는 유일한 포트입니다. 루트 포트는 스위치당 하나씩 선택됩니다.

- **대체 포트(alternate port)**

루트 포트가 다운되면 그 역할을 이어받는 포트를 말합니다. 대체 포트는 데이터 프레임을 송수신하지 않고, 차단 상태에 있습니다.

- **백업 포트(backup port)**

지정 포트가 다운되면 그 역할을 이어받습니다. 스위치가 자신이 보낸 BPDU를 다른 포트를 통하여 수신할 때 두 포트 중 후순위의 포트가 백업 포트로 결정됩니다. 앞의 그림에서 보는 것처럼 스위치가 허브와 복수 개의 링크로 접속될 때 백업 포트가 생깁니다. 즉, 동일한 세그먼트에 하나의 스위치에서 두 개 이상의 링크가 접속되어 있을 때 백업 포트가 만들어집니다. 백업 포트도 데이터 프레임을 송수신하지 않고, 차단 상태에 있습니다.

- **비활성(disabled) 포트**
RSTP에서 역할이 없는 포트를 말합니다. 셧다운된 포트 등이 여기에 해당합니다.

RSTP 포트 상태

RSTP는 포트의 상태를 폐기, 학습 및 전송 상태로 구분합니다. RSTP의 폐기(discarding) 상태는 STP의 차단(blocking) 상태와 동일합니다. 즉, 데이터 프레임을 송수신하지 않습니다. 그러나 BPDU는 수신합니다.

학습(learning) 상태는 STP의 학습 상태와 동일합니다. 즉, MAC 주소 테이블을 채우기 시작하며, 지정 포트인 경우 BPDU를 전송하기 시작합니다. 그러나 15초간 지속되는 STP와 달리 RSTP의 학습 상태는 그 기간이 아주 짧습니다.

전송(forwarding) 상태도 STP의 전송 상태와 동일합니다. 이 상태에서는 데이터 프레임을 스위칭하기 시작합니다.

RSTP 링크 종류

RSTP는 포트 종류 즉, 링크의 형태를 다음과 같이 구분합니다.
포트의 두플렉스(duplex)에 따른 구분은 다음과 같습니다.

- **포인트 투 포인트 링크**
풀 두플렉스(full duplex)로 동작하는 포트

- **세어드 링크(shared link)**
하프 두플렉스(half duplex)로 동작하는 포트

[그림 8-15] RSTP 링크 타입

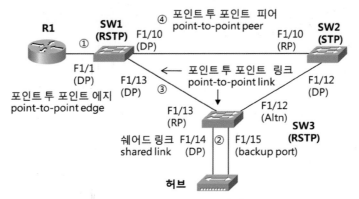

상대 장비의 종류에 따라 다음과 같이 구분합니다.

- **링크**

    상대 장비도 RSTP로 동작하는 스위치와 연결된 포트

- **에지(edge)**

    PC, 서버 등과 같이 스패닝 트리가 동작하지 않는 종단장치와 연결된 포트

- **피어(peer)**

    STP와 같이 RSTP가 아닌 프로토콜로 동작하는 스위치와 연결된 포트

앞 그림을 참조하여 각 링크의 종류에 대해서 좀 더 구체적으로 살펴봅시다.

① 에지(edge) 포트는 PC나 서버 등 BPDU를 발생 시키지 않는 종단장치가 접속된 포트를 말합니다. 카탈리스트 스위치에서는 포트 패스트(portfast)를 설정해야만 에지 링크로 동작합니다. 풀 두플렉스로 동작하는 에지포트를 포인트 투 포인트 에지포트라고 합니다. 하프 두플렉스로 동작하는 에지 포트를 세어드(shared) 에지 포트라고 합니다.

② 세어드 링크(shared link)는 다른 장비와 하프 두플렉스로 연결된 링크입니다. 그림과 같이 허브(hub)를 통하여 연결되어 있거나, 현재 스위치 포트의 상태가 하프 두플렉스인 경우 등이 여기에 해당합니다.

③ 포인트 투 포인트 링크(point to point link)는 풀 두플렉스로 동작하는 링크입니다.

④ STP로 동작하면서 풀 두플렉스인 링크는 포인트 투 포인트 피어(peer)로 표시됩니다.

RSTP 지정 포트는 에지 포트 또는 포인트 투 포인트 링크로 동작할 때에만 즉시 전송 상태로 변경됩니다. 만약, 다른 RSTP 스위치가 하프 두플렉스로 연결되어 있을 때에는 지정 포트가 전송 상태로 변경되기까지 차단 상태 15초, 학습 상태 15초 합계 30초가 소요됩니다. 그러나 루트 포트인 경우에는 컨버전스가 빠릅니다.

네트워크 장애 시 RSTP의 동작

대체 포트를 가지고 있는 스위치 SW3의 관점에서 보면 토폴로지가 변경되는 경우는 직접 접속된 포트가 다운되었을 때와 간접 접속된 포트가 다운되었을 때로 구분할 수 있습니다.

[그림 8-16] 간접 링크 장애 시의 RSTP 동작

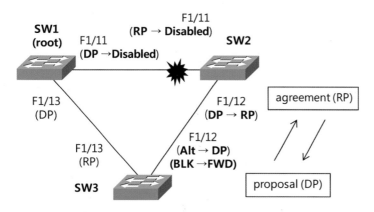

앞 그림과 같이 SW1, SW2 간의 간접 링크가 다운되었을 때 SW3의 F1/12 포트는 대체 포트에서 지정 포트로 변경됩니다. STP라면, SW3은 F1/12 포트를 통하여 후순위 BPDU를 20초간 수신하면서 기다립니다. 이후, 청취 상태와 학습 상태를 거쳐 총 50초만에 전송 상태로 변경됩니다.

그러나 RSTP는 후순위 BPDU 수신시 자신의 F1/12 포트가 지정 포트 역할을 하기 위하여 SW2에게 제안(proposal) BPDU를 전송합니다. 이를 수신한 SW2가 동의(agreement) BPDU를 보내고, SW3의 F1/12 포트는 차단 상태에서 즉시 전송 상태로 변경됩니다.

이번에는 SW3에 직접 접속되어 있는 F1/13 포트에 장애가 발생한 경우를 살펴봅시다.

[그림 8-17] 직접 링크 장애 시의 RSTP 동작

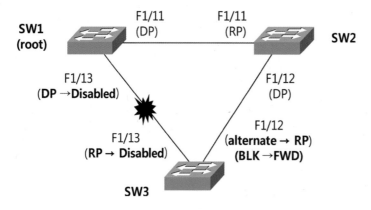

이 경우, STP라면 F1/12 포트의 상태가 청취 상태가 되고, 30초 후에 전송 상태로 변경됩니다. 그러나 RSTP에서는 루트 포트가 다운되면 대체 포트인 F1/12가 루트 포트의 역할을 이어받고, 즉시 전송 상태로 변경됩니다.

RSTP를 동작시키는 방법은 다음과 같이 간단합니다.

[예제 8-27] RSTP 동작시키기

```
SW2(config)# spanning-tree mode rapid-pvst
```

(GNS3에서는 RSTP와 MSTP가 지원되지 않습니다.)

MSTP

STP와 RSTP에서는 하나의 VLAN당 하나씩의 스패닝 트리가 동작합니다. 스위치의 모델에 따라 차이가 나긴 하지만 예를 들어, 1000개의 VLAN이 설정된 스위치 네트워크에서는 2초마다 1000개의 BPDU가 전송되어 스위치에 많은 부하를 줍니다.

이를 해결하기 위해서 복수 개의 VLAN을 묶어서 그룹별로 스패닝 트리를 동작시키는 것이 MSTP입니다. MSTP(Multiple Spanning Tree Protocol)는 IEEE 802.1S에서 정의되었다가, 다시 802.1Q에 통합되었습니다.

MSTP는 많은 수의 VLAN 사용 시 VLAN 그룹별로 스패닝 트리를 동작시켜 스위치의 부하를 줄임과 동시에 네트워크의 관리를 용이하게 해줍니다. 이를 위하여 VLAN들을 인스턴스(instance)라고 하는 그룹으로 묶고, 인스턴스 당 하나의 스패닝 트리를 동작시킵니다.

[예제 8-28] 기본적인 MSTP 설정하기

```
① SW1(config)# spanning-tree mode mst

② SW1(config)# spanning-tree mst configuration
③ SW1(config-mst)# name MyMSTP
④ SW1(config-mst)# instance 1 vlan 10-19
   SW1(config-mst)# instance 2 vlan 20-29
⑤ SW1(config-mst)# revision 1
   SW1(config-mst)# exit
```

① 스패닝 트리의 모드를 MSTP로 지정합니다.

② MSTP 설정 모드로 들어갑니다.

③ 적당한 영역(region) 이름을 지정합니다.

④ 여러 VLAN을 하나의 인스턴스로 묶습니다.

⑥ 0-65535 사이의 적당한 설정 번호를 부여합니다. 영역 이름, 인스턴스 매핑 및 설정 번호가 동일하면 하나의 MST 영역으로 동작합니다.

이상으로 STP, RSTP, MSTP에 대하여 살펴보았습니다.

KING of NETWORKING

연습 문제

다음은 서울 지하철 2호선 노선도이다.

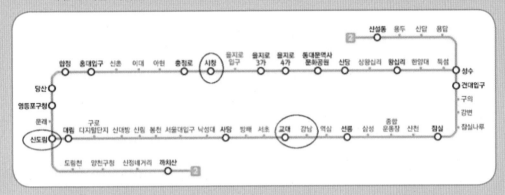

순환선 구간에 총 43개의 지하철역이 있다. 시청역을 기준으로 가장 먼 지하철역은 시계 방향으로 강남역, 반시계 방향으로 교대역이다. 각 지하철역의 이더넷 스위치를 1Gbps 링 구조로 연결하고, STP를 사용하기로 했다. 그리고 시청역의 스위치를 루트 스위치로 설정 했다.

1. 강남역에서 인접한 교대역으로 핑을 때리면 어떤 경로를 거쳐갈까?
   1) 왕복 패킷이 모두 2호선을 한바퀴 돌아서간다. 즉, 강남역-시청역-교대역으로 먼 길을 거친다.
   2) 두 역이 인접해 있으므로 다른 역을 거치지 않고 직접 송수신된다.
   3) 정보가 부족하여 알 수 없다.
   4) 지하철 승객이 적은 경로로 송수신된다.

2. 폭설이 내려 신도림역의 통신선로에 장애가 발생했다. 이 경우, 대림역부터 교대역까지 11개의 지하철역은 나머지 역과의 일시적인 통신불능 상태가 된다. 통신이 복구될 때까지 얼마의 시간이 걸릴까?
   1) 즉시 복구된다.
   2) 전화를 꺼놓고 강원도에서 스키를 즐기는 유지보수 업체의 직원이 복귀하는 3일 후
   3) 30초
   4) 50초

3. 장애발생 시 대체 경로로 전환되는 시간이 느려 STP 대신 RSTP를 사용하기로 했다. 이 경우, 위와 동일한 상황이 발생했을 때 통신이 복구되는 시간을 얼마일까?

    1) 1초 이내

    2) 30초

    3) 50초

    4) 15초

4. RSTP 사용 시 강남역에서 교대역으로 핑을 때리면 어떤 경로를 거쳐갈까?

    1) 왕복 패킷이 모두 2호선을 한바퀴 돌아서간다.

    2) 두 역이 인접해 있으므로 다른 역을 거치지 않고 직접 송수신된다.

    3) 정보가 부족하여 알 수 없다.

    4) 지하철 승객이 적은 경로로 송수신된다.

5. 다음 중 프레임 루핑(looping)시 나타나는 현상 세 가지를 고르시오.

    1) 브로드캐스트 폭풍이 발생한다.

    2) 동일한 프레임을 여러 번 수신한다.

    3) MAC 플러딩 공격을 받는다.

    4) MAC 주소 테이블이 불안정해진다.

6. 다음 중 STP 청취 상태를 설명하는 것 중에서 맞는 것을 세 가지 고르시오.

    1) PC의 전원을 켜면 PC가 접속된 스위치 포트는 청취 상태가 된다.

    2) 15초 후에 학습 상태가 된다.

    3) 포트의 역할이 지정 포트라면, 청취 상태에서 BPDU를 전송하기 시작한다.

    4) 청취 상태로부터 50초 후에 전송 상태가 된다.

7. 다음 중 STP 지정 포트(designated port)의 설명으로 맞는 것을 세 가지 고르시오.

    1) 루트 스위치의 모든 포트는 지정 포트이다.

    2) 세그먼트당 하나씩, 그리고 반드시 하나씩 존재한다.

    3) 설정 BPDU를 송신한다.

    4) PC와 연결되는 포트는 지정포트가 될 수 없다.

8. 다음 중 STP 루트 포트(designated port)의 설명으로 맞는 것을 2개 고르시오.

1) 루트 스위치를 제외한 모든 스위치에서 반드시 하나씩 존재한다.

2) 항상 차단 상태이다.

3) 설정 BPDU를 수신한다.

4) PC와 연결되는 포트는 모두 루트 포트이다.

9. 다음 중 STP 대체 포트(alternate port)의 설명으로 맞는 것을 3개 고르시오.

1) 데이터 프레임을 송신하지 않는다.

2) 데이터 프레임을 수신하지 않는다.

3) BPDU를 수신한다.

4) BPDU를 송신한다.

10. 다음 중 속도와 STP 경로값의 관계를 잘못 표시한 것을 하나 고르시오.

1) 10Mbps - 100

2) 100Mbps - 19

3) 1Gbps - 4

4) 10Gbps - 1

11. 다음 이더채널(EtherChannel)에 대한 설명 중 맞는 것을 3개 고르시오.

1) STP는 이더채널을 하나의 포트로 간주한다.

2) 동일한 속도의 포트들로 구성해야 한다.

3) 트렁크 포트로만 사용할 수 있다.

4) 트렁크 포트로 사용 시 트렁킹 프로토콜의 종류가 동일해야 한다.

제9장

토폴로지 만들기

하나의 스위치를 사용한 토폴로지

다수의 스위치를 사용한 토폴로지

킹-오브-
네트워킹

하나의 스위치를 사용한 토폴로지

토폴로지(topology)란 네트워크 모양을 의미합니다. 라우팅, 네트워크 보안 등 네트워크와 관련된 여러 가지 내용을 테스트하려면 그에 적합한 토폴로지를 구성해야 합니다. 이번 장에서는 이와 같은 토폴로지를 만드는 방법에 대하여 살펴보기로 합니다. 이더넷 스위치와 라우터를 사용하면 원하는 대부분의 토폴로지를 만들 수 있습니다.

버스 토폴로지

현재 우리가 사용하고 있는 장비들의 물리적인 구성은 다음과 같습니다. 이중에서 SW1과 4대의 라우터를 사용하여 버스 토폴로지를 만들어봅시다.

[그림 9-1] 라우터와 스위치 연결도

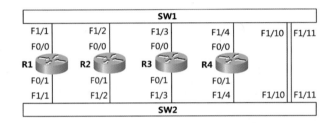

즉, 버스 형태의 네트워크를 구성하는 방법에 대하여 살펴봅시다.

[그림 9-2] 버스 토폴로지

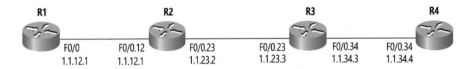

각 라우터에서 우리가 사용할 인터페이스는 SW1과 연결된 F0/0입니다. R1과 R4에서는 설정할 IP 주소가 각각 하나씩이므로 물리적인 인터페이스에 필요한 주소를 지정해주면 됩니다. 그러나 R2, R3에서는 설정할 IP 주소가 두개씩이므로 인터페이스가 부족합니다.

이때, 물리적인 인터페이스를 논리적으로 분할하여 사용하는 서브 인터페이스(sub-interface)가 필요합니다. R1, R4와 같이 인터페이스가 부족하지 않아도 서브 인터페이스를 사용할 수 있습니다. 라우터에서 서브 인터페이스 설정 시, 각 서브 인터페이스 당 별도의 VLAN을 지정합니다. 따라서 연결된 스위치의 포트도 트렁크로 동작시켜야 합니다. 결과적으로 각 라우터 사이의 트래픽이 서브 인터페이스별로 분할되어 전송되고, 원하는 버스 토폴로지가 만들어집니다.

[그림 9-3] 버스 토폴로지에서 트래픽의 흐름

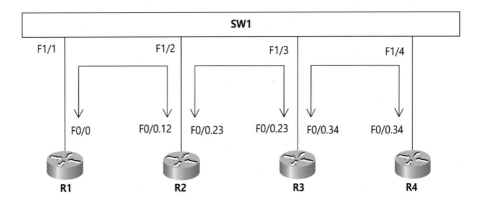

편의상, 서브 인터페이스 번호, VLAN 번호 및 IP 서브넷 번호를 모두 동일하게 사용하기로 합니다. 이를 위한 스위치 SW1의 설정은 다음과 같습니다.

[예제 9-1] SW1의 설정

```
SW1(config)# vlan 12,23,34
SW1(config-vlan)# exit

SW1(config)# interface f1/1
SW1(config-if)# switchport mode access
SW1(config-if)# switchport access vlan 12
SW1(config-if)# exit

SW1(config)# interface range f1/2 - 4
SW1(config-if-range)# switchport trunk encapsulation dot1q
SW1(config-if-range)# switchport mode trunk
```

R1에서는 다음과 같이 서브 인터페이스를 사용하지 않기로 합니다.

[예제 9-2] R1의 설정

```
R1(config)# interface f0/0
R1(config-if)# ip address 1.1.12.1 255.255.255.0
R1(config-if)# no shut
```

R2에서는 다음과 같이 서브 인터페이스를 사용해야 합니다.

[예제 9-3] R2의 설정

```
R2(config)# interface f0/0
R2(config-if)# no shut
R2(config-if)# exit

R2(config)# interface f0/0.12
R2(config-subif)# encapsulation dot1q 12
R2(config-subif)# ip address 1.1.12.2 255.255.255.0
R2(config-subif)# exit

R2(config)# interface f0/0.23
R2(config-subif)# encapsulation dot1q 23
R2(config-subif)# ip address 1.1.23.2 255.255.255.0
```

R3에서도 다음과 같이 서브 인터페이스를 사용해야 합니다.

[예제 9-4] R3의 설정

```
R3(config)# interface f0/0
R3(config-if)# no shut
R3(config-if)# exit

R3(config)# interface f0/0.23
R3(config-subif)# encapsulation dot1q 23
R3(config-subif)# ip address 1.1.23.3 255.255.255.0
R3(config-subif)# exit

R3(config)# interface f0/0.34
R3(config-subif)# encapsulation dot1q 34
R3(config-subif)# ip address 1.1.34.3 255.255.255.0
```

R4에서는 메인 인터페이스나 서브 인터페이스 중에서 어느 것을 사용해도 됩니다. 테스트를 위하여 다음과 같이 서브 인터페이스를 사용하기로 합니다.

[예제 9-5] R4의 설정

```
R4(config)# interface f0/0
R4(config-if)# no shut
R4(config-if)# exit

R4(config)# interface f0/0.34
R4(config-subif)# encapsulation dot1q 34
```

```
R4(config-subif)# ip address 1.1.34.4 255.255.255.0
```

설정이 끝나면 다음과 같이 각 라우터에서 인접한 라우터까지의 통신 가능 여부를 핑으로 확인합니다.

[예제 9-6] 핑 확인

```
R1# ping 1.1.12.2
Type escape sequence to abort.
Sending 5, 100-byte ICMP Echos to 1.1.12.2, timeout is 2 seconds:
.!!!!
Success rate is 80 percent (4/5), round-trip min/avg/max = 40/47/52 ms

R2# ping 1.1.23.3
Type escape sequence to abort.
Sending 5, 100-byte ICMP Echos to 1.1.23.3, timeout is 2 seconds:
.!!!!
Success rate is 80 percent (4/5), round-trip min/avg/max = 40/47/52 ms

R3# ping 1.1.34.4
Type escape sequence to abort.
Sending 5, 100-byte ICMP Echos to 1.1.34.4, timeout is 2 seconds:
.!!!!
Success rate is 80 percent (4/5), round-trip min/avg/max = 44/48/52 ms
```

이로써, 한 대의 이더넷 스위치와 네 대의 라우터를 사용한 버스 토폴로지가 완성되었습니다. 이후, 원하는 라우팅 방식을 설정하고, 여러 가지 테스트를 하면 됩니다.

링 토폴로지

이번에는 다음 그림과 같은 링(ring) 토폴로지를 만들어봅시다. 앞서 버스 토폴로지가 설정된 모든 장비의 전원을 리셋합니다.

[그림 9-4] 링(ring) 토폴로지

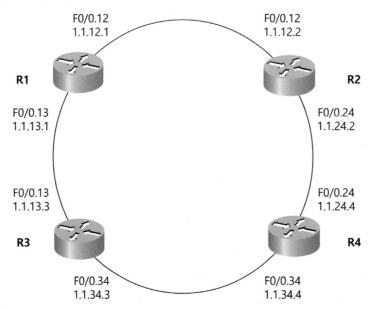

링 토폴로지 구성을 위한 스위치 SW1의 설정은 다음과 같습니다. 모든 라우터에서 두 개의 IP 주소를 설정해야 하므로 서브 인터페이스를 사용해야 합니다. 따라서 라우터와 연결된 모든 스위치 포트를 트렁크로 설정합니다.

[예제 9-7] SW1의 설정

```
SW1(config)# vlan 12,24,34,13
SW1(config-vlan)# exit

SW1(config)# interface range f1/1 - 4
SW1(config-if-range)# switchport trunk encapsulation dot1q
SW1(config-if-range)# switchport mode trunk
```

R1의 설정은 다음과 같습니다.

[예제 9-8] R1의 설정

```
R1(config)# interface f0/0
R1(config-if)# no shut
R1(config-if)# exit

R1(config)# interface f0/0.12
R1(config-subif)# encapsulation dot1q 12
R1(config-subif)# ip address 1.1.12.1 255.255.255.0
```

```
R1(config-subif)# exit

R1(config)# interface f0/0.13
R1(config-subif)# encapsulation dot1q 13
R1(config-subif)# ip address 1.1.13.1 255.255.255.0
```

R2의 설정은 다음과 같습니다.

[예제 9-9] R2의 설정

```
R2(config)# interface f0/0
R2(config-if)# no shut
R2(config-if)# exit

R2(config)# interface f0/0.12
R2(config-subif)# encapsulation dot1q 12
R2(config-subif)# ip address 1.1.12.2 255.255.255.0
R2(config-subif)# exit

R2(config)# interface f0/0.24
R2(config-subif)# encapsulation dot1q 24
R2(config-subif)# ip address 1.1.24.2 255.255.255.0
```

R3의 설정은 다음과 같습니다.

[예제 9-10] R3의 설정

```
R3(config)# interface f0/0
R3(config-if)# no shut
R3(config-if)# exit

R3(config)# interface f0/0.13
R3(config-subif)# encapsulation dot1q 13
R3(config-subif)# ip address 1.1.13.3 255.255.255.0
R3(config-subif)# exit

R3(config)# interface f0/0.34
R3(config-subif)# encapsulation dot1q 34
R3(config-subif)# ip address 1.1.34.3 255.255.255.0
```

R4의 설정은 다음과 같습니다.

[예제 9-11] R4의 설정

```
R4(config)# interface f0/0
R4(config-if)# no shut
R4(config-if)# exit

R4(config)# interface f0/0.24
R4(config-subif)# encapsulation dot1q 24
R4(config-subif)# ip address 1.1.24.4 255.255.255.0
R4(config-subif)# exit

R4(config)# interface f0/0.34
R4(config-subif)# encapsulation dot1q 34
R4(config-subif)# ip address 1.1.34.4 255.255.255.0
```

설정이 끝나면 다음과 같이 각 라우터에서 인접한 라우터까지의 통신 가능 여부를 핑으로 확인합니다.

[예제 9-12] 핑 확인

```
R1# ping 1.1.12.2
Type escape sequence to abort.
Sending 5, 100-byte ICMP Echos to 1.1.12.2, timeout is 2 seconds:
.!!!!
Success rate is 80 percent (4/5), round-trip min/avg/max = 36/45/48 ms

R1# ping 1.1.13.3
Type escape sequence to abort.
Sending 5, 100-byte ICMP Echos to 1.1.13.3, timeout is 2 seconds:
.!!!!
Success rate is 80 percent (4/5), round-trip min/avg/max = 44/49/52 ms

R4# ping 1.1.24.2
Type escape sequence to abort.
Sending 5, 100-byte ICMP Echos to 1.1.24.2, timeout is 2 seconds:
.!!!!
Success rate is 80 percent (4/5), round-trip min/avg/max = 44/49/52 ms

R4# ping 1.1.34.3
Type escape sequence to abort.
Sending 5, 100-byte ICMP Echos to 1.1.34.3, timeout is 2 seconds:
.!!!!
Success rate is 80 percent (4/5), round-trip min/avg/max = 52/60/84 ms
```

이제, 한 대의 이더넷 스위치와 네 대의 라우터를 사용한 링 토폴로지가 완성되었습니다.

이후, 원하는 라우팅 방식을 설정하고, 여러 가지 테스트를 하면 됩니다.

스타 토폴로지

이번에는 다음 그림과 같은 스타(star) 토폴로지를 만들어봅시다. 앞서 링 토폴로지가 설정된 모든 장비의 전원을 리셋합니다.

[그림 9-5] 스타(star) 토폴로지

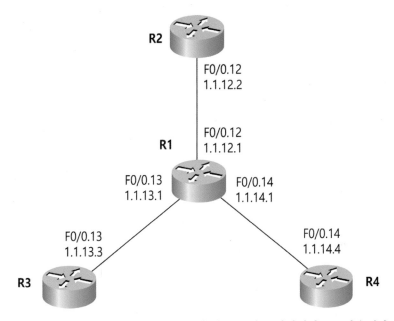

R1에서는 세 개의 IP 주소를 설정해야 하므로 서브 인터페이스를 사용해야 합니다. 나머지 라우터에서는 IP 주소를 하나만 사용하므로 메인 인터페이스를 사용해도 됩니다. 그러나 서브 인터페이스를 사용해도 되므로 모두 서브 인터페이스를 사용하기로 합니다. 스타 토폴로지 구성을 위한 스위치 SW1의 설정은 다음과 같습니다. 라우터와 연결된 모든 스위치 포트를 트렁크로 동작시킵니다.

[예제 9-13] SW1의 설정

```
SW1(config)# vlan 12,13,14
SW1(config-vlan)# exit

SW1(config)# interface range f1/1 - 4
SW1(config-if-range)# switchport trunk encapsulation dot1q
SW1(config-if-range)# switchport mode trunk
```

R1의 설정은 다음과 같습니다.

[예제 9-14] R1의 설정

```
R1(config)# interface f0/0
R1(config-if)# no shut
R1(config-if)# exit

R1(config)# interface f0/0.12
R1(config-subif)# encapsulation dot1q 12
R1(config-subif)# ip address 1.1.12.1 255.255.255.0
R1(config-subif)# exit

R1(config)# interface f0/0.13
R1(config-subif)# encapsulation dot1q 13
R1(config-subif)# ip address 1.1.13.1 255.255.255.0
R1(config-subif)# exit

R1(config)# interface f0/0.14
R1(config-subif)# encapsulation dot1q 14
R1(config-subif)# ip address 1.1.14.1 255.255.255.0
```

R2의 설정은 다음과 같습니다.

[예제 9-15] R2의 설정

```
R2(config)# interface f0/0
R2(config-if)# no shut
R2(config-if)# exit

R2(config)# interface f0/0.12
R2(config-subif)# encapsulation dot1q 12
R2(config-subif)# ip address 1.1.12.2 255.255.255.0
```

R3의 설정은 다음과 같습니다.

[예제 9-16] R3의 설정

```
R3(config)# interface f0/0
R3(config-if)# no shut
R3(config-if)# exit

R3(config)# interface f0/0.13
R3(config-subif)# encapsulation dot1q 13
R3(config-subif)# ip address 1.1.13.3 255.255.255.0
```

KING of NETWORKING

R4의 설정은 다음과 같습니다.

[예제 9-17] R4의 설정

```
R4(config)# interface f0/0
R4(config-if)# no shut
R4(config-if)# exit

R4(config)# interface f0/0.14
R4(config-subif)# encapsulation dot1q 14
R4(config-subif)# ip address 1.1.14.4 255.255.255.0
```

설정이 끝나면 다음과 같이 각 라우터에서 인접한 라우터까지의 통신 가능 여부를 핑으로
확인합니다.

[예제 9-18] 핑 확인

```
R1# ping 1.1.12.2
Type escape sequence to abort.
Sending 5, 100-byte ICMP Echos to 1.1.12.2, timeout is 2 seconds:
.!!!!
Success rate is 80 percent (4/5), round-trip min/avg/max = 36/45/52 ms

R1# ping 1.1.13.3
Type escape sequence to abort.
Sending 5, 100-byte ICMP Echos to 1.1.13.3, timeout is 2 seconds:
.!!!!
Success rate is 80 percent (4/5), round-trip min/avg/max = 36/46/52 ms

R1# ping 1.1.14.4
Type escape sequence to abort.
Sending 5, 100-byte ICMP Echos to 1.1.14.4, timeout is 2 seconds:
.!!!!
Success rate is 80 percent (4/5), round-trip min/avg/max = 36/46/52 ms
```

이제, 한 대의 이더넷 스위치와 네 대의 라우터를 사용한 스타 토폴로지가 완성되었습니다.

풀 메시 토폴로지

이번에는 모든 라우터가 직접 접속되어 있는 풀 메시(full mesh) 토폴로지를 만들어봅시다.
앞서 스타 토폴로지가 설정된 모든 장비의 전원을 리셋합니다.

[그림 9-6] 풀 메시(full mesh) 토폴로지

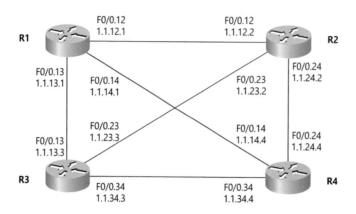

모든 라우터에서 세 개의 IP 주소를 설정해야 하므로 서브 인터페이스를 사용해야 합니다. 풀 메시 토폴로지 구성을 위한 스위치 SW1의 설정은 다음과 같습니다. 라우터와 연결된 모든 스위치 포트를 트렁크로 동작시킵니다.

[예제 9-19] SW1의 설정

```
SW1(config)# vlan 12,13,14,23,24,34
SW1(config-vlan)# exit

SW1(config)# interface range f1/1 - 4
SW1(config-if-range)# switchport trunk encapsulation dot1q
SW1(config-if-range)# switchport mode trunk
```

R1의 설정은 다음과 같습니다.

[예제 9-20] R1의 설정

```
R1(config)# interface f0/0
R1(config-if)# no shut
R1(config-if)# exit

R1(config)# interface f0/0.12
R1(config-subif)# encapsulation dot1q 12
R1(config-subif)# ip address 1.1.12.1 255.255.255.0
R1(config-subif)# exit

R1(config)# interface f0/0.13
R1(config-subif)# encapsulation dot1q 13
R1(config-subif)# ip address 1.1.13.1 255.255.255.0
R1(config-subif)# exit
```

KING of NETWORKING

```
R1(config)# interface f0/0.14
R1(config-subif)# encapsulation dot1q 14
R1(config-subif)# ip address 1.1.14.1 255.255.255.0
```

R2의 설정은 다음과 같습니다.

[예제 9-21] R2의 설정

```
R2(config)# interface f0/0
R2(config-if)# no shut
R2(config-if)# exit

R2(config)# interface f0/0.12
R2(config-subif)# encapsulation dot1q 12
R2(config-subif)# ip address 1.1.12.2 255.255.255.0
R2(config-subif)# exit

R2(config)# interface f0/0.23
R2(config-subif)# encapsulation dot1Q 23
R2(config-subif)# ip address 1.1.23.2 255.255.255.0
R2(config-subif)# exit

R2(config)# interface f0/0.24
R2(config-subif)# encapsulation dot1Q 24
R2(config-subif)# ip address 1.1.24.2 255.255.255.0
```

R3의 설정은 다음과 같습니다.

[예제 9-22] R3의 설정

```
R3(config)# interface f0/0
R3(config-if)# no shut
R3(config-if)# exit

R3(config)# interface f0/0.13
R3(config-subif)# encapsulation dot1q 13
R3(config-subif)# ip address 1.1.13.3 255.255.255.0
R3(config-subif)# exit

R3(config)# interface f0/0.23
R3(config-subif)# encapsulation dot1q 23
R3(config-subif)# ip address 1.1.23.3 255.255.255.0
R3(config-subif)# exit

R3(config)# interface f0/0.34
```

```
R3(config-subif)# encapsulation dot1q 34
R3(config-subif)# ip address 1.1.34.3 255.255.255.0
```

R4의 설정은 다음과 같습니다.

[예제 9-23] R4의 설정

```
R4(config)# interface f0/0
R4(config-if)# no shut
R4(config-if)# exit

R4(config)# interface f0/0.14
R4(config-subif)# encapsulation dot1q 14
R4(config-subif)# ip address 1.1.14.4 255.255.255.0
R4(config-subif)# exit

R4(config)# interface f0/0.24
R4(config-subif)# encapsulation dot1q 24
R4(config-subif)# ip address 1.1.24.4 255.255.255.0
R4(config-subif)# exit

R4(config)# interface f0/0.34
R4(config-subif)# encapsulation dot1q 34
R4(config-subif)# ip address 1.1.34.4 255.255.255.0
```

설정이 끝나면 각 라우터에서 인접한 라우터까지의 통신 가능 여부를 핑으로 확인합니다. 이제, 한 대의 이더넷 스위치와 네 대의 라우터를 사용한 풀 메시 토폴로지가 완성되었습니다.

복합 토폴로지

이번에는 다음 그림의 R1, R2, R3과 같이 모든 라우터가 동일한 네트워크에 접속되어 있는 멀티 액세스 토폴로지, R3, R4와 같이 두 개의 링크로 접속되어 있는 토폴로지 등을 만들어 봅시다.

[그림 9-7] 복합(hybrid) 토폴로지

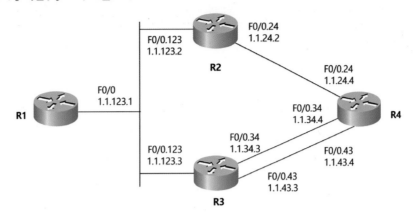

모든 라우터에서 서브 인터페이스를 사용하기로 합니다. 이를 위한 SW1의 설정은 다음과 같습니다. 라우터와 연결된 모든 스위치 포트를 트렁크로 동작시킵니다.

[예제 9-24] SW1의 설정

```
SW1(config)# vlan 123,24,34,43
SW1(config-vlan)# exit

SW1(config)# interface range f1/1 - 4
SW1(config-if-range)# switchport trunk encapsulation dot1q
SW1(config-if-range)# switchport mode trunk
```

R1의 설정은 다음과 같습니다.

[예제 9-25] R1의 설정

```
R1(config)# interface f0/0
R1(config-if)# no shut
R1(config-if)# exit

R1(config)# interface f0/0.123
R1(config-subif)# encapsulation dot1q 123
R1(config-subif)# ip address 1.1.123.1 255.255.255.0
```

R2의 설정은 다음과 같습니다.

[예제 9-26] R2의 설정

```
R2(config)# interface f0/0
```

```
R2(config-if)# no shut
R2(config-if)# exit

R2(config)# interface f0/0.123
R2(config-subif)# encapsulation dot1q 123
R2(config-subif)# ip address 1.1.123.2 255.255.255.0
R2(config-subif)# exit

R2(config)# interface f0/0.24
R2(config-subif)# encapsulation dot1q 24
R2(config-subif)# ip address 1.1.24.2 255.255.255.0
```

R3의 설정은 다음과 같습니다.

[예제 9-27] R3의 설정

```
R3(config)# interface f0/0
R3(config-if)# no shut
R3(config-if)# exit

R3(config)# interface f0/0.123
R3(config-subif)# encapsulation dot1q 123
R3(config-subif)# ip address 1.1.123.3 255.255.255.0
R3(config-subif)# exit

R3(config)# interface f0/0.34
R3(config-subif)# encapsulation dot1q 34
R3(config-subif)# ip address 1.1.34.3 255.255.255.0
R3(config-subif)# exit

R3(config)# interface f0/0.43
R3(config-subif)# encapsulation dot1q 43
R3(config-subif)# ip address 1.1.43.3 255.255.255.0
```

R4의 설정은 다음과 같습니다.

[예제 9-28] R4의 설정

```
R4(config)# interface f0/0
R4(config-if)# no shut
R4(config-if)# exit

R4(config)# interface f0/0.24
R4(config-subif)# encapsulation dot1q 24
R4(config-subif)# ip address 1.1.24.4 255.255.255.0
R4(config-subif)# exit
```

KING of NETWORKING

```
R4(config)# interface f0/0.34
R4(config-subif)# encapsulation dot1q 34
R4(config-subif)# ip address 1.1.34.4 255.255.255.0
R4(config-subif)# exit

R4(config)# interface f0/0.43
R4(config-subif)# encapsulation dot1q 43
R4(config-subif)# ip address 1.1.43.4 255.255.255.0
```

설정이 끝나면 각 라우터에서 인접한 라우터까지의 통신 가능 여부를 핑으로 확인합니다.
한 대의 이더넷 스위치와 네 대의 라우터를 사용하여 복합 토폴로지를 만들어보았습니다.

두 대의 스위치를 사용한 토폴로지

이번 장에서는 두 대의 스위치에 연결된 라우터들을 사용하여 여러 가지 토폴로지를 만드
는 방법에 대하여 살펴보기로 합니다.

버스 토폴로지

현재 우리가 사용하고 있는 장비들의 물리적인 구성은 다음과 같습니다. 이제 SW1, SW2와
4대의 라우터를 사용하여 버스 토폴로지를 만들어봅시다.

[그림 9-8] 라우터와 스위치 연결도

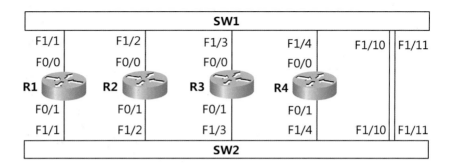

즉, 버스 형태의 네트워크를 구성하는 방법에 대하여 살펴봅시다.

[그림 9-9] 버스 토폴로지

각 라우터에서 인접한 라우터와 연결되는 인터페이스 번호가 동일합니다. 즉, R1의 F0/0 인터페이스는 R2의 F0/0 인터페이스와 연결되며, 이 두 인터페이스는 모두 SW1과 접속되어 있습니다. 그리고 R2의 F0/1 인터페이스는 R3의 F0/1 인터페이스와 연결되며, 이 두 인터페이스는 모두 SW2와 접속되어 있습니다.

따라서 SW1, SW2는 서로 연결될 필요가 없으며, 트렁크 설정도 필요 없습니다. 결과적으로 각 스위치에서 필요한 VLAN만 설정하고, 포트를 해당 VLAN에 할당만 하면 됩니다. 이를 위한 SW1의 설정은 다음과 같습니다.

[예제 9-29] SW1의 설정

```
SW1(config)# vlan 12,34
SW1(config-vlan)# exit

SW1(config)# interface range f1/1 - 2
SW1(config-if-range)# switchport mode access
SW1(config-if-range)# switchport access vlan 12
SW1(config-if-range)# exit

SW1(config)# interface range f1/3 - 4
SW1(config-if-range)# switchport mode access
SW1(config-if-range)# switchport access vlan 34
```

SW2의 설정은 다음과 같습니다.

[예제 9-30] SW2의 설정

```
SW2(config)# vlan 23
SW2(config-vlan)# exit

SW2(config)# interface range f1/2 - 3
SW2(config-if-range)# switchport mode access
SW2(config-if-range)# switchport access vlan 23
```

R1의 설정은 다음과 같습니다.

[예제 9-31] R1의 설정

```
R1(config)# interface f0/0
R1(config-if)# ip address 1.1.12.1 255.255.255.0
R1(config-if)# no shut
```

R2의 설정은 다음과 같습니다.

[예제 9-32] R2의 설정

```
R2(config)# interface f0/0
R2(config-if)# ip address 1.1.12.2 255.255.255.0
R2(config-if)# no shut
R2(config-if)# exit

R2(config)# interface f0/1
R2(config-if)# ip address 1.1.23.2 255.255.255.0
R2(config-if)# no shut
```

R3의 설정은 다음과 같습니다.

[예제 9-33] R3의 설정

```
R3(config)# interface f0/1
R3(config-if)# ip address 1.1.23.3 255.255.255.0
R3(config-if)# no shut
R3(config-if)# exit

R3(config)# interface f0/0
R3(config-if)# ip address 1.1.34.3 255.255.255.0
R3(config-if)# no shut
```

R4의 설정은 다음과 같습니다.

[예제 9-34] R4의 설정

```
R4(config)# interface f0/0
R4(config-if)# ip address 1.1.34.4 255.255.255.0
R4(config-if)# no shut
```

설정이 끝나면 다음과 같이 각 라우터에서 인접한 라우터까지의 통신 가능 여부를 핑으로 확인합니다.

```
R1# ping 1.1.12.2
Type escape sequence to abort.
Sending 5, 100-byte ICMP Echos to 1.1.12.2, timeout is 2 seconds:
.!!!!
Success rate is 80 percent (4/5), round-trip min/avg/max = 40/47/52 ms

R2# ping 1.1.23.3
Type escape sequence to abort.
Sending 5, 100-byte ICMP Echos to 1.1.23.3, timeout is 2 seconds:
.!!!!
Success rate is 80 percent (4/5), round-trip min/avg/max = 40/47/52 ms

R3# ping 1.1.34.4
Type escape sequence to abort.
Sending 5, 100-byte ICMP Echos to 1.1.34.4, timeout is 2 seconds:
.!!!!
Success rate is 80 percent (4/5), round-trip min/avg/max = 44/48/52 ms
```

이로써, 두 대의 이더넷 스위치와 네 대의 라우터를 사용한 버스 토폴로지가 완성되었습니다. 이번에는 인접한 두 라우터가 사용하는 인터페이스 번호를 달리하여 버스 토폴로지를 구성해봅시다.

[그림 9-10] 버스 토폴로지 2

R1	R2	R3	R4
F0/0	F0/1 F0/0	F0/1 F0/0	F0/1
1.1.12.1	1.1.12.2 1.1.23.2	1.1.23.3 1.1.34.3	1.1.34.4

즉, R1의 F0/0 인터페이스는 R2의 F0/1 인터페이스와 연결되며, 이 두 인터페이스는 각각 SW1과 SW2에 접속되어 있습니다. 그리고 R2의 F0/0 인터페이스는 R3의 F0/1 인터페이스와 연결되며, 이 두 개의 인터페이스도 각각 SW1과 SW2에 접속되어 있습니다. 결과적으로 R1의 F0/0 인터페이스와 R2의 F0/1 인터페이스가 서로 통신하기 위해서는 두 개의 스위치가 연결되어야 합니다. 마찬가지로 R2, R3의 통신을 위해서도 스위치 간을 연결해야 합니다. 두 연결이 서로 다른 VLAN 번호를 사용하므로 스위치를 연결하는 포트들은 트렁크로 설정되어야 합니다.

[그림 9-11] 버스 토폴로지 2에서의 트래픽 흐름

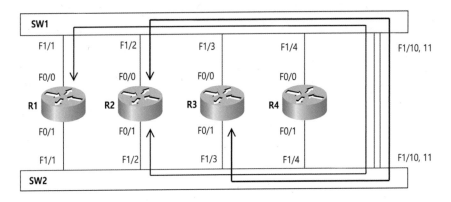

이를 위하여 SW1에서 다음과 같이 트렁크를 설정하고, VTP를 활성화시킵니다.

[예제 9-36] SW1 설정

```
SW1(config)# interface range f1/10 - 11
SW1(config-if-range)# switchport trunk encapsulation dot1q
SW1(config-if-range)# switchport mode trunk
SW1(config-if-range)# exit

SW1(config)# vtp domain myVtp
```

SW2에서는 트렁크 설정만 하면 됩니다.

[예제 9-37] SW2 설정

```
SW2(config)# interface range f1/10 - 11
SW2(config-if-range)# switchport trunk encapsulation dot1q
SW2(config-if-range)# switchport mode trunk
```

SW1에서 다음과 같이 VLAN을 만들고, 포트에 할당합시다.

[그림 9-12] 버스 토폴로지 2

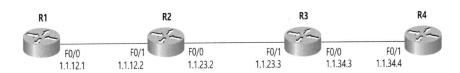

각 라우터에서 F0/0 인터페이스가 SW1과 연결되어 있으므로 그림을 참조하여 각 라우터

의 F0/0 인터페이스가 연결된 SW1의 포트에 해당 VLAN 번호를 할당하면 됩니다. 예를 들어, R1의 F0/0 인터페이스는 SW1의 F1/1 포트에 연결되어 있으므로 이 포트를 VLAN 12에 할당합니다.

[예제 9-38] SW1 설정

```
SW1(config)# vlan 12,23,34
SW1(config-vlan)# exit

SW1(config)# interface f1/1
SW1(config-if)# switchport mode access
SW1(config-if)# switchport access vlan 12
SW1(config-if)# exit

SW1(config)# interface f1/2
SW1(config-if)# switchport mode access
SW1(config-if)# switchport access vlan 23
SW1(config-if)# exit

SW1(config)# interface f1/3
SW1(config-if)# switchport mode access
SW1(config-if)# switchport access vlan 34
```

SW2에서도 다음과 같이 포트를 VLAN에 할당합시다.

[예제 9-39] SW2 설정

```
SW2(config)# interface f1/2
SW2(config-if)# switchport mode access
SW2(config-if)# switchport access vlan 12
SW2(config-if)# exit

SW2(config)# interface f1/3
SW2(config-if)# switchport mode access
SW2(config-if)# switchport access vlan 23
SW2(config-if)# exit

SW2(config)# interface f1/4
SW2(config-if)# switchport mode access
SW2(config-if)# switchport access vlan 34
```

라우터의 설정은 별로 특별한 것이 없습니다. 그림을 참조하여 각 인터페이스에 IP 주소를 할당하고 활성화시키면 됩니다. R1의 설정은 다음과 같습니다.

[예제 9-40] R1의 설정

```
R1(config)# interface f0/0
R1(config-if)# ip address 1.1.12.1 255.255.255.0
R1(config-if)# no shut
```

R2의 설정은 다음과 같습니다.

[예제 9-41] R2의 설정

```
R2(config)# interface f0/1
R2(config-if)# ip address 1.1.12.2 255.255.255.0
R2(config-if)# no shut
R2(config-if)# exit

R2(config)# interface f0/0
R2(config-if)# ip address 1.1.23.2 255.255.255.0
R2(config-if)# no shut
```

R3의 설정은 다음과 같습니다.

[예제 9-42] R3의 설정

```
R3(config)# interface f0/1
R3(config-if)# ip address 1.1.23.3 255.255.255.0
R3(config-if)# no shut
R3(config-if)# exit

R3(config)# interface f0/0
R3(config-if)# ip address 1.1.34.3 255.255.255.0
R3(config-if)# no shut
```

R4의 설정은 다음과 같습니다.

[예제 9-43] R4의 설정

```
R4(config)# interface f0/1
R4(config-if)# ip address 1.1.34.4 255.255.255.0
R4(config-if)# no shut
```

설정이 끝나면 다음과 같이 각 라우터에서 인접한 라우터까지의 통신 가능 여부를 핑으로 확인합니다.

[예제 9-44] 핑 확인

```
R1# ping 1.1.12.2
Type escape sequence to abort.
Sending 5, 100-byte ICMP Echos to 1.1.12.2, timeout is 2 seconds:
.!!!!
Success rate is 80 percent (4/5), round-trip min/avg/max = 40/47/52 ms

R2# ping 1.1.23.3
Type escape sequence to abort.
Sending 5, 100-byte ICMP Echos to 1.1.23.3, timeout is 2 seconds:
.!!!!
Success rate is 80 percent (4/5), round-trip min/avg/max = 40/47/52 ms

R3# ping 1.1.34.4
Type escape sequence to abort.
Sending 5, 100-byte ICMP Echos to 1.1.34.4, timeout is 2 seconds:
.!!!!
Success rate is 80 percent (4/5), round-trip min/avg/max = 44/48/52 ms
```

이로써, 두 대의 이더넷 스위치와 네 대의 라우터를 사용한 버스 토폴로지를 완성했습니다.

링 토폴로지

이번에는 링(ring) 토폴로지를 만들어봅시다. 만약, 인접한 라우터가 동일한 번호의 인터페이스를 사용한다면 두 개의 스위치를 통과하는 트래픽이 없으므로 각 스위치에서 필요한 VLAN을 만들고, 포트에 할당하면 됩니다.

[그림 9-13] 링(ring) 토폴로지

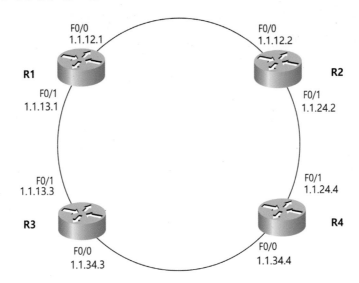

그러나 인접한 라우터가 서로 다른 번호의 인터페이스를 사용한다면 두 개의 스위치를 트
렁크로 연결시켜야 합니다.

[그림 9-14] 링(ring) 토폴로지

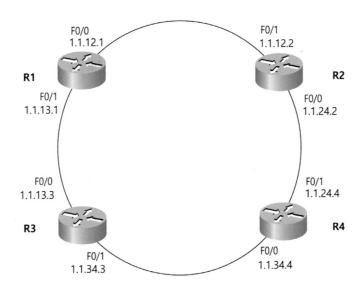

그림과 같이 인접한 라우터가 서로 다른 번호의 인터페이스를 사용하는 링 토폴로지를 구
성해봅시다. 이를 위해서 SW1에서 SW2와 연결되는 포트를 트렁크로 설정하고, VTP를 활
성화시킵니다.

[예제 9-45] SW1 설정

```
SW1(config)# interface range f1/10 - 11
SW1(config-if-range)# switchport trunk encapsulation dot1q
SW1(config-if-range)# switchport mode trunk
SW1(config-if-range)# exit

SW1(config)# vtp domain myVtp
```

SW2에서는 트렁크 설정만 하면 됩니다.

[예제 9-46] SW2 설정

```
SW2(config)# interface range f1/10 - 11
SW2(config-if-range)# switchport trunk encapsulation dot1q
SW2(config-if-range)# switchport mode trunk
```

SW1에서 다음과 같이 VLAN을 만들고, 포트에 할당합시다.

각 라우터에서 F0/0 인터페이스가 SW1과 연결되어 있으므로 그림을 보고 각 라우터의 F0/0 인터페이스가 연결된 SW1의 포트에 해당 VLAN 번호를 할당하면 됩니다. 예를 들어, R1의 F0/0 인터페이스는 SW1의 F1/1 포트에 연결되어 있으므로 이 포트를 VLAN 12에 할당합니다.

[예제 9-47] SW1 설정

```
SW1(config)# vlan 12,24,34,13
SW1(config-vlan)# exit

SW1(config)# interface f1/1
SW1(config-if)# switchport mode access
SW1(config-if)# switchport access vlan 12
SW1(config-if)# exit

SW1(config)# interface f1/2
SW1(config-if)# switchport mode access
SW1(config-if)# switchport access vlan 24
SW1(config-if)# exit

SW1(config)# interface f1/4
SW1(config-if)# switchport mode access
SW1(config-if)# switchport access vlan 34
SW1(config-if)# exit
```

KING of NETWORKING

```
SW1(config)# interface f1/3
SW1(config-if)# switchport mode access
SW1(config-if)# switchport access vlan 13
SW1(config-if)# exit
```

SW2에서도 다음과 같이 포트를 VLAN에 할당합시다.

[예제 9-48] SW2 설정

```
SW2(config)# interface f1/1
SW2(config-if)# switchport mode access
SW2(config-if)# switchport access vlan 13
SW2(config-if)# exit

SW2(config)# interface f1/2
SW2(config-if)# switchport mode access
SW2(config-if)# switchport access vlan 12
SW2(config-if)# exit

SW2(config)# interface f1/3
SW2(config-if)# switchport mode access
SW2(config-if)# switchport access vlan 34
SW2(config-if)# exit

SW2(config)# interface f1/4
SW2(config-if)# switchport mode access
SW2(config-if)# switchport access vlan 24
```

스위치 설정이 끝나면 그림을 참조하여 각 라우터에서 인터페이스에 IP 주소를 할당하고 활성화시키면 링 토폴로지가 완성됩니다. 각 라우터의 설정은 생략합니다.

스타 토폴로지

이번에는 다음 그림과 같은 스타(star) 토폴로지를 만들어봅시다.

[그림 9-15] 스타(star) 토폴로지

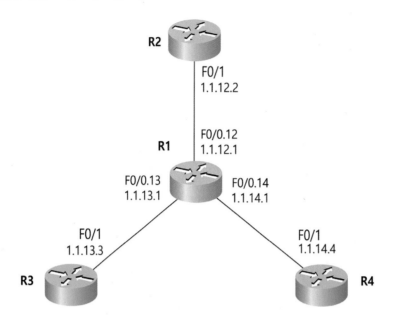

R1에서는 세 개의 IP 주소를 설정해야 하므로 서브 인터페이스를 사용해야 합니다. 나머지 라우터에서는 IP 주소를 하나만 사용하므로 메인 인터페이스를 사용해도 됩니다. 이를 위해서 SW1에서 R1과 연결되는 F1/1 포트와 SW2와 연결되는 포트를 트렁크로 설정하고, VTP를 활성화시킵니다.

[예제 9-49] SW1 설정

```
SW1(config)# interface f1/1
SW1(config-if)# switchport trunk encapsulation dot1q
SW1(config-if)# switchport mode trunk
SW1(config-if)# exit

SW1(config)# interface range f1/10 - 11
SW1(config-if-range)# switchport trunk encapsulation dot1q
SW1(config-if-range)# switchport mode trunk
SW1(config-if-range)# exit

SW1(config)# vtp domain myVtp
```

SW2에서는 트렁크 설정만 하면 됩니다.

[예제 9-50] SW2 설정

```
SW2(config)# interface range f1/10 - 11
SW2(config-if-range)# switchport trunk encapsulation dot1q
SW2(config-if-range)# switchport mode trunk
```

SW1에서 다음과 같이 VLAN을 만듭시다.

[예제 9-51] SW1 설정

```
SW1(config)# vlan 12,13,14
SW1(config-vlan)# exit
```

SW2에서 다음과 같이 포트를 VLAN에 할당합시다. 각 라우터에서 F0/1 인터페이스가 SW2와 연결되어 있으므로 그림을 보고 각 라우터의 F0/1 인터페이스가 연결된 SW2의 포트에 해당 VLAN 번호를 할당하면 됩니다. 예를 들어, R2의 F0/1 인터페이스는 SW2의 F1/2 포트에 연결되어 있으므로 이 포트를 VLAN 12에 할당합니다.

[예제 9-52] SW2 설정

```
SW2(config)# interface f1/2
SW2(config-if)# switchport mode access
SW2(config-if)# switchport access vlan 12
SW2(config-if)# exit

SW2(config)# interface f1/3
SW2(config-if)# switchport mode access
SW2(config-if)# switchport access vlan 13
SW2(config-if)# exit

SW2(config)# interface f1/4
SW2(config-if)# switchport mode access
SW2(config-if)# switchport access vlan 14
```

스위치 설정이 끝나면 그림을 참조하여 각 라우터에서 인터페이스에 IP 주소를 할당하고 활성화시킵니다. R1의 설정은 다음과 같습니다.

[예제 9-53] R1의 설정

```
R1(config)# interface f0/0
R1(config-if)# no shut
```

```
R1(config-if)# exit

R1(config)# interface f0/0.12
R1(config-subif)# encapsulation dot1q 12
R1(config-subif)# ip address 1.1.12.1 255.255.255.0
R1(config-subif)# exit

R1(config)# interface f0/0.13
R1(config-subif)# encapsulation dot1q 13
R1(config-subif)# ip address 1.1.13.1 255.255.255.0
R1(config-subif)# exit

R1(config)# interface f0/0.14
R1(config-subif)# encapsulation dot1q 14
R1(config-subif)# ip address 1.1.14.1 255.255.255.0
```

R2의 설정은 다음과 같습니다.

[예제 9-54] R2의 설정

```
R2(config)# interface f0/0
R2(config-if)# ip address 1.1.12.2 255.255.255.0
R2(config-if)# no shut
```

R3의 설정은 다음과 같습니다.

[예제 9-55] R3의 설정

```
R3(config)# interface f0/0
R3(config-if)# ip address 1.1.13.3 255.255.255.0
R3(config-if)# no shut
```

R4의 설정은 다음과 같습니다.

[예제 9-56] R4의 설정

```
R4(config)# interface f0/0
R4(config-if)# ip address 1.1.14.4 255.255.255.0
R4(config-if)# no shut
```

설정이 끝나면 다음과 같이 각 라우터에서 인접한 라우터까지의 통신 가능 여부를 핑으로
확인합니다.

```
R1# ping 1.1.12.2
Type escape sequence to abort.
Sending 5, 100-byte ICMP Echos to 1.1.12.2, timeout is 2 seconds:
.!!!!
Success rate is 80 percent (4/5), round-trip min/avg/max = 36/45/52 ms

R1# ping 1.1.13.3
Type escape sequence to abort.
Sending 5, 100-byte ICMP Echos to 1.1.13.3, timeout is 2 seconds:
.!!!!
Success rate is 80 percent (4/5), round-trip min/avg/max = 36/46/52 ms

R1# ping 1.1.14.4
Type escape sequence to abort.
Sending 5, 100-byte ICMP Echos to 1.1.14.4, timeout is 2 seconds:
.!!!!
Success rate is 80 percent (4/5), round-trip min/avg/max = 36/46/52 ms
```

이제, 두 대의 이더넷 스위치와 네 대의 라우터를 사용한 스타 토폴로지가 완성되었습니다.

이상으로 여러 가지 토폴로지를 만드는 방법에 대하여 살펴보았습니다.

연습 문제

1. 서브 인터페이스에 대한 설명 중 틀린 것 한 가지를 고르시오.
    1) 서브 인터페이스란 물리적인 인터페이스를 논리적으로 분할한 것이다.
    2) 토폴로지 구성 시 물리적인 인터페이스의 수량이 부족할 때 서브 인터페이스를 사용하면 된다.
    3) 토폴로지 구성 시 물리적인 인터페이스의 수량이 부족하지 않아도 서브 인터페이스를 사용할 수 있다.
    4) 하나의 물리적인 인터페이스를 사용하여 만들 수 있는 서브 인터페이스의 수량은 2개이다.

2. 라우터의 이더넷 포트에서 서브 인터페이스를 사용할 경우, 이와 연결되는 스위치의 포트 설정에 대하는 맞는 것을 하나 고르시오.
    1) 스위치의 포트를 트렁크 포트로 설정해야 한다.
    2) 스위치의 포트를 액세스 포트로 설정해야 한다.
    3) 스위치의 포트는 트렁크와 액세스 포트 중 어느 것으로 동작시켜도 된다.
    4) 스위치의 포트는 이더 채널로 동작시켜야 한다.

3. 4대의 라우터에서 각 F0/0 인터페이스를 사용하여 다음 그림과 같은 버스 토폴로지를 구성하려고 한다. 이때 반드시 서브 인터페이스를 사용해야 할 포트를 모두 고르시오.

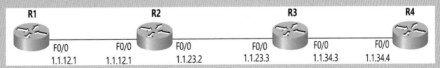

1) R1의 F0/0

2) R2의 F0/0

3) R3의 F0/0

4) R4의 F0/0

KING of NETWORKING

제10장

라우팅 개요와 정적 경로

라우팅 개요

정적 경로

킹-오브-
네트워킹

라우팅 개요

이번 장에서는 라우터의 역할 및 라우팅의 개요에 대해서 살펴봅니다. 또한, 패킷 라우팅을 위하여 많이 사용하는 정적 경로를 설정하고, 동작하는 방식에 대해서도 살펴보겠습니다.

라우터의 역할

라우터(router)는 수신한 패킷의 목적지 네트워크 계층 주소를 참조하여 전송 시키는 장비입니다. 라우터의 역할을 앞서 공부한 스위치와 비교하면서 알아보기로 합니다. 라우터와 스위치의 차이는 다음 표와 같습니다.

[표 10-1] 스위치와 라우터의 차이

항목	스위치	라우터
동작 계층	L2	L3
주용도	LAN 연결	WAN 연결
패킷 전송 영역	동일 서브넷	다른 서브넷
전송 시 참조 DB	MAC 주소 테이블	라우팅 테이블
DB 생성/유지	트랜스패런트 브리징	라우팅 프로토콜
패킷 루프 방지	STP/RSTP/MSTP	라우팅 프로토콜
전송 시 참조 필드	MAC 주소	IP/IPv6 주소
브로드캐스트 패킷	플러딩	차단
멀티캐스트 패킷	플러딩	차단
목적지를 모를때	플러딩	차단
패킷 처리 속도	빠름	느림

• 목적지 MAC 주소를 참조하여 전송시키는 L2 스위치와 달리 라우터는 네트워크 주소를 참조하므로 L3 장비입니다.

• 이더넷 스위치의 주요 용도는 LAN 장비를 연결시키는 것이지만, 라우터는 WAN 장비를 연결시키는 것입니다. 그러나 항상 이렇게 역할이 제한되어 있는 것은 아닙니다. 경우에 따라서 스위치를 이용하여 WAN 장비를 연결시키고, 라우터로 LAN 장비를 연결하는 경우도 많습니다.

KING of NETWORKING

• 레이어 2 스위치는 동일 VLAN 즉, 동일한 서브넷을 사용하는 장비 간을 연결하지만, 라우터는 서브넷이 다른 장비 간을 연결할 때 사용합니다. 즉, 동일한 서브넷을 사용하는 장비들 간의 통신에는 라우터가 불필요하고, 서브넷이 다르다면 반드시 필요합니다.

• 이더넷 스위치는 프레임을 전송할 때 MAC 주소 테이블을 참조하고, 라우터는 패킷을 전송할 때 라우팅 테이블(routing table)을 참조합니다.

• 이더넷 스위치는 트랜스패런트 브리징(transparent bridging)을 이용하여 MAC 주소 테이블을 만들고 유지하며, 라우터는 앞으로 공부할 여러 가지 라우팅 프로토콜(routing protocol)을 이용하여 라우팅 테이블을 만들고 유지합니다.

• 이더넷 스위치가 프레임의 루프를 방지하기 위하여 사용하는 프로토콜이 STP, RSTP 및 MSTP이고, 라우터는 라우팅 프로토콜을 이용하여 IP나 IPv6 패킷의 라우팅 루프를 방지합니다.

• 스위치는 목적지 MAC 주소를 참조하여 프레임을 전송하지만, 라우터는 목적지 IP/IPv6 주소를 참조하여 패킷을 전송합니다.

• 스위치는 목적지 MAC 주소가 브로드캐스트, 멀티캐스트 및 MAC 주소 테이블에 없는 프레임을 수신하면 모든 포트로 플러딩(flooding)시키지만 라우터는 목적지 IP 주소가 브로드캐스트, 멀티캐스트 및 라우팅 테이블에 없는 패킷을 수신하면 모두 차단합니다.

[그림 10-1] 브로드캐스트 도메인의 분할

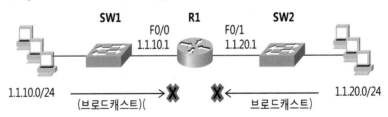

결과적으로 라우터를 사용하면 브로드캐스트 영역(broadcast domain)의 수가 증가하고, 각 영역의 크기는 줄어듭니다.

• 일반적으로 스위치는 LAN이라는 고속 환경에서 사용되므로 프레임의 처리속도가 빠르고, 라우터는 비교적 저속 환경인 WAN에서 사용하므로 패킷 처리속도가 스위치에 비해서 느립니다.

패킷 전송 과정

라우터가 패킷을 수신하여 목적지까지 전송하는 과정을 다음 그림에서 살펴봅시다. PC1의 IP 주소는 1.1.1.1/24이고, MAC 주소는 편의상 앞의 수는 생략하고 0001이라고 가정합니다. 마찬가지로 R1의 F0/0의 IP 주소는 1.1.1.2이고, MAC 주소는 0002입니다. 각 장비 사이의 L2 스위치는 그림에서 생략했습니다.

[그림 10-2] 패킷 전송 과정

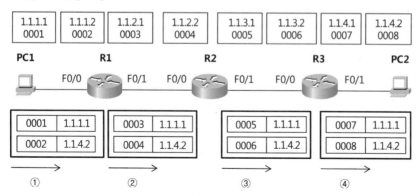

결론부터 말하면, 패킷이 목적지까지 전송되는 도중에 MAC 주소는 라우터를 통과할 때마다 인접한 장비의 MAC 주소로 계속 변경됩니다. 그러나 IP 주소는 변경되지 않습니다. 이 과정을 좀 더 자세히 살펴봅시다.

① PC1에서 PC2로 패킷을 전송하려고 합니다. 목적지 IP 주소는 직접 주소를 지정하거나 DNS를 통하여 1.1.4.2라는 것을 알지만 MAC 주소는 모릅니다. 따라서 ARP가 필요합니다. 목적지 IP 주소 1.1.4.2와 PC1의 IP 주소 1.1.1.1/24는 서브넷이 다르므로 PC1은 게이트웨이인 1.1.1.2의 MAC 주소를 찾는 ARP 패킷을 전송합니다.

그림에서 각 장비 사이에 존재하는 이더넷 스위치는 생략했습니다. 일반적으로 라우팅 구성도에서는 L2 스위치를 표시하지 않습니다. L2 스위치는 ARP 브로드캐스트 프레임을 R1로 플러딩합니다. 이를 수신한 R1은 자신의 MAC 주소 0002를 PC1에게 알려줍니다. 이제, PC1은 출발지 MAC 주소가 0001, IP 주소가 1.1.1.1이고 목적지 MAC 주소가 0002, IP 주소가 1.1.4.2인 패킷을 R1로 전송합니다.

② 프레임을 수신한 R1은 목적지 MAC 주소가 자신의 것임을 확인하고, 자신이 처리해야 하는 프레임이라고 판단합니다. 역할을 다한 출발지와 목적지 MAC 주소를 제거하고, 목적지 IP 주소가 1.1.4.2임을 확인합니다. 라우팅 테이블을 참조하여 1.1.4.2는 넥스트 홉(next hop) IP 주소가 1.1.2.2인 장비로 전송해야 되는 것을 알게 됩니다.

R1의 ARP 캐시에 1.1.2.2에 대한 정보가 없으면, 1.1.2.2의 MAC 주소를 찾는 ARP 패킷을 F0/1 인터페이스로 전송합니다. R2에게서 MAC 주소가 0004라는 ARP 응답을 수신합니다. 이제, R1은 출발지 MAC 주소가 0003, IP 주소가 1.1.1.1이고 목적지 MAC 주소가 0004, IP 주소가 1.1.4.2인 패킷을 R2로 전송합니다.

③ 프레임을 수신한 R2는 목적지 MAC 주소가 자신의 것임을 확인하고, 자신이 처리해야

하는 프레임이라고 판단합니다. 출발지와 목적지 MAC 주소를 제거하고, 목적지 IP 주소가 1.1.4.2임을 확인합니다. 라우팅 테이블을 참조하여 1.1.4.2는 넥스트 홉(next hop) IP 주소가 1.1.3.2인 장비로 전송해야 되는 것을 알게 됩니다.

R2의 ARP 캐시에 1.1.3.2에 대한 정보가 없으면, 1.1.3.2의 MAC 주소를 찾는 ARP 패킷을 F0/1 인터페이스로 전송합니다. R3에게서 MAC 주소가 0006이라는 ARP 응답을 수신합니다. 이제, R2는 출발지 MAC 주소가 0005, IP 주소가 1.1.1.1이고 목적지 MAC 주소가 0006, IP 주소가 1.1.4.2인 패킷을 R3으로 전송합니다.

④ 프레임을 수신한 R3은 목적지 MAC 주소가 자신의 것임을 확인하고, 자신이 처리해야 하는 프레임이라고 판단합니다. 출발지와 목적지 MAC 주소를 제거하고, 목적지 IP 주소가 1.1.4.2임을 확인합니다. 라우팅 테이블을 참조하여 1.1.4.2는 자신의 F0/1 인터페이스에 접속되어 있는 것을 확인합니다.

R3의 ARP 캐시에 1.1.4.2에 대한 정보가 없으면, 1.1.4.2의 MAC 주소를 찾는 ARP 패킷을 F0/1 인터페이스로 전송합니다. PC2에게서 MAC 주소가 0008이라는 ARP 응답을 수신합니다. 이제, R3은 출발지 MAC 주소가 0007, IP 주소가 1.1.1.1이고 목적지 MAC 주소가 0008, IP 주소가 1.1.4.2인 패킷을 PC2로 전송합니다. 이런 과정을 거쳐서 PC1이 전송한 패킷이 최종 목적지인 PC2에게 도달합니다.

만약 라우터가 이더넷이 아닌 프레임 릴레이로 연결된 구간이 있으면 이더넷 프레임 대신 프레임 릴레이 프레임을 사용하고, 상대와 연결되는 프레임 릴레이 DLCI 번호를 설정하여 전송합니다. 그리고 라우터 간을 HDLC나 PPP로 연결했다면 해당 프로토콜에서 사용하는 L2 헤더로 변경하여 전송합니다.

라우팅 프로토콜의 종류

라우팅 프로토콜의 종류는 기준에 따라 다음과 같이 분류됩니다.
- 다른 라우터에게 보내는 라우팅 정보의 내용에 따라 디스턴스 벡터(distance vector) 라우팅 프로토콜과 링크 상태(link state) 라우팅 프로토콜로 분류합니다.
- 라우팅 정보에 서브넷 마스크 정보가 없으면 클래스풀(classful) 라우팅 프로토콜, 서브넷 마스크 정보가 있으면 클래스리스(classless) 라우팅 프로토콜로 분류합니다.
- 동일한 조직 내부에서 사용하면 IGP(Interior Gateway Protocol), 서로 다른 조직 간에 사용하면 EGP(Exterior Gateway Protocol)로 분류합니다.

현재 사용되는 라우팅 프로토콜은 RIP 버전 1과 2, EIGRP, OSPF, IS-IS, BGP가 있으며, 이 책에서는 RIP1, RIP2, EIGRP 및 OSPF에 대해서 공부합니다. 각 라우팅 프로토콜을 비교하면 다음 표와 같습니다.

[표 10-2] 라우팅 프로토콜 비교

항목	종류	RIP1	RIP2	EIGRP	OSPF	IS-IS	BGP
라우팅 정보	디스턴스 벡터	O	O	O			O
	링크 상태				O	O	
서브넷 정보	클래스풀	O					
	클래스리스		O	O	O	O	O
사용범위	IGP	O	O	O	O	O	
	EGP						O

이제, 각 라우팅 프로토콜 분류기준에 대해서 좀 더 자세히 살펴봅시다.

디스턴스 벡터와 링크 상태 라우팅 프로토콜

디스턴스 벡터(distance vector) 라우팅 프로토콜은 라우팅 정보 전송 시 목적지 네트워크와 해당 목적지 네트워크의 메트릭(metric) 값을 알려줍니다. 메트릭이란 최적 경로 선택 기준을 말하며 라우팅 프로토콜별로 사용하는 메트릭이 다릅니다.

[그림 10-3] 디스턴스 벡터 라우팅 프로토콜의 정보 내용

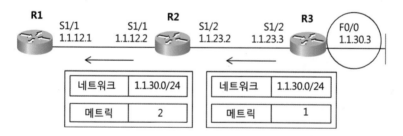

예를 들어, 앞 그림에서 R3이 '목적지 네트워크 1.1.30.0/24에 대해서 나는 메트릭이 1이다' 라고 인접 라우터인 R2에게 광고합니다. 이는 '목적지 주소가 1.1.30.0/24인 패킷을 R3 방향으로 전송하면, R3과 그 네트워크와의 거리는 1이다'라는 의미를 가집니다. 이 광고를 수신한 R2가 '목적지 네트워크 1.1.30.0/24에 대해서 나는 메트릭이 2이다'라고 인접 라우터인 R1에게 광고합니다. 이처럼 라우팅 정보에 목적지 네트워크의 메트릭(distance)과 방향(vector)이 포함되므로 디스턴스 벡터(distance vector) 라우팅 프로토콜이라고 합니다. 디스턴스 벡터 라우팅 프로토콜들은 인접 라우터에게서 광고받은 메트릭 값에 자신의 상황을 반영하여 또 다른 인접 라우터에게 광고합니다.

디스턴스 벡터 라우팅 프로토콜들은 목적지 네트워크가 어느 라우터에 접속되어 있는지는 모릅니다. 오직, 어느 방향으로 가면 메트릭 값이 얼마인지만 알고 있습니다. 대표적인 디스턴스 벡터 라우팅 프로토콜로 RIP, EIGRP 및 BGP가 있습니다.

링크 상태(link state) 라우팅 프로토콜은 라우팅 정보 전송 시 목적지 네트워크와 해당 목적지 네트워크의 메트릭 값, 네트워크가 접속되어 있는 라우터, 그 라우터와 인접한 라우터 등을 광고합니다. 결과적으로 링크 상태 라우팅 프로토콜은 다른 라우터들이 전체 네트워크 구성을 파악하기 위하여 필요한 모든 정보를 알려줍니다.

예를 들어, 다음 그림에서 R3이 '나의 라우터 ID는 1.1.3.3이고, 나와 인접한 라우터의 라우터 ID는 1.1.2.2입니다. 네트워크 1.1.30.0/24는 나에게 접속되어 있고, 메트릭이 1이다'라고 인접 라우터인 R2에게 광고합니다. 이 광고를 수신한 R2가 R1에게 R3에게서 수신한 정보를 다음과 같이 그대로 알려줍니다. '나의 라우터 ID는 1.1.3.3이고, 나와 인접한 라우터의 라우터 ID는 1.1.2.2이다. 네트워크 1.1.30.0/24는 나에게 접속되어 있고, 메트릭이 1이다.'

[그림 10-4] 링크 상태 라우팅 프로토콜의 정보 내용

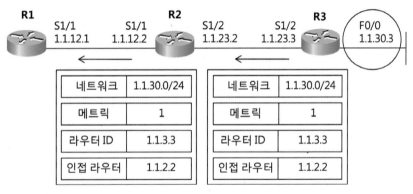

이처럼 링크 상태 라우팅 프로토콜들은 인접 라우터에게서 광고받은 라우팅 정보를 그대로 인접 라우터에게 알려줍니다. 이 정보들을 이용하여 링크 상태 라우팅 프로토콜들은 동일한 에어리어(area) 내부의 네트워크 구성을 모두 파악하게 되고, 특정한 목적지 네트워크로 가는 최적 경로를 계산합니다. 링크 상태 라우팅 프로토콜로 OSPF와 IS-IS가 있습니다.

IGP와 EGP

동일한 라우팅 정책이 적용되는 영역을 하나의 AS(Autonomous System)라고 하며, IANA에서 16비트 크기의 AS 번호를 부여합니다. 이때, AS 번호가 다른 네트워크 간에 사용되는 프로토콜을 EGP(Exterior Gateway Protocol)라고 하며, 여기에 해당되는 것이 BGP(Border Gateway Protocol)입니다.

[그림 10-5] IGP와 EGP

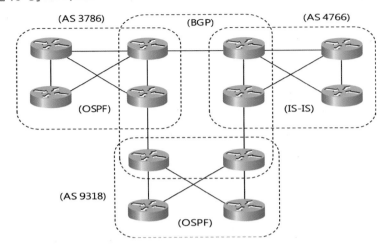

BGP는 통신회사 간이나 두 개 이상의 통신회사와 접속된 네트워크에서 사용합니다. 예를 들어, KT의 AS 번호는 4766, LG 유플러스는 3786, SKBB는 9318, 한국은행은 10170, YTN은 45364 등과 같이 AS 번호가 할당되어 있습니다.

동일 AS 내부에서 사용되는 라우팅 프로토콜을 IGP(Interior Gateway Protocol) 라고 하며, RIP, EIGRP, OSPF, IS-IS가 여기에 해당합니다.

클래스풀과 클래스리스 라우팅 프로토콜

라우팅 정보 전송 시 서브넷 마스크 정보가 없는 라우팅 프로토콜을 클래스풀(classful) 라우팅 프로토콜이라고 합니다. 클래스풀 라우팅 프로토콜은 서브넷 마스크 개념이 없던 시절에 개발된 것들이며 RIP v1과 IGRP가 여기에 해당합니다. 오늘날에는 클래스풀 라우팅 프로토콜은 거의 사용하지 않습니다.

라우팅 정보 전송 시 서브넷 마스크 정보가 포함되는 라우팅 프로토콜을 클래스리스(classless) 라우팅 프로토콜이라고 합니다. RIP v2, EIGRP, OSPF, IS-IS, BGP 등 요즈음 사용되는 대부분의 라우팅 프로토콜은 클래스리스 라우팅 프로토콜입니다.

메트릭

라우팅 프로토콜들의 최적 경로(best route) 선택 기준을 메트릭(metric)이라고 합니다. 메트릭은 다음 표와 같이 라우팅 프로토콜마다 서로 다릅니다.

[표 10-3] 라우팅 프로토콜별 메트릭

라우팅 프로토콜	메트릭
RIP	홉 카운트
EIGRP	대역폭, 지연, 신뢰도, 부하, MTU
OSPF	코스트 (대역폭)
IS-IS	코스트
BGP	어트리뷰트

RIP은 목적지 네트워크까지 거치는 라우터의 수 즉, 홉 카운트(hop count)를 메트릭으로 사용합니다. EIGRP는 대역폭(bandwidth)이 크고, 지연(delay)이 작은 네트워크를 선호합니다.

OSPF와 IS-IS의 메트릭을 코스트(cost)라고 합니다. 그러나 코스트 계산 방식은 서로 다릅니다. 즉, OSPF는 대역폭을 이용하여 코스트를 계산하며, IS-IS는 홉 카운트와 유사한 개념을 사용하여 코스트를 계산합니다. BGP의 메트릭을 어트리뷰트(attribute)라고 하며, 10가지가 넘습니다.

속도(speed)는 물리적인 전기신호의 빠르기를 의미합니다. 예를 들어, 시리얼 인터페이스와 연결된 CSU가 512kbps로 동작한다면 실제 속도가 512kbps라는 의미입니다. 시스코 라우터에서 OSPF나 EIGRP가 메트릭으로 사용하는 대역폭(bandwidth)은 엄밀히 말해 실제 속도와 상관없습니다. 시리얼 인터페이스의 대역폭은 기본값인 1544kbps로 설정되어 있고, 관리자가 변경하지 않으면 실제 속도와 무관하게 OSPF나 EIGRP는 해당 시리얼 인터페이스의 대역폭을 1544kbps로 계산합니다. 그리고 우리가 인터넷 개통시 많이 사용하는 속도 측정은 스루풋(throughput, 송출량)을 재는 것입니다. 최대 스루풋은 최고 속도 이내이며, 서버, PC, 도중의 통신장비 및 선로의 부하(load)에 따라 수시로 변동됩니다.

라우팅 프로토콜 간의 우선순위

다음 그림과 같은 네트워크에서 RIP와 EIGRP를 동시에 사용한다고 가정해봅시다. R1에서 R2에 접속된 1.1.20.0/24 네트워크로 가는 최적 경로는 홉 카운트 수가 적은 R1-R2간과 속도가 빠른 R1-R3-R2 간의 경로 중 어떤 것을 선택해야 할까요?

[그림 10-6] AD가 필요한 네트워크

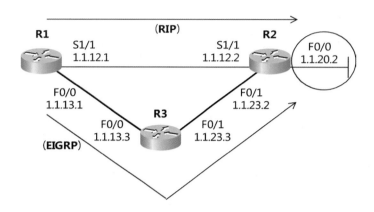

홉 카운트만 고려하는 RIP이 선택한 경로와 속도를 고려하는 EIGRP가 계산한 최적 경로는 서로 다르며, 이중 하나만을 선택해서 라우팅 테이블에 저장해야 합니다. 이를 위해서, 각 라우팅 프로토콜의 우선순위를 수치로 표시한 것을 어드미니스트러티브 디스턴스(administrative distance)라고 합니다.

[표 10-4] 라우팅 프로토콜별 AD 값

경로의 종류	AD
직접 접속된 네트워크	0
정적 경로	1
외부 BGP	20
내부 EIGRP	90
OSPF	110
IS-IS	115
RIP	120
외부 EIGRP	170
내부 BGP	200

이 책에서는 앞으로 라우팅 프로토콜 간의 우선순위를 'AD'로 표기하기로 합니다. 하나의 라우터에서 동시에 2가지 이상의 라우팅 프로토콜을 사용하면 AD 값이 낮은 라우팅 프로토콜이 계산한 경로가 라우팅 테이블에 저장됩니다.

결과적으로 앞 그림에서 R1의 라우팅 테이블에 R2의 1.1.20.0/24로 가는 경로는 AD 값이 90인 EIGRP가 계산한 것이 저장됩니다.

라우팅 테이블

라우팅 테이블(routing table)이란 라우터가 목적지 네트워크별 출력 인터페이스와 넥스트 홉 IP 주소를 저장해 놓은 데이터베이스를 말합니다. 라우터는 패킷을 수신하면 목적지 IP 주소를 확인하고, 라우팅 테이블에 지정된 곳으로 전송합니다. 다음과 같은 라우팅 테이블을 봅시다.

[예제 10-1] 라우팅 테이블

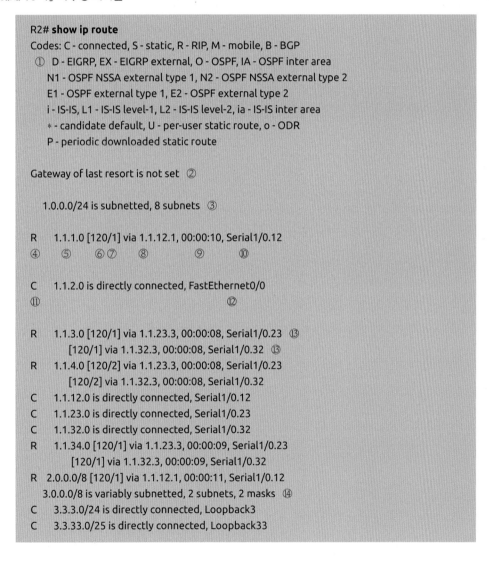

```
R2# show ip route
Codes: C - connected, S - static, R - RIP, M - mobile, B - BGP
 ①  D - EIGRP, EX - EIGRP external, O - OSPF, IA - OSPF inter area
     N1 - OSPF NSSA external type 1, N2 - OSPF NSSA external type 2
     E1 - OSPF external type 1, E2 - OSPF external type 2
     i - IS-IS, L1 - IS-IS level-1, L2 - IS-IS level-2, ia - IS-IS inter area
     * - candidate default, U - per-user static route, o - ODR
     P - periodic downloaded static route

Gateway of last resort is not set  ②

     1.0.0.0/24 is subnetted, 8 subnets  ③

R    1.1.1.0 [120/1] via 1.1.12.1, 00:00:10, Serial1/0.12
     ④      ⑤       ⑥⑦      ⑧          ⑨          ⑩

C    1.1.2.0 is directly connected, FastEthernet0/0
     ⑪                                  ⑫

R    1.1.3.0 [120/1] via 1.1.23.3, 00:00:08, Serial1/0.23  ⑬
             [120/1] via 1.1.32.3, 00:00:08, Serial1/0.32  ⑬
R    1.1.4.0 [120/2] via 1.1.23.3, 00:00:08, Serial1/0.23
             [120/2] via 1.1.32.3, 00:00:08, Serial1/0.32
C    1.1.12.0 is directly connected, Serial1/0.12
C    1.1.23.0 is directly connected, Serial1/0.23
C    1.1.32.0 is directly connected, Serial1/0.32
R    1.1.34.0 [120/1] via 1.1.23.3, 00:00:09, Serial1/0.23
             [120/1] via 1.1.32.3, 00:00:09, Serial1/0.32
R    2.0.0.0/8 [120/1] via 1.1.12.1, 00:00:11, Serial1/0.12
     3.0.0.0/8 is variably subnetted, 2 subnets, 2 masks  ⑭
C    3.3.3.0/24 is directly connected, Loopback3
C    3.3.33.0/25 is directly connected, Loopback33
```

① 해당 네트워크를 라우팅 테이블에 저장할 때 사용된 라우팅 프로토콜의 종류를 표시하는 코드입니다.

② 디폴트 루트(default route)가 설정되지 않았음을 표시합니다. 디폴트 루트란 특정 패킷과 관련한 상세한 네트워크 정보가 라우팅 테이블상에 없을 때 그 패킷을 전송하는 경로입니다.

③ 1.0.0.0 네트워크가 24비트 마스크로 서브넷팅 되어 있으며, 서브넷의 수량은 8 개입니다. 이하에 서브넷팅 된 8개의 서브넷을 표시합니다. 서브넷 마스크 길이가 다른 경우에 대한 표시 방법은 ⑭번과 같습니다.

④ 목적지 네트워크를 광고받은 라우팅 프로토콜을 표시합니다. 즉, 1.1.1.0/24 네트워크를 RIP으로 광고받았음을 의미합니다.

⑤ 목적지 네트워크를 의미합니다.

⑥ 목적지 네트워크의 AD 값을 표시합니다.

⑦ 목적지 네트워크의 메트릭 값을 표시합니다.

⑧ 목적지 네트워크로 가는 넥스트 홉 IP 주소를 표시합니다.

⑨ 목적지 네트워크에 대한 라우팅 정보를 최종적으로 수신한 후 경과한 시간을 의미합니다. RIP의 경우 이 시간이 30초보다 크면 제때에 라우팅 정보를 수신하지 못했음을 의미합니다.

⑩ 목적지 네트워크로 가는 인터페이스를 표시합니다. ⑧과 ⑩은 의미는 다르지만 역할은 같습니다. 즉, 목적지 네트워크로 가는 출구를 알려줍니다.

⑪ 현재의 라우터에 직접 접속되어 있는 네트워크임을 나타냅니다.

⑫ 해당 네트워크가 설정되어 있는 인터페이스의 종류 및 번호를 나타냅니다.

⑬ 하나의 목적지 네트워크에 대해서 출력 인터페이스(또는 넥스트 홉 IP 주소)가 두 개 이상 설정되어 있으면 해당 네트워크로 가는 경로가 부하 분산(load balancing)됨을 의미합니다.

⑭ 3.0.0.0/8 네트워크는 가변 길이 서브넷 마스킹 되어 있음을 나타냅니다. 즉, 서브넷 마스크의 길이가 다른 서브넷으로 구성되어 있음을 의미합니다. 그리고 서브넷 마스크의 길이가 두 종류이며, 서브넷도 두 개임을 나타냅니다.

롱기스트 매치 룰

라우터가 패킷을 라우팅 시킬 때 패킷의 목적지 주소와 라우팅 테이블상의 목적지 네트워크가 일치하는 부분이 가장 긴 곳으로 전송하는데 이것을 롱기스트 매치 룰(longest match rule)이라고 합니다. 다음과 같은 라우팅 테이블을 가진 라우터에서 이 룰을 확인해봅시다.

[그림 10-7] 롱기스트 매치 룰이 적용되는 네트워크

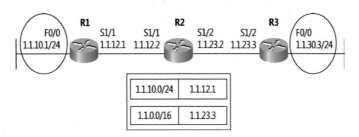

목적지 IP 주소가 1.1.10.1인 패킷을 수신했을 때 R2의 라우팅 테이블에는 해당 패킷을 전송할 수 있는 네트워크가 두 개 존재합니다. 그 중에서 1.1.10.0/24 네트워크는 목적지 IP 주소 1.1.10.1과 24비트가 일치하고, 1.1.0.0/16 네트워크는 16비트가 일치합니다. 따라서 롱기스트 매치 룰에 의해서 R2는 해당 패킷을 1.1.10.0/24 네트워크 방향인 R1로 전송합니다.

경로 결정 방법

복수 개의 라우팅 프로토콜이 설정된 라우터에서 특정 목적지로 가는 경로는 다음과 같은 기준과 절차에 의해서 결정됩니다.

1) 동일 라우팅 프로토콜 내에서 특정 목적지로 가는 경로가 복수 개 있을 때 **메트릭 값**이 가장 낮은 것이 선택됩니다.

2) 복수 개의 라우팅 프로토콜들이 계산한 특정 네트워크가 라우팅 테이블에 저장될 때는 **AD 값**이 가장 낮은 것이 선택됩니다.

3) 이후, 패킷을 전송할 때는 **롱기스트 매치 룰**에 따라 패킷의 목적지 주소와 라우팅 테이블에 있는 네트워크 주소가 가장 길게 일치되는 경로를 선택합니다.

동영상 서비스를 하는 유튜브(www.youtube.com)는 서버들이 접속된 네트워크를 208.65.152.0/22로 광고하고 있었습니다. 2008년 2월 24일 파키스탄 정부가 종교적인 이유로 자국 국민들이 해당 동영상을 볼 수 없도록 하기 위하여, 유튜브 차단을 파키스탄 텔레콤에 요청했습니다. 이를 위해 파키스탄 텔레콤은 롱기스트 매치 룰을 이용하기로 하고, 유튜브가 광고하는 네트워크의 서브넷 마스크 길이가 /22보다 더 상세히 서브넷팅 된 208.65.153.0/24 네트워크를 광고했습니다. 라우터들이 목적지가 208.65.153.0/24인 패킷을 파키스탄 텔레콤 내부의 특정 라우터로 전송하면 해당 라우터가 이 패킷들을 모두 폐기하도록 설정했습니다. 그런데 실수(?)로 이 네트워크가 파키스탄 내부뿐만 아니라 전 세계로 광고되었고, 전세계의 라우터들이 목적지가 208.65.153.0/24 네트워크인 패킷을 롱기스트 매치 룰에 따라 유튜브가 아닌 파키스탄으로 라우팅 시켰습니다. 파키스탄 텔레콤에는 해당 패킷들을 폐기

하도록 설정되어 있었으므로, 결과적으로 유튜브 서비스가 불가능하게 되었습니다. 이를 발견한 유튜브 엔지니어들이 다시 롱기스트 매치 룰을 이용하여 방어하려고 자신들의 네트워크를 208.65.153.0/25 와 208.65.153.128/25로 세분화시켜 광고했습니다. 그러자, 전 세계의 라우터들이 목적지가 208.65.153.0/24 네트워크인 패킷을 다시 유튜브로 라우팅 시켰습니다. 유튜브와 파키스탄 텔레콤이 롱기스트 매치 룰을 이용한 혈투를 벌인 약 2시간 동안 세계인들은 유튜브 동영상을 볼 수 없었습니다.

정적 경로

라우팅을 위한 경로는 크게 정적 경로와 동적 경로로 구분할 수 있습니다. 정적 경로(static route)는 특정 목적지 네트워크로 가는 경로를 네트워크 관리자가 직접 지정한 것을 의미합니다. 동적 경로(dynamic route)는 라우팅 프로토콜에 의해서 특정 목적지 네트워크로 가는 경로가 동적으로 지정된 것을 의미합니다. 일반적으로 규모가 작은 네트워크에서는 주로 정적 경로를 사용합니다. 그러나 일정 규모 이상의 네트워크에서는 동적 경로와 정적 경로를 혼합하여 사용합니다.

정적 경로 설정을 위한 테스트 네트워크

정적 경로를 설정하기 위하여 다음과 같은 네트워크를 구성합니다.

[그림 10-8] 정적 경로 설정을 위한 기본 네트워크

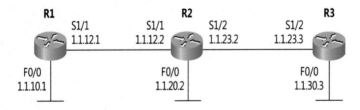

3대의 라우터를 동작시킨 후 기본 설정을 합니다. 이제까지는 각 라우터에서 일일이 기본 설정을 입력했습니다. 지금쯤 독자 여러분들께서는 기본 설정에 익숙해져 있을 것입니다. 따라서 다음과 같이 기본 설정의 내용을 텍스트 파일로 만들고, 각 라우터에서 붙여넣으면 편리합니다. 커서를 맨 마지막 호스트 이름 다음에 깜박이게 하고, 해당 라우터의 번호만 입력 후 엔터 키를 치면 됩니다.

[예제 10-2] 기본 설정 텍스트 파일의 내용

```
enable
conf t

no ip domain-lookup
enable secret cisco

line console 0
 logg sync
 exec-t 0
line vty 0 4
 password cisco
hostname R
```

기본 설정이 끝나면 다음과 같이 각 라우터의 인터페이스에 IP 주소를 부여하고, 활성화시 킵니다. IP 주소의 서브넷 마스크 길이는 24비트로 설정합니다.

[예제 10-3] 인터페이스에 IP 주소 부여하기

```
R1(config)# interface f0/0
R1(config-if)# ip address 1.1.10.1 255.255.255.0
R1(config-if)# no shut
R1(config-if)# interface s1/1
R1(config-if)# ip address 1.1.12.1 255.255.255.0
R1(config-if)# no shut

R2(config)# interface f0/0
R2(config-if)# ip address 1.1.20.2 255.255.255.0
R2(config-if)# no shut
R2(config-if)# interface s1/1
R2(config-if)# ip address 1.1.12.2 255.255.255.0
R2(config-if)# no shut
R2(config-if)# interface s1/2
R2(config-if)# ip address 1.1.23.2 255.255.255.0
R2(config-if)# no shut

R3(config)# interface f0/0
R3(config-if)# ip address 1.1.30.3 255.255.255.0
R3(config-if)# no shut
R3(config-if)# interface s1/2
R3(config-if)# ip address 1.1.23.3 255.255.255.0
R3(config-if)# no shut
```

다음에는 각 라우터의 라우팅 테이블에서 해당 라우터에 직접 접속되어 있는 네트워크들이 모두 보이는지 확인합니다. 그리고 인접한 IP 주소까지의 통신을 핑으로 확인합니다. 예를 들어, R1의 라우팅 테이블은 다음과 같습니다.

[예제 10-4] R1의 라우팅 테이블

```
R1# show ip route
Codes: C - connected, S - static, R - RIP, M - mobile, B - BGP
    D - EIGRP, EX - EIGRP external, O - OSPF, IA - OSPF inter area
    N1 - OSPF NSSA external type 1, N2 - OSPF NSSA external type 2
    E1 - OSPF external type 1, E2 - OSPF external type 2
    i - IS-IS, su - IS-IS summary, L1 - IS-IS level-1, L2 - IS-IS level-2
    ia - IS-IS inter area, * - candidate default, U - per-user static route
    o - ODR, P - periodic downloaded static route

Gateway of last resort is not set

    1.0.0.0/24 is subnetted, 2 subnets
C    1.1.10.0 is directly connected, FastEthernet0/0
C    1.1.12.0 is directly connected, Serial1/1
```

R2까지 핑도 됩니다.

[예제 10-5] R2까지의 핑 테스트 결과

```
R1# ping 1.1.12.2

Type escape sequence to abort.
Sending 5, 100-byte ICMP Echos to 1.1.12.2, timeout is 2 seconds:
!!!!!
Success rate is 100 percent (5/5), round-trip min/avg/max = 8/37/88 ms
```

R3의 1.1.30.3까지는 핑이 안 됩니다. 그 이유는 R1의 라우팅 테이블에 1.1.30.0/24 네트워크와 관련된 정보가 없기 때문입니다.

[예제 10-6] 원격지 네트워크로는 핑이 안 됨

```
R1# ping 1.1.20.2

Type escape sequence to abort.
Sending 5, 100-byte ICMP Echos to 1.1.20.2, timeout is 2 seconds:
.....
Success rate is 0 percent (0/5)
```

이상으로 정적 경로 설정을 위한 네트워크가 구축되었습니다.

KING of NETWORKING

정적 경로 설정

기본 네트워크 구성이 끝나면 다음과 같이 정적 경로를 설정합니다. R1에서의 정적 경로 설정 방법은 다음과 같습니다.

[예제 10-7] R1에서 정적 경로 설정하기

```
R1(config)# ip route 1.1.20.0 255.255.255.0 1.1.12.2
                    ①          ②            ③
R1(config)# ip route 1.1.30.0 255.255.255.0 1.1.12.2
R1(config)# ip route 1.1.23.0 255.255.255.0 1.1.12.2
```

① 목적지 네트워크를 지정합니다.

② 목적지 네트워크의 서브넷 마스크를 지정합니다.

③ 목적지 네트워크로 가기 위한 넥스트 홉 IP 주소를 지정합니다. 정적 경로만을 이용하여 통신하려면 특정 라우터에 직접 접속되어 있지 않은 모든 네트워크에 대해서 정적 경로를 설정해주어야 합니다. 설정 후 라우팅 테이블을 확인해보면 다음과 같이 각 목적지 네트워크로 가는 정보가 정적 경로(S)로 설치되어 있습니다.

[예제 10-8] R1의 라우팅 테이블

```
R1# show ip route
   (생략)
Gateway of last resort is not set

   1.0.0.0/24 is subnetted, 5 subnets
C    1.1.10.0 is directly connected, FastEthernet0/0
C    1.1.12.0 is directly connected, Serial1/1
S    1.1.20.0 [1/0] via 1.1.12.2
S    1.1.23.0 [1/0] via 1.1.12.2
S    1.1.30.0 [1/0] via 1.1.12.2
```

R1에서 1.1.20.2로 핑을 해보면 다음과 같이 성공합니다.

[예제 10-9] R2까지 통신 확인하기

```
R1# ping 1.1.20.2

Type escape sequence to abort.
Sending 5, 100-byte ICMP Echos to 1.1.20.2, timeout is 2 seconds:
!!!!!
Success rate is 100 percent (5/5), round-trip min/avg/max = 1/41/144 ms
```

그러나 R3의 1.1.30.3으로는 핑이 되지 않습니다. 그 이유는 R2가 1.1.30.0/24 네트워크로 가는 경로를 모르기 때문입니다. R2에서도 인접하지 않은 모든 경로에 대해서 다음과 같이 정적 경로를 설정합니다.

[예제 10-10] R2에서 정적 경로 설정하기

```
R2(config)# ip route 1.1.10.0 255.255.255.0 1.1.12.1
R2(config)# ip route 1.1.30.0 255.255.255.0 1.1.23.3
```

R3의 설정은 다음과 같습니다. 포인트 투 포인트 네트워크나 이더넷 인터페이스와 같은 브로드캐스트 네트워크에서는 다음처럼 넥스홉 라우터의 IP 주소 대신 현재 라우터의 인터페이스를 지정하여도 됩니다.

[예제 10-11] R3에서 정적 경로 설정하기

```
R3(config)# ip route 1.1.10.0 255.255.255.0 s1/2
R3(config)# ip route 1.1.20.0 255.255.255.0 s1/2
R3(config)# ip route 1.1.12.0 255.255.255.0 s1/2
```

R3의 라우팅 테이블은 다음과 같습니다.

[예제 10-12] R3의 라우팅 테이블

```
R3# show ip route
   (생략)
Gateway of last resort is not set

     1.0.0.0/24 is subnetted, 5 subnets
S    1.1.10.0 is directly connected, Serial1/2
S    1.1.12.0 is directly connected, Serial1/2
S    1.1.20.0 is directly connected, Serial1/2
C    1.1.23.0 is directly connected, Serial1/2
C    1.1.30.0 is directly connected, FastEthernet0/0
```

이제, R1에서 R3의 1.1.30.3까지 핑이 됩니다.

[예제 10-13] 원격지 네트워크까지의 핑 확인

```
R1# ping 1.1.30.3

Type escape sequence to abort.
```

```
Sending 5, 100-byte ICMP Echos to 1.1.30.3, timeout is 2 seconds:
!!!!!
Success rate is 100 percent (5/5), round-trip min/avg/max = 20/38/88 ms
```

이상으로 기본적인 정적 경로를 설정하는 방법에 대해서 살펴보았습니다.

루프백 인터페이스

루프백(loopback) 인터페이스는 논리적인 인터페이스로 여러 가지 설정에서 라우터 ID로 사용되고, 테스트를 위한 추가적인 네트워크를 만들 때에도 사용됩니다. 루프백이라는 용어는 이외에도 장비 자신을 의미하는 루프백 주소, CSU 등에서 신호를 되돌려주는 루프백 테스트 등과 같이 사용됩니다.

다음과 같이 각 라우터에서 루프백 인터페이스를 만들고, IP 주소를 부여해봅시다.

[예제 10-14] 루프백 인터페이스 만들기

```
R1(config)# interface loopback 0
R1(config-if)# ip address 1.1.1.1 255.255.255.0

R2(config)# interface loopback 0
R2(config-if)# ip address 1.1.2.2 255.255.255.0

R3(config)# int lo0
R3(config-if)# ip address 1.1.3.3 255.255.255.0
```

루프백 인터페이스 번호는 0부터 21억 사이의 적당한 것을 사용하면 됩니다. 보통 루프백 인터페이스를 하나만 만드는 경우에는 0을 많이 사용합니다. 그리고 루프백 인터페이스는 no shut 명령어를 사용하지 않아도 자동으로 활성화됩니다. R3의 라우팅 테이블을 보면 루프백 인터페이스에 할당한 네트워크가 인스톨되어 있습니다.

[예제 10-15] R3의 라우팅 테이블

```
R3# show ip route
   (생략)
Gateway of last resort is not set

   1.0.0.0/24 is subnetted, 6 subnets
C    1.1.3.0 is directly connected, Loopback0
S    1.1.10.0 is directly connected, Serial1/2
```

```
S    1.1.12.0 is directly connected, Serial1/2
S    1.1.20.0 is directly connected, Serial1/2
C    1.1.23.0 is directly connected, Serial1/2
C    1.1.30.0 is directly connected, FastEthernet0/0
```

이상으로 루프백 인터페이스에 대해서 살펴보았습니다.

축약을 이용한 정적 경로 설정

R1에서 원격지의 네트워크에 대해서 일일이 정적 경로를 설정하지 않고 다음과 같이 축약을 이용하여 정적 경로를 설정하면 편리합니다.

[예제 10-16] 축약을 이용한 정적 경로 설정

```
R1(config)# ip route 1.1.0.0 255.255.0.0 1.1.12.2
```

설정 후 R1의 라우팅 테이블은 다음과 같습니다.

[예제 10-17] R1의 라우팅 테이블

```
R1# show ip route
   (생략)
Gateway of last resort is not set

   1.0.0.0/8 is variably subnetted, 7 subnets, 2 masks
S    1.1.0.0/16 [1/0] via 1.1.12.2
C    1.1.1.0/24 is directly connected, Loopback0
C    1.1.10.0/24 is directly connected, FastEthernet0/0
C    1.1.12.0/24 is directly connected, Serial1/1
S    1.1.20.0/24 [1/0] via 1.1.12.2
S    1.1.23.0/24 [1/0] via 1.1.12.2
S    1.1.30.0/24 [1/0] via 1.1.12.2
```

이제, R2의 루프백에 설정된 IP 주소로 핑이 됩니다.

[예제 10-18] 원격지까지의 통신 확인

```
R1# ping 1.1.2.2

Type escape sequence to abort.
```

```
Sending 5, 100-byte ICMP Echos to 1.1.2.2, timeout is 2 seconds:
!!!!!
Success rate is 100 percent (5/5), round-trip min/avg/max = 1/45/116 ms
```

R3의 루프백에 설정된 IP 주소로도 핑이 되려면 R2에서 해당 네트워크에 대한 라우팅을 설정해 주면 됩니다.

디폴트 루트를 이용한 정적 경로 설정

디폴트 루트(default route)란 전송하려는 패킷의 목적지 네트워크가 라우팅 테이블에 존재하지 않을 때 그 패킷을 전송하는 곳입니다. 기본적으로 라우터는 목적지 네트워크가 라우팅 테이블에 없는 패킷들은 모두 차단합니다. 그러나 디폴트 루트를 설정하면 상세 네트워크를 검색한 후 없으면 모두 디폴트 루트로 전송합니다. 일반적으로 기업체의 네트워크에서 인터넷과 연결되는 라우터에는 대부분 디폴트 루트가 설정되어 있습니다. R3에서 R2 방향으로 디폴트 루트를 설정하는 방법은 다음과 같습니다.

[예제 10-19] 디폴트 루트 설정하기

```
R3(config)# ip route 0.0.0.0 0.0.0.0 1.1.23.2
```

설정 후 R3의 라우팅을 확인해보면 다음과 같이 디폴트 루트가 설정되어 있습니다.

[예제 10-20] R3의 라우팅

```
R3# show ip route
Codes: C - connected, S - static, R - RIP, M - mobile, B - BGP
       D - EIGRP, EX - EIGRP external, O - OSPF, IA - OSPF inter area
       N1 - OSPF NSSA external type 1, N2 - OSPF NSSA external type 2
       E1 - OSPF external type 1, E2 - OSPF external type 2
       i - IS-IS, su - IS-IS summary, L1 - IS-IS level-1, L2 - IS-IS level-2
       ia - IS-IS inter area, * - candidate default, U - per-user static route
       o - ODR, P - periodic downloaded static route

Gateway of last resort is 1.1.23.2 to network 0.0.0.0

     1.0.0.0/24 is subnetted, 6 subnets
C       1.1.3.0 is directly connected, Loopback0
S       1.1.10.0 is directly connected, Serial1/2
S       1.1.12.0 is directly connected, Serial1/2
```

```
S    1.1.20.0 is directly connected, Serial1/2
C    1.1.23.0 is directly connected, Serial1/2
C    1.1.30.0 is directly connected, FastEthernet0/0
S*   0.0.0.0/0 [1/0] via 1.1.23.2
```

디폴트 루트에는 별표(*)가 표시됩니다. R3에서 R2의 루프백 주소로 핑을 해보면 디폴트 루트를 이용하여 통신이 이루어집니다. 디폴트 루트는 나중에 공부할 동적인 라우팅 프로토콜을 이용하여 만들 수도 있습니다. 디폴트 루트는 라우팅 기능이 동작하는 L3 장비에서 사용합니다. 그리고 디폴트 게이트웨이(default gateway)는 라우팅 기능이 지원되지 않는 L2 스위치와 같은 환경에서 디폴트 루트와 같은 역할을 합니다. 다음과 같이 R3에서 **no ip routing** 명령어를 사용하여 라우팅 기능을 비활성화시켜봅시다.

[예제 10-21] 라우팅 기능 비활성화

```
R3(config)# no ip routing
```

이제, R3에서 R2의 루프백으로 핑이 되지 않습니다. 즉, 디폴트 루트가 동작하지 않습니다. 디폴트 게이트웨이를 설정하는 방법은 다음과 같습니다.

[예제 10-22] 디폴트 게이트웨이 설정

```
R3(config)# ip default-gateway 1.1.23.2
```

설정 후 다시 R3에서 R2의 루프백으로 핑을 해보면 성공합니다. 즉, 디폴트 게이트웨이가 동작합니다.

연습 문제

1. 다음 중 L2 스위치와 라우터의 차이점 중 맞는 것 3개를 고르시오.
   1) L2 스위치는 동일한 서브넷 간의 통신에 사용되고, 라우터는 서로 다른 서브넷을 연결할 때 사용한다.
   2) L2 스위치는 MAC 주소 테이블을 참조하고, 라우터는 라우팅 테이블을 참조한다.
   3) L2 스위치는 브로드캐스트 프레임을 차단하고, 라우터는 브로드캐스트 패킷을 플러딩한다.
   4) L2 스위치는 목적지를 모르는 프레임을 플러딩하고, 라우터는 폐기한다.

2. 다음 디스턴스 벡터 라우팅 프로토콜에 대한 설명 중 틀린 것 하나를 고르시오.
   1) 목적지 네트워크와 메트릭 값을 광고한다.
   2) 모든 라우터가 전체 네트워크 구성을 알게 됩니다. 즉, 어느 네트워크가 어느 라우터에 접속되어 있는지 알게 된다.
   3) RIP, EIGRP, BGP가 디스턴스 벡터 라우팅 프로토콜이다.
   4) 라우팅 정보에 목적지 네트워크의 메트릭(distance)과 방향(vector)이 포함되므로 디스턴스 벡터 라우팅 프로토콜이라고 한다.

3. 라우터가 경로를 결정하는 방법 중 맞는 것을 세 가지 고르시오.
   1) 동일 라우팅 프로토콜 내에서 특정 목적지로 가는 경로가 복수 개 있을 때 메트릭 값이 가장 낮은 것이 선택된다.
   2) 복수 개의 라우팅 프로토콜들이 계산한 특정 네트워크를 라우팅 테이블에 저장할 때는 AD 값이 가장 낮은 것이 선택된다.
   3) 일단 라우팅 테이블에 저장된 다음에는 롱기스트 매치 룰에 따라 패킷의 목적지 주소와 라우팅 테이블에 있는 네트워크 주소가 가장 길게 일치되는 경로를 선택한다.
   4) 롱기스트 매치 룰보다 AD 값이 우선한다.

4. 다음 중 정적 경로의 장점을 두 가지 고르시오.

1) 관리자가 원하는 곳으로 패킷을 전송 시킬 수 있다.

2) 네트워크의 위상변화에 쉽게 대처할 수 있다.

3) 라우팅 테이블 유지를 위한 자원 (CPU, 대역폭, DRAM)의 소모가 거의 없다.

4) 대형 네트워크에서 설정이 편리하다.

5. 다음 중 링크상태 라우팅 프로토콜을 모두 고르시오.

1) OSPF

2) EIGRP

3) BGP

4) IS-IS

6. 다음 중 EGP에 해당하는 라우팅 프로토콜을 하나 고르시오.

1) OSPF

2) RIP

3) BGP

4) EIGRP

※ 다음 그림 R2의 라우팅 테이블을 참조하여 질문에 대답하시오.
(1.1.10.0/25 네트워크의 넥스트 홉 IP 주소가 1.1.12.1로 설정되어 있다.)

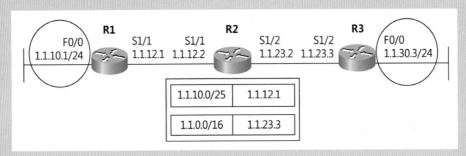

7. 목적지 IP 주소가 1.1.10.100인 패킷을 수신하면 R2는 어느 라우터로 패킷을 전송할까?

   1) R1

   2) R3

   3) 패킷을 폐기한다.

   4) 알 수 없다.

8. 목적지 IP 주소가 1.1.10.200인 패킷을 수신하면 R2는 어느 라우터로 패킷을 전송할까?

   1) R1

   2) R3

   3) 패킷을 폐기한다.

   4) 알 수 없다.

9. 다음 중 경로의 종류와 AD 값의 관계가 잘못된 것을 하나만 고르시오.

   1) RIP 경로 - 120

   2) 내부 EIGRP 경로 - 90

   3) 정적 경로 - 1

   4) OSPF - 115

10. 다음 중 네트워크 정보 광고시 서브넷 마스크 정보를 알려주지 못하는 라우팅 프로토콜을 하나만 고르시오.

   1) RIP v1

   2) RIP v2

   3) EIGRP

   4) OSPF

11. 디폴트 루트(default route)를 설명하는 것 중 맞는 것을 하나만 고르시오.

   1) 잘못된 경로를 말한다.

   2) 상세한 목적지 네트워크가 라우팅 테이블에 존재하지 않는 패킷을 전송하는 곳이다.

   3) 메트릭 값이 가장 작은 경로이다.

   4) AD 값이 가장 큰 경로이다.

제11장

RIPv2

킹-오브-
네트워킹

RIPv2

RIP(Routing Information Protocol)은 동적인 라우팅 프로토콜 중에서 가장 오래된 것으로 동작 방식이 간단하고 설정도 쉽습니다. RIP은 RIP 버전 1과 2, 두 가지가 있으며, 클래스풀(classful) 라우팅 프로토콜인 RIP 버전 1은 거의 사용되지 않습니다.

RIPv2는 최적경로 계산을 위해서 리처드 벨만(Richard Bellman)과 레스터 포드 주니어(Lester Ford, Jr.)가 만든 벨만 포드(Bellman-Ford) 알고리즘을 사용합니다.

RIP 설정을 위한 테스트 네트워크 구축

RIP 설정 및 동작 확인을 위하여 다음과 같은 테스트 네트워크를 구축합니다.

[그림 11-1] RIP 테스트 네트워크

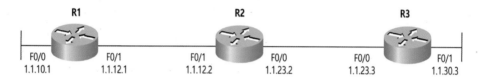

각 라우터에서 인접한 라우터와 연결되는 인터페이스 번호가 동일합니다. 즉, R1의 F0/1 인터페이스는 R2의 F0/1 인터페이스와 연결되며, 이 두 인터페이스는 모두 SW2와 접속되어 있습니다. 그리고 R2의 F0/0 인터페이스는 R3의 F0/0 인터페이스와 연결되며, 두 인터페이스는 모두 SW1과 접속되어 있습니다.

따라서 SW1, SW2는 서로 연결될 필요가 없으며, 트렁크 설정도 필요 없습니다. 결과적으로 각 스위치에서 필요한 VLAN만 설정하고, 포트를 해당 VLAN에 할당만 하면 됩니다. 이를 위한 SW1의 설정은 다음과 같습니다.

[예제 11-1] SW1의 설정

```
SW1(config)# vlan 10,23
SW1(config-vlan)# exit

SW1(config)# interface f1/1
SW1(config-if)# switchport mode access
SW1(config-if)# switchport access vlan 10
SW1(config-if)# exit

SW1(config)# interface range f1/2 - 3
```

```
SW1(config-if-range)# switchport mode access
SW1(config-if-range)# switchport access vlan 23
```

SW2의 설정은 다음과 같습니다.

[예제 11-2] SW2의 설정

```
SW2(config)# vlan 12,30
SW2(config-vlan)# exit

SW2(config)# interface range f1/1 - 2
SW2(config-if-range)# switchport mode access
SW2(config-if-range)# switchport access vlan 12
SW2(config-if-range)# exit

SW2(config)# interface f1/3
SW2(config-if)# switchport mode access
SW2(config-if)# switchport access vlan 30
```

R1의 설정은 다음과 같습니다.

[예제 11-3] R1의 설정

```
R1(config)# interface f0/0
R1(config-if)# ip address 1.1.10.1 255.255.255.0
R1(config-if)# no shut
R1(config-if)# exit

R1(config)# interface f0/1
R1(config-if)# ip address 1.1.12.1 255.255.255.0
R1(config-if)# no shut
```

R2의 설정은 다음과 같습니다.

[예제 11-4] R2의 설정

```
R2(config)# interface f0/1
R2(config-if)# ip address 1.1.12.2 255.255.255.0
R2(config-if)# no shut
R2(config-if)# exit

R2(config)# interface f0/0
R2(config-if)# ip address 1.1.23.2 255.255.255.0
R2(config-if)# no shut
```

R3의 설정은 다음과 같습니다.

[예제 11-5] R3의 설정

```
R3(config)# interface f0/0
R3(config-if)# ip address 1.1.23.3 255.255.255.0
R3(config-if)# no shut
R3(config-if)# exit

R3(config)# interface f0/1
R3(config-if)# ip address 1.1.30.3 255.255.255.0
R3(config-if)# no shut
```

설정이 끝나면 다음과 같이 각 라우터에서 인접한 라우터까지의 통신 가능 여부를 핑으로 확인합니다.

[예제 11-6] 핑 확인

```
R1# ping 1.1.12.2
Type escape sequence to abort.
Sending 5, 100-byte ICMP Echos to 1.1.12.2, timeout is 2 seconds:
.!!!!
Success rate is 80 percent (4/5), round-trip min/avg/max = 40/47/52 ms

R2# ping 1.1.23.3
Type escape sequence to abort.
Sending 5, 100-byte ICMP Echos to 1.1.23.3, timeout is 2 seconds:
.!!!!
Success rate is 80 percent (4/5), round-trip min/avg/max = 40/47/52 ms
```

각 라우터에 직접 접속된 네트워크들이 라우팅 테이블에 보이는지 확인합니다. 예를 들어, R1의 라우팅 테이블은 다음과 같습니다.

[예제 11-7] R1의 라우팅 테이블

```
R1# show ip route
   (생략)
Gateway of last resort is not set

   1.0.0.0/8 is variably subnetted, 4 subnets, 2 masks
C    1.1.10.0/24 is directly connected, FastEthernet0/0
L    1.1.10.1/32 is directly connected, FastEthernet0/0
C    1.1.12.0/24 is directly connected, FastEthernet0/1
L    1.1.12.1/32 is directly connected, FastEthernet0/1
```

이상으로 RIP 설정 및 동작 확인을 위한 네트워크 구성이 완료되었습니다.

기본적인 RIPv2 설정

이제, 각 라우터에서 기본적인 RIPv2를 설정해봅시다. 모든 라우터에서의 설정이 다음과 같이 동일합니다.

[예제 11-8] 기본적인 RIP 설정

```
① R1(config)# router rip
② R1(config-router)# version 2
③ R1(config-router)# network 1.0.0.0
```

① **router rip** 명령어를 사용하여 RIP 설정 모드로 들어갑니다.

② RIP의 버전을 2로 지정합니다. 지정하지 않으면 네트워크를 광고할 때는 버전 1로 광고하고, 네트워크 정보를 수신할 때는 버전 1과 2를 모두 받아들입니다.

③ **network** 명령어 다음에 인터페이스에 설정된 IP 주소들의 메이저 네트워크(major network, 주 네트워크)를 지정합니다. 메이저 네트워크란 서브넷팅하지 않은 원래의 네트워크를 말합니다.

R1, R2, R3에서 동일하게 RIPv2를 설정한 다음, R1에서 라우팅 테이블을 확인해보면 다음과 같이 1.1.23.0/24, 1.1.30/24 네트워크를 RIPv2를 통하여 광고받았습니다.

[예제 11-9] R1의 라우팅 테이블

```
R1# show ip route
   (생략)
Gateway of last resort is not set

    1.0.0.0/8 is variably subnetted, 6 subnets, 2 masks
C     1.1.10.0/24 is directly connected, FastEthernet0/0
L     1.1.10.1/32 is directly connected, FastEthernet0/0
C     1.1.12.0/24 is directly connected, FastEthernet0/1
L     1.1.12.1/32 is directly connected, FastEthernet0/1
R     1.1.23.0/24 [120/1] via 1.1.12.2, 00:00:24, FastEthernet0/1
R     1.1.30.0/24 [120/2] via 1.1.12.2, 00:00:15, FastEthernet0/1
```

R2에서 라우팅 테이블을 확인해보면 다음과 같이 R1과 R3에 접속된 1.1.10.0/24, 1.1.30.0/24 네트워크를 RIPv2를 통하여 광고받았습니다.

[예제 11-10] R2의 라우팅 테이블

```
R2# show ip route
  (생략)
Gateway of last resort is not set

    1.0.0.0/8 is variably subnetted, 6 subnets, 2 masks
R    1.1.10.0/24 [120/1] via 1.1.12.1, 00:00:29, FastEthernet0/1
C    1.1.12.0/24 is directly connected, FastEthernet0/1
L    1.1.12.2/32 is directly connected, FastEthernet0/1
C    1.1.23.0/24 is directly connected, FastEthernet0/0
L    1.1.23.2/32 is directly connected, FastEthernet0/0
R    1.1.30.0/24 [120/1] via 1.1.23.3, 00:00:17, FastEthernet0/0
```

R3에서 라우팅 테이블을 확인해보면 다음과 같이 1.1.10.0/24, 1.1.12.0/24 네트워크를 RIPv2를 통하여 광고받았습니다.

[예제 11-11] R3의 라우팅 테이블

```
R3# show ip route rip
  (생략)
Gateway of last resort is not set

    1.0.0.0/8 is variably subnetted, 6 subnets, 2 masks
R    1.1.10.0/24 [120/2] via 1.1.23.2, 00:00:06, FastEthernet0/0
R    1.1.12.0/24 [120/1] via 1.1.23.2, 00:00:06, FastEthernet0/0
```

R3에서 R1에 접속되어 있는 1.1.10.1로 핑을 해보면 성공합니다.

[예제 11-12] R3에서 핑 확인

```
R3# ping 1.1.10.1
Type escape sequence to abort.
Sending 5, 100-byte ICMP Echos to 1.1.10.1, timeout is 2 seconds:
!!!!!
Success rate is 100 percent (5/5), round-trip min/avg/max = 48/48/52 ms
```

이상으로 RIPv2를 설정하고, 라우팅 테이블을 확인해보았습니다.

RIPv2의 라우팅 정보 전송 방식

이번에는 RIPv2가 라우팅 정보를 전송하는 방식에 대해서 살펴봅시다. RIPv2가 라우팅 정보를 전송할 때 다음 그림과 같은 형태의 메시지를 사용합니다.

[그림 11-2] RIPv2 패킷 포맷

①	②	③	④	⑤	⑥
출발지 IP	목적지 IP	프로토콜	출발지 포트	목적지 포트	라우팅 정보
1.1.123.1	224.0.0.9	17 (UDP)	520	520	1.1.1.0/24, hop count=1...

① 출발지 IP 주소는 라우팅 정보를 전송하는 인터페이스의 주소를 사용합니다.

② 목적지 IP 주소는 멀티캐스트 IP 주소인 224.0.0.9를 사용합니다.

③ RIP은 UDP를 이용하여 네트워크 정보를 전송합니다.

④ RIP은 출발지 UDP 포트번호 520을 이용합니다.

⑤ RIP은 목적지 UDP 포트번호도 520을 이용합니다.

⑥ 목적지 네트워크, 서브넷 마스크 길이, 홉 카운트(hop count) 등 라우팅 네트워크 정보를 세그먼트 내부에 실어 보냅니다. 다음과 같이 R1에서 **debug ip rip** 명령어를 이용하여 RIPv2가 동작하는 것을 디버깅해봅시다. 최대 30초를 기다리면 다음과 같이 RIPv2가 송수신하는 라우팅 정보 내용이 디버깅됩니다.

[예제 11-13] RIP 동작 디버깅

```
R1# debug ip rip
RIP protocol debugging is on
                                ①              ②              ③
13:30:45.983: RIP: sending v2 update to 224.0.0.9 via FastEthernet0/1 (1.1.12.1)
13:30:45.983: RIP: build update entries
13:30:45.987:   1.1.10.0/24 via 0.0.0.0, metric 1, tag 0 ④


R1#
13:30:24.151: RIP: received v2 update from 1.1.12.2 on FastEthernet0/1 ⑤
13:30:24.151:   1.1.23.0/24 via 0.0.0.0 in 1 hops ⑥
13:30:24.155:   1.1.30.0/24 via 0.0.0.0 in 2 hops

R1# un all
```

① RIP 버전 2 정보를 전송합니다.

② 목적지 IP 주소가 224.0.0.9로 설정됩니다.

③ RIP이 설정된 인터페이스인 F0/1로 전송합니다.

④ RIP 광고의 내용이 1.1.10.0/24 네트워크의 메트릭 값이 1이라는 것입니다.

⑤ R2인 1.1.12.2로부터 F0/1 인터페이스를 통하여 RIP 광고를 수신합니다.

⑥ 각 목적지 네트워크와 서브넷 마스크, 홉카운트 정보를 수신합니다.

이번에는 다음과 같이 **debug ip packet detail** 명령어를 사용하여 디버깅해봅시다.

[예제 11-14] RIP 패킷 디버깅

```
R1# debug ip packet detail
IP packet debugging is on (detailed)

IP: s=1.1.12.1 (local), d=224.0.0.9 (FastEthernet0/1), len 52, sending broad/multicast
  UDP src=520, dst=520

R1# un all
```

RIPv2 정보 전송 시 UDP 출발지 및 목적지 포트번호가 520번인 것을 알 수 있습니다. 이상으로 RIP 버전 2에 대하여 살펴보았습니다.

연습 문제

1. RIP 최적경로 계산을 위해서 사용하는 알고리즘은 무엇인가?

    1) 벨만 포드(Bellman-Ford) 알고리즘

    2) SPF(Shortest Path First) 알고리즘

    3) DUAL(Diffusing Update ALgorithm)

2. 다음중 RIPv2 패킷의 목적지 주소는 무엇인가?

    1) 224.0.0.8

    2) 224.0.0.9

    3) 255.255.255.255

    4) 239.255.255.255

3. 다음중 RIPv2 패킷의 메트릭으로 사용하는 값은 무엇인가?

    1) 대역폭(bandwidth)

    2) 지연(delay)

    3) 홉 카운트(hop count)

    4) 부하(load)

4. 다음 RIPv2 패킷에 대한 설명 중 맞는 것을 두 가지 고르시오.

    1) RIP은 ICMP를 이용하여 네트워크 정보를 전송한다.

    2) RIP은 출발지 UDP 포트번호 520을 이용한다.

    3) RIP은 목적지 UDP 포트번호도 520을 이용한다.

    4) RIP은 TCP를 이용하여 네트워크 정보를 전송한다.

KING of NETWORKING

제12장

EIGRP

EIGRP 개요

EIGRP 네트워크 조정

킹-오브-
네트워킹

EIGRP 개요

EIGRP(Enhanced Interior Gateway Routing Protocol)는 시스코에서 개발한 디스턴스 벡터 라우팅 프로토콜입니다. RIP과 마찬가지로 스플릿 호라이즌이 적용되고, 주 네트워크 경계에서 자동 축약됩니다.

EIGRP는 RIP이나 OSPF에서 지원하지 않는 언이퀄 코스트(unequal cost) 부하 분산을 지원하여 메트릭 값이 다른 복수 개의 경로를 동시에 사용할 수 있습니다. 결과적으로 EIGRP를 사용하면 대체 경로(backup route)의 대역폭까지 활용함으로써 링크 활용도를 극대화시킬 수 있습니다.

그러나 EIGRP는 표준 라우팅 프로토콜이 아니기 때문에 시스코가 아닌 다른 회사의 라우터에서는 지원되지 않습니다.

EIGRP 설정을 위한 테스트 네트워크 구축

EIGRP 설정 및 동작 확인을 위하여 다음과 같은 테스트 네트워크를 구축합니다.

[그림 12-1] EIGRP 테스트 네트워크

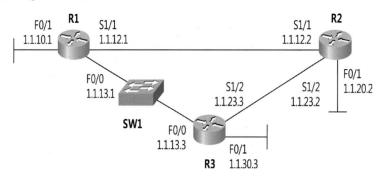

SW1에서 다음과 같이 VLAN을 만들고, 포트를 할당합시다.

[예제 12-1] SW1의 설정

```
SW1(config)# vlan 13
SW1(config-vlan)# exit

SW1(config)# interface range f1/1 , f1/3
SW1(config-if-range)# switchport mode access
SW1(config-if-range)# switchport access vlan 13
```

SW2에서도 다음과 같이 VLAN을 만들고, 포트를 할당합시다.

[예제 12-2] SW2의 설정

```
SW2(config)# vlan 10,20,30
SW2(config-vlan)# exit

SW2(config)# interface f1/1
SW2(config-if)# switchport mode access
SW2(config-if)# switchport access vlan 10
SW2(config-if)# exit

SW2(config)# interface f1/2
SW2(config-if)# switchport mode access
SW2(config-if)# switchport access vlan 20
SW2(config-if)# exit

SW2(config)# interface f1/3
SW2(config-if)# switchport mode access
SW2(config-if)# switchport access vlan 30
```

각 라우터의 인터페이스에 IP 주소를 부여하고, 활성화시킵니다. IP 주소의 서브넷 마스크 길이는 24비트로 설정합니다. R1의 설정은 다음과 같습니다.

[예제 12-3] R1 설정

```
R1(config)# interface f0/1
R1(config-if)# ip address 1.1.10.1 255.255.255.0
R1(config-if)# no shut

R1(config-if)# interface s1/1
R1(config-if)# ip address 1.1.12.1 255.255.255.0
R1(config-if)# no shut

R1(config-if)# interface f0/0
R1(config-if)# ip address 1.1.13.1 255.255.255.0
R1(config-if)# no shut
```

R2의 설정은 다음과 같습니다.

[예제 12-4] R2 설정

```
R2(config)# interface s1/1
R2(config-if)# ip address 1.1.12.2 255.255.255.0
```

```
R2(config-if)# no shut

R2(config-if)# interface s1/2
R2(config-if)# ip address 1.1.23.2 255.255.255.0
R2(config-if)# no shut

R2(config-if)# interface f0/1
R2(config-if)# ip address 1.1.20.2 255.255.255.0
R2(config-if)# no shut
```

R3의 설정은 다음과 같습니다.

[예제 12-5] R3 설정

```
R3(config)# interface f0/0
R3(config-if)# ip address 1.1.13.3 255.255.255.0
R3(config-if)# no shut

R3(config-if)# interface f0/1
R3(config-if)# ip address 1.1.30.3 255.255.255.0
R3(config-if)# no shut

R3(config-if)# interface s1/2
R3(config-if)# ip address 1.1.23.3 255.255.255.0
R3(config-if)# no shut
```

설정이 끝나면 각 라우터 직접 접속된 네트워크들이 라우팅 테이블에 보이는지 확인합니다.
예를 들어, R1의 라우팅 테이블은 다음과 같습니다.

[예제 12-6] R1의 라우팅 테이블

```
R1# show ip route
    (생략)
Gateway of last resort is not set

      1.0.0.0/8 is variably subnetted, 6 subnets, 2 masks
C       1.1.10.0/24 is directly connected, FastEthernet0/1
L       1.1.10.1/32 is directly connected, FastEthernet0/1
C       1.1.12.0/24 is directly connected, Serial1/1
L       1.1.12.1/32 is directly connected, Serial1/1
C       1.1.13.0/24 is directly connected, FastEthernet0/0
L       1.1.13.1/32 is directly connected, FastEthernet0/0
```

인접한 동일 네트워크까지의 통신을 핑으로 확인합니다. 예를 들어, R1에서의 확인 결과는
다음과 같습니다.

[예제 12-7] R1에서의 핑 테스트

```
R1# ping 1.1.12.2

Type escape sequence to abort.
Sending 5, 100-byte ICMP Echos to 1.1.12.2, timeout is 2 seconds:
!!!!!
Success rate is 100 percent (5/5), round-trip min/avg/max = 8/30/64 ms

R1# ping 1.1.13.3

Type escape sequence to abort.
Sending 5, 100-byte ICMP Echos to 1.1.13.3, timeout is 2 seconds:
.!!!!
Success rate is 80 percent (4/5), round-trip min/avg/max = 4/59/136 ms
```

이상으로 EIGRP 설정 및 동작 확인을 위한 네트워크 구성이 완료되었습니다.

기본적인 EIGRP 설정

이제, 각 라우터에서 다음과 같이 기본적인 EIGRP를 설정합니다.

[예제 12-8] 기본적인 EIGRP 설정

```
R1(config)# router eigrp 1  ①
R1(config-router)# network 1.1.10.1 0.0.0.0  ②
R1(config-router)# network 1.1.12.1 0.0.0.0
R1(config-router)# network 1.1.13.1 0.0.0.0

R2(config)# router eigrp 1
R2(config-router)# network 1.1.12.2 0.0.0.0
R2(config-router)# network 1.1.20.2 0.0.0.0
R2(config-router)# network 1.1.23.2 0.0.0.0

R3(config)# router eigrp 1
R3(config-router)# network 1.1.13.3 0.0.0.0
R3(config-router)# network 1.1.23.3 0.0.0.0
R3(config-router)# network 1.1.30.3 0.0.0.0
```

① router eigrp 명령어와 함께 1-65535 사이의 AS 번호를 사용하여 EIGRP 설정 모드로 들어갑니다. 이때 사용하는 AS 번호는 BGP와 달리 관리자가 임의의 번호를 사용하면 되고, EIGRP가 동작하는 모든 라우터에서 동일한 번호를 사용해야 합니다. EIGRP AS 번호가 다르면 서로 라우팅 정보를 교환하지 않습니다.

② network 명령어 다음에 인터페이스에 설정된 IP 주소와 와일드카드(wild card) 0.0.0.0을 사용하여 EIGRP가 동작할 인터페이스를 지정합니다.

잠시 후 R1의 라우팅을 확인해보면 다음과 같이 모든 네트워크가 인스톨됩니다.

[예제 12-9] R1의 라우팅 테이블

```
R1# show ip route eigrp
   (생략)
Gateway of last resort is not set

     1.0.0.0/8 is variably subnetted, 9 subnets, 2 masks
D      1.1.20.0/24 [90/2172416] via 1.1.12.2, 00:02:29, Serial1/1
D      1.1.23.0/24 [90/2172416] via 1.1.13.3, 00:03:12, FastEthernet0/0
D      1.1.30.0/24 [90/30720] via 1.1.13.3, 00:03:08, FastEthernet0/0
```

라우팅 테이블에서 경로 앞의 코드 'D'는 해당 경로를 EIGRP를 통하여 광고받은 것을 의미합니다. R2와 R3의 이더넷으로 핑도 됩니다.

[예제 12-10] R2와 R3의 이더넷으로 핑 테스트

```
R1# ping 1.1.20.2 source 1.1.10.1

Type escape sequence to abort.
Sending 5, 100-byte ICMP Echos to 1.1.20.2, timeout is 2 seconds:
Packet sent with a source address of 1.1.10.1
!!!!!
Success rate is 100 percent (5/5), round-trip min/avg/max = 4/33/100 ms

R1# ping 1.1.30.3 source 1.1.10.1

Type escape sequence to abort.
Sending 5, 100-byte ICMP Echos to 1.1.30.3, timeout is 2 seconds:
Packet sent with a source address of 1.1.10.1
!!!!!
Success rate is 100 percent (5/5), round-trip min/avg/max = 8/36/76 ms
```

이처럼 EIGRP를 설정하는 것은 간단합니다.

EIGRP 네이버

RIP는 라우팅 프로세스에 포함된 인터페이스로 무조건 30초마다 라우팅 테이블을 전송합니다. 그러나 이후 개발된 다른 라우팅 프로토콜들은 라우팅 정보를 전송하기 전에 먼저 상대방 라우터와 네이버(neighbor)를 맺은 후 라우팅 정보를 전송합니다. 따라서 이와 같은 라우팅 프로토콜들은 네이버 관계가 만들어지지 않으면, 라우팅 정보를 전송하지 않습니다.

EIGRP는 라우팅 프로세스에 포함된 인터페이스로 헬로(hello)라는 패킷을 전송합니다. 인접 라우터가 헬로 패킷을 수신하면 패킷에 포함된 정보 중에서 AS 번호, 인터페이스의 서브넷 마스크 길이, 암호(설정된 경우) 및 'K'상수 값이 자신과 동일하면 바로 헬로를 보낸 라우터를 네이버로 간주하고, 자신의 라우팅 정보를 전송합니다. K 상수는 EIGRP가 메트릭 값을 계산할 때 사용하는 미리 정해진 값들입니다.

R1에서 **show ip eigrp neighbors** 명령어를 사용하여 확인해보면 다음과 같이 EIGRP 네이버의 주소 및 연결되는 인터페이스를 알 수 있습니다.

[예제 12-11] EIGRP 네이버 테이블

```
R1# show ip eigrp neighbors
IP-EIGRP neighbors for process 1
H  Address        Interface    Hold Uptime   SRTT   RTO    Q    Seq
                                (sec)         (ms)         Cnt  Num
1  1.1.12.2       Se1/1        13   00:00:10  119    714    0    48
0  1.1.13.3       Fa0/0        10   00:00:13  198    1188   0    32
```

RIP은 주기적으로 자신의 라우팅 테이블을 전송합니다. 이는 라우팅 정보를 광고함과 동시에 자신이 살아있다는 것을 알리기 위함입니다. 그러나 EIGRP는 처음 네이버가 맺어졌을 때만 자신이 알고 있는 네트워크 정보를 모두 전송하고, 네트워크가 변경되면 변경된 정보만 광고합니다.

정상적인 경우에는 헬로 패킷만 전송하여 자신이 동작 중이라는 것을 알립니다. EIGRP는 네트워크의 종류에 따라 5초 또는 60초마다 헬로 패킷을 전송합니다. 연속해서 3회 동안 헬로 패킷을 수신하지 못하면 네이버 관계를 해제하며, 이 타이머를 홀드 타임(hold time)이라고 합니다. EIGRP는 헬로 패킷의 목적지 주소로 224.0.0.10을 사용합니다.

EIGRP 메트릭

EIGRP가 기본적으로 메트릭을 계산할 때 사용하는 것은 목적지 방향 인터페이스의 대역폭(bandwidth)과 지연(delay) 값입니다. 다음과 같이 확인해보면 라우터의 패스트 이더넷 인터페이스의 대역폭은 100,000kbps이고, 지연값은 100μs입니다.

[예제 12-12] EIGRP 메트릭

```
R1# show interface f0/0
FastEthernet0/0 is up, line protocol is up
 Hardware is AmdFE, address is cc03.17c4.0000 (bia cc03.17c4.0000)
 Internet address is 1.1.13.1/24
 MTU 1500 bytes, BW 100000 Kbit/sec, DLY 100 usec,
  reliability 255/255, txload 1/255, rxload 1/255
  (생략)
```

시리얼 인터페이스의 대역폭은 1,544kbps이고, 지연값은 20,000μs입니다.

[예제 12-13] 시리얼 인터페이스의 대역폭과 지연값

```
R1# show interface s1/1
Serial1/1 is up, line protocol is up
 Hardware is M4T
 Internet address is 1.1.12.1/24
 MTU 1500 bytes, BW 1544 Kbit/sec, DLY 20000 usec,
  reliability 255/255, txload 1/255, rxload 1/255
  (생략)
```

EIGRP는 메트릭을 계산할 때, 각 라우터의 목적지 방향 인터페이스에 설정된 대역폭중 가장 느린 것으로 107으로 나눕니다. 다음 그림의 R1에서 R2에 접속된 1.1.20.0/24 네트워크의 메트릭을 계산하는 경우를 살펴봅시다.

[그림 12-2] EIGRP 대역폭

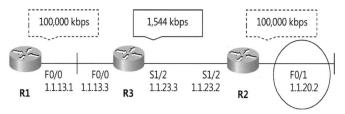

목적지 방향 인터페이스 대역폭 중 가장 느린 1,544kbps로 107을 나누면 다음과 같습니다.

107/1544 = 6476 (소수는 버립니다)

지연값(delay)은 목적지 방향 인터페이스의 것을 모두 합친 다음 10으로 나눕니다.

KING of NETWORKING

[그림 12-3] EIGRP 지연

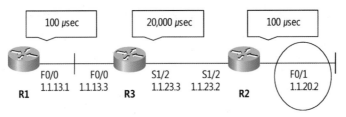

앞 그림과 같이, R1에서 1.1.20.0/24 네트워크까지의 지연값을 모두 합쳐 10으로 나누면 다음과 같습니다.

$(100 + 20000 + 100)/10 = 20200/10 = 2020$

이렇게 계산한 두 값을 더한 다음 256을 곱하면 EIGRP 메트릭이 됩니다.

$(6476 + 2020)*256 = 2174976$

다음과 같이 R1에서 S1/1 인터페이스를 셧다운시켜 앞 그림과 같은 토폴로지를 만들어봅시다.

[예제 12-14] 인터페이스 셧다운

```
R1(config)# interface s1/1
R1(config-if)# shut
```

이후 R1의 라우팅 테이블에서 1.1.20.0/24 네트워크의 EIGRP 메트릭을 확인해보면 앞서 계산한 것과 동일한 2174976이라는 값을 가집니다.

[예제 12-15] R1의 라우팅 테이블

```
R1# show ip route
  (생략)
Gateway of last resort is not set

   1.0.0.0/24 is subnetted, 5 subnets
C    1.1.10.0 is directly connected, FastEthernet0/1
C    1.1.13.0 is directly connected, FastEthernet0/0
D    1.1.20.0 [90/2174976] via 1.1.13.3, 00:00:35, FastEthernet0/0
D    1.1.23.0 [90/2172416] via 1.1.13.3, 00:38:24, FastEthernet0/0
D    1.1.30.0 [90/30720] via 1.1.13.3, 00:38:24, FastEthernet0/0
```

R1에서 S1/1 인터페이스를 다음과 같이 다시 활성화시킵니다.

```
R1(config)# interface s1/1
R1(config-if)# shut
```

앞서 살펴봤듯이 시스코 라우터 시리얼 인터페이스의 기본 대역폭은 1,544kbps입니다.

[그림 12-4] EIGRP 대역폭 조정

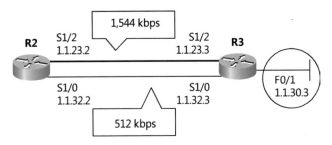

앞 그림과 같이 R2, R3 간에 백업(backup)을 위하여 512kbps 속도의 회선을 하나 추가한 경우를 생각해봅시다. 두 라우터를 연결하는 CSU를 장거리 통신망 회사와 계약한 속도 512kbps로 설정해도 라우터는 이를 인식하지 못합니다.

라우터는 두 회선의 대역폭을 동일하게 1544kbps로 간주하고 부하분산을 하게 됩니다. 결과적으로 회선을 추가하기 전보다 더 속도가 느리게 됩니다. 이때에는 다음과 같이 각 라우터 인터페이스의 대역폭을 실제 속도와 동일하게 설정해주면 됩니다.

[예제 12-17] 대역폭 조정

```
R2(config)# interface s1/0
R2(config-if)# bandwidth 512

R3(config)# interface s1/0
R3(config-if)# bandwidth 512
```

이처럼 인터페이스의 대역폭을 조정할 때 입력하는 값의 단위는 kbps입니다.

DUAL

EIGRP가 최적 경로 계산을 위해서 사용하는 알고리즘을 DUAL(Diffusing Update Algorithm)이라고 합니다. DUAL에서 많이 사용되는 용어는 다음과 같습니다.

[그림 12-5] EIGRP DUAL

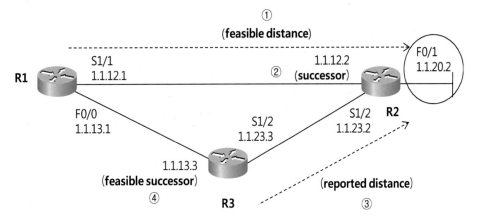

① 피저블 디스턴스(FD, Feasible Distance) : 현재 라우터에서 특정 목적지 네트워크까지의 최적 메트릭을 말합니다. 다른 라우팅 프로토콜에서 말하는 최적 경로의 메트릭과 동일한 의미입니다.

② 석세서(successor) : 최적 경로상의 넥스트 홉 라우터를 의미합니다. 앞 그림의 R1에서 R2의 1.1.20.0/24 네트워크로 가는 경로의 석세서는 1.1.12.2입니다.

③ 리포티드 디스턴스(RD, Reported Distance) : 넥스트 홉 라우터에서 목적지 네트워크까지의 메트릭값을 말합니다. 리포티드 디스턴스를 애드버타이저드 디스턴스(AD, advertised distance)라고도 합니다.

④ 피저블 석세서(Feasible Successor) : 석세서가 아닌 라우터 중에서 'FD > RD' 라는 조건을 만족하는 넥스트 홉 라우터를 말합니다. 즉, 'FD > RD' 라는 조건을 피저블 석세서가 되기 위한 조건(feasibility condition)이라고 합니다. 석세서가 다운되면 피저블 석세서가 석세서 역할을 이어받아 패킷을 전송합니다.

⑤ 토폴로지 테이블(topology table) : 인접 라우터에게서 수신한 네트워크와 그 네트워크의 메트릭 정보를 저장하는 데이터베이스를 의미합니다. 각 라우터에서 EIGRP 토폴로지 테이블을 보려면 **show ip eigrp topology** 명령어를 사용하면 됩니다.

[예제 12-18] R1의 EIGRP 토폴로지 테이블

```
R1# show ip eigrp topology all-links
IP-EIGRP Topology Table for AS(1)/ID(1.1.13.1)

Codes: P - Passive, A - Active, U - Update, Q - Query, R - Reply,
    r - reply Status, s - sia Status

P 1.1.10.0/24, 1 successors, FD is 28160, serno 1
    via Connected, FastEthernet0/1
```

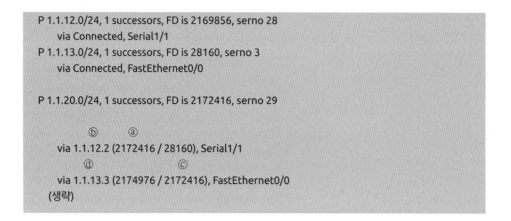

```
P 1.1.12.0/24, 1 successors, FD is 2169856, serno 28
    via Connected, Serial1/1
P 1.1.13.0/24, 1 successors, FD is 28160, serno 3
    via Connected, FastEthernet0/0

P 1.1.20.0/24, 1 successors, FD is 2172416, serno 29

            ⓑ        ⓐ
    via 1.1.12.2 (2172416 / 28160), Serial1/1
            ⓓ                    ⓒ
    via 1.1.13.3 (2174976 / 2172416), FastEthernet0/0
(생략)
```

ⓐ R1에서 1.1.20.0/24 네트워크까지의 FD (2172416)를 표시합니다.

ⓑ 섹세서의 IP 주소를 표시합니다.

ⓒ 넥스트 홉 IP 주소 1.1.13.3이 광고한 RD (2172416)를 표시합니다.

ⓓ 현재 FD = RD이므로 FD > RD인 조건을 만족하지 못해 1.1.13.3은 피저블 섹세서가 되지 못합니다. 다음 그림과 같이 지연값을 조정하여 R3이 피저블 섹세서가 되도록 해봅시다.

[그림 12-6] 지연값 조정 위치

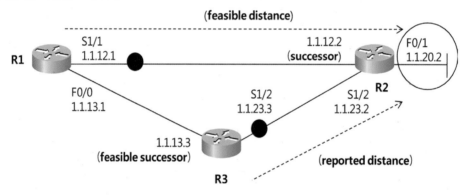

그림에서 FD > RD 조건을 만족시키려면 R1 S1/1의 지연값을 조금 증가시키거나 R3 S1/2의 지연값을 조금 감소시키면 됩니다. 이를 위해 다음과 같이 R3 S1/2의 지연값을 조금 감소시켜봅시다.

[예제 12-19] 지연값 조정

```
R3(config)# interface s1/2
R3(config-if)# delay 1999
```

시리얼 인터페이스의 기본적인 지연값이 20,000μs이므로 이렇게 조정하면 19,990 μs가 됩

KING of NETWORKING

니다. (실제값을 10으로 나눈값을 입력해야 합니다.) 설정 후 확인해보면 다음과 같이 R3 S1/2 인터페이스의 지연값이 변경됩니다.

[예제 12-20] 지연값 변경 확인

```
R3# show interface s1/2
Serial1/2 is up, line protocol is up
 Hardware is M4T
 Internet address is 1.1.23.3/24
 MTU 1500 bytes, BW 1544 Kbit/sec, DLY 19990 usec,
 (생략)
```

다시 R1의 EIGRP 토폴로지 테이블을 확인해봅시다.

[예제 12-21] R1의 EIGRP 토폴로지 테이블

```
R1# show ip eigrp topology all-links
IP-EIGRP Topology Table for AS(1)/ID(1.1.13.1)

Codes: P - Passive, A - Active, U - Update, Q - Query, R - Reply,
   r - reply Status, s - sia Status

P 1.1.10.0/24, 1 successors, FD is 28160, serno 1
   via Connected, FastEthernet0/1
P 1.1.12.0/24, 1 successors, FD is 2169856, serno 28
   via Connected, Serial1/1
P 1.1.13.0/24, 1 successors, FD is 28160, serno 3
   via Connected, FastEthernet0/0
P 1.1.20.0/24, 1 successors, FD is 2172416, serno 29
   via 1.1.12.2 (2172416/28160), Serial1/1
   via 1.1.13.3 (2174720/2172160), FastEthernet0/0
 (생략)
```

이제, 1.1.20.0/24 네트워크에 대해 R3의 RD가 2172160이 되어 FD 값 2172416보다 더 작다. 즉, FD > RD 조건을 만족하여 1.1.13.3이 피저블 섹세서가 되었습니다.

EIGRP가 라우팅 경로 결정시 사용하는 기준, 즉, 메트릭은 대역폭(bandwidth), 지연(delay), 신뢰도 (reliability), 부하(load), MTU(Maximum Transmission Unit) 및 홉 카운트(hop count)입니다. 이와 같은 각각의 메트릭을 벡터 메트릭(vector metric)이라고 합니다. EIGRP는 벡터 메트릭을 공식에 대입 하여 하나의 값을 계산한 다음, 이를 비교하여 우선순위를 결정합니다. 이처럼 하나의 값으로 계산된 메트릭을 복합 메트릭(composite metric)이라고 합니다. 복합 메트릭 계산식에서 신뢰도 및 부하와 연관된 상수값들을 0으로 하여 결과적으로 대역폭과 지연만 고려하여 경로가 선택되도록 합니다.

EIGRP 네트워크 조정

지금까지 EIGRP가 동작하는 방법에 대하여 살펴보았습니다. 이제부터 EIGRP의 장점 중의 하나인 언이퀄 코스트 부하 분산을 구현해 보고, EIGRP 네트워크 보안 대책에 대하여 살펴보기로 합니다.

언이퀄 코스트 부하 분산

EIGRP는 RIP, OSPF, IS-IS 등과 마찬가지로 동일한 메트릭 값을 갖는 경로에 대해 부하 분산(load balancing)을 지원합니다. 추가적으로, EIGRP는 다른 IGP에서 지원하지 않는, 메트릭 값이 다른 경로에 대한 부하 분산을 지원하며 이를 언이퀄 코스트 부하 분산(UCLB, Unequal Cost Load Balancing)이라고 합니다.

언이퀄 코스트 부하 분산이 되려면 다음과 같은 조건을 만족해야 합니다.

• 피저블 석세서(feasible successor)를 통하는 경로이어야 합니다. 즉, FD > RD인 경로이어야 합니다.

• 부하 분산시키고자 하는 경로의 메트릭 값이 FD*variance 값 이내이어야 합니다. 다음 그림의 R1에서 1.1.20.0/24 네트워크까지의 메트릭 값(FD)가 2,172,416입니다. 그리고 R1, R3, R2를 통하는 경로의 메트릭 값은 2,174,720입니다.

[그림 12-7] UCLB

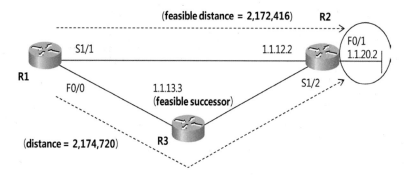

variance 값을 2로 지정하면 FD*2 = 4,344,832가 되어 R1, R3, R2를 통하는 경로의 메트릭 값이 이 범위에 들어오고, 언이퀄 코스트 부하분산이 이루어집니다. variance 값은 1-128 사이의 값을 사용할 수 있으며, 부하분산 비율이 아니라 부하분산 경로의 범위를 지정하는 역할을 합니다.

현재, 부하분산을 시킬 수 있는 경로가 하나뿐이므로 variance의 값은 2에서 128까지 어느 값을 사용해도 무관합니다. 실제 부하분산 비율은 메트릭 값에 역비례합니다. 다음과 같이 R1에서 언이퀄 코스트 부하분산을 설정해봅시다.

[예제 12-22] 언이퀄 코스트 부하분산 설정

```
R1(config)# router eigrp 1
R1(config-router)# variance 2
```

설정 후 R1의 라우팅 테이블을 보면 다음과 같이 1.1.20.0/24 네트워크에 대해서 부하분산이 이루어집니다.

[예제 12-23] R1의 라우팅 테이블

```
R1# show ip route
  (생략)
Gateway of last resort is not set


   1.0.0.0/24 is subnetted, 6 subnets
C    1.1.10.0 is directly connected, FastEthernet0/1
C    1.1.12.0 is directly connected, Serial1/1
C    1.1.13.0 is directly connected, FastEthernet0/0
D    1.1.20.0 [90/2174720] via 1.1.13.3, 00:00:06, FastEthernet0/0
                [90/2172416] via 1.1.12.2, 00:00:06, Serial1/1
D    1.1.23.0 [90/2172160] via 1.1.13.3, 00:00:06, FastEthernet0/0
                [90/2681856] via 1.1.12.2, 00:00:06, Serial1/1
D    1.1.30.0 [90/30720] via 1.1.13.3, 00:00:06, FastEthernet0/0
```

이상으로 EIGRP의 언이퀄 코스트 부하 분산에 대하여 살펴보았습니다.

EIGRP 라우팅 보안

다음 그림의 SW1에 접속된 PC에서 EIGRP 네트워크를 공격하는 경우를 생각해봅시다. PC에서 와이어샤크 등 패킷 캡처 프로그램을 사용하면 간단히 R1, R3이 전송하는 EIGRP 패킷을 볼 수 있고, EIGRP AS 번호 등을 확인할 수 있습니다.

해킹 프로그램이나 다이나밉스와 같은 에뮬레이터를 이용하여 PC에서 EIGRP 헬로 패킷을 전송하면 PC와 R1, R3 간에 네이버가 맺어집니다.

[그림 12-8] EIGRP 패킷 인증을 해야 하는 네트워크

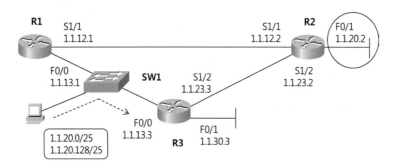

만약, R2에 접속된 1.1.20.0/24 네트워크로 가는 패킷을 PC로 전송하게 하거나, 아예 이 네트워크와의 통신이 불통되게 하려면 PC에서 1.1.20.0/25, 1.1.20.128/25와 같이 더 상세한 네트워크 정보를 광고하면 됩니다.

그러면, R1, R2, R3에서 1.1.20.0/24로 가는 패킷들은 모두 해커의 PC로 라우팅되고, 간단히 내부 네트워크가 해킹당하게 됩니다. 이와 같은 사태를 예방하려면 R1과 R3이 송수신하는 EIGRP 헬로 패킷을 인증(authentication)하면 됩니다. 즉, 사전에 양측 라우터에 동일한 암호를 지정하고, 헬로 패킷을 전송할 때 이 암호와 관련된 정보도 같이 보냅니다.

EIGRP 헬로 패킷을 수신한 상대방은 암호 정보가 자신의 것과 같으면 네이버를 맺고, 암호 정보가 없거나 틀리면 네이버를 맺지 않습니다. EIGRP는 네이버를 맺지 않으면 라우팅 정보를 받지 않으므로 결과적으로 해커가 보내는 잘못된 네트워크 정보가 차단됩니다. R1, R3에서 EIGRP 패킷을 인증하는 방법은 다음과 같습니다.

[예제 12-24] R1에서의 EIGRP 패킷 인증

```
① R1(config)# key chain MyKey
② R1(config-keychain)# key 1
③ R1(config-keychain-key)# key-string cisco
  R1(config-keychain-key)# exit
  R1(config-keychain)# exit

④ R1(config)# interface f0/0
⑤ R1(config-if)# ip authentication key-chain eigrp 1 MyKey
⑥ R1(config-if)# ip authentication mode eigrp 1 md5
```

① key chain 명령어 다음에 적당한 키 이름을 지정합니다. 키 이름은 대소문자를 구분합니다. 키 체인 이름은 네이버와 달라도 문제없습니다.

② 1에서 21억 사이의 적당한 수를 이용하여 키 번호를 지정합니다. 키 번호는 네이버와 동일해야 합니다.

KING of NETWORKING

③ **key-string** 명령어를 이용하여 암호를 지정합니다. 암호도 네이버와 일치해야 합니다.

④ 네이버와 연결되는 인터페이스의 설정 모드로 들어갑니다. 이처럼 EIGRP는 네이버 간에 인증을 설정합니다.

⑤ 앞서 만든 키 체인을 적용합니다.

⑥ 인증 방식을 MD5로 지정합니다. 이 명령어를 사용하기 전에는 EIGRP 패킷 인증이 동작하지 않습니다. MD5를 사용하면 실제 암호는 전송되지 않고, 암호를 이용하여 만든 코드만 보내어 보안성이 뛰어나다. 평문 인증 방식도 지원하는 RIP이나 OSPF와 달리 EIGRP는 인증 방식으로 MD5만 사용합니다.

R3의 설정은 다음과 같으며, 내용은 R1과 동일합니다.

[예제 12-25] R3에서의 EIGRP 패킷 인증

```
R3(config)# key chain EigrpKey
R3(config-keychain)# key 1
R3(config-keychain-key)# key-string cisco
R3(config-keychain-key)# exit
R3(config-keychain)# exit

R3(config)# interface f0/0
R3(config-if)# ip authentication key-chain eigrp 1 EigrpKey
R3(config-if)# ip authentication mode eigrp 1 md5
```

설정 후 다음과 같이 **debug eigrp packets hello** 명령어를 사용하여 디버깅해보면 MD5 인증 헬로 패킷을 수신했다는 것을 알려줍니다.

[예제 12-26] 인증 헬로 패킷 디버깅

```
R1# debug eigrp packets hello
EIGRP Packets debugging is on
  (HELLO)
R1#
00:48:05.827: EIGRP: received packet with MD5 authentication, key id = 1
00:48:05.831: EIGRP: Received HELLO on FastEthernet0/0 nbr 1.1.13.3
00:48:05.835:   AS 1, Flags 0x0, Seq 0/0 idbQ 0/0 iidbQ un/rely 0/0 peerQ un/rely 0/0
```

그리고 라우팅 테이블이나 네이버 테이블이 정상적이면 EIGRP 인증이 제대로 동작하고 있다고 판단할 수 있습니다. 이번에는 EIGRP 라우팅 보안이 필요한 또 다른 경우를 살펴봅시다. 다음 그림의 R3 F0/1 인터페이스에는 EIGRP 네이버 라우터가 없습니다. 이때에는 EIGRP 헬로를 송수신할 필요가 없습니다.

[그림 12-9] passive-interface 명령어가 필요한 경우

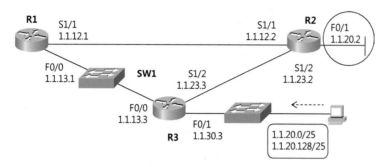

이를 위해서 R3에서 다음과 같이 패시브 인터페이스를 설정합니다.

[예제 12-27] 패시브 인터페이스 설정

```
R3(config)# router eigrp 1
R3(config-router)# passive-interface f0/1
```

passive-interface 명령어를 사용하면 해당 인터페이스로 EIGRP 헬로 패킷을 전송하지 않을 뿐만 아니라, 수신하지도 않으므로 네이버가 맺어지지 않습니다. 결과적으로 아주 강력한 EIGRP 보안대책이 됩니다.

이상으로 EIGRP를 설정하고 동작을 확인해보았습니다.

KING of NETWORKING

연습 문제

다음 그림과 같이 서울, 수원, 대전 사무실을 EIGRP로 연결하는 네트워크가 있다. 사무실 간의 트래픽이 많아져서 서울과 수원 간에 512kbps 회선을 증설했다.

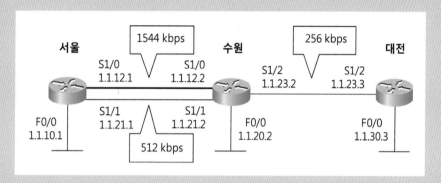

EIGRP는 시리얼 인터페이스의 실제 속도를 모르기 때문에 다음과 같이 각 라우터에서 bandwidth 명령어를 사용하여 실제 속도를 설정하고, 서울과 수원 간에는 UCLB(unequal cost load balancing)를 동작시켰다. 서울 라우터의 설정은 다음과 같다.

```
Seoul(config)# interface f0/0
Seoul(config-if)# ip address 1.1.10.1 255.255.255.0
Seoul(config-if)# exit

Seoul(config)# interface s1/0
Seoul(config-if)# ip address 1.1.12.1 255.255.255.0
Seoul(config-if)# bandwidth 1544
Seoul(config-if)# exit

Seoul(config)# interface s1/1
Seoul(config-if)# ip address 1.1.21.1 255.255.255.0
Seoul(config-if)# bandwidth 512
Seoul(config-if)# exit

Seoul(config)# router eigrp 1
Seoul(config-router)# network 1.1.10.1 0.0.0.0
Seoul(config-router)# network 1.1.12.1 0.0.0.0
Seoul(config-router)# network 1.1.21.1 0.0.0.0
Seoul(config-router)# variance 128
```

수원 라우터의 설정은 다음과 같다.

```
Suwon(config)# interface f0/0
Suwon(config-if)# ip address 1.1.20.2 255.255.255.0
Suwon(config-if)# exit

Suwon(config)# interface s1/0
Suwon(config-if)# ip address 1.1.12.2 255.255.255.0
Suwon(config-if)# bandwidth 1544
Suwon(config-if)# exit

Suwon(config)# interface s1/1
Suwon(config-if)# ip address 1.1.21.2 255.255.255.0
Suwon(config-if)# bandwidth 512
Suwon(config-if)# exit

Suwon(config)# interface s1/2
Suwon(config-if)# ip address 1.1.23.2 255.255.255.0
Suwon(config-if)# bandwidth 256
Suwon(config-if)# exit

Suwon(config)# router eigrp 1
Suwon(config-router)# network 1.1.20.2 0.0.0.0
Suwon(config-router)# network 1.1.12.2 0.0.0.0
Suwon(config-router)# network 1.1.21.2 0.0.0.0
Suwon(config-router)# network 1.1.23.2 0.0.0.0
Suwon(config-router)# variance 128
```

대전 라우터의 설정은 다음과 같다.

```
Daejeon(config)# interface f0/0
Daejeon(config-if)# ip address 1.1.30.3 255.255.255.0
Daejeon(config-if)# exit

Daejeon(config)# interface s1/2
Daejeon(config-if)# ip address 1.1.23.3 255.255.255.0
Daejeon(config-if)# bandwidth 256
Daejeon(config-if)# exit

Daejeon(config)# router eigrp 1
Daejeon(config-router)# network 1.1.30.3 0.0.0.0
Daejeon(config-router)# network 1.1.23.3 0.0.0.0
```

설정 결과, 서울 라우터의 라우팅 테이블은 다음과 같다.

```
Seoul# show ip route
   (생략)
Gateway of last resort is not set

   1.0.0.0/24 is subnetted, 6 subnets
C    1.1.10.0 is directly connected, FastEthernet0/0
C    1.1.12.0 is directly connected, Serial1/0
D    1.1.20.0 [90/5514496] via 1.1.21.2, 00:00:13, Serial1/1
                [90/2172416] via 1.1.12.2, 00:00:13, Serial1/0
C    1.1.21.0 is directly connected, Serial1/1
D    1.1.23.0 [90/11023872] via 1.1.21.2, 00:19:35, Serial1/1
                [90/11023872] via 1.1.12.2, 00:19:35, Serial1/0
D    1.1.30.0 [90/11026432] via 1.1.21.2, 00:14:36, Serial1/1
                [90/11026432] via 1.1.12.2, 00:14:36, Serial1/0
```

수원 라우터의 라우팅 테이블은 다음과 같다.

```
Suwon# show ip route
(생략)

Gateway of last resort is not set

   1.0.0.0/24 is subnetted, 6 subnets
D    1.1.10.0 [90/5514496] via 1.1.21.1, 00:20:36, Serial1/1
                [90/2172416] via 1.1.12.1, 00:20:36, Serial1/0
C    1.1.12.0 is directly connected, Serial1/0
C    1.1.20.0 is directly connected, FastEthernet0/0
C    1.1.21.0 is directly connected, Serial1/1
C    1.1.23.0 is directly connected, Serial1/2
D    1.1.30.0 [90/10514432] via 1.1.23.3, 00:15:37, Serial1/2
```

대전 라우터의 라우팅 테이블은 다음과 같다.

```
Daejeon# show ip route
   (생략)
Gateway of last resort is not set

   1.0.0.0/24 is subnetted, 6 subnets
D     1.1.10.0 [90/11026432] via 1.1.23.2, 00:19:59, Serial1/2
D     1.1.12.0 [90/11023872] via 1.1.23.2, 00:19:59, Serial1/2
D     1.1.20.0 [90/10514432] via 1.1.23.2, 00:01:48, Serial1/2
D     1.1.21.0 [90/11023872] via 1.1.23.2, 00:19:59, Serial1/2
C     1.1.23.0 is directly connected, Serial1/2
C     1.1.30.0 is directly connected, FastEthernet0/0
```

회선 증설후 서울과 수원 간의 통신속도가 빨라져서 직원들이 행복해하면서 식사를 같이 하자는 사람이 많았다. 그런데 서울과 대전 간의 속도는 옛날보다 더 느리다고 불평이 심했다. 심지어는 QoS인지 뭔지를 이용해서 자신만 느리게 한 게 아니냐고 항의하는 사람까지 있었다.

1. 왜 이런 일이 벌어질까? 다음 중 맞는 것을 하나만 고르시오.

  1) 대전 사무실 직원들의 기대가 너무 높아서 실제로는 속도가 빨라졌는데 못 느낀다.

  2) EIGRP의 라우팅 알고리즘인 DUAL의 특성 때문에 발생한 현상이다. 즉, EIGRP는 가장 느린 대역폭만 취하여 라우팅 계산을 하기 때문에 서울 라우터에서 보면 대전 네트워크 (1.1.30.0/24)로 가는 경로의 메트릭이 동일하여 서울과 수원 간에 UCLB가 일어나지 않는다. 따라서 대전으로 가는 트래픽은 1,544kbps와 512kbps 회선 간에 1:1로 부하분산이 일어나고, 과거 1,544kbps 회선만 사용할 때보다 속도가 오히려 더 느려질 수 있다.

2. 다음 중 이 문제를 해결할 수 있는 방법으로 적당한 것을 하나만 고르시오.

1) 수원에서 대전과 연결되는 S1/2 인터페이스의 대역폭을 1544kbps 이상으로 조정

2) 대전에서 수원과 연결되는 S1/2 인터페이스의 대역폭을 1544kbps 이상으로 조정

3) 대전 사무실에서 사용하는 IP 주소의 네트워크 대역을 변경

4) 대전 사무실과 수원 사무실을 합친다.

제13장

OSPF

OSPF 개요

OSPF 네트워크 조정

킹-오브-
네트워킹

OSPF 개요

OSPF(Open Shortest Path First)는 링크 상태(link state) 라우팅 프로토콜입니다. 즉, 다른 라우터들에게 전체 네트워크 구성을 파악하기 위하여 필요한 정보들을 광고합니다. 디스턴스 벡터 라우팅 프로토콜이 아니므로 스플릿 호라이즌이나 자동 축약이 적용되지 않습니다. 현재 사용되고 있는 OSPF는 버전 2이며 RFC 2328에 규정되어 있습니다. OSPF는 IP 패킷에서 프로토콜 번호 89번을 사용하여 라우팅 정보를 전송합니다. OSPF는 표준 프로토콜이어서 대부분의 제조사에서 지원하며, 가장 많이 사용되는 IGP입니다.

OSPF는 에어리어(area) 단위로 라우팅을 동작시킵니다. 따라서 적절한 설정을 통하여 특정 에어리어에서 발생하는 네트워크 변화가 다른 에어리어로는 전파되지 않게 할 수 있어 큰 규모의 네트워크에서도 안정된 운영을 할 수 있습니다.

OSPF 설정을 위한 테스트 네트워크 구축

OSPF 설정 및 동작 확인을 위하여 다음과 같은 테스트 네트워크를 구축합니다.

[그림 13-1] OSPF 테스트 네트워크

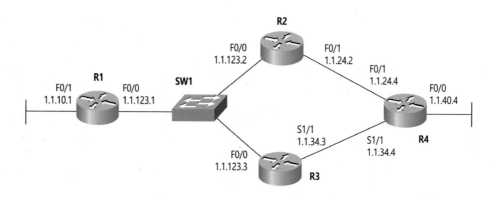

각 라우터 및 스위치를 동작시키고, 기본 설정을 합니다. 기본 설정이 끝나면 그림과 같이 라우터의 인터페이스에 IP 주소를 부여하고, 활성화시킵니다. IP 주소의 서브넷 마스크 길이는 24비트로 설정합니다. R3, R4 구간은 시리얼 인터페이스를 사용하여 구성합니다. 먼저, 다음과 같이 스위치 SW1에서 VLAN을 만들고 인터페이스에 VLAN 번호를 할당합시다.

KING of NETWORKING

[예제 13-1] SW1의 설정

```
SW1(config)# vlan 123,40
SW1(config-vlan)# exit

SW1(config)# interface range f1/1 - 3
SW1(config-if-range)# switchport mode access
SW1(config-if-range)# switchport access vlan 123
SW1(config-if-range)# exit

SW1(config)# interface f1/4
SW1(config-if)# switchport mode access
SW1(config-if)# switchport access vlan 40
SW1(config-if)# exit
```

SW2의 설정은 다음과 같습니다.

[예제 13-2] SW2의 설정

```
SW2(config)# vlan 10,24
SW2(config-vlan)# exit

SW2(config)# interface f1/1
SW2(config-if)# switchport mode access
SW2(config-if)# switchport access vlan 10
SW2(config-if)# exit

SW2(config)# interface range f1/2 , f1/4
SW2(config-if-range)# switchport mode access
SW2(config-if-range)# switchport access vlan 24
SW2(config-if-range)# exit
```

R1의 설정은 다음과 같습니다.

[예제 13-3] R1 인터페이스 설정

```
R1(config)# interface f0/1
R1(config-if)# ip address 1.1.10.1 255.255.255.0
R1(config-if)# no shut
R1(config-if)# interface f0/0
R1(config-if)# ip address 1.1.123.1 255.255.255.0
R1(config-if)# no shut
```

R2의 설정은 다음과 같습니다.

[예제 13-4] R2 인터페이스 설정

```
R2(config)# interface f0/0
R2(config-if)# ip address 1.1.123.2 255.255.255.0
R2(config-if)# no shut
R2(config-if)# exit

R2(config)# interface f0/1
R2(config-if)# ip address 1.1.24.2 255.255.255.0
R2(config-if)# no shut
```

R3의 설정은 다음과 같습니다.

[예제 13-5] R3 인터페이스 설정

```
R3(config)# interface f0/0
R3(config-if)# ip address 1.1.123.3 255.255.255.0
R3(config-if)# no shut
R3(config-if)# exit

R3(config)# interface s1/1
R3(config-if)# ip address 1.1.34.3 255.255.255.0
R3(config-if)# no shut
```

R4의 설정은 다음과 같습니다.

[예제 13-6] R4 인터페이스 설정

```
R4(config)# interface f0/0
R4(config-if)# ip address 1.1.40.4 255.255.255.0
R4(config-if)# no shut
R4(config-if)# exit

R4(config)# interface f0/1
R4(config-if)# ip address 1.1.24.4 255.255.255.0
R4(config-if)# no shut
R4(config-if)# exit

R4(config)# interface s1/1
R4(config-if)# ip address 1.1.34.4 255.255.255.0
R4(config-if)# no shut
```

설정이 끝나면 각 라우터에서 직접 접속된 네트워크들이 라우팅 테이블에 보이는지 확인합

KING of NETWORKING

니다. 예를 들어, R1의 라우팅 테이블은 다음과 같습니다.

[예제 13-7] R1의 라우팅 테이블

```
R1# show ip route
   (생략)
Gateway of last resort is not set

     1.0.0.0/8 is variably subnetted, 4 subnets, 2 masks
C    1.1.10.0/24 is directly connected, FastEthernet0/1
L    1.1.10.1/32 is directly connected, FastEthernet0/1
C    1.1.123.0/24 is directly connected, FastEthernet0/0
L    1.1.123.1/32 is directly connected, FastEthernet0/0
```

인접한 동일 네트워크까지의 통신을 핑으로 확인합니다. 예를 들어, R1에서의 확인 결과는 다음과 같습니다.

[예제 13-8] R1에서의 핑 테스트

```
R1# ping 1.1.123.2

Type escape sequence to abort.
Sending 5, 100-byte ICMP Echos to 1.1.123.2, timeout is 2 seconds:
.!!!!
Success rate is 80 percent (4/5), round-trip min/avg/max = 32/100/168 ms

R1# ping 1.1.123.3

Type escape sequence to abort.
Sending 5, 100-byte ICMP Echos to 1.1.123.3, timeout is 2 seconds:
.!!!!
Success rate is 80 percent (4/5), round-trip min/avg/max = 36/90/152 ms
```

이상으로 OSPF 설정 및 동작 확인을 위한 네트워크 구성이 완료되었습니다.

기본적인 OSPF 설정

다음 그림과 각 라우터에서 기본적인 OSPF를 설정합니다.

[그림 13-2] OSPF 에어리어

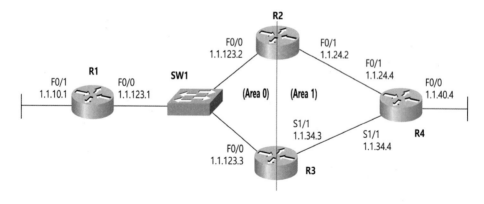

OSPF가 동작하는 라우터의 각 인터페이스는 하나의 에어리어(area)에 소속됩니다. 이 책에서는 그림과 같이 에어리어를 구성하기로 합니다. R1의 설정은 다음과 같습니다.

[예제 13-9] R1의 기본적인 OSPF 설정

① R1(config)# **router ospf 1**
② R1(config-router)# **router-id 1.1.1.1**
③ R1(config-router)# **network 1.1.10.1 0.0.0.0 area 0**
 R1(config-router)# **network 1.1.123.1 0.0.0.0 area 0**

① **router ospf** 명령어를 사용하여 OSPF 설정 모드로 들어갑니다. 이때 사용하는 수를 프로세스(process) ID라고 하며, 1에서 65535 사이의 적당한 값을 사용합니다. 프로세스 ID는 동일한 라우터에서 복수 개의 OSPF 프로세스를 동작시킬 때 서로 구분하기 위한 목적으로 사용합니다. 프로세스 ID는 라우터별로 다른 값을 가져도 상관없습니다.

② 라우터 ID를 지정합니다. OSPF와 같은 링크 상태 라우팅 프로토콜은 라우팅 정보 전송시 목적지 네트워크, 메트릭 값과 더불어 해당 라우팅 정보를 만든 라우터와 해당 라우팅 정보를 전송하는 라우터가 어느 것인지도 알려줍니다. 이때 사용하는 것이 라우터 ID입니다. 따라서 OSPF에서는 변동되지 않는 IP 주소를 라우터 ID로 사용하는 것이 중요합니다.

특별히 지정하지 않아도 자동으로 라우터 ID가 결정되지만, 라우터의 루프백 주소를 라우터 ID로 직접 지정하는 것이 안전합니다. 라우터 ID로 사용하는 네트워크는 OSPF에 포함시키지 않아도 됩니다. 뿐만 아니라, 예에서와 같이 현재의 라우터에 설정되어 있지 않은 IP 주소를 라우터 ID로 사용해도 됩니다.

직접 라우터 ID를 지정하지 않으면 OSPF가 설정될 당시 동작 중인 인터페이스의 IP 주소 중에서 자동으로 선택합니다. 만약, 루프백 인터페이스에 IP 주소가 설정되어 있으면 그 중에서 가장 높은 것이 라우터 ID가 됩니다. 루프백 인터페이스가 없으면, 동작 중인 물리적

인 인터페이스 중 가장 높은 IP 주소가 라우터 ID가 됩니다.

③ network 명령어와 함께 OSPF에 포함시킬 인터페이스의 IP 주소, 와일드카드 및 에어리어를 지정합니다. 에어리어가 하나일 때에는 에어리어 번호를 아무 것이나 사용해도 됩니다. 그러나 두개 이상의 에어리어로 구성할 때에는 그 중 하나는 반드시 에어리어 번호를 0 또는 0.0.0.0으로 설정해야 합니다. 그리고, 다른 에어리어들은 항상 백본(backbone) 에어리어라고 부르는 에어리어 0 또는 0.0.0.0과 물리적으로 직접 연결되어야 합니다.

R2의 설정은 다음과 같습니다.

[예제 13-10] R2의 기본적인 OSPF 설정

```
R2(config)# router ospf 1
R2(config-router)# router-id 1.1.2.2
R2(config-router)# network 1.1.123.2 0.0.0.0 area 0
R2(config-router)# network 1.1.24.2 0.0.0.0 area 1
```

R2는 에어리어 0과 에어리어 1에 소속되어 있습니다. 이처럼 두 개 이상의 에어리어에 걸쳐 있는 라우터를 ABR(area border router)라고 합니다. R3의 설정은 다음과 같습니다.

[예제 13-11] R3의 기본적인 OSPF 설정

```
R3(config)# router ospf 1
R3(config-router)# router-id 1.1.3.3
R3(config-router)# network 1.1.123.3 0.0.0.0 area 0
R3(config-router)# network 1.1.34.3 0.0.0.0 area 1
```

R4의 설정은 다음과 같습니다.

[예제 13-12] R4의 기본적인 OSPF 설정

```
R4(config)# router ospf 1
R4(config-router)# router-id 1.1.4.4
R4(config-router)# network 1.1.24.4 0.0.0.0 area 1
R4(config-router)# network 1.1.34.4 0.0.0.0 area 1
R4(config-router)# network 1.1.40.4 0.0.0.0 area 1
```

설정이 끝난 후 조금 기다렸다가, 각 라우터에서 라우팅 테이블을 확인해보면 모든 네트워크가 보입니다. 예를 들어, R1의 라우팅 테이블은 다음과 같습니다.

[예제 13-13] R1의 라우팅 테이블

```
R1# show ip route
  (생략)
Gateway of last resort is not set

   1.0.0.0/24 is subnetted, 5 subnets
C    1.1.10.0 is directly connected, FastEthernet0/1
O IA 1.1.24.0 [110/65] via 1.1.123.2, 00:06:20, FastEthernet0/0
O IA 1.1.34.0 [110/65] via 1.1.123.3, 00:06:30, FastEthernet0/0
O IA 1.1.40.0 [110/66] via 1.1.123.3, 00:06:30, FastEthernet0/0
                [110/66] via 1.1.123.2, 00:06:20, FastEthernet0/0
C    1.1.123.0 is directly connected, FastEthernet0/0
```

OSPF를 통하여 전송받은 정보 중 다른 에어리어에 소속된 네트워크 앞에는 'IA O'라는 기호가 표시됩니다. R2의 라우팅 테이블을 확인해보면 다음과 같이 동일한 에어리어에 소속된 네트워크 앞에는 'O'라는 기호가 표시됩니다.

[예제 13-14] R2의 라우팅 테이블

```
R2# show ip route
  (생략)
Gateway of last resort is not set

   1.0.0.0/24 is subnetted, 5 subnets
O    1.1.10.0 [110/2] via 1.1.123.1, 00:07:28, FastEthernet0/0
C    1.1.24.0 is directly connected, Serial1/0.24
O    1.1.34.0 [110/128] via 1.1.24.4, 00:07:38, Serial1/0.24
O    1.1.40.0 [110/65] via 1.1.24.4, 00:07:38, Serial1/0.24
C    1.1.123.0 is directly connected, FastEthernet0/0
```

OSPF를 통하여 전송받은 네트워크와 정상적인 통신이 이루어지는지 핑으로 확인합니다. 예를 들어, R1에서는 다음과 같이 확인합니다.

[예제 13-15] 핑 테스트

```
R1# ping 1.1.40.4 source 1.1.10.1
Type escape sequence to abort.
Sending 5, 100-byte ICMP Echos to 1.1.40.4, timeout is 2 seconds:
Packet sent with a source address of 1.1.10.1
!!!!!
Success rate is 100 percent (5/5), round-trip min/avg/max = 1/58/108 ms
```

KING of NETWORKING

핑이 모두 성공하면 기본적인 OSPF 설정이 끝났습니다.

OSPF 네이버

OSPF는 헬로 패킷을 이용하여 인접한 라우터와 먼저 네이버를 구성합니다. OSPF 헬로 (hello) 패킷은 네트워크의 종류에 따라 10초 또는 30초마다 전송됩니다. 연속해서 4개의 헬로 패킷을 수신하지 못하면 네이버 관계를 해제하며, 이 타이머를 데드 주기(dead interval) 라고 합니다.

OSPF는 인접 라우터에게서 헬로 패킷을 수신하고, 헬로 패킷에 포함된 네이버 리스트에 자신의 라우터 ID가 포함되어 있으면 그 라우터를 네이버(neighbor)라고 간주합니다. 이때, 헬로 패킷에 기록된 에어리어 ID, 암호, 서브넷 마스크 길이, 헬로/데드 주기, 스텁 에어리어 표시가 서로 동일해야 합니다.

이더넷과 포인트 투 포인트 네트워크에서 OSPF 헬로 패킷의 목적지 IP 주소는 224.0.0.5를 사용합니다. 네이버를 확인하려면 **show ip ospf neighbor** 명령어를 사용합니다. R2에서 확인한 결과는 다음과 같습니다.

[예제 13-16] R2에서 OSPF 네이버 확인하기

```
R2# show ip ospf neighbor

①              ②      ③              ④           ⑤          ⑥
Neighbor ID    Pri    State          Dead Time   Address    Interface
1.1.1.1        1      FULL/DROTHER   00:00:31    1.1.123.1  FastEthernet0/0
1.1.3.3        1      FULL/DR        00:00:37    1.1.123.3  FastEthernet0/0
1.1.4.4        0      FULL/ -        00:00:33    1.1.24.4   Serial1/0.24
```

① 네이버의 라우터 ID를 표시합니다.

② 네이버의 OSPF 우선순위를 표시합니다. OSPF 우선순위는 다음에 설명합니다.

③ OSPF 네이버 상태와 역할을 표시합니다. 상태가 'Full'인 것은 네이버와 라우팅 정보 교환이 끝났음을 의미합니다.

이더넷에 접속된 모든 OSPF 라우터끼리 일일이 라우팅 정보를 교환하면 트래픽이 많이 발생할 수 있습니다. 이를 피하기 위하여 이더넷에서 OSPF는 라우팅 정보를 하나의 대표 라우터에게만 보내고, 이 라우터가 나머지 라우터에게 중계합니다.

이와 같이 라우팅 정보 중계 역할을 하는 라우터를 DR(Designated Router)이라고 하며, DR에 장애가 발생하면 대신 DR 역할을 하는 라우터를 BDR(Backup DR)이라고 합니다.

그리고 DR도 BDR도 아닌 라우터를 DROTHER 라우터라고 합니다.

DR, BDR은 포인트 투 포인트 네트워크에서는 사용하지 않습니다. DR/BDR은 다음과 같은 기준 및 순서에 의해서 선출됩니다.

- 인터페이스의 OSPF 우선순위(priority)가 가장 높은 라우터가 DR이 됩니다.
- 만약 인터페이스의 OSPF 우선순위가 모두 동일하면(기본 값이 1이다), 라우터 ID가 높은 것이 DR, 그 다음이 BDR이 됩니다. 앞서 R2에서 **show ip ospf neighbor** 명령어를 사용하여 확인한 결과를 그림으로 나타내면 다음과 같습니다.

[그림 13-3] DR과 BDR

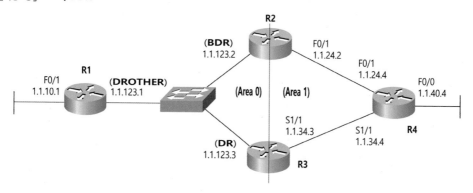

네이버는 직접 접속되어 있는 라우터 간에 맺어집니다. 따라서 R2는 이더넷 인터페이스를 통하여 R1, R3과 네이버를 맺고, 시리얼 인터페이스를 통하여 R4와 네이버를 맺습니다. 이더넷 방향에서 R3이 라우터 ID가 가장 높아 DR이 되었고, R2가 BDR, R1이 DROTHER가 되었습니다. 그리고 시리얼에는 포인트 투 포인트 인터페이스를 사용했기 때문에 DR/BDR을 선출하지 않습니다. 따라서 DR/BDR 표시가 되지 않습니다.

④ 남아 있는 데드 주기(dead interval)을 표시합니다. 즉, 이 시간 이내에 헬로 패킷을 수신하지 못하면 해당 네이버를 삭제합니다.

⑤ 네이버의 인터페이스에 설정된 IP 주소를 표시합니다.

⑥ 네이버와 연결되는 인터페이스를 표시합니다.

EIGRP는 모든 네이버 간에 라우팅 정보를 교환합니다. 그러나 OSPF는 라우팅 정보를 교환하는 네이버를 어드제이선트(adjacent) 네이버라고 하며, 이들 간에만 라우팅 정보를 교환합니다. DROTHER 라우터끼리는 어드제이선트 네이버가 되지 못합니다.

OSPF 네이버 상태의 변화

일반적으로 OSPF가 설정된 인터페이스에서 네이버의 상태는 네이버가 없는 다운(down)

상태에서 시작하여 네이버와 라우팅 정보 교환을 끝낸 풀(full) 상태로 변합니다. OSPF의 네이버 상태 변화 단계를 좀 더 구체적으로 알아봅시다.

- **다운(down) 상태**
  네이버에게서 헬로 패킷을 받지 못한 상태입니다.

- **이닛(init) 상태**
  네이버에게서 헬로 패킷을 받았으나 상대 라우터는 아직 나의 헬로 패킷을 수신하지 못한 상태입니다. 이 경우, 상대방이 보낸 헬로 패킷의 네이버 리스트(neighbor list)에 나의 라우터 ID가 없습니다.

- **투 웨이(two-way) 상태**
  네이버와 쌍방향 통신이 이루어진 상태입니다. 즉, 상대 라우터가 보낸 헬로 패킷내의 네이버 리스트에 나의 라우터 ID가 포함되어 있습니다. 멀티 액세스 네트워크(이더넷 등)라면 이 단계에서 DR과 BDR을 선출합니다. 이 경우, 처음 네이버가 맺어지면 DR/BDR 선출을 위한 공정한 기회를 주기 위하여 웨이트 타임(wait time)이라고 하는 기간 동안 기다립니다. 웨이트 타임은 데드 주기와 같습니다. 그러나 한 번 네이버가 맺어진 후, 장애로 인하여 끊겼다가 다시 네이버가 맺어지는 경우에는 웨이트 타임을 기다리지 않고 바로 DR/BDR을 선출합니다.

- **엑스스타트(exstart) 상태**
  라우팅 정보를 교환하는 어드제이션트(adjacent) 네이버가 되는 첫 단계입니다. 마스터(master) 라우터와 슬레이브(slave) 라우터를 선출합니다.

- **익스체인지(exchange) 상태**
  OSPF의 라우팅 정보를 LSA(Link State Advertisement)라고 합니다. 이 LSA를 저장하는 장소를 링크 상태 데이터베이스라고 합니다. 링크 상태 데이터베이스에는 OSPF 라우터 자신이 알고 있는 모든 상세 네트워크 정보가 저장되어 있습니다. 익스체인지 상태에서는 LSA의 헤더(header)만을 DDP(Database Description Packet) 또는 DBD(DataBase Description)라고 부르는 패킷에 담아 상대방에게 전송합니다.

- **로딩(loading) 상태**
  상대로부터의 DDP 패킷 수신이 끝난 후, 자신에게 없는 정보가 있으면, 링크 상태 요청 패킷을 보내어 특정 LSA의 상세 정보를 보내줄 것을 요청하여 해당 정보를 수신하는 단계입니다.

- 풀(full) 상태

어드제이션트 라우터들 간에 라우팅 정보교환이 끝난 상태입니다. 이제, 어드제이션트 라우터들의 링크 상태 데이터베이스의 내용이 모두 일치하게 됩니다.

OSPF는 네이버 라우터와 라우팅 정보(LSA) 교환을 끝낸 다음 5초를 기다린 후 라우팅 알고리즘 계산을 하고 그 결과를 라우팅 테이블에 기록합니다. OSPF가 최적 경로 계산을 위해서 사용하는 라우팅 알고리즘을 SPF(Shortest Path First) 또는 다이크스트라(Dijkstra) 알고리즘이라고 합니다.

OSPF 메트릭

OSPF의 메트릭을 코스트(cost)라고 부르며, 출발지부터 목적지까지의 각 인터페이스에서 기준 대역폭(reference bandwidth)을 실제 대역폭으로 나눈 값의 합계입니다. 시스코 IOS의 OSPF 기준 대역폭은 10^8입니다.

[그림 13-4] OSPF 코스트 계산에 사용되는 인터페이스

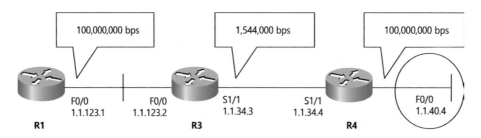

예를 들어, 앞 네트워크 R1에서 R4의 1.1.40.0/24 네트워크에 대한 OSPF 코스트는 목적지까지 가는 경로상에 존재하는 모든 인터페이스의 OSPF 코스트 값들을 합친 것입니다. R1의 F0/0, R2의 Serial 1/0.24 및 R4의 F0/1의 대역폭 값이 각각 100,000,000bps, 1,544,000bps 및 100,000,000bps이므로 코스트는 각각 1(10^8/100,000,000), 64 (10^8/1,544,000), 1 (10^8/100,000,000)이 됩니다.

코스트 계산 시 소수점 이하의 수는 버립니다. 그러나 전체 코스트 값이 1미만이면 1로 계산합니다. 결과적으로 R1에서 1.1.40.0/24 네트워크까지의 코스트 값은 66(1 + 64 + 1)입니다. R1에서 라우팅 테이블을 보면 1.1.40.0/24 네트워크의 메트릭(코스트)이 66으로 설정되어 있습니다.

```
R1# show ip route
  (생략)
O IA   1.1.40.0 [110/66] via 1.1.123.3, 00:35:55, FastEthernet0/0
               [110/66] via 1.1.123.2, 00:35:55, FastEthernet0/0
C      1.1.123.0 is directly connected, FastEthernet0/0
```

이상으로 OSPF의 동작 방식에 대하여 살펴보았습니다.

OSPF 네트워크 조정

지금까지 기본적인 OSPF 설정 및 동작 방식에 대해서 살펴보았습니다. 이제부터 OSPF의 동작을 조정하는 방법을 몇 가지 살펴봅시다.

OSPF 타이머 조정

OSPF는 이더넷과 포인트 투 포인트 인터페이스에서 10초마다 헬로 패킷을 전송합니다. 빠른 장애복구를 위하여 이 타이머를 좀 더 줄일 필요가 있는 경우에 다음과 같이 조정합니다. 예를 들어, R1의 F0/0 인터페이스에서 OSPF 헬로 타이머를 5초로 조정해봅시다.

[예제 13-18] 헬로 타이머 조정

```
R1(config)# interface f0/0
R1(config-if)# ip ospf hello-interval 5
```

데드 주기인 약 40초가 지나면 다음과 같이 OSPF 네이버가 끊깁니다.

[예제 13-19] OSPF 네이버 해제

```
R1#
05:07:00.846: %OSPF-5-ADJCHG: Process 1, Nbr 1.1.3.3 on FastEthernet0/0 from FULL to
DOWN, Neighbor Down: Dead timer expired
R1#
05:07:03.422: %OSPF-5-ADJCHG: Process 1, Nbr 1.1.2.2 on FastEthernet0/0 from INIT to DOWN,
Neighbor Down: Dead timer expired
```

그 이유는 OSPF는 네이버 간 헬로 주기가 달라졌기 때문입니다. 따라서 다음과 같이 R2, R3에서도 동일하게 헬로 주기를 조정해주어야 합니다.

[예제 13-20] R2, R3에서의 헬로 주기 조정

```
R2(config)# interface f0/0
R2(config-if)# ip ospf hello-interval 5

R3(config)# interface f0/0
R3(config-if)# ip ospf hello-interval 5
```

잠시 후 다시 네이버가 살아납니다.

[예제 13-21] 네이버가 맺어짐

```
R3(config-if)#
05:09:23.994: %OSPF-5-ADJCHG: Process 1, Nbr 1.1.1.1 on FastEthernet0/0 from LOADING to
FULL, Loading Done
```

R1에서 **show ip ospf interface f0/0** 명령어를 사용하여 확인해보면 다음과 같이 데드 주기도 자동으로 헬로 주기의 4배로 변경되었습니다.

[예제 13-22] 데드 주기와 헬로 주기의 관계

```
R1# show ip ospf interface f0/0
FastEthernet0/0 is up, line protocol is up
  Internet Address 1.1.123.1/24, Area 0
  Process ID 1, Router ID 1.1.1.1, Network Type BROADCAST, Cost: 1
  Transmit Delay is 1 sec, State DROTHER, Priority 1
  Designated Router (ID) 1.1.3.3, Interface address 1.1.123.3
  Backup Designated router (ID) 1.1.2.2, Interface address 1.1.123.2
  Old designated Router (ID) 1.1.1.1, Interface address 1.1.123.1
  Flush timer for old DR LSA due in 00:01:41
  Timer intervals configured, Hello 5, Dead 20, Wait 20, Retransmit 5
  (생략)
```

이처럼 OSPF 헬로 주기를 변경하면 따라서 데드 주기도 변경됩니다. 그러나 데드 주기를 변경한다고 따라서 헬로 주기가 변경되지는 않습니다. 데드 주기를 변경하려면 인터페이스에서 **ip ospf dead-interval** 명령어를 사용합니다.

OSPF 라우팅 보안

다른 라우팅 프로토콜과 마찬가지로 OSPF도 패킷 인증 기능을 이용하여 보안을 강화시킬 수 있습니다. 네이버 간에만 인증을 구현하는 RIP, EIGRP 및 BGP와는 달리, OSPF는 네이버 인증 외에 특정 에어리어 전체를 인증할 수 있습니다.

암호키 교환방식으로 MD5만을 사용하는 EIGRP와 달리 OSPF는 MD5와 평문 암호 교환 방식도 지원합니다. 그러나 평문 암호는 보안성이 거의 없어 잘 사용하지 않습니다.

[그림 13-5] OSPF 패킷 인증

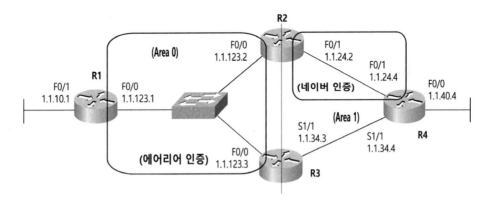

앞의 그림에서 에어리어 0을 MD5로 인증하는 방법은 다음과 같습니다.

[예제 13-23] 에어리어 0 MD5 인증

```
R1(config)# router ospf 1
R1(config-router)# area 0 authentication message-digest
R1(config-router)# exit
R1(config)# interface f0/0
R1(config-if)# ip ospf message-digest-key 1 md5 cisco

R2(config)# router ospf 1
R2(config-router)# area 0 authentication message-digest
R2(config-router)# exit
R2(config)# interface f0/0
R2(config-if)# ip ospf message-digest-key 1 md5 cisco

R3(config)# router ospf 1
R3(config-router)# area 0 authentication message-digest
R3(config-router)# exit
R3(config)# interface f0/0
R3(config-if)# ip ospf message-digest-key 1 md5 cisco
```

에어리어 인증을 하려면 OSPF 라우팅 프로세스로 들어가서 인증키 교환방식을 정의하고, 네이버와 연결되는 인터페이스에서 암호를 지정합니다. 이때 암호 및 키 번호가 네이버 간에 일치해야 합니다.

이번에는 R2, R4 간에 OSPF MD5 네이버 인증을 설정해봅시다.

[예제 13-24] OSPF MD5 네이버 인증

```
R2(config)# interface s1/0.24
R2(config-subif)# ip ospf authentication message-digest
R2(config-subif)# ip ospf message-digest-key 1 md5 cisco

R4(config)# interface s1/0.24
R4(config-subif)# ip ospf authentication message-digest
R4(config-subif)# ip ospf message-digest-key 1 md5 cisco
```

OSPF 네이버 인증을 설정할 때에는 인증방식과 암호를 모두 인터페이스에서 지정합니다. EIGRP와 마찬가지로 다음 그림의 R1, R4에서 종단장치가 접속되는 F0/1 인터페이스에 OSPF 헬로 패킷의 송수신을 차단하면 아주 강력한 IGP 보안대책이 됩니다. 실제로 IGP의 보안대책이 가장 필요한 위치는 종단장치가 접속되는 부분입니다.

[그림 13-6] 패시브 인터페이스 설정이 필요한 위치

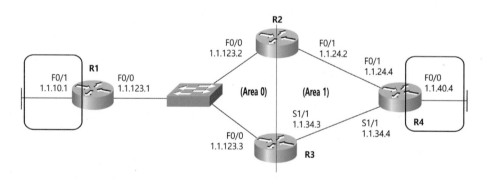

이를 위한 설정은 다음과 같습니다.

[예제 13-25] 패시브 인터페이스 설정하기

```
R1(config)# router ospf 1
R1(config-router)# passive-interface f0/1

R4(config)# router ospf 1
R4(config-router)# passive-interface f0/1
```

이제, F0/1 인터페이스를 통한 OSPF 헬로 패킷 송수신이 차단됩니다.

OSPF 디폴트 루트

OSPF를 이용하여 디폴트 루트를 광고하는 방법에 대하여 살펴봅시다. 예를 들어, R2에서 R1로 디폴트 루트를 설정하고 이를 다른 라우터로 광고하는 방법은 다음과 같습니다.

[예제 13-26] 디폴트 루트 설정하기

```
① R2(config)# ip route 0.0.0.0 0.0.0.0 1.1.123.1

  R2(config)# router ospf 1
② R2(config-router)# default-information originate
```

① 정적 경로를 이용하여 디폴트 루트를 설정합니다.
② OSPF 프로세서 내에서 다른 네이버에게 디폴트 루트를 광고합니다. 이 경우 정적 경로로 설정된 디폴트 루트가 다운되면 다른 네이버에게 디폴트 루트를 광고하지 않습니다. 만약, 항상 디폴트 루트를 광고하려면 **default-information originate always** 옵션을 사용합니다. 설정 후 R2의 라우팅 테이블은 다음과 같습니다.

[예제 13-27] R2의 라우팅 테이블

```
R2# show ip route
   (생략)
Gateway of last resort is 1.1.123.1 to network 0.0.0.0
   (생략)
S*  0.0.0.0/0 [1/0] via 1.1.123.1
```

R4의 라우팅 테이블을 보면 다음과 같이 OSPF를 통하여 디폴트 루트를 광고받습니다.

[예제 13-28] OSPF를 통하여 광고받은 디폴트 루트

```
R4# show ip route
   (생략)
O*E2 0.0.0.0/0 [110/1] via 1.1.34.3, 00:05:53, Serial1/0.34
        [110/1] via 1.1.24.2, 00:05:53, Serial1/0.24
```

이상으로 OSPF에 대해서 살펴보았습니다.

연습 문제

1. OSPF의 동작에 필요한 타이머 값에 대한 다음 표를 완성하시오.

이벤트	시간 (초)
이더넷에서 OSPF가 헬로를 전송하는 주기	
이더넷의 경우 투웨이 상태에서 대기하는 시간 (웨이트 타이머)	
OSPF가 네트워크를 계산하기 전 기다리는 시간	

2. 다음 중 OSPF 네이버가 되기 위한 조건이 아닌 것은?

    1) 헬로 시간과 데드 시간(dead interval)이 같아야 한다.

    2) 동일한 에어리어에 소속되어야 한다.

    3) 네이버의 인터페이스에 설정된 서브넷 마스크 길이가 같아야 한다.

    4) 라우터 ID가 동일해야 한다.

3. 다음 표의 빈칸에 들어갈 적당한 OSPF 상태 이름을 보기에서 찾아 넣으시오.

순서	상태 이름	동작
1		수신한 헬로 패킷의 네이버 리스트에 나의 라우터 ID가 없다
2		이더넷인 경우, DR/BDR을 선출한다
3		DBD 교환을 위한 준비를 한다
4		DBD를 교환한다
5		LSA를 교환한다
6		네이버간 링크상태 데이터베이스의 내용이 동일하다

(보기)

---
① 로딩(loading) 상태 ② 투웨이(2-way) 상태 ③ 이닛(init) 상태
④ 익스체인지(exchange) 상태 ⑤ 엑스 스타트(ex-start) 상태 ⑥ 풀(full) 상태

KING of NETWORKING

제14장

BGP

eBGP 설정

eBGP 동작 확인

킹-오브-
네트워킹

eBGP 설정

BGP(Border Gateway Protocol)는 서로 다른 조직의 네트워크를 연결할 때 사용하는 라우팅 프로토콜입니다. 예를 들어, 기업체, 학교, 정부 기관 등이 두 개 이상의 인터넷 사업자(ISP, Internet Service Provider, 인터넷 망)와 연결할 때 BGP를 사용합니다. 그리고 인터넷 사업자들끼리의 네트워크를 연결할 때에도 BGP를 사용합니다.

하나의 링크만 사용하여 연결하는 것을 싱글 호밍(single homing)이라고 하며, 두 개 이상의 링크를 사용하는 것을 멀티 호밍이라고 합니다. 대부분의 BGP는 멀티 호밍을 사용하나, 네트워크 입문 과정에서는 설정 및 동작이 간단한 싱글 호밍에 대해서만 살펴보기로 합니다.

BGP를 설정할 때에는 하나의 조직당 하나의 BGP 번호를 사용하는데 이 번호를 AS(Autonomous System) 번호라고 합니다. 동일한 네트워크 내부에서도 BGP를 사용할 수 있는데 이를 내부 BGP(iBGP, internal BGP)라고 합니다. 이 책에서는 서로 다른 조직 사이에서 동작하는 외부 BGP(eBGP, external BGP)에 대해서만 다루기로 합니다.

BGP 개요

주로 멀티캐스트 방식으로 라우팅 정보를 전송하는 IGP(Interior Gateway Protocol)와 달리 BGP는 유니캐스트 방식으로 라우팅 정보를 전송하며, TCP 포트 번호 179번을 사용하여 신뢰성있는 통신을 합니다.

현재 사용되는 BGP는 버전 4이고, 보통 'BGP4'라고 부릅니다. IGP는 각 라우팅 프로토콜이 사용하는 메트릭에 따라 가장 '빠른' 경로를 최적 경로로 선택하지만 BGP는 라우팅의 성능보다는 조직 간에 계약된 정책에 따라 최적 경로를 결정합니다.

BGP와 IGP의 차이를 살펴봅시다. IGP는 하나의 조직이 자신의 IGP 전체를 관리합니다. 따라서 라우팅 정책을 다른 조직에 구애받지 않고 설정할 수 있습니다. 그러나 BGP는 수많은 AS로 구성되어 있고, 그 중의 하나인 해당 조직의 AS에서 라우팅 정책을 설정하여 원하는 라우팅이 이루어지게 해야 합니다.

IGP는 장애발생 시 해당 조직의 라우팅에만 영향을 미칩니다. 그러나 BGP는 장애발생 시 잘못되면 한 국가 또는 전세계의 네트워크에 영향을 미칠 수도 있습니다. 일반적인 조직에서 IGP에 의해 유지되는 네트워크(프리픽스) 수는 작게는 두어개에서 많아도 수천개를 넘지 않지만 BGP는 보통 수만 개에서 수십만 개 이상의 네트워크가 라우팅 테이블에 인스톨됩니다.

eBGP 설정을 위한 테스트 네트워크 구축

eBGP 설정 및 동작 확인을 위하여 다음과 같은 테스트 네트워크를 구축합니다. 그림에서 굵은선으로 표시된 구간이 SW1을 통하여 연결된 부분입니다.

[그림 14-1] SW1을 통하여 연결된 구간

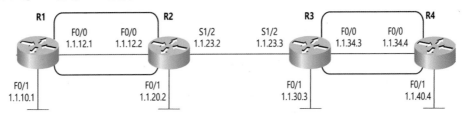

이를 위하여 다음과 같이 스위치 SW1에서 VLAN을 만들고 포트에 VLAN 번호를 할당합시다.

[예제 14-1] SW1의 설정

```
SW1(config)# vlan 12,34
SW1(config-vlan)# exit

SW1(config)# interface range f1/1 - 2
SW1(config-if-range)# switchport mode access
SW1(config-if-range)# switchport access vlan 12
SW1(config-if-range)# exit

SW1(config)# interface range f1/3 - 4
SW1(config-if-range)# switchport mode access
SW1(config-if-range)# switchport access vlan 34
```

다음 그림에서 굵은선으로 표시된 구간이 SW2를 통하여 연결된 부분입니다.

[그림 14-2] SW2를 통하여 연결된 구간

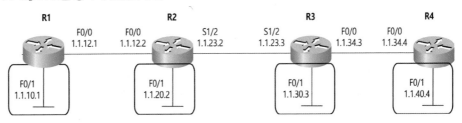

이를 위하여 다음과 같이 스위치 SW2에서 VLAN을 만들고 포트에 VLAN 번호를 할당합시다. SW2의 설정은 다음과 같습니다.

[예제 14-2] SW2의 설정

```
SW2(config)# vlan 10,20,30,40
SW2(config-vlan)# exit

SW2(config)# interface f1/1
SW2(config-if)# switchport mode access
SW2(config-if)# switchport access vlan 10
SW2(config-if)# exit

SW2(config)# interface f1/2
SW2(config-if)# switchport mode access
SW2(config-if)# switchport access vlan 20
SW2(config-if)# exit

SW2(config)# interface f1/3
SW2(config-if)# switchport mode access
SW2(config-if)# switchport access vlan 30
SW2(config-if)# exit

SW2(config)# interface f1/4
SW2(config-if)# switchport mode access
SW2(config-if)# switchport access vlan 40
```

R1의 설정은 다음과 같습니다.

[예제 14-3] R1 인터페이스 설정

```
R1(config)# interface f0/0
R1(config-if)# ip address 1.1.12.1 255.255.255.0
R1(config-if)# no shut
R1(config-if)# exit

R1(config)# interface f0/1
R1(config-if)# ip address 1.1.10.1 255.255.255.0
R1(config-if)# no shut
```

R2의 설정은 다음과 같습니다.

[예제 14-4] R2 인터페이스 설정

```
R2(config)# interface f0/0
R2(config-if)# ip address 1.1.12.2 255.255.255.0
R2(config-if)# no shut
R2(config-if)# exit
```

KING of NETWORKING

```
R2(config)# interface f0/1
R2(config-if)# ip address 1.1.20.2 255.255.255.0
R2(config-if)# no shut
R2(config-if)# exit

R2(config)# interface s1/2
R2(config-if)# ip address 1.1.23.2 255.255.255.0
R2(config-if)# no shut
```

R3의 설정은 다음과 같습니다.

[예제 14-5] R3 인터페이스 설정

```
R3(config)# interface f0/0
R3(config-if)# ip address 1.1.34.3 255.255.255.0
R3(config-if)# no shut
R3(config-if)# exit

R3(config)# interface f0/1
R3(config-if)# ip address 1.1.30.3 255.255.255.0
R3(config-if)# no shut
R3(config-if)# exit

R3(config)# interface s1/2
R3(config-if)# ip address 1.1.23.3 255.255.255.0
R3(config-if)# no shut
```

R4의 설정은 다음과 같습니다.

[예제 14-6] R4 인터페이스 설정

```
R4(config)# interface f0/0
R4(config-if)# ip address 1.1.34.4 255.255.255.0
R4(config-if)# no shut
R4(config-if)# exit

R4(config)# interface f0/1
R4(config-if)# ip address 1.1.40.4 255.255.255.0
R4(config-if)# no shut
```

설정이 끝나면 각 라우터에서 직접 접속된 네트워크들이 라우팅 테이블에 보이는지 확인합니다. 예를 들어, R1의 라우팅 테이블은 다음과 같습니다.

[예제 14-7] R1의 라우팅 테이블

```
R1# show ip route
    (생략)
Gateway of last resort is not set

    1.0.0.0/8 is variably subnetted, 4 subnets, 2 masks
C      1.1.10.0/24 is directly connected, FastEthernet0/1
L      1.1.10.1/32 is directly connected, FastEthernet0/1
C      1.1.12.0/24 is directly connected, FastEthernet0/0
L      1.1.12.1/32 is directly connected, FastEthernet0/0
```

인접한 동일 네트워크까지의 통신을 핑으로 확인합니다. 예를 들어, R1에서의 확인 결과는 다음과 같습니다.

[예제 14-8] R1에서의 핑 테스트

```
R1# ping 1.1.12.2

Type escape sequence to abort.
Sending 5, 100-byte ICMP Echos to 1.1.123.2, timeout is 2 seconds:
.!!!!
Success rate is 80 percent (4/5), round-trip min/avg/max = 32/100/168 ms
```

이상으로 eBGP 설정을 위한 토폴로지가 구성되었습니다.

IGP 설정

BGP를 설정하기 전에 동일한 AS 내부에서는 IGP를 동작시켜야 합니다. IGP가 필요한 가장 큰 이유는 AS 내부에서의 라우팅을 위해서입니다. 다음 그림과 같이 R1, R2에서는 OSPF 에어리어 0을 설정하고, R3, R4에서는 EIGRP 1을 설정하기로 합니다. 이후, BGP 설정 시 R1, R2는 AS 1에 소속시키고, R3, R4는 AS 2에 소속시킵니다.

[그림 14-3] IGP

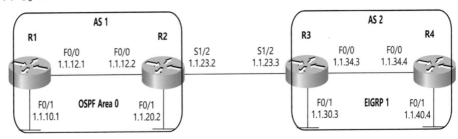

R1에서 다음과 같이 OSPF를 설정합니다.

[예제 14-9] R1의 설정

```
R1(config)# router ospf 1
R1(config-router)# router-id 1.1.1.1
R1(config-router)# network 1.1.10.1 0.0.0.0 area 0
R1(config-router)# network 1.1.12.1 0.0.0.0 area 0
```

R2의 설정은 다음과 같습니다.

[예제 14-10] R2의 설정

```
R2(config)# router ospf 1
R2(config-router)# router-id 1.1.2.2
R2(config-router)# network 1.1.12.2 0.0.0.0 area 0
R2(config-router)# network 1.1.20.2 0.0.0.0 area 0
```

R2와 R3을 연결하는 구간은 어느 AS에도 소속되지 않으며, 이 부분을 BGP DMZ 구간이라고 합니다. BGP DMZ 구간은 IGP에 포함시키지 않습니다.

R3에서는 다음과 같이 EIGRP를 설정합니다.

[예제 14-11] R3의 설정

```
R3(config)# router eigrp 1
R3(config-router)# network 1.1.30.3 0.0.0.0
R3(config-router)# network 1.1.34.3 0.0.0.0
```

R4의 설정은 다음과 같습니다.

[예제 14-12] R4의 설정

```
R4(config)# router eigrp 1
R4(config-router)# network 1.1.34.4 0.0.0.0
R4(config-router)# network 1.1.40.4 0.0.0.0
```

IGP 설정이 끝나면 각 라우터의 라우팅 테이블에 원하는 네트워크가 설치되어 있는지 확인합니다. 예를 들어, R1의 라우팅 테이블은 다음과 같습니다.

[예제 14-13] R1의 라우팅 테이블

```
R1# show ip route
   (생략)
Gateway of last resort is not set

      1.0.0.0/8 is variably subnetted, 5 subnets, 2 masks
C     1.1.10.0/24 is directly connected, FastEthernet0/1
L     1.1.10.1/32 is directly connected, FastEthernet0/1
C     1.1.12.0/24 is directly connected, FastEthernet0/0
L     1.1.12.1/32 is directly connected, FastEthernet0/0
O     1.1.20.0/24 [110/2] via 1.1.12.2, 00:05:35, FastEthernet0/0
```

R3의 라우팅 테이블은 다음과 같습니다.

[예제 14-14] R3의 라우팅 테이블

```
R3# show ip route
   (생략)
Gateway of last resort is not set

      1.0.0.0/8 is variably subnetted, 7 subnets, 2 masks
C     1.1.23.0/24 is directly connected, Serial1/2
L     1.1.23.3/32 is directly connected, Serial1/2
C     1.1.30.0/24 is directly connected, FastEthernet0/1
L     1.1.30.3/32 is directly connected, FastEthernet0/1
C     1.1.34.0/24 is directly connected, FastEthernet0/0
L     1.1.34.3/32 is directly connected, FastEthernet0/0
D     1.1.40.0/24 [90/30720] via 1.1.34.4, 00:06:51, FastEthernet0/0
```

이제, IGP 설정이 완료되었습니다.

eBGP 설정

인접한 BGP 라우터를 BGP 피어(peer) 또는 네이버(neighbor)라고 합니다. 서로 다른 AS에 속하는 네이버를 eBGP(external BGP) 네이버 또는 eBGP 피어라고 합니다. 예를 들어, R2와 R3은 서로 소속된 AS 번호가 다르므로 eBGP 네이버입니다.

동일한 AS에 속하는 네이버를 iBGP(internal BGP) 네이버 또는 iBGP 피어라고 합니다. R1과 R2 또는 R3, R4는 상호 iBGP 네이버들입니다. eBGP와 iBGP 네이버는 설정 방식이 약간 다릅니다. 그림과 같은 네트워크에서 R2와 R3 간에 eBGP를 설정하는 방법은 다음과 같습니다.

[그림 14-4] eBGP 네이버 설정하기

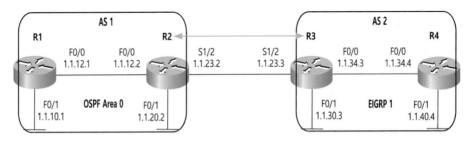

R2의 eBGP 설정은 다음과 같습니다.

[예제 14-15] R2의 eBGP 설정

```
R2(config)# router bgp 1 ①
R2(config-router)# bgp router-id 1.1.2.2 ②
R2(config-router)# neighbor 1.1.23.3 remote-as 2 ③
R2(config-router)# network 1.1.10.0 mask 255.255.255.0 ④
R2(config-router)# network 1.1.12.0 mask 255.255.255.0
R2(config-router)# network 1.1.20.0 mask 255.255.255.0
```

① router bgp 명령어와 함께 AS 번호를 지정하면서 BGP 설정 모드로 들어갑니다. AS 번호는 2 바이트와 4 바이트 두 종류가 있습니다. 2 바이트 AS 번호중 64512에서 65534까지는 사설 AS 번호입니다. IP 주소와 마찬가지로 IANA에서 공인 AS 번호를 부여합니다.

② bgp router-id 명령어를 이용하여 BGP의 라우터 ID를 지정합니다. 특별히 지정하지 않으면 OSPF가 라우터 ID를 지정하는 것과 동일한 방식으로 라우터 ID가 지정됩니다. BGP의 라우터 ID는 장애처리 등에서 중요하므로 이렇게 직접 지정하는 것이 좋습니다.

③ neighbor 명령어를 사용하여 eBGP 네이버의 IP 주소와 해당 네이버가 소속된 AS 번호를 지정합니다. eBGP 네이버를 지정할 때 사용하는 IP 주소는 특별한 경우를 제외하고는

네이버와 직접 연결된 넥스트 홉 IP 주소를 사용합니다. 자동으로 네이버가 지정되는 IGP와는 달리 BGP는 반드시 네이버를 지정해 주어야 합니다.

④ BGP를 통하여 다른 라우터에게 전송할 네트워크를 지정합니다. 서브넷팅되지 않은 네트워크를 지정할 때는 **mask** 옵션을 사용할 필요가 없습니다. 대부분의 경우 IGP는 반드시 해당 라우터에 접속되어 있는 네트워크만을 자신의 라우팅 프로세스에 포함시킬 수 있습니다.

그러나 BGP는 **network** 명령어를 사용할 때 네트워크가 꼭 해당 라우터에 접속된 것이 아니어도 됩니다. 하지만, 해당 라우터의 라우팅 테이블에는 반드시 저장되어 있어야 합니다. 1.1.23.0/24와 같이 두 AS 사이에 있는 네트워크를 DMZ 네트워크라고 합니다. 일반적으로 DMZ 네트워크는 BGP 네트워크에 포함시키지 않습니다. R3의 eBGP 설정은 다음과 같습니다.

[예제 14-16] R3의 eBGP 설정

```
R3(config)# router bgp 2
R3(config-router)# bgp router-id 1.1.3.3
R3(config-router)# neighbor 1.1.23.2 remote-as 1
R3(config-router)# network 1.1.30.0 mask 255.255.255.
R3(config-router)# network 1.1.34.0 mask 255.255.255.0
R3(config-router)# network 1.1.40.0 mask 255.255.255.0
```

설정 후 각 라우터에서 라우팅 테이블을 확인해봅시다. R2의 라우팅 테이블은 다음과 같습니다. R3으로부터 eBGP를 통하여 광고받은 네트워크들이 라우팅 테이블에 저장되어 있습니다.

[예제 14-17] R2의 라우팅 테이블

```
R2# show ip route
   (생략)
Gateway of last resort is not set

    1.0.0.0/8 is variably subnetted, 10 subnets, 2 masks
O    1.1.10.0/24 [110/2] via 1.1.12.1, 00:38:34, FastEthernet0/0
C    1.1.12.0/24 is directly connected, FastEthernet0/0
L    1.1.12.2/32 is directly connected, FastEthernet0/0
C    1.1.20.0/24 is directly connected, FastEthernet0/1
L    1.1.20.2/32 is directly connected, FastEthernet0/1
C    1.1.23.0/24 is directly connected, Serial1/2
L    1.1.23.2/32 is directly connected, Serial1/2
B    1.1.30.0/24 [20/0] via 1.1.23.3, 00:03:48
```

```
B       1.1.34.0/24 [20/0] via 1.1.23.3, 00:03:48
B       1.1.40.0/24 [20/30720] via 1.1.23.3, 00:03:48
```

R3의 라우팅 테이블은 다음과 같습니다. 역시 AS 1에 속하는 R2로부터 수신한 네트워크가 라우팅 테이블에 저장되어 있습니다. BGP를 통하여 광고받은 네트워크 앞에는 'B'라는 코드가 첨가됩니다.

[예제 14-18] R3의 라우팅 테이블

```
R3# show ip route bgp
  (생략)
Gateway of last resort is not set

  1.0.0.0/8 is variably subnetted, 10 subnets, 2 masks
B       1.1.10.0/24 [20/2] via 1.1.23.2, 00:04:38
B       1.1.12.0/24 [20/0] via 1.1.23.2, 00:04:38
B       1.1.20.0/24 [20/0] via 1.1.23.2, 00:04:38
```

R2에서 AS 2의 R3에 접속되어 있는 1.1.30.0/24 네트워크로 핑을 해보면 다음과 같이 성공합니다.

[예제 14-19] 핑 테스트

```
R2# ping 1.1.30.3
Type escape sequence to abort.
Sending 5, 100-byte ICMP Echos to 1.1.30.3, timeout is 2 seconds:
!!!!!
Success rate is 100 percent (5/5), round-trip min/avg/max = 68/69/72 ms
```

그러나 R1에서 AS 2의 R3에 접속되어 있는 1.1.30.0/24 네트워크로 핑을 해보면 다음과 같이 실패합니다.

[예제 14-20] 핑 테스트

```
R1# ping 1.1.30.3
Type escape sequence to abort.
Sending 5, 100-byte ICMP Echos to 1.1.30.3, timeout is 2 seconds:
.....
Success rate is 0 percent (0/5)
```

그 이유는 R1에는 BGP가 설정되지 않았고, 결과적으로 라우팅 테이블에 1.1.30.0/24 등 AS 2의 네트워크가 없기 때문입니다. 이를 해결하기 위하여 eBGP가 설정된 R2, R3에서 디폴트 루트를 생성하여 OSPF 및 EIGRP를 통하여 내부 네트워크 방향으로 광고하도록 합니다. 이를 위한 R2의 설정은 다음과 같습니다.

[예제 14-21] R2의 설정

```
R2(config)# router ospf 1
R2(config-router)# default-information originate always
```

R3의 설정은 다음과 같습니다.

[예제 14-22] R3의 설정

```
R3(config)# interface f0/0
R3(config-if)# ip summary-address eigrp 1 0.0.0.0 0.0.0.0
```

설정 후 R1의 라우팅 테이블에 OSPF를 통하여 광고받은 디폴트 루트가 설치됩니다.

[예제 14-23] R1의 라우팅 테이블

```
R1# show ip route
    (생략)
Gateway of last resort is 1.1.12.2 to network 0.0.0.0

O*E2  0.0.0.0/0 [110/1] via 1.1.12.2, 00:02:26, FastEthernet0/0
         1.0.0.0/8 is variably subnetted, 5 subnets, 2 masks
C     1.1.10.0/24 is directly connected, FastEthernet0/1
L     1.1.10.1/32 is directly connected, FastEthernet0/1
C     1.1.12.0/24 is directly connected, FastEthernet0/0
L     1.1.12.1/32 is directly connected, FastEthernet0/0
O     1.1.20.0/24 [110/2] via 1.1.12.2, 00:49:08, FastEthernet0/0
```

R3의 라우팅 테이블에도 EIGRP를 통하여 광고받은 디폴트 루트가 설치됩니다.

[예제 14-24] R3의 라우팅 테이블

```
R4# show ip route
    (생략)
Gateway of last resort is 1.1.34.3 to network 0.0.0.0
```

KING of NETWORKING

```
D*   0.0.0.0/0 [90/30720] via 1.1.34.3, 00:01:52, FastEthernet0/0
         1.0.0.0/8 is variably subnetted, 4 subnets, 2 masks
C    1.1.34.0/24 is directly connected, FastEthernet0/0
L    1.1.34.4/32 is directly connected, FastEthernet0/0
C    1.1.40.0/24 is directly connected, FastEthernet0/1
L    1.1.40.4/32 is directly connected, FastEthernet0/1
```

이제, eBGP 설정이 완료되었고, 모든 라우터에서 모든 라우터로 통신이 가능합니다. 예를 들어, R1에서 AS2에 소속된 네트워크로 핑을 해보면 다음과 같이 성공합니다.

[예제 14-25] 핑 테스트

```
R1# ping 1.1.30.3
Type escape sequence to abort.
Sending 5, 100-byte ICMP Echos to 1.1.30.3, timeout is 2 seconds:
!!!!!
Success rate is 100 percent (5/5), round-trip min/avg/max = 36/47/52 ms

R1# ping 1.1.40.4
Type escape sequence to abort.
Sending 5, 100-byte ICMP Echos to 1.1.40.4, timeout is 2 seconds:
!!!!!
Success rate is 100 percent (5/5), round-trip min/avg/max = 48/58/80 ms
```

R4에서 AS1에 소속된 네트워크로 핑을 해보아도 다음과 같이 성공합니다.

[예제 14-26] 핑 테스트

```
R4# ping 1.1.10.1
Type escape sequence to abort.
Sending 5, 100-byte ICMP Echos to 1.1.10.1, timeout is 2 seconds:
!!!!!
Success rate is 100 percent (5/5), round-trip min/avg/max = 48/56/76 ms

R4# ping 1.1.20.2
Type escape sequence to abort.
Sending 5, 100-byte ICMP Echos to 1.1.20.2, timeout is 2 seconds:
!!!!!
Success rate is 100 percent (5/5), round-trip min/avg/max = 32/50/76 ms
```

이상으로 eBGP를 설정해 보았습니다.

eBGP 동작 확인

앞서 설정한 eBGP가 동작하는 방식을 확인해봅시다.

BGP 테이블

BGP는 네이버에게서 BGP 라우팅 정보를 수신하면 입력 정책을 적용한 다음 BGP 테이블에 저장합니다. BGP 테이블에 저장된 경로 중에서 최적의 경로를 선택하고, 다른 라우팅 프로토콜과 AD(Administrative Distance)를 비교한 다음 라우팅 테이블에 저장합니다. 그리고 BGP 테이블에 있는 네트워크에 출력 정책을 적용한 다음 인접 라우터에게 라우팅 정보를 전송합니다.

BGP 테이블을 확인하려면 **show ip bgp** 명령어를 사용합니다. R2의 BGP 테이블은 다음과 같습니다.

[예제 14-27] R2의 BGP 테이블

```
R2# show ip bgp
                    ①                    ②
BGP table version is 7, local router ID is 1.1.2.2
Status codes: s suppressed, d damped, h history, * valid, > best, i - internal,
              r RIB-failure, S Stale, m multipath, b backup-path, f RT-Filter,
              x best-external, a additional-path, c RIB-compressed,
Origin codes: i - IGP, e - EGP, ? - incomplete
RPKI validation codes: V valid, I invalid, N Not found
       ③           ④                            ⑤
    Network     Next Hop     Metric LocPrf Weight Path
*>  1.1.10.0/24   1.1.12.1      2           32768  i
*>  1.1.12.0/24   0.0.0.0       0           32768  i
*>  1.1.20.0/24   0.0.0.0       0           32768  i
*>  1.1.30.0/24   1.1.23.3      0               0  2 i
*>  1.1.34.0/24   1.1.23.3      0               0  2 i
*>  1.1.40.0/24   1.1.23.3   30720              0  2 i
```

① BGP 테이블이 변화된 횟수를 의미합니다. 규모가 큰 네트워크에서는 이 값도 아주 큽니다. 그러나 소규모의 BGP 네트워크에서 테이블 버전이 지나치게 높다면 네트워크가 불안정하므로 확인해 보아야 합니다.

② BGP 라우터 ID를 의미합니다.

③ 목적지 네트워크를 의미합니다.

④ 목적지 네트워크와 연결되는 넥스트 홉 IP 주소를 의미합니다.

⑤ Path에 나타난 숫자는 해당 네트워크가 거쳐온 AS의 번호들을 표시합니다.

BGP 네이버 테이블

BGP 네이버를 확인하려면 **show ip bgp neighbor** 명령어를 사용합니다. 그러나 **show ip bgp neighbor** 명령어는 정보가 너무 많아 불편한 경우가 있습니다. 따라서 다음과 같이 **show ip bgp summary** 명령어를 사용하면 요약된 정보만을 확인할 수 있어 편리합니다.

[예제 14-28] BGP 네이버 확인하기

```
R2# show ip bgp summary
BGP router identifier 1.1.2.2, local AS number 1
BGP table version is 7, main routing table version 7
6 network entries using 864 bytes of memory
6 path entries using 480 bytes of memory
4/4 BGP path/bestpath attribute entries using 544 bytes of memory
1 BGP AS-PATH entries using 24 bytes of memory
0 BGP route-map cache entries using 0 bytes of memory
0 BGP filter-list cache entries using 0 bytes of memory
BGP using 1912 total bytes of memory
BGP activity 6/0 prefixes, 6/0 paths, scan interval 60 secs

                                                      ①           ②
Neighbor    V   AS MsgRcvd  MsgSent TblVer  InQ  OutQ Up/Down   State/PfxRcd
1.1.23.3    4    2     82        82       7    0     0 01:10:10       3
```

① 네이버가 구성된 이후의 시간을 표시합니다.

② 네이버와의 상태(State) 또는 네이버에게서 광고받은 네트워크 수(Prefix Received)를 표시합니다. 처음 네이버를 구성할 때에는 일시적으로 'Active', 'Idle' 등의 상태가 표시되나, 약 30초 이후부터는 반드시 상태가 아닌 네이버에게서 광고받은 네트워크의 수가 표시되어야 합니다.

이상으로 BGP의 동작 방식을 살펴보았습니다.

연습 문제

1. BGP에 대한 설명 중 틀린 것을 한 가지 고르시오.

    1) BGP는 유니캐스트 방식으로 라우팅 정보를 전송한다.

    2) BGP는 라우팅 정보를 전송할 때 TCP 포트 번호 179번을 사용한다.

    3) 현재 사용되는 BGP는 버전 4이다.

    4) BGP는 주로 하나의 조직 내부에서 사용한다.

2. BGP AS 번호에 대한 설명 중 틀린 것을 두 가지 고르시오.

    1) AS 번호는 2 바이트와 4 바이트 두 종류가 있다.

    2) 2 바이트 AS 번호 중 64512에서 65534까지는 사설 AS 번호이다.

    3) 4 바이트 AS 번호 중 64512에서 65534까지는 사설 AS 번호이다.

    4) IP 주소와 달리 IANA에서는 공인 AS 번호를 부여하지 않는다.

3. eBGP(external BGP) 네이버란?

    1) AS 번호가 동일한 네이버이다.

    2) 서로 다른 AS에 속하는 네이버이다.

    3) 네이버가 두 개 이상인 BGP 라우터이다.

    4) 사설 BGP AS 번호를 사용하는 라우터이다.

4. BGP 설정에 대한 설명 중 틀린 것을 한 가지 고르시오.

    1) BGP는 network 명령어를 사용할 때 네트워크가 꼭 해당 라우터에 접속된 것이 아니어도 된다.

    2) BGP는 network 명령어를 사용할 때 네트워크가 해당 라우터의 라우팅 테이블에 반드시 저장되어 있어야 한다.

    3) DMZ 네트워크도 BGP 네트워크에 반드시 포함시켜야 한다.

    4) BGP는 반드시 네이버를 지정해주어야 한다.

제15장

전용회선을 이용한 장거리 통신망

장거리 통신망 개요

HDLC와 PPP

킹-오브-
네트워킹

장거리 통신망 개요

이번 장에서는 장거리 통신망(WAN, Wide Area Network)에 대해서 살펴봅니다. 그리고 장거리 통신망에서 사용되는 링크 레이어 프로토콜 중에서 HDLC와 PPP를 이용하여 네트워크를 구성하고, 동작을 확인합니다.

장거리 통신망의 구조

장거리 통신망을 개략적으로 표시하면 다음 그림과 같습니다.

[그림 15-1] 장거리 통신망 구조

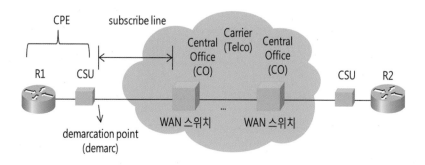

- **CPE**

  CPE(Customer Premises Equipment)는 가입자 댁내장치 즉, 장거리 통신망을 사용하는 고객 측에 위치한 장비를 의미합니다. 라우터 및 라우터를 장거리 통신망에 접속하기 위한 장치인 CSU/DSU, 모뎀 등이 여기에 해당합니다.

- **demarcation point**

  디마케이션 포인트(demarcation point) 또는 디마크(demarc)는 장거리 통신망과 연결되는 가입자 측 접속지점을 의미합니다.

- **가입자 선로**

  가입자 선로(subscribe line)는 가입자와 장거리 통신망이 연결되는 구간으로 우리나라는 보통 10km 이내입니다. 이 구간을 퍼스트 마일 액세스(first mile access), 라스트 마일 액세스(last mile access) 또는 로컬 루프(local loop)라고 합니다.

> 가입자 선로를 과거에는 라스트 마일 액세스(last mile access)라고 불렀습니다. 통신사 입장에서는 이

KING of NETWORKING

물리적인 가입자 선로는 전화선, 광케이블(optical cable, fiber optics, optical fibre), 동축 케이블(coaxial cable), 무선, 케이블 TV 회선 등이 있습니다.

- CO

  CO(Central Office)는 전화국 또는 통신회사의 장비가 위치한 국사를 의미합니다.

- WAN 스위치

  장거리 통신망의 종류에 따라 전화교환기, ATM(Asynchronous Transfer Mode) 스위치, 프레임 릴레이(frame relay) 스위치, 이더넷 스위치 등 여러 가지가 있습니다.

- 통신회사

  통신회사를 텔코(telco, telecommunications company), 캐리어(carrier) 등으로 부릅니다. 특히, 인터넷 서비스를 제공하는 회사를 ISP(Internet Service Provider)라고 합니다.

장거리 통신망의 종류

장거리 통신망의 종류는 다음과 같습니다.

- 전용회선(L/L, Leased Line)

  본사와 지사처럼 두 지점 간에 통신회사와 계약한 대역폭을 독점적으로 사용합니다. 다른 조직과 연결되지 않으므로 보안성이 좋습니다. 전용선을 이용한 두 지점 간의 통신에서 사용하는 링크 레이어 프로토콜은 고객이 결정해서 원하는 대로 사용하면 됩니다. 즉, 다음에 설명할 PPP, HDLC, 프레임 릴레이 등 라우터 등에서 지원한다면 어떤 프로토콜을 사용해도 통신회사와는 무관합니다. 통신회사에서는 물리적인 선로만 제공하기 때문입니다.

- 회선 교환망

  회선 교환망(circuit switched network)은 통신 시에만 해당 회선을 독점적으로 사용하며 대표적인 것으로 공중 전화망(PSTN, Public Switched Telephone Network)이 있습니다.

- 패킷 교환망

패킷 교환망(packet switched network)은 통신회사의 WAN 스위치 간을 연결하는 회선을 여러 사람이 공동으로 사용합니다. 따라서 특정 구간에 트래픽이 많으면 그만큼 통신속도가 떨어집니다. 대표적인 패킷 교환망으로 인터넷을 들 수 있습니다.

장거리 통신망 속도

근거리 통신망의 속도는 10Mbps, 100Mbps, 1Gbps, 10Gbps로 단순하지만, 장거리 통신망에서 사용 가능한 속도는 통신방식에 따라서 다양합니다. 이더넷을 이용하여 장거리 통신망과 접속하는 경우는 근거리 통신망에서 사용하는 것과 동일합니다. 그러나 가입자와의 계약 및 지불하는 비용에 따라 이더넷이라도 20Mbps, 35Mbps 등과 같이 속도를 제한합니다.

디지털 회선을 사용하는 경우에는 64kbps 속도를 DS0(digital signal 0)이라고 하며, 이 속도의 배수를 많이 사용합니다. 그리고 1.544Mbps를 T1 또는 DS1이라고 하며, 44.736Mbps(보통 45Mbps라고 함)를 T3 또는 DS3이라고 합니다. 2.048Mbps를 E1이라고 하며, 34.368Mbps(보통 34Mbps라고 함)를 E3라고 합니다.

통신회사 내부의 스위치 간을 광케이블을 이용하여 고속으로 연결할 때 사용하는 속도의 이름으로 OC(Optical Carrier)-1(51.84Mbps), OC-3(155Mbps), OC-12(622Mbps), OC-48(2.5Gbps), OC-192(10Gbps), OC-768(40Gbps)이 있습니다.

모뎀과 DSU/CSU

장거리 통신망과 접속을 하기 위해서는 모뎀이나 DSU/CSU를 사용하거나, 이더넷 스위치를 직접 연결할 수도 있습니다. 모뎀에 대해서 살펴봅시다.

모뎀(modem, modulator/demodulator)은 신호의 변조와 복조를 수행하는 장비입니다. 즉, 모뎀은 송신신호를 변조시키고 수신신호를 복조시키는 장비입니다. 변조(modulation)란 원래의 신호를 장거리 전송을 위한 반송파(carrier)라는 신호와 합치는 것을 말하고, 복조(demodulation)란 합쳐진 신호에서 원래의 신호를 분리하는 것을 말합니다. 모뎀은 접속회선에 따라 다음과 같이 종류가 다양합니다.

- 다이얼업 모뎀(dialup modem)

공중전화망(PSTN)과 접속하여 데이터를 전송할 때 사용하며, PC나 라우터의 디지털 신호를 아날로그 신호로 변조하고, 전화망에서 수신한 아날로그 신호를 디지털 신호로 복조합

KING of NETWORKING

니다. 최대 56kbps의 저속으로 동작합니다. 인터넷 이전 PC 통신 시대에 많이 사용되었으나 지금은 거의 사용하지 않습니다. 모뎀을 사용하면 데이터 전송과 전화 통화를 동시에 하지 못합니다.

- **전용선 모뎀(leased line modem)**
  다이얼업 모뎀과 유사하며 전용선을 사용하여 두 장비를 연결합니다.

- **DSL 모뎀**
  ADSL, HDSL, VDSL 등 DSL(Digital Subscriber Line) 기술을 사용하는 모뎀입니다. 동일한 전화회선으로 전화 통화와 데이터통신이 동시에 가능합니다. 망 측에서는 DSLAM(DSL access multiplexer)이라는 장비와 접속되며, 이 장비에서 음성과 데이터를 분리하여 각각 음성 스위치와 라우터로 신호를 전송합니다.

- **케이블 모뎀**
  CATV(cable TV, Community Antenna TV)망과 접속할 때 사용하는 모뎀입니다.

- **무선 모뎀**
  무선으로 네트워크에 접속할 때 사용하는 모뎀입니다.

- **널 모뎀**
  PC의 COM 포트 간을 RS-232 케이블을 크로스(cross)시켜 연결하는 것을 말합니다. 실제, 모뎀이 사용되는 것은 아닙니다.

이번에는 라우터와 디지털 회선을 연결할 때 사용하는 CSU(Channel Service Unit)와 DSU(Data Service Unit)에 대해서 살펴봅시다. CSU와 DSU는 라우터의 시리얼 인터페이스에서 수신한 디지털 신호를 장거리 전송이 가능한 또 다른 디지털 신호로 변환하여 전송하는 장치입니다.

- **DSU**
  DSU는 최고 속도가 56kbps 또는 64kbps이하일 때 사용하는 장비다. 필요 시 2.4kbps, 4.8kbps 등 저속으로 설정하여 사용할 수도 있습니다.

- **CSU**
  CSU는 T1 CSU와 E1 CSU 두 종류가 있습니다. T1 CSU는 최고 속도가 1544kbps(T1)이고, E1 CSU는 2048kbps(E1)입니다. 대부분의 CSU들은 56kbps나 64kbps의 배수로 속도를 설정하여 사용할 수 있습니다. 이런 속도를 Nx64('엔 바이 육십사'라고 읽습니다) 또는

Nx56이라고 합니다. 이렇게 T1이나 E1 속도가 아닌 중간 속도로 사용하는 T1이나 E1을 특별히 프렉셔널(fractional) T1/E1이라고도 합니다.

[그림 15-2] 외장형 CSU 후면 (그림출처: www.hastek.co.kr)

CSU와 DSU의 역할을 동시에 제공하는 제품들이 많고, 이런 것들을 DSU/CSU라고 합니다. 시스코 라우터는 다음 그림과 같은 일반 시리얼 인터페이스에 외장형 DSU/CSU를 연결합니다.

[그림 15-3] 라우터 시리얼 포트

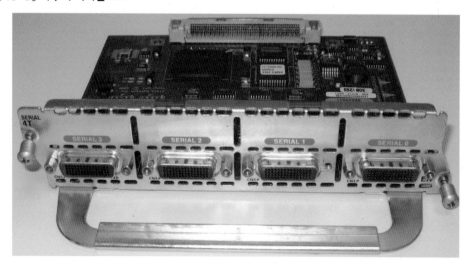

그림은 4포트의 시리얼 인터페이스가 제공되는 모듈(module)입니다. 밑부분의 손잡이는 모듈 탈착용으로도 사용되지만 케이블 지지대로 사용하기도 합니다.

그리고 다음 그림과 같이 DSU/CSU가 내장된 인터페이스를 사용하는 경우도 많습니다.

[그림 15-4] 내장형 DSU/CSU

이상으로 라우터를 장거리 통신망과 연결할 때 사용하는 물리 계층의 장비인 모뎀, DSU/CSU와 해당 장비들과 연결되는 라우터의 시리얼 포트에 대해서 살펴보았습니다.

케이블 커넥터

라우터의 시리얼 포트와 CSU/DSU 또는 모뎀을 연결하는 케이블 커넥터는 다음과 같습니다. 라우터 측에 꽂는 커넥터는 60핀의 DB60이라는 것을 주로 사용합니다.

[그림 15-5] DB60 커넥터

시리얼 포트 수가 많아 라우터에 공간이 부족한 경우 등에는 다음과 같은 스마트 시리얼 (smart serial) 커넥터를 사용합니다.

[그림 15-6] 스마트 시리얼 커넥터

DSU/CSU나 모뎀이 접속되는 쪽의 시리얼 케이블에는 접속하는 장비의 종류에 따라 V.35, RS-232, EIA/TIA-449, X.21 등 다양한 WAN 커넥터가 있습니다.

HDLC와 PPP

이번에는 장거리 통신망(WAN, Wide Area Network)에서 사용되는 링크 레이어 프로토콜에 대해서 살펴봅니다. 근거리 통신망(LAN)에서는 대부분의 경우 이더넷을 사용하지만 장거리 통신망에서 사용하는 L2 프로토콜은 종류가 많습니다. 그중에서 많이 사용되는 HDLC, PPP에 대해서 알아보기로 합니다.

장거리 통신망과 접속하기 위한 인터페이스의 종류도 많지만 가장 많이 사용하는 시리얼(serial) 인터페이스를 이용하여 실습을 진행합니다.

HDLC

HDLC(High level Data Link Control)는 IBM에서 사용하는 SDLC(Synchronous Data Link Control) 이후에 개발된 프로토콜로 프레임 릴레이, PPP, ATM 등보다 먼저 개발되었습니다. 표준 HDLC는 하나의 네트워크 레이어 프로토콜만 전송할 수 있으나, 시스코에서 사용되는 HDLC는 IP, IPX, AppleTalk 등 복수 개의 레이어 3 프로토콜을 동시에 전송할 수 있도록 약간 변형된 것입니다.

다음 그림과 같이 R3과 R4를 시리얼 인터페이스로 연결하고 HDLC를 이용하여 통신이 되게 해봅시다.

[그림 15-7] HDLC를 이용한 통신

R1, R3과 R4, R2의 이더넷 인터페이스가 모두 F0/0이므로 SW1과 접속되어 있습니다. 따라서 다음과 같이 SW1에서 VLAN을 만들고 해당 포트에 VLAN을 할당합시다.

[예제 15-1] SW1 설정

```
SW1(config)# vlan 13,24
SW1(config-vlan)# exit

SW1(config)# interface range f1/1 , f1/3
SW1(config-if-range)# switchport mode access
SW1(config-if-range)# switchport access vlan 13
```

KING of NETWORKING

```
SW1(config-if-range)# exit

SW1(config)# interface range f1/4 , f1/2
SW1(config-if-range)# switchport mode access
SW1(config-if-range)# switchport access vlan 24
```

R1의 설정은 다음과 같습니다.

[예제 15-2] R1의 설정

```
R1(config)# interface f0/0
R1(config-if)# ip address 1.1.13.1 255.255.255.0
R1(config-if)# no shut
```

R2의 설정은 다음과 같습니다.

[예제 15-3] R2의 설정

```
R2(config)# interface f0/0
R2(config-if)# ip address 1.1.24.2 255.255.255.0
R2(config-if)# no shut
```

R3의 설정은 다음과 같습니다. 시스코 라우터 시리얼 인터페이스의 기본적인 링크 레이어 프로토콜이 HDLC이므로 다음과 같이 S1/1 인터페이스에 IP 주소를 부여하고 활성화시키면 자동으로 HDLC가 동작합니다.

[예제 15-4] R3의 설정

```
R3(config)# interface f0/0
R3(config-if)# ip address 1.1.13.3 255.255.255.0
R3(config-if)# no shut
R3(config-if)# exit

R3(config)# interface s1/1
R3(config-if)# ip address 1.1.34.3 255.255.255.0
R3(config-if)# no shut
```

R4의 설정은 다음과 같습니다. R4에서도 S1/1 인터페이스에서 HDLC를 위한 추가적인 설정은 하지 않아도 됩니다.

[예제 15-5] R4의 설정

```
R4(config)# interface s1/1
R4(config-if)# ip address 1.1.34.4 255.255.255.0
R4(config-if)# no shut
R4(config-if)# exit

R4(config)# interface f0/0
R4(config-if)# ip address 1.1.24.4 255.255.255.0
R4(config-if)# no shut
```

show interface s1/1 명령어로 확인하면 다음과 같이 R3의 S1/1 인터페이스에서 사용되는 레이어2 프로토콜이 HDLC입니다.

[예제 15-6] show interface 명령어를 이용한 인터페이스 동작 확인

```
R3# show interfaces s1/1
Serial1/1 is up, line protocol is up
  Hardware is M4T
  Internet address is 1.1.34.3/24
  MTU 1500 bytes, BW 1544 Kbit/sec, DLY 20000 usec,
    reliability 255/255, txload 1/255, rxload 1/255
  Encapsulation HDLC, crc 16, loopback not set
  (생략)
```

R3에서 R4까지 핑도 됩니다.

[예제 15-7] 핑 확인

```
R3# ping 1.1.34.4
Type escape sequence to abort.
Sending 5, 100-byte ICMP Echos to 1.1.34.4, timeout is 2 seconds:
!!!!!
Success rate is 100 percent (5/5), round-trip min/avg/max = 44/47/52 ms
```

이더넷 인터페이스가 아니므로 ARP가 동작하지 않고, 따라서 처음부터 바로 핑이 됩니다.

이처럼 HDLC를 이용한 통신은 간단합니다.

이제, 모든 라우터에서 다음과 같이 EIGRP 1을 설정해봅시다.

[예제 15-8] EIGRP 1 설정

```
R1(config)# router eigrp 1
R1(config-router)# network 1.0.0.0

R2(config)# router eigrp 1
R2(config-router)# network 1.0.0.0

R3(config)# router eigrp 1
R3(config-router)# network 1.0.0.0

R4(config)# router eigrp 1
R4(config-router)# network 1.0.0.0
```

이처럼 EIGRP에서 network를 선언할 때 와일드카드를 사용하지 않으면 해당 네트워크 주소로 시작되는 모든 서브넷이 광고됩니다. 잠시 후 R1에서 라우팅 테이블을 확인해보면 HDLC 링크를 통하여 연결되는 1.1.24.0/24 네트워크도 설치되어 있습니다.

[예제 15-9] R1의 라우팅 테이블

```
R1# show ip route
   (생략)
Gateway of last resort is not set

   1.0.0.0/8 is variably subnetted, 4 subnets, 2 masks
C     1.1.13.0/24 is directly connected, FastEthernet0/0
L     1.1.13.1/32 is directly connected, FastEthernet0/0
D     1.1.24.0/24 [90/2174976] via 1.1.13.3, 00:01:27, FastEthernet0/0
D     1.1.34.0/24 [90/2172416] via 1.1.13.3, 00:01:35, FastEthernet0/0
```

이상으로 HDLC에 대하여 살펴보았습니다.

PPP 개요

PPP(Point to Point Protocol)는 HDLC와 마찬가지로 연결되는 상대가 하나인 포인트 투 포인트 환경에서 사용되는 장거리 통신망용 링크 레이어 프로토콜입니다. PPP는 다시 LCP(Link Control Protocol)와 NCP(Network Control Protocol)로 구성됩니다.

LCP는 PPP로 동작하는 두 장비 간의 링크를 셋업하기 위하여 사용되며, 다음과 같은 기능을 제공합니다.

- **회선 품질 모니터링**

PPP는 프레임 수신측이 에러 없이 제대로 수신한 패킷 및 바이트 수를 상대에게 알려줄 수 있습니다. 이를 이용하여 송신측이 자신이 보낸 수와 상대가 제대로 받았다고 알려준 수를 비교하여 패킷 손실률을 계산합니다. 이후, 사전 설정된 값 이상의 회선 에러가 발생하면 해당 링크를 다운시켜 라우팅 프로토콜로 하여금 더 좋은 경로를 선택할 수 있게 합니다. 이를 회선 품질 모니터링(LQM, Link Quality Monitoring) 기능이라고 합니다.

- **링크 루프 탐지**

PPP 링크를 구성하는 DSU/CSU, 장거리 통신망 등에서 상대가 보내는 프레임을 목적지로 전송하지 않고 거꾸로 상대에게 전송할 수 있으며, 이를 루프(loop) 테스트라고 합니다. 주로 회선이나 도중의 장비가 제대로 동작하는지를 확인하기 위하여 특정한 장비에서 루프를 걸게 됩니다.

이처럼 루프 테스트 후에 다시 정상상태로 복귀시켜야 제대로 통신이 이루어지는데, 그대로 둔 경우나, 장애발생으로 루프가 걸리는 경우도 있습니다. 이와 같은 링크 루프 상태를 PPP가 찾아낼 수 있습니다.

이를 위하여 PPP가 LCP 메시지를 전송할 때 PPP 장비별로 고유한 매직 넘버(magic number)를 포함시킵니다. 만약, 상대에게서 수신한 메시지에 내가 보낸 매직 넘버가 있다면 이 메시지는 내가 보낸 것이 도중에 루프가 걸려 되돌아왔다는 것을 의미하므로 링크에 루프가 걸린 것을 탐지할 수 있습니다.

- **Multilink**

PPP 멀티링크(multilink) 기능을 사용하면 이더넷 스위치에서 사용하는 이더채널과 같이 여러 개의 회선을 하나의 회선처럼 사용할 수 있습니다.

- **인증**

PPP는 상대방을 인증(authentication)할 수 있는 기능이 있습니다. 인증방식으로 PAP, CHAP 등이 있습니다. PAP(Password Authentication Protocol)은 이용자명과 암호를 평문으로 전송하기 때문에 보안성이 떨어집니다. 그러나 CHAP(Challenge Handshake Authentication Protocol)을 사용하면, 실제 암호는 전송되지 않고, 암호를 이용해서 만든 코드값만 MD5 방식으로 전송됩니다. 결과적으로 CHAP을 사용하면 PAP 보다 훨씬 보안성이 좋습니다.

PPP의 LCP 옵션들은 모두 명시적으로 설정해주어야 동작합니다. 이렇게 두 장비가 LCP 패킷을 전송하여 링크를 설정하고, 링크가 설정되면 필요 시 인증을 수행합니다. 이후, NCP가 동작하여 하나 이상의 네트워크 계층 프로토콜을 동작시킵니다.

PPP를 이용한 시리얼 인터페이스 연결

PPP는 다른 레이어 2 프로토콜에 없는 인증 기능으로 인하여 가장 많이 사용되는 프로토콜 중의 하나입니다. PPP는 설정이 간단하고, 표준 프로토콜이기 때문에 전용선으로 라우터를 연결할 때 많이 사용합니다. xDSL, 케이블 네트워크 등에서 링크 계층 프로토콜로 이더넷이나 ATM을 사용합니다. 이때 사용자를 인증하기 위하여 PPPoE(PPP over Ethernet), PPPoA(PPP over ATM) 등의 형태로 이더넷이나 ATM과 PPP를 같이 사용합니다. 다음과 같이 HDLC를 설정했던 동일한 네트워크에서 PPP를 이용하여 WAN을 구성해봅시다.

[그림 15-8] PPP로 연결된 네트워크

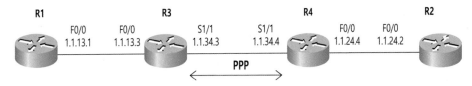

다른 모든 설정은 그대로 두고, R3, R4에서 두 라우터를 연결하는 시리얼 인터페이스에서 다음과 같이 인캡슐레이션을 PPP로 지정합니다.

[예제 15-10] PPP 설정

```
R3(config)# interface s1/1
R3(config-if)# encapsulation ppp

R4(config-if)# interface s1/1
R4(config-if)# encapsulation ppp
```

인캡슐레이션(레이어 2 프로토콜)을 HDLC에서 PPP로 변경하면 잠시 인터페이스가 다운되었다가 살아납니다. show interface s1/1 명령어로 확인해보면 PPP가 사용되고 있습니다.

[예제 15-11] PPP 인터페이스 동작 확인

```
R3# show interfaces s1/1
Serial1/1 is up, line protocol is up
  Hardware is M4T
  Internet address is 1.1.34.3/24
  MTU 1500 bytes, BW 1544 Kbit/sec, DLY 20000 usec,
    reliability 255/255, txload 1/255, rxload 1/255
  Encapsulation PPP, LCP Open
  Open: IPCP, CDPCP, crc 16, loopback not set
  (생략)
```

R3의 라우팅 테이블을 확인해보면 다음과 같습니다.

[예제 15-12] R3의 라우팅 테이블

```
R3# show ip route
   (생략)
Gateway of last resort is not set

   1.0.0.0/8 is variably subnetted, 6 subnets, 2 masks
C    1.1.13.0/24 is directly connected, FastEthernet0/0
L    1.1.13.3/32 is directly connected, FastEthernet0/0
D    1.1.24.0/24 [90/2172416] via 1.1.34.4, 00:01:20, Serial1/1
C    1.1.34.0/24 is directly connected, Serial1/1
L    1.1.34.3/32 is directly connected, Serial1/1
C    1.1.34.4/32 is directly connected, Serial1/1
```

PPP는 넥스트 홉 IP 주소를 호스트 루트(host route) 즉, 32비트 마스크를 가진 네트워크로 라우팅 테이블에 인스톨시킵니다. 필요 시 이를 제거하려면 다음과 같이 인터페이스에서 **no peer neighbor-route** 명령어를 사용하면 됩니다.

[예제 15-13] 호스트 루트 제거하기

```
R3(config)# interface s1/1
R3(config-if)# no peer neighbor-route
```

설정 후 다음과 같이 **clear ip route** * 명령어를 사용하여 라우팅 테이블을 정리합니다.

[예제 15-14] 라우팅 테이블 정리하기

```
R3# clear ip route *
```

이제 라우팅 테이블에 호스트 루트가 없습니다.

[예제 15-15] R3의 라우팅 테이블

```
R3# sh ip route 1.1.34.4 255.255.255.255
% Subnet not in table
```

이상으로 기본적인 PPP 설정과 동작을 확인해보았습니다.

KING of NETWORKING

PPP 인증

이번에는 PPP의 인증(authentication) 기능을 살펴봅시다. 이더넷, HDLC, ATM, 프레임 릴레이 등과 같은 다른 레이어 2 프로토콜이 가지지 못한 인증기능을 PPP는 가지고 있습니다. R1, R2가 PPP로 통신할 때 상대를 인증하도록 설정해봅시다. 지금까지 기본 설정에서 지정한 호스트 이름을 PPP 인증에서 이용자명으로 사용할 수 있습니다.

[그림 15-9] PPP 인증

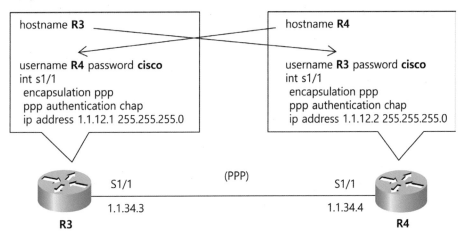

R3에서 PPP 인증을 설정하는 방법은 다음과 같습니다.

[예제 15-16] R3의 PPP 인증 설정

```
① R3(config)# username R4 password cisco
  R3(config)# interface s1/1
  R3(config-if)# encapsulation ppp
② R3(config-if)# ppp authentication chap
```

① 이용자명과 암호를 지정합니다. 이때 이용자명은 상대 장비의 호스트 이름을 사용합니다. 암호명은 두 라우터에서 동일하게 지정합니다.
② 인증방식을 지정합니다. 사용할 수 있는 인증방식은 다음과 같이 여러 가지가 있습니다. 이중 PAP 인증방식은 암호가 평문으로 전송되기 때문에 보안성이 떨어집니다.

[예제 15-17] PPP 인증 종류

```
R3(config)# interface s1/1
R3(config-if)# ppp authentication ?
 chap     Challenge Handshake Authentication Protocol (CHAP)
```

```
eap        Extensible Authentication Protocol (EAP)
ms-chap    Microsoft Challenge Handshake Authentication Protocol (MS-CHAP)
ms-chap-v2 Microsoft CHAP Version 2 (MS-CHAP-V2)
pap        Password Authentication Protocol (PAP)
```

R4의 설정은 다음과 같습니다.

[예제 15-18] R4의 PPP 인증 설정

```
① R4(config)# username R3 password cisco
  R4(config)# interface s1/1
  R4(config-if)# encapsulation ppp
② R4(config-if)# ppp authentication chap
```

① 이용자명과 암호를 지정합니다. 이때 이용자명은 상대 장비의 호스트 이름을 사용합니다.
② 인증방식을 지정합니다. 이 설정을 하지 않으면 R3만 인증을 실행합니다. 즉, R4가 R3
과 접속하려면 인증을 통과해야합니다. 그러나 R4에서도 **ppp authentication chap** 명령어
를 사용하면 상호 인증을 하게 됩니다. 이 상황을 디버깅으로 확인해봅시다. 다음과 같이
debug ppp authentication 명령어를 사용하고, R3의 S1/1 인터페이스를 셧다운시켰다가
다시 살려봅시다.

[예제 15-19] PPP 인증 디버깅

```
R3# debug ppp authentication
R3# conf t
R3(config)# interface s1/1
R3(config-if)# shut
R3(config-if)# no shut
```

디버깅 결과를 보면 상호 인증을 요구하고(CHALLENGE), 응답(RESPONSE)을 받습니다.

[예제 15-20] 상호 인증 화면

```
R3#
00:02:25.079: Se1/1 CHAP: O CHALLENGE id 6 len 23 from "R3" ①
00:02:25.131: Se1/1 CHAP: I CHALLENGE id 6 len 23 from "R4" ②
00:02:25.143: Se1/1 CHAP: I RESPONSE id 6 len 23 from "R4" ③
00:02:25.155: Se1/1 CHAP: O RESPONSE id 6 len 23 from "R3" ④
00:02:25.211: Se1/1 CHAP: O SUCCESS id 6 len 4 ⑤
00:02:25.223: Se1/1 CHAP: I SUCCESS id 6 len 4 ⑥
00:02:25.231: Se1/1 PPP: Sent CDPCP AUTHOR Request
```

```
00:02:25.239: Se1/1 CDPCP: Received AAA AUTHOR Response PASS
00:02:25.351: Se1/1 PPP: Sent IPCP AUTHOR Request
R3#
00:02:26.223: %LINEPROTO-5-UPDOWN: Line protocol on Interface Serial1/1, changed state to
up  ⑦

R3# un all
```

① R3이 인증을 요구하는 메시지를 보냅니다.

② R4도 인증을 요구하는 메시지를 보냅니다.

③ R4로부터 응답을 수신합니다.

④ R3도 응답을 전송합니다.

⑤ R4에게서 인증 성공 메시지를 수신합니다.

⑥ R3도 인증 성공 메시지를 전송합니다.

⑦ 인증이 성공하면 링크가 살아납니다.

이상으로 PPP 인증에 대하여 살펴보았습니다.

멀티링크 PPP

멀티링크 PPP(MLPPP, MultiLink PPP)는 두 개 이상의 PPP 회선을 하나의 회선처럼 동작시키는 것을 말합니다. MLPPP를 사용하면 트래픽 전송 시 정밀한 부하분산이 이루어집니다. 다음 그림과 같이 R3, R4 사이에 S1/0, S1/1 두개의 시리얼 인터페이스를 MLPPP로 동작시켜봅시다.

[그림 15-10] MultiLink PPP

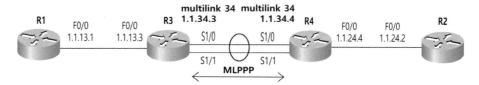

먼저, S1/1 인터페이스에 앞서 설정된 내용을 초기화시킵니다. **default interface s1/1** 명령어를 사용하면 해당 인터페이스의 설정이 모두 제거됩니다.

[예제 15-21] 인터페이스 설정 초기화

```
R3(config)# default interface s1/1
Interface Serial1/1 set to default configuration
```

```
R4(config)# default interface s1/1
Interface Serial1/1 set to default configuration
```

R3에서 다음과 같이 MLPPP를 설정합니다.

[예제 15-22] R3 설정

```
R3(config)# interface multilink 34 ①
R3(config-if)# encapsulation ppp ②
R3(config-if)# ppp multilink ③
R3(config-if)# ppp multilink group 34 ④
R3(config-if)# ip address 1.1.34.3 255.255.255.0 ⑤
R3(config-if)# exit

R3(config)# interface s1/0
R3(config-if)# encapsulation ppp ②
R3(config-if)# ppp multilink ③
R3(config-if)# ppp multilink group 34 ④
R3(config-if)# ppp authentication chap ⑥
R3(config-if)# no shut
R3(config-if)# exit

R3(config)# interface s1/1
R3(config-if)# encapsulation ppp ②
R3(config-if)# ppp multilink ③
R3(config-if)# ppp multilink group 34 ④
R3(config-if)# ppp authentication chap ⑥
R3(config-if)# no shut
```

① interface multilink 명령어 다음에 1-65535 사이의 적당한 번호를 사용하여 MLPPP 인
터페이스를 만듭니다. 이 번호는 MLPPP 인터페이스와 시리얼 인터페이스에서 설정한 그
룹 번호와 동일해야 합니다. (④ ppp multilink group 34)

② 인캡슐레이션을 PPP로 지정합니다.

③ MLPPP를 동작시킵니다.

④ MLPPP 그룹 번호를 지정합니다. ②, ③, ④ 설정은 MLPPP 인터페이스와 시리얼 인터
페이스에서 동일하게 지정합니다.

⑤ IP 주소는 MLPPP 인터페이스에서 지정합니다.

⑥ PPP 인증은 시리얼 인터페이스에서 지정합니다.

R4에서의 MLPPP 설정은 다음과 같습니다. R3과 유사하므로 설명은 생략합니다.

[예제 15-23] R4 설정

```
R4(config)# interface multilink 34
R4(config-if)# encapsulation ppp
R4(config-if)# ppp multilink
R4(config-if)# ppp multilink group 34
R4(config-if)# ip address 1.1.34.4 255.255.255.0
R4(config-if)# exit

R4(config)# interface s1/0
R4(config-if)# encapsulation ppp
R4(config-if)# ppp multilink
R4(config-if)# ppp multilink group 34
R4(config-if)# ppp authentication chap
R4(config-if)# no shut
R4(config-if)# exit

R4(config)# interface s1/1
R4(config-if)# encapsulation ppp
R4(config-if)# ppp multilink
R4(config-if)# ppp multilink group 34
R4(config-if)# ppp authentication chap
R4(config-if)# no shut
```

설정 후 show ppp multilink 명령어를 사용하여 확인해보면 다음과 같이 MLPPP의 동작 상황을 확인할 수 있습니다.

[예제 15-24] MLPPP 동작 상황 확인

```
R3# show ppp multilink

Multilink34
  Bundle name: R4
  Remote Username: R4
  Remote Endpoint Discriminator: [1] R4
  Local Username: R3
  Local Endpoint Discriminator: [1] R3
  Bundle up for 00:03:39, total bandwidth 3088, load 1/255
  Receive buffer limit 24000 bytes, frag timeout 1000 ms
    0/0 fragments/bytes in reassembly list
    0 lost fragments, 0 reordered
    0/0 discarded fragments/bytes, 0 lost received
    0x13 received sequence, 0x12 sent sequence
  Member links: 2 active, 0 inactive (max 255, min not set)
    Se1/1, since 00:03:39
    Se1/0, since 00:01:14
No inactive multilink interfaces
```

다음과 같이 **show ip interface brief** 명령어를 사용하여 확인해보면 Multilink34 인터페이스에 설정된 IP 주소 및 프로토콜의 상황을 알 수 있습니다.

[예제 15-25] 인터페이스 상황

```
R3# show ip interface brief
Interface         IP-Address    OK?  Method  Status  Protocol
FastEthernet0/0   1.1.13.3      YES  manual  up      up
Serial1/0         unassigned    YES  unset   up      up
Serial1/1         unassigned    YES  TFTP    up      up
Multilink34       1.1.34.3      YES  manual  up      up
```

다음과 같이 EIGRP 네이버도 개별적인 시리얼 인터페이스가 아닌 MLPPP 인터페이스 (Mu34)를 통하여 맺어져 있습니다.

[예제 15-26] EIGRP 네이버 확인

```
R3# show ip eigrp neighbors
EIGRP-IPv4 Neighbors for AS(1)
H Address   Interface Hold  Uptime   SRTT  RTO   Q    Seq
                      (sec)           (ms)        Cnt  Num
1 1.1.34.4  Mu34      14    00:06:22 40    240   0    41
0 1.1.13.1  Fa0/0     11    04:02:56 51    306   0    22
```

라우팅 테이블에도 MLPPP 인터페이스가 표시되어 있습니다.

[예제 15-27] R3의 라우팅 테이블

```
R3# show ip route
  (생략)
Gateway of last resort is not set

   1.0.0.0/8 is variably subnetted, 6 subnets, 2 masks
C    1.1.13.0/24 is directly connected, FastEthernet0/0
L    1.1.13.3/32 is directly connected, FastEthernet0/0
D    1.1.24.0/24 [90/1343488] via 1.1.34.4, 00:05:50, Multilink34
C    1.1.34.0/24 is directly connected, Multilink34
L    1.1.34.3/32 is directly connected, Multilink34
C    1.1.34.4/32 is directly connected, Multilink34
```

이상으로 MLPPP에 대하여 살펴보았습니다.

PPPoE

PPPoE(PPP over Ethernet)는 사용자 인증을 위하여 이더넷 인터페이스에 PPP를 동작시키는 것을 말합니다. 다음 그림과 같이 인터넷 회사의 라우터인 R4와 고객들의 라우터(또는 공유기나 PC)인 R1, R2, R3 사이에 PPPoE를 설정해봅시다. 결과적으로 고객들의 장비가 이더넷으로 인터넷에 접속될 때 인증 절차를 거치고 IP 주소를 받아가도록 합니다.

[그림 15-11] PPPoE 설정을 위한 네트워크

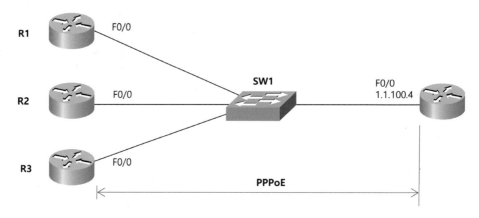

먼저, 스위치에서 VLAN을 만들고 인터페이스에 VLAN 번호를 할당합시다.

[예제 15-28] 스위치 설정

```
SW1(config)# vlan 100
SW1(config-vlan)# exit
SW1(config)# interface range f1/1 - 4
SW1(config-if-range)# switchport mode access
SW1(config-if-range)# switchport access vlan 100
```

인터넷 회사의 라우터인 R4의 설정은 다음과 같습니다.

[예제 15-29] R4의 설정

```
R4(config)# ip local pool myPool 1.1.100.1 1.1.100.25 ①
R4(config)# bba-group pppoe myGroup ②
R4(config-bba-group)# virtual-template 1 ③
R4(config-bba-group)# exit

R4(config)# interface virtual-template 1 ③
R4(config-if)# ip address 1.1.100.254 255.255.255.0 ④
R4(config-if)# peer default ip address pool myPool ⑤
```

```
R4(config-if)# ppp authentication chap callin ⑥
R4(config-if)# exit

R4(config)# interface f0/0 ⑦
R4(config-if)# pppoe enable group myGroup ⑧
R4(config-if)# no shut
R4(config-if)# exit

R4(config)# username R1 password cisco1 ⑨
R4(config)# username R2 password cisco2
R4(config)# username R3 password cisco3

R4(config)# interface lo0 ⑩
R4(config-if)# ip address 4.4.4.4 255.255.255.0
```

① 고객 장비에게 할당할 IP 주소 범위를 지정합니다.

② 적당한 이름을 사용하여 PPPoE 그룹을 만듭니다. 이 그룹을 ⑧에서 고객과 연결되는 물리적인 인터페이스에 할당합니다.

③ 그룹에서 사용할 가상 인터페이스 번호를 지정합니다.

④ 고객과 연결되는 인터페이스의 IP 주소를 지정합니다.

⑤ 고객에게 할당할 IP 주소 범위가 지정된 풀의 이름을 지정합니다.

⑥ 고객이 접속을 시도할 때 CHAP으로 인증하게 합니다.

⑦ 고객과 연결되는 물리적인 인터페이스의 설정 모드로 들어갑니다.

⑧ 앞서 ②에서 만든 PPPoE 그룹 이름을 지정합니다.

⑨ 인증을 위한 고객명/암호 데이터베이스를 만듭니다.

⑩ PPPoE를 위한 설정은 아니지만 고객 PC에서 인터넷과 통신을 테스트하기 위하여 루프백 인터페이스를 만들고 적당한 IP 주소를 부여했습니다.

PPPoE를 통하여 연결될 고객 장비인 R1의 설정은 다음과 같습니다.

[예제 15-30] R1의 설정

```
R1(config)# interface dialer 1 ①
R1(config-if)# ip address negotiated ②
R1(config-if)# mtu 1492 ③
R1(config-if)# encapsulation ppp ④
R1(config-if)# ppp chap hostname R1 ⑤
R1(config-if)# ppp chap password cisco1 ⑥
R1(config-if)# dialer pool 1 ⑦
R1(config-if)# exit

R1(config)# interface f0/0 ⑧
```

```
R1(config-if)# pppoe-client dial-pool-number 1 ⑨
R1(config-if)# pppoe enable ⑩
R1(config-if)# no shut
R1(config-if)# exit

R1(config)# ip route 0.0.0.0 0.0.0.0 dialer 1 ⑪
```

① 적당한 번호를 사용하여 PPPoE를 위한 가상 인터페이스를 만듭니다.

② IP 주소를 PPP를 통하여 통신회사로부터 받아오도록 지정합니다.

③ PPPoE 사용 시 패킷 사이즈가 8바이트 증가합니다. 일반적인 MTU(Maximum Transmission Unit)가 1500바이트 이므로 8바이트를 줄여서 불필요한 패킷 분할이 일어나지 않도록 합니다.

④ L2 프로토콜을 PPP로 지정합니다.

⑤ 통신회사 장비가 CHAP 방식으로 인증을 요청할 때 사용할 호스트 이름을 지정합니다. 호스트 이름은 통신회사 장비(R4)에 설정된 것과 동일해야 합니다.

⑥ CHAP에서 사용할 암호를 지정합니다. 암호도 통신회사 장비(R4)에 설정된 것과 동일해야 합니다.

⑦ 이후 ⑨에서 할당할 풀(pool) 번호를 지정합니다. 즉, F0/0 인터페이스에서 PPPoE를 동작시키겠다는 의미입니다.

⑧ PPPoE로 동작시킬 물리적인 인터페이스 설정 모드로 들어갑니다.

⑨ 풀(pool) 번호를 할당합니다.

⑩ PPPoE를 활성화시킵니다. 이 명령어는 ⑨번 명령어 사용 시 자동으로 설정되므로 일부러 설정할 필요는 없습니다.

⑪ 라우팅을 위하여 디폴트 루트를 설정했습니다. 이때 인터페이스를 PPPoE가 동작하는 dialer 1로 지정합니다.

R2의 설정은 다음과 같습니다. R1과 유사한 내용이므로 설명은 생략합니다.

[예제 15-31] R2의 설정

```
R2(config)# interface dialer 1
R2(config-if)# ip address negotiated
R2(config-if)# mtu 1492
R2(config-if)# encapsulation ppp
R2(config-if)# ppp chap hostname R2
R2(config-if)# ppp chap password cisco2
R2(config-if)# dialer pool 1
R2(config-if)# exit
```

```
R2(config)# interface f0/0
R2(config-if)# pppoe-client dial-pool-number 1
R2(config-if)# pppoe enable
R2(config-if)# no shut
R2(config-if)# exit

R2(config)# ip route 0.0.0.0 0.0.0.0 dialer 1
```

R3의 설정은 다음과 같습니다. 역시 R1과 유사한 내용이므로 설명은 생략합니다.

[예제 15-32] R3의 설정

```
R3(config)# interface dialer 1
R3(config-if)# ip address negotiated
R3(config-if)# mtu 1492
R3(config-if)# encapsulation ppp
R3(config-if)# ppp chap hostname R3
R3(config-if)# ppp chap password cisco3
R3(config-if)# dialer pool 1
R3(config-if)# exit

R3(config)# interface f0/0
R3(config-if)# pppoe-client dial-pool-number 1
R3(config-if)# pppoe enable
R3(config-if)# no shut
R3(config-if)# exit

R3(config)# ip route 0.0.0.0 0.0.0.0 dialer 1
```

설정 후 고객 장비인 R1에서 show ip interface brief 명령어를 사용하여 확인해보면 다음과 같이 Dialer1 인터페이스에 PPP의 일부인 IPCP를 통하여 IP 주소가 할당되어 있습니다.

[예제 15-33] 인터페이스 확인

```
R1# show ip interface brief
Interface          IP-Address    OK?  Method  Status    Protocol
FastEthernet0/0    unassigned    YES  NVRAM   up        up
Dialer1            1.1.100.1     YES  IPCP    up        up
Virtual-Access1    unassigned    YES  unset   up        up
Virtual-Access2    unassigned    YES  unset   up        up
```

R1의 라우팅 테이블에도 인터넷 회사 라우터인 R4에서 할당받은 IP 주소가 보입니다.

[예제 15-34] R1의 라우팅 테이블

```
R1# show ip route
   (생략)
Gateway of last resort is 0.0.0.0 to network 0.0.0.0

S*   0.0.0.0/0 is directly connected, Dialer1
     1.0.0.0/32 is subnetted, 2 subnets
C    1.1.100.1 is directly connected, Dialer1
C    1.1.100.254 is directly connected, Dialer1
```

인터넷으로 핑도 됩니다.

[예제 15-35] 핑 확인

```
R1# ping 4.4.4.4
Type escape sequence to abort.
Sending 5, 100-byte ICMP Echos to 4.4.4.4, timeout is 2 seconds:
!!!!!
Success rate is 100 percent (5/5), round-trip min/avg/max = 32/49/60 ms
```

show interfaces dialer 1 명령어를 사용하여 확인해보면 다음과 같이 PPPoE가 동작하는 인터페이스에 대한 상세한 정보를 알 수 있습니다.

[예제 15-36] 다이얼러 인터페이스 확인

```
R1# show interfaces dialer 1
Dialer1 is up, line protocol is up (spoofing)
  Hardware is Unknown
  Internet address is 1.1.100.1/32
  MTU 1492 bytes, BW 56 Kbit/sec, DLY 20000 usec,
     reliability 255/255, txload 1/255, rxload 1/255
  Encapsulation PPP, LCP Closed, loopback not set
  Keepalive set (10 sec)
  DTR is pulsed for 1 seconds on reset
  Interface is bound to Vi2
     (생략)
Bound to:
Virtual-Access2 is up, line protocol is up
  Hardware is Virtual Access interface
  MTU 1492 bytes, BW 56 Kbit/sec, DLY 100000 usec,
     reliability 255/255, txload 1/255, rxload 1/255
  Encapsulation PPP, LCP Open
  Stopped: CDPCP
```

```
Open: IPCP
PPPoE vaccess, cloned from Dialer1
Vaccess status 0x44, loopback not set
Keepalive set (10 sec)
DTR is pulsed for 5 seconds on reset
Interface is bound to Di1 (Encapsulation PPP)
  (생략)
```

show pppoe session 명령어를 사용하면 R1, R4의 MAC 주소 등을 알 수 있습니다.

[예제 15-37] pppoe session 확인

```
R1# show pppoe session
 1 client session

Uniq ID  PPPoE  RemMAC        Port         VT VA      State
    SID  LocMAC                    VA-st  Type
 N/A     1  ca07.1f48.0008 Fa0/0         Di1 Vi2    UP
         ca04.1bac.0008               UP
```

R2의 라우팅 테이블에도 R4에게서 PPP 인증 후 할당받은 IP 주소가 보입니다.

[예제 15-38] R2의 라우팅 테이블

```
R2# show ip route
  (생략)
Gateway of last resort is 0.0.0.0 to network 0.0.0.0

S*   0.0.0.0/0 is directly connected, Dialer1
     1.0.0.0/32 is subnetted, 2 subnets
C    1.1.100.2 is directly connected, Dialer1
C    1.1.100.254 is directly connected, Dialer1
```

KING of NETWORKING

연습 문제

1. 다음 중 틀린 설명을 하나 고르시오.
    1) CPE(Customer Premises Equipment)는 가입자 댁내장치를 의미한다.
    2) 디마케이션 포인트(demarcation point)는 장거리 통신망과 연결되는 가입자 측 접속 지점을 의미한다.
    3) 퍼스트 마일 액세스(first mile access), 라스트 마일 액세스(last mile access), 로컬 루프(local loop)는 모두 동일한 의미이다.
    4) CO(Central Office)는 통신회사의 본사를 의미한다.

2. 다음 중 공중 전화망(PSTN)에 대한 설명으로 틀린 것을 하나 고르시오.
    1) 전봇대를 이용하여 공중에 설치되어 있는 전화망을 의미한다.
    2) 회선 교환(circuit switching) 방식을 사용한다.
    3) 통신 시 당사자에게 할당된 대역폭을 독점한다.
    4) 조직내부에서 사용하는 사설 전화망과 달리 비용을 지불하면 누구나 사용할 수 있다.

3. PPP(Point to Point Protocol)에 대한 설명 중에서 맞는 것을 세 가지 고르시오.
    1) 주로 장거리 통신망에서 사용하는 링크 계층 프로토콜이다.
    2) 다른 링크 계층 프로토콜에 없는 인증기능을 가지고 있다.
    3) LCP와 NCP라는 두 개의 서브 계층으로 구성된다.
    4) 시스코 장비에서만 사용되는 사설 프로토콜이다.

4. PPPoE(PPP over Ethernet)에 대한 설명 중 틀린 것을 하나 고르시오.
    1) PPPoE는 사용자 인증을 위하여 이더넷 인터페이스에 PPP를 동작시키는 것을 말한다.
    2) 고객들의 장비가 이더넷으로 인터넷에 접속될 때 인증 절차를 거치고 IP 주소를 받아 가도록 한다.
    3) 고객이 접속을 시도할 때 CHAP으로 인증할 수 있다.
    4) PPPoE는 이더넷 케이블을 통하여 전기를 공급받는 것을 말한다.

제16장

사설 WAN

MPLS VPN

인터넷 VPN

IPsec VPN과 DMVPN

킹-오브-
네트워킹

MPLS VPN

MPLS(MultiProtocol Label Switching)는 IPv4/IPv6 패킷 또는 L2 프레임에 라벨(label)을 첨부하여 전송하는 기술을 말합니다. MPLS가 동작하는 라우터들이 MPLS 패킷을 수신하면 목적지 IP 주소 대신 라벨을 참조하여 해당 패킷을 스위칭시킵니다.

MPLS를 사용하는 이유

MPLS의 가장 큰 용도는 MPLS VPN(Virtual Private Network, 가상 사설망) 구성입니다. 통신 사업자 입장에서는 대규모의 VPN을 쉽게 구성할 수 있어 MPLS VPN을 선호합니다. 고객 입장에서도 인터넷을 사용하는 VPN과 달리 MPLS VPN은 VPN 내부와 외부 트래픽이 완전히 분리되어 비교적 안전한 망을 구성할 수 있습니다. 예를 들어, 인터넷을 이용한 VPN의 경우 통신회사 내부에서는 특정 목적지로 가는 패킷을 차단하지 않습니다. 결과적으로 내부 사용자뿐만 아니라 공격자의 패킷도 고객 장비까지 도달할 수 있습니다.

그러나 MPLS는 통신회사 내부에서 사전에 설정된 경로 간에만 트래픽 전송을 허용하므로, 다른 사용자들의 트래픽과 완전히 분리됩니다. 결과적으로 MPLS VPN을 사용하면 공격자의 패킷이 목표에 도달하는 것 자체가 불가능합니다.

인터넷망을 이용하여 VPN을 구성할 때와 달리 MPLS VPN은 사용자가 MPLS 망 가입자로 제한되어 있으므로 아무나 다른 조직의 망으로 패킷을 전송할 수 없습니다. 그러나 MPLS VPN 자체는 인증이나 암호화기능을 제공하지 않습니다. 고도의 보안을 위해서라면 MPLS VPN과 더불어 인증, 암호화 및 무결성 확인 기능을 제공하는 IPSec VPN 등을 함께 사용하는 것이 좋습니다.

MPLS 헤더의 구조

MPLS는 L2 헤더와 L3 헤더 사이에 4 바이트(32 비트) 길이의 MPLS 헤더를 추가합니다. 각 필드의 내용은 다음과 같습니다.

- 라벨(label)

MPLS에서 사용하는 라벨을 표시하는 필드입니다. 라벨값은 0 - 1,048,757 사이의 값을 가질 수 있습니다. 이중 0-15 사이의 값은 특별한 용도로 사용되고, 실제 사용하는 값은 16 이상입니다. 기본적으로 IOS는 16 - 100,000 사이의 값을 사용합니다.

[그림 16-1] MPLS 헤더의 구조

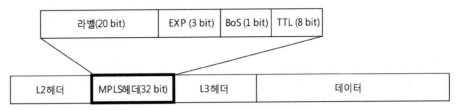

- EXP

  EXP(experimental) 비트는 QoS 값을 표시할 때 사용하며, 0에서 7 사이의 값을 가집니다.

- BoS

  BoS(Bottom Of Stack) 비트 값이 1이면 마지막 라벨임을 나타냅니다. 이때 의미하는 라벨
  은 4바이트의 MPLS 헤더를 말합니다. 이 값이 0이면 현재의 라벨 다음에 또 다른 라벨이
  있음을 의미합니다.

- TTL

  IP 헤더에서 사용하는 TTL(Time To Live)의 의미와 동일합니다. 패킷의 루프를 방지하기
  위한 필드입니다.

MPLS VPN 라우터의 종류

다음 그림에서 MPLS VPN 역할별 라우터 종류를 살펴봅시다.

[그림 16-2] MPLS VPN 라우터의 종류

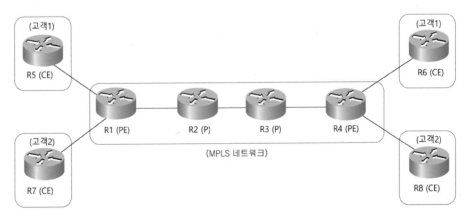

그림에서 라우터 R1, R2, R3, R4는 MPLS VPN 서비스를 제공하는 통신회사의 라우터이고,
R5, R6, R7, R8은 고객사의 라우터입니다.

- **PE(Provider Edge) 라우터**

  R1, R4와 같이 고객 라우터와 직접 연결되는 MPLS 라우터를 말합니다.

- **P(Provider) 라우터**

  R2, R3과 같이 고객 라우터와 직접 연결되지 않는 MPLS 라우터를 말합니다.

- **CE(Customer Edge) 라우터**

  R5, R6, R7, R8과 같이 MPLS 망과 직접 연결되는 고객사의 라우터를 의미합니다. 많은 경우, CE 라우터는 MPLS 관련 설정이 없습니다. 즉, CE 라우터는 자신이 MPLS 망과 접속되어 있는지 모르며, 일반 네트워크 접속 시와 설정이 유사합니다.

MPLS VPN에서 사용되는 프로토콜

MPLS VPN에서 사용되는 프로토콜은 다음과 같습니다.

[그림 16-3] MPLS VPN에서 사용되는 프로토콜

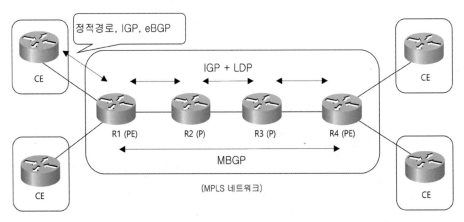

MPLS 라우터(PE 및 P 라우터) 간에는 IGP 및 LDP(Label Distribution Protocol)를 동작시킵니다. 대부분의 경우 OSPF, IS-IS, EIGRP 등 IGP의 종류는 무엇이든 상관없습니다. MPLS의 라벨 바인딩 정보 전송을 위해서 LDP를 사용합니다. 라벨 바인딩이란 특정 주소(IP 주소 등)와 MPLS 라벨 값의 조합을 의미합니다. PE 라우터 간에는 MBGP(multiprotocol BGP)를 사용하여 고객 정보를 교환합니다.

PE와 CE 라우터 간에는 정적 경로, RIP2, EIGRP, OSPF, EBGP 등 어떤 라우팅 프로토콜을 사용해도 됩니다.

MPLS 라벨 부여 과정

MPLS가 동작하면 각 라우터들은 자신의 MPLS 라우터 ID에 대해 라벨값을 부여한 다음 이것을 인접 라우터들에게 전송합니다.

[그림 16-4] MPLS 라벨 할당과정

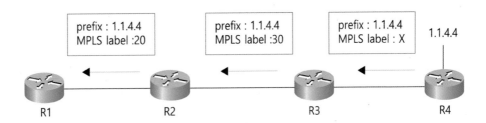

앞 그림에서 R4가 MPLS 라우터 ID가 1.1.4.4인 패킷에는 라벨값을 부여하지 말고 자신에게 전송하라는 LDP 바인딩 정보(IP 주소와 라벨값의 조합)를 R3에게 보냅니다. 이처럼 최종 MPLS 라우터에게 패킷을 전송할 때에는 직전에서 라벨을 제거합니다.

R3은 목적지가 1.1.4.4인 패킷에 라벨값 30을 부여해서 자신에게 전송하라는 LDP 바인딩 정보를 R2에게 보냅니다. 이처럼 특정 라우터 자신이 부여한 라벨 바인딩 정보를 로컬 바인딩(local binding)이라고 합니다.

R2는 목적지가 1.1.4.4인 패킷에 라벨값 30을 부여해서 전송하라는 LDP 바인딩 정보를 R3에게서 수신합니다. 이처럼 다른 라우터에게서 요청받은 라벨 바인딩 정보를 리모트 바인딩(remote binding)이라고 합니다.

다시, R2는 목적지가 1.1.4.4인 패킷에 라벨값 20을 부여해서 자신에게 전송하라는 LDP 바인딩 정보를 R1에게 보냅니다.

MPLS 패킷 전송 과정

이제, R1이 패킷을 수신하여 R4로 보내는 과정을 살펴봅시다.

R1은 목적지가 1.1.4.4인 패킷에 R2가 요청한 라벨값 20을 부여한 다음 이를 R2에게 전송합니다. 이처럼 처음 라벨을 부여하는 동작을 푸시(push)라고 합니다.

[그림 16-5] MPLS 패킷 전송과정

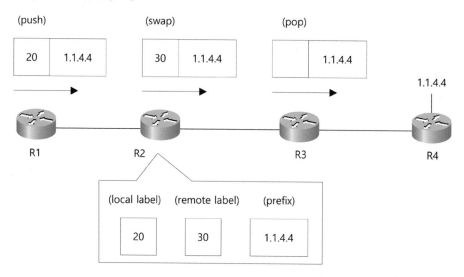

이를 수신한 R2는 패킷의 라벨값 20을 확인하고, 인접 라우터인 R3이 요청한 라벨값인 30
으로 변경한 다음 R3으로 전송합니다. 이처럼 라벨값을 변경하는 동작을 스왑(swap)이라고
합니다. 이를 수신한 R3은 패킷의 라벨값 30을 확인하고, 인접 라우터인 R4가 요청한 것처
럼 라벨을 제거한 다음 이름 R4로 전송합니다. 이처럼 라벨을 제거하는 동작을 팝(pop)이라
고 합니다. 이렇게 각 MPLS 라우터들이 목적지 IP 주소 대신 라벨값을 참조하여 패킷을 전
송합니다.

MPLS VPN을 사용한 네트워크 구축 예

이번에는 MPLS VPN을 사용한 본지사 간 네트워크 구축 예를 하나 살펴봅시다.

[그림 16-6] MPLS VPN을 사용한 본지사간 네트워크

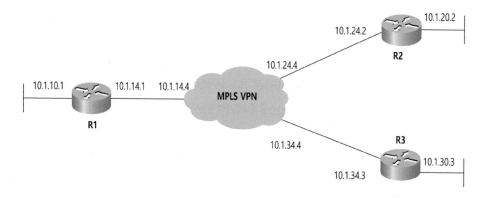

MPLS VPN과 연결되는 인터페이스의 IP 주소는 내부망에서 사용하는 사설 IP 주소를 그대로 사용할 수 있습니다. CE 라우터인 R1, R2, R3에서는 MPLS 네트워크의 구성에 대하여 알 수도 없으며, 알 필요도 없습니다. 따라서 회사의 정책에 따라 적당한 라우팅 프로토콜을 사용하여 망을 구성하면 됩니다. 다만, MPLS 네트워크의 PE 라우터에서 고객의 설정에 따라 동일한 라우팅 프로토콜을 사용하면 됩니다.

만약, R1, R2, R3에서 OSPF를 사용한다면 MPLS 네트워크와 연결되는 부분을 모두 에어리어 0으로 설정해야 하며, 이 부분을 OSPF 수퍼 백본(super backbone)이라고 합니다.

인터넷 VPN

인터넷을 사용하여 본사와 지사들 사이의 네트워크를 구축할 수도 있습니다. 인터넷을 사용하여 본지사의 네트워크를 구축한 경우를 생각해봅시다. 만약, R2에서 R1의 내부 네트워크인 10.1.10.1로 패킷을 전송하는 경우, 목적지 IP 주소가 10.1.10.1이 됩니다. 그러나 인터넷라우터들은 이와 같은 사설 IP 주소를 라우팅시키지 못하도록 설정되어 있으므로 통신이불가능합니다.

[그림 16-7] 인터넷은 사설 IP 주소를 라우팅시키지 못함

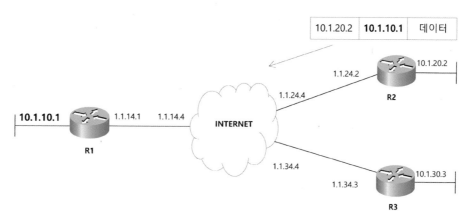

이와 같은 문제를 해결하려면 GRE 터널을 사용하면 됩니다.

GRE 동작 방식

GRE(Generic Routing Encapsulation)는 라우팅이 불가능한 패킷을 라우팅 가능한 패킷의내부에 넣어 전송할 때 사용하는 터널링 프로토콜입니다.

먼저, GRE의 동작 방식에 대하여 살펴봅시다. GRE는 원래의 패킷에 GRE를 위한 헤더를 추가합니다. 예를 들어, 다음 그림에서 사설 IP 주소 10.1.20.2를 사용하는 R2가 원격지의 R1에게 패킷을 전송하는 경우를 생각해봅시다.

[그림 16-8] GRE 동작 방식

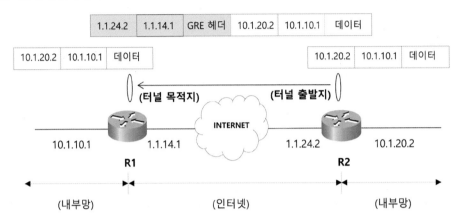

R2는 출발지 IP 주소가 10.1.20.2이고 목적지 IP 주소가 10.1.10.1인 패킷을 R1에게 전송해야 합니다. GRE 터널 출발지인 R2는 원래의 패킷에 GRE를 위한 20 바이트 길이의 IP 헤더와 GRE 관련 정보를 표시하는 4바이트 길이의 GRE 헤더를 추가합니다.

추가된 IP 헤더에서 사용하는 출발지 IP 주소는 터널의 출발지 주소인 공인 IP 주소 1.1.24.2를 사용하고, 목적지 IP 주소는 터널의 목적지 공인 IP 주소인 1.1.14.1로 설정됩니다. GRE 패킷을 전송하는 도중의 라우터들은 터널의 목적지 IP 주소인 1.1.14.1를 참조하여 해당 패킷을 라우팅시킵니다.

따라서 GRE 헤더 내부의 패킷이 예제와 같이 인터넷에서 라우팅시킬 수 없는 사설 IP 주소를 사용하든, IPv6 주소를 사용해도 GRE를 위하여 추가된 라우팅 가능한 터널 목적지 주소만을 참조하므로 인터넷을 통하여 전송이 가능합니다.

4바이트 길이의 GRE 헤더에는 GRE 내부의 패킷 정보가 표시됩니다. 즉, 16 비트 길이의 프로토콜 타입 필드에 GRE가 실어나르는 패킷의 종류가 표시됩니다. 프로토콜 타입 필드에서 사용하는 프로토콜의 종류는 이더넷에서 사용하는 것과 동일합니다.

GRE를 사용한 본지사간 네트워크 구성

다음 그림과 같이 인터넷을 사용하여 본지사 사이의 통신망을 구축해봅시다. 그림에서 R4를 인터넷이라고 가정합시다.

[그림 16-9] GRE를 사용한 본지사간 네트워크 토폴로지

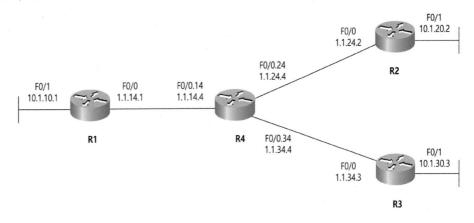

그림과 같은 토폴로지를 만들기 위한 SW1의 설정은 다음과 같습니다.

[예제 16-1] SW1의 설정

```
SW1(config)# vlan 14,24,34
SW1(config-vlan)# exit

SW1(config)# interface f1/1
SW1(config-if)# switchport mode access
SW1(config-if)# switchport access vlan 14
SW1(config-if)# exit

SW1(config)# interface f1/2
SW1(config-if)# switchport mode access
SW1(config-if)# switchport access vlan 24
SW1(config-if)# exit

SW1(config)# interface f1/3
SW1(config-if)# switchport mode access
SW1(config-if)# switchport access vlan 34
SW1(config-if)# exit

SW1(config)# interface f1/4
SW1(config-if)# switchport trunk encapsulation dot1q
SW1(config-if)# switchport mode trunk
```

SW2의 설정은 다음과 같습니다.

[예제 16-2] SW2의 설정

```
SW2(config)# vlan 10,20,30
SW2(config-vlan)# exit
```

```
SW2(config)# interface f1/1
SW2(config-if)# switchport mode access
SW2(config-if)# switchport access vlan 10
SW2(config-if)# exit

SW2(config)# interface f1/2
SW2(config-if)# switchport mode access
SW2(config-if)# switchport access vlan 20
SW2(config-if)# exit

SW2(config)# interface f1/3
SW2(config-if)# switchport mode access
SW2(config-if)# switchport access vlan 30
```

스위치의 설정이 끝나면 각 라우터에서 인터페이스에 IP 주소를 부여하고 활성화시킵니다.
R1의 설정은 다음과 같습니다.

[예제 16-3] R1의 설정

```
R1(config)# interface f0/0
R1(config-if)# ip address 1.1.14.1 255.255.255.0
R1(config-if)# no shut
R1(config-if)# exit

R1(config)# interface f0/1
R1(config-if)# ip address 10.1.10.1 255.255.255.0
R1(config-if)# no shut
```

R2의 설정은 다음과 같습니다.

[예제 16-4] R2의 설정

```
R2(config)# interface f0/0
R2(config-if)# ip address 1.1.24.2 255.255.255.0
R2(config-if)# no shut
R2(config-if)# exit

R2(config)# interface f0/1
R2(config-if)# ip address 10.1.20.2 255.255.255.0
R2(config-if)# no shut
```

R3의 설정은 다음과 같습니다.

[예제 16-5] R3의 설정

```
R3(config)# interface f0/0
R3(config-if)# ip address 1.1.34.3 255.255.255.0
R3(config-if)# no shut
R3(config-if)# exit

R3(config)# interface f0/1
R3(config-if)# ip address 10.1.30.3 255.255.255.0
R3(config-if)# no shut
```

R4의 설정은 다음과 같습니다.

[예제 16-6] R4의 설정

```
R4(config)# interface f0/0
R4(config-if)# no shut
R4(config-if)# exit

R4(config)# interface f0/0.14
R4(config-subif)# encapsulation dot1q 14
R4(config-subif)# ip address 1.1.14.4 255.255.255.0
R4(config-subif)# exit

R4(config)# interface f0/0.24
R4(config-subif)# encapsulation dot1q 24
R4(config-subif)# ip address 1.1.24.4 255.255.255.0
R4(config-subif)# exit

R4(config)# interface f0/0.34
R4(config-subif)# encapsulation dot1q 34
R4(config-subif)# ip address 1.1.34.4 255.255.255.0
```

각 라우터에서 인터페이스 설정이 끝나면 R4에서 인접한 라우터까지의 통신을 핑으로 확인합니다.

[예제 16-7] R4에서 인접한 라우터까지의 핑

```
R4# ping 1.1.14.1
Type escape sequence to abort.
Sending 5, 100-byte ICMP Echos to 1.1.14.1, timeout is 2 seconds:
.!!!!
Success rate is 80 percent (4/5), round-trip min/avg/max = 32/44/52 ms
```

```
R4# ping 1.1.24.2
Type escape sequence to abort.
Sending 5, 100-byte ICMP Echos to 1.1.24.2, timeout is 2 seconds:
.!!!!
Success rate is 80 percent (4/5), round-trip min/avg/max = 48/53/68 ms

R4# ping 1.1.34.3
Type escape sequence to abort.
Sending 5, 100-byte ICMP Echos to 1.1.34.3, timeout is 2 seconds:
.!!!!
Success rate is 80 percent (4/5), round-trip min/avg/max = 44/48/52 ms
```

다음에는 각 라우터에서 인터넷으로 디폴트 루트를 설정합니다.

[예제 16-8] 디폴트 루트를 설정

```
R1(config)# ip route 0.0.0.0 0.0.0.0 1.1.14.4
R2(config)# ip route 0.0.0.0 0.0.0.0 1.1.24.4
R3(config)# ip route 0.0.0.0 0.0.0.0 1.1.34.4
```

디폴트 루트 설정이 끝나면 R1에서 인터넷(R4)을 통하여 연결되는 R2, R3과 통신이 되는지 확인합니다.

[예제 16-9] R1에서 통신 확인

```
R1# ping 1.1.24.2
Type escape sequence to abort.
Sending 5, 100-byte ICMP Echos to 1.1.24.2, timeout is 2 seconds:
!!!!!
Success rate is 100 percent (5/5), round-trip min/avg/max = 48/57/72 ms

R1# ping 1.1.34.3
Type escape sequence to abort.
Sending 5, 100-byte ICMP Echos to 1.1.34.3, timeout is 2 seconds:
!!!!!
Success rate is 100 percent (5/5), round-trip min/avg/max = 48/50/52 ms
```

이제, 각 라우터와 인터넷이 연결되었습니다. 다음과 같이 R1에서 R2의 내부망인 사설 IP 주소 10.1.20.2로 핑을 해보면 실패합니다.

[예제 16-10] 핑 실패

```
R1# ping 10.1.20.2 source 10.1.10.1
Type escape sequence to abort.
```

KING of NETWORKING

```
Sending 5, 100-byte ICMP Echos to 10.1.20.2, timeout is 2 seconds:
Packet sent with a source address of 10.1.10.1
.....
Success rate is 0 percent (0/5)
```

그 이유는 목적지 IP 주소 10.1.20.2는 사설 주소여서 인터넷 라우터인 R4가 라우팅을 시킬
수 없기 때문입니다.

GRE 터널 구성

이제, GRE 터널을 만들어서 인터넷을 통하여 본지사 사이에 사설 IP 주소가 라우팅되도록
설정해봅시다.

[그림 16-10] GRE 터널

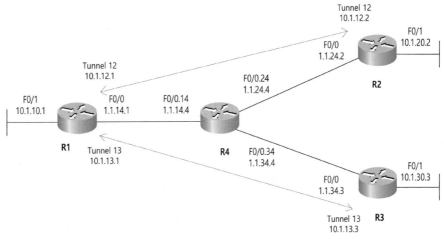

이를 위한 R1의 설정은 다음과 같습니다.

[예제 16-11] R1의 설정

```
R1(config)# interface tunnel 12 ①
R1(config-if)# ip address 10.1.12.1 255.255.255.0 ②
R1(config-if)# tunnel mode gre ip ③
R1(config-if)# tunnel source f0/0 ④
R1(config-if)# tunnel destination 1.1.24.2 ⑤
R1(config-if)# exit

R1(config)# interface tunnel 13 ⑥
R1(config-if)# ip address 10.1.13.1 255.255.255.0
```

```
R1(config-if)# tunnel mode gre ip
R1(config-if)# tunnel source f0/0
R1(config-if)# tunnel destination 1.1.34.3
```

① 적당한 터널 번호를 사용하여 R2와 통신할 GRE 터널 설정 모드로 들어갑니다.

② 터널 인터페이스에 사설 IP 주소를 부여합니다.

③ 터널 구성 방식을 **gre ip**로 지정합니다.

④ 터널의 출발지 주소를 지정합니다. 이처럼 공인 IP 주소가 설정된 인터페이스를 지정하거나, 직접 IP 주소를 지정해도 됩니다.

⑤ 인터넷 또는 외부망에서 라우팅 가능한 IP 주소를 사용하여 터널의 목적지 IP 주소를 지정합니다. 본사에서 지정한 터널의 출발지/목적지 IP 주소는 지사에서는 반대로 목적지/출발지 IP 주소로 설정해야 합니다.

⑥ 적당한 터널 번호를 사용하여 R3과의 GRE 터널 설정 모드로 들어갑니다.

R2의 설정은 다음과 같습니다.

[예제 16-12] R2의 설정

```
R2(config)# interface tunnel 12
R2(config-if)# ip address 10.1.12.2 255.255.255.0
R2(config-if)# tunnel mode gre ip
R2(config-if)# tunnel source f0/0
R2(config-if)# tunnel destination 1.1.14.1
```

R3의 설정은 다음과 같습니다.

[예제 16-13] R3의 설정

```
R3(config)# interface tunnel 13
R3(config-if)# ip address 10.1.13.3 255.255.255.0
R3(config-if)# tunnel mode gre ip
R3(config-if)# tunnel source f0/0
R3(config-if)# tunnel destination 1.1.14.1
```

터널 설정이 끝나면 R1에서 R2, R3까지 터널을 통하여 통신이 되는지 다음과 같이 핑으로 확인해봅시다.

[예제 16-14] 핑 확인

```
R1# ping 10.1.12.2
Type escape sequence to abort.
```

```
Sending 5, 100-byte ICMP Echos to 10.1.12.2, timeout is 2 seconds:
!!!!!
Success rate is 100 percent (5/5), round-trip min/avg/max = 52/56/72 ms

R1# ping 10.1.13.3
Type escape sequence to abort.
Sending 5, 100-byte ICMP Echos to 10.1.13.3, timeout is 2 seconds:
!!!!!
Success rate is 100 percent (5/5), round-trip min/avg/max = 52/54/56 ms
```

이제, 인터넷을 통하여 원격지 라우터까지 터널이 구성되었습니다.

GRE 터널을 통한 본지사 간의 라우팅

각 라우터에서 내부망끼리 통신이 되게 하려면 적당한 라우팅을 설정해 주어야 합니다. 다음과 같이, 각 라우터에서 OSPF 에어리어 0을 설정해봅시다. 이를 위한 R1의 설정은 다음과 같습니다.

[예제 16-15] R1의 설정

```
R1(config)# router ospf 1
R1(config-router)# router-id 1.1.1.1
R1(config-router)# network 10.1.10.1 0.0.0.0 area 0
R1(config-router)# network 10.1.12.1 0.0.0.0 area 0
R1(config-router)# network 10.1.13.1 0.0.0.0 area 0
```

R2의 설정은 다음과 같습니다.

[예제 16-16] R2의 설정

```
R2(config)# router ospf 1
R2(config-router)# router-id 1.1.2.2
R2(config-router)# network 10.1.20.2 0.0.0.0 area 0
R2(config-router)# network 10.1.12.2 0.0.0.0 area 0
```

R3의 설정은 다음과 같습니다.

[예제 16-17] R3의 설정

```
R3(config)# router ospf 1
```

```
R3(config-router)# router-id 1.1.3.3
R3(config-router)# network 10.1.30.3 0.0.0.0 area 0
R3(config-router)# network 10.1.13.3 0.0.0.0 area 0
```

잠시 후 R1의 라우팅 테이블에 지사의 내부 네트워크가 설치됩니다.

[예제 16-18] R1의 라우팅 테이블

```
R1# show ip route
  (생략)
Gateway of last resort is 1.1.14.4 to network 0.0.0.0

S*   0.0.0.0/0 [1/0] via 1.1.14.4
     1.0.0.0/8 is variably subnetted, 2 subnets, 2 masks
C    1.1.14.0/24 is directly connected, FastEthernet0/0
L    1.1.14.1/32 is directly connected, FastEthernet0/0
     10.0.0.0/8 is variably subnetted, 8 subnets, 2 masks
C       10.1.10.0/24 is directly connected, FastEthernet0/1
L       10.1.10.1/32 is directly connected, FastEthernet0/1
C       10.1.12.0/24 is directly connected, Tunnel12
L       10.1.12.1/32 is directly connected, Tunnel12
C       10.1.13.0/24 is directly connected, Tunnel13
L       10.1.13.1/32 is directly connected, Tunnel13
O       10.1.20.0/24 [110/1001] via 10.1.12.2, 00:01:58, Tunnel12
O       10.1.30.0/24 [110/1001] via 10.1.13.3, 00:01:23, Tunnel13
```

지사 라우터인 R2의 라우팅 테이블에도 다음과 같이 본사의 내부 네트워크인 10.1.10.0/24
과 다른 지사 라우터인 R3의 내부 네트워크 10.1.30.0/24가 설치됩니다.

[예제 16-19] R2의 라우팅 테이블

```
R2# show ip route
  (생략)
Gateway of last resort is 1.1.24.4 to network 0.0.0.0

S*   0.0.0.0/0 [1/0] via 1.1.24.4
     1.0.0.0/8 is variably subnetted, 2 subnets, 2 masks
C    1.1.24.0/24 is directly connected, FastEthernet0/0
L    1.1.24.2/32 is directly connected, FastEthernet0/0
     10.0.0.0/8 is variably subnetted, 7 subnets, 2 masks
O       10.1.10.0/24 [110/1001] via 10.1.12.1, 00:02:41, Tunnel12
C       10.1.12.0/24 is directly connected, Tunnel12
L       10.1.12.2/32 is directly connected, Tunnel12
O       10.1.13.0/24 [110/2000] via 10.1.12.1, 00:02:03, Tunnel12
C       10.1.20.0/24 is directly connected, FastEthernet0/1
```

```
L     10.1.20.2/32 is directly connected, FastEthernet0/1
O     10.1.30.0/24 [110/2001] via 10.1.12.1, 00:01:53, Tunnel12
```

다음과 같이 본사의 내부망에서 지사의 내부망으로 인터넷을 통하여 핑이 됩니다.

[예제 16-20] 본사의 내부망에서 지사의 내부망으로 핑 확인

```
R1# ping 10.1.20.2 source 10.1.10.1
Type escape sequence to abort.
Sending 5, 100-byte ICMP Echos to 10.1.20.2, timeout is 2 seconds:
Packet sent with a source address of 10.1.10.1
!!!!!
Success rate is 100 percent (5/5), round-trip min/avg/max = 52/55/56 ms
R1# ping 10.1.30.3 source 10.1.10.1
Type escape sequence to abort.
Sending 5, 100-byte ICMP Echos to 10.1.30.3, timeout is 2 seconds:
Packet sent with a source address of 10.1.10.1
!!!!!
Success rate is 100 percent (5/5), round-trip min/avg/max = 36/56/80 ms
```

지사 라우터인 R2에서 다른 지사의 내부망으로 트레이스 루트를 해보면 다음과 같이 본사를 통하여 연결됩니다.

[예제 16-21] R2에서 다른 지사의 내부망으로의 트레이스 루트

```
R2# traceroute 10.1.30.3 source 10.1.20.2
Type escape sequence to abort.
Tracing the route to 10.1.30.3
VRF info: (vrf in name/id, vrf out name/id)
  1 10.1.12.1 56 msec 56 msec 56 msec
  2 10.1.13.3 76 msec 60 msec 80 msec
```

이상으로 본지사 사이에 인터넷을 통과하는 GRE 터널을 구성하고 라우팅을 설정해 보았습니다.

IPsec VPN과 DMVPN

이제부터 IPsec VPN과 DMVPN에 대해서 살펴봅시다. 장거리 통신 방식 중 전용회선과 MPLS VPN은 다른 사용자들과는 분리되지만 자체의 보안 기능은 없습니다. 예를 들어, 전용회선으로 구성된 장거리 통신망이라도 공격자가 지방에서 전봇대 등 외부에 노출된 회선으로 침입할 수 있습니다. 통신회사 내부에서 보안 침해 사고가 일어날 수도 있습니다. GRE 터널 방식을 사용하는 인터넷 VPN의 경우는 전세계 어디에서라도 인터넷을 통하여 더욱 쉽게 보안 침해를 당할 수 있습니다. 따라서 기본적인 통신 외에 추가적인 보안 대책이 필요하며, 이때 주로 사용하는 것이 IPsec VPN입니다.

VPN의 기능

일반적으로 VPN은 다음과 같은 기능을 제공합니다.

- 기밀성(confidentiality) 유지

  VPN은 통하여 전송되는 데이터를 제3자가 볼 수 없도록 암호화(encryption)시키고, 수신 측에서는 이를 다시 복호화(decryption)시킵니다. 이를 VPN의 기밀성 유지 기능이라고 합니다.

- 무결성(integrity) 확인

  VPN을 통하여 전송되는 데이터가 제3자에 의해서 변조되지 않았음을 확인하는 것을 무결성(integrity) 확인 기능이라고 합니다.

- 인증(authentication)

  VPN을 통하여 통신하는 상대방이 맞는지 확인하는 것을 인증(authentication)이라고 합니다.

- 재생 방지(anti-replay)

  해커가 중간에서 데이터를 캡처했다가 전송하는 재생 공격을 차단하는 기능을 말합니다. VPN의 종류에 따라 이와 같은 기능을 모두 제공하거나, 일부만 제공할 수도 있습니다.

> VPN의 기밀성(confidentiality) 유지, 무결성(integrity) 확인 및 인증(authentication) 기능을 줄여 CIA 기능이라고 합니다. VPN과 달리 일반적인 네트워크 보안에서 CIA 기능을 일컬을 때는 A가 가용성(availability) 확보를 의미하는 경우가 많습니다. 가용성을 공격하는 대표적인 것으로 분산형 서비스 거부 공격(DDoS)이 있습니다.

KING of NETWORKING

IPSec VPN

IPSec(IP Security) VPN은 IETF에서 권고하는 IPSec 기술 기준을 준수해 만든 VPN이며, 주로 본사와 지사 간의 통신에 사용됩니다. PC 또는 서버와 인접 VPN 게이트웨이 사이의 통신은 평문(clear text)으로 이루어집니다. 즉, 내부의 PC나 서버는 VPN의 존재를 인식하지 못합니다. VPN 게이트웨이(gateway)는 내부에서 수신한 평문을 VPN 패킷으로 만들어 상대 VPN 게이트웨이로 전송합니다. 시스코에서는 라우터, ASA(방화벽) 등을 VPN 게이트웨이로 사용합니다.

[그림 16-11] IPSec VPN

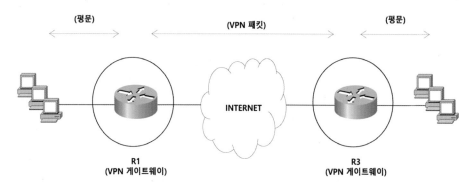

이때 원래의 평문 패킷을 VPN 패킷에 실어서 전송하며, VPN 패킷을 만드는 방법이 두 가지가 있습니다. AH(Authentication Header)라는 방법을 사용하면 인증 및 변조여부를 알려주는 무결성 확인 기능을 제공합니다. AH는 데이터의 암호화 기능은 제공하지 않아 거의 사용되지 않습니다.

VPN 패킷을 만들 때 가장 많이 사용하는 방식이 ESP(Encapsulating Security Payload)입니다. ESP를 사용하면 데이터의 인증, 무결성 확인(변조 방지), 기밀성 유지(암호화) 및 재생 방지 기능이 지원됩니다. AH 또는 ESP 패킷에 실려서 전송되어온 VPN 패킷을 상대 VPN 게이트웨이가 수신하여, 무결성 확인, 복호화 등의 과정을 거쳐 평문 데이터를 추출한 다음 이를 내부의 PC나 서버로 전송합니다.

IPSec에서 VPN 데이터의 암호화 및 복호화용 알고리즘으로 DES(Data Encryption Standard), 3DES('트리플 DES'라고 읽음), AES(Advanced Encryption Standard)가 있습니다. 그리고 인증방식은 사전에 양측에 설정해 놓은 암호를 사용하는 방법(PSK, Pre-Shared Key), RSA 등이 있으며, 무결성 확인 방식은 MD5와 SHA-1이 있습니다.

SSL VPN

SSL(Secure Sockets Layer) VPN은 1994년 넷스케이프사에서 1.0, 2.0 버전을 발표했으며, IETF에서 1999년에 이를 표준화하여 TLS(Transport Layer Security)라고 이름지었다. 일반적으로 SSL VPN은 전송 계층을 포함하여 그 상위 계층에서 동작합니다.

HTTPS(Secure HTTP)는 SSL을 이용하여 HTTP 트래픽을 보호하는 기술이며, 기본적으로 TCP 포트번호 443번을 사용합니다. IPSec VPN은 본지사 사이의 통신에 많이 사용되는 반면, SSL VPN은 전자상거래 등 브라우저를 이용한 인터넷 통신에 많이 사용됩니다. SSL VPN은 PC와 VPN 게이트웨이 사이에 동작합니다.

[그림 16-12] SSL VPN

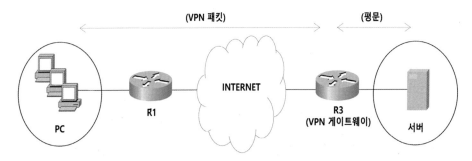

IPSec과 마찬가지로 SSL도 인증(authentication), 암호화(encryption) 및 데이터의 무결성 확인(integrity)을 위한 기능을 가지고 있습니다. 인증을 위하여 사용하는 프로토콜은 RSA, DSS, X.509가 있으며, 암호화를 위해서는 DES, 3DES, RC4 등의 알고리즘을 사용하고, 무결성 확인을 위하여 MD5, SHA-1등의 알고리즘을 사용합니다.

mGRE

앞서 사용한 GRE 인터페이스는 직접 연결되는 상대방이 하나뿐이었다. 이런 GRE 인터페이스를 포인트 투 포인트(p2p) GRE 라고 합니다. 그러나 다음 그림 R1의 tunnel 0 인터페이스와 같이 직접 연결되는 상대가 다수 개인 경우 멀티포인트(multipoint) GRE(mGRE) 인터페이스를 사용해야 합니다.

[그림 16-13] mGRE 터널

[그림 16-13] mGRE 터널

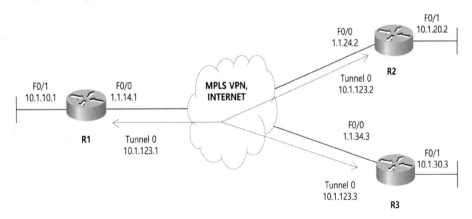

즉, mGRE 인터페이스는 하나의 인터페이스를 통하여 직접 연결되는 상대방이 다수 개 있는 것을 말합니다. mGRE 인터페이스와 연결되는 상대방인 R2, R3은 경우에 따라 R1과 마찬가지로 mGRE를 사용하거나 또는 p2p GRE 인터페이스를 사용할 수도 있습니다.

DMVPN

지사가 많은 회사인 경우, 수백 개나 되는 지사 간 일일이 GRE 터널을 뚫는 것도 힘든 작업입니다. 이때 DMVPN(Dynamic Multipoint VPN)을 사용하면 편리합니다. DMVPN은 mGRE 터널과 NHRP(Next Hop Resolution Protocol)를 사용하여 확장성 문제를 해결합니다. DMVPN은 허브 앤 스포크(hub-and-spoke) 구조를 사용합니다. 허브 앤 스포크 구조라도 지사 간에 직접 통신을 할 수 있습니다. 그러나 지사 VPN 장비가 NHRP를 이용하여 주소를 등록하기 위하여 본사 장비가 필요합니다. 지사 장비가 다른 지사 장비와의 통신을 위해서 본사 장비로 목적지 네트워크와 연결되는 주소를 질의하면, 본사 장비가 목적지 네트워크와 연결되는 IP 주소를 알려줍니다. 이후 두개의 지사 간에 직접 통신이 이루어집니다. 이를 위하여 지사 장비가 부팅되면 자동으로 본사 장비와 IPSec 세션을 맺고 NHRP를 이용하여 자신의 IP 주소를 등록합니다. 데이터와 라우팅 정보 전송을 위하여 mGRE 터널이 사용됩니다.

결과적으로 DMVPN은 다음과 같은 장점이 있습니다.

- 지사 장비는 다른 지사 장비와 일일이 GRE 터널 및 IPSec을 설정할 필요가 없습니다.
- 본사 장비는 지사 장비에 대한 상세 정보를 유지할 필요가 없습니다. 따라서 지사 장비를 추가해도 본사 장비에서 추가적인 설정이 필요 없습니다.
- 지사 장비는 자신의 외부 인터페이스 주소를 동적으로 할당받을 수 있습니다. 그리고 NHRP를 통하여 본사에 주소를 등록합니다.

• 동적인 라우팅 프로토콜이 사용되므로 어떤 지사에 어떤 네트워크가 존재하는지를 알게 됩니다.

NHRP

NHRP(Next Hop Resolution Protocol)은 터널의 목적지 IP 주소(내부의 사설 IP 주소)는 아는데, 해당 목적지 IP로 가는 실제 IP 주소(공인 IP 주소)를 모를 때 이를 알아내기 위하여 사용되는 프로토콜입니다. 예를 들어, 다음 그림 R2에서 R1의 내부망인 10.1.10.0/24과 통신이 필요한 경우를 생각해봅시다.

R2의 라우팅 테이블에는 10.1.10.0/24로 가는 패킷들은 터널 12의 목적지인 10.1.12.1로 전송하라고 되어 있습니다. 그런데, 터널 12의 목적지 IP 주소인 10.1.12.1로 가기 위한 실제 IP 주소를 모른다면 패킷을 전송할 수 없습니다. 이때 NHRP를 이용하여 논리적인 인터페이스인 터널 12의 목적지 IP 주소 10.1.12.1로 가려면 실제 IP 주소 1.1.11.1로 가면 된다는 것을 알게 됩니다. 즉, NHRP는 지사 라우터가 본사 라우터나 다른 지사 라우터의 실제 넥스트 홉 IP 주소를 알아내기 위하여 사용합니다.

[그림 16-14] NHRP

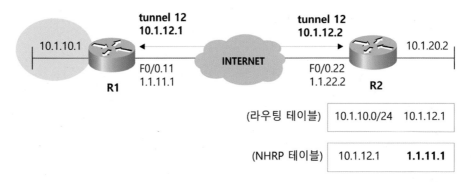

NHRP가 동작하는 절차는 다음과 같습니다.

1) 지사 라우터가 DMVPN 망에 접속하면 미리 설정된 본사 라우터의 IP 주소로 자신의 IP 주소를 등록합니다.

2) 본사 라우터는 mGRE 인터페이스를 사용하여 지사 라우터와 동적인 터널을 구성합니다.

3) NHRP는 터널 주소와 넥스트 홉 IP 주소를 매핑합니다. 즉, 어떤 터널 목적지 IP 주소에 도달하려면 어떤 실제 IP 주소를 사용하면 되는지를 알아냅니다. 즉, NHRP는 mGRE 인터페이스를 통하여 특정 주소로 가려면 어떤 목적지 IP 주소로 터널링하면 되는지를 질의합니다.

연습 문제

1. MPLS VPN에 대한 설명 중 틀린 것을 하나 고르시오.

   1) MPLS가 동작하는 라우터들이 MPLS 패킷을 수신하면 목적지 IP 주소 대신 라벨을 참조하여 해당 패킷을 스위칭시킨다.

   2) MPLS는 통신회사 내부에서 사전에 설정된 경로 간에만 트래픽 전송을 허용하므로, 다른 사용자들의 트래픽과 완전히 분리된다.

   3) MPLS VPN은 인증과 암호화 기능을 제공한다.

   4) MPLS VPN은 여러 개의 라벨을 사용할 수 있다.

2. MPLS PE(Provider Edge) 라우터란?

   1) MPLS 망과 연결되는 고객 측의 라우터이다.

   2) MPLS 고객과 연결되는 망 측의 라우터이다.

   3) 고객과 연결되어 있지 않은 MPLS 망 내부의 라우터이다.

   4) MPLS가 동작하지 않는 라우터이다.

3. GRE(Generic Routing Encapsulation)에 대한 설명 중 틀린 것을 하나 고르시오.

   1) 라우팅이 불가능한 패킷을 라우팅 가능한 패킷의 내부에 넣어 전송할 때 사용하는 터널링 프로토콜이다.

   2) GRE는 원래의 패킷에 GRE를 위한 헤더를 추가한다.

   3) GRE를 사용하면 인터넷을 통하여 사설 IP 주소를 가진 패킷을 전송할 수 있다.

   4) IPv6 패킷을 GRE를 사용하여 라우팅시킬 수 없다.

4. IPSec VPN이 제공하지 않는 기능을 하나 고르시오.

   1) 루프(looping) 방지

   2) 기밀성(confidentiality) 유지

   3) 무결성(integrity) 확인

   4) 인증(authentication)

제17장

IPv6

IPv6 개요

IPv6 라우팅

킹-오브-
네트워킹

IPv6 개요

IPv6(IP version 6)는 IPv4의 주소 부족 문제를 해결하기 위하여 도입된 주소입니다. IPv4의 주소 길이는 32비트인 반면, IPv6의 주소 길이는 128비트입니다.

IPv6 헤더

IPv6의 기본 헤더는 다음과 같이 구성되며, 총 길이는 40바이트(320비트)입니다.

[그림 17-1] IPv6 기본 헤더

버전	트래픽 클래스	플로우 라벨	
데이터 길이		다음 헤더	홉 한계
출발지 주소			
목적지 주소			

- **버전(version, 4비트)**
  값이 항상 6으로 IPv6 패킷임을 의미합니다.

- **트래픽 클래스(traffic class, 8비트)**
  앞의 6비트는 DSCP, 뒤의 2비트는 ECN을 나타냅니다. DSCP(Differenciated Services Code Point)는 패킷의 우선순위를 나타내고, ECN(Explicit Congestion Notification)은 네트워크의 혼잡통보용으로 사용됩니다.

- **플로우 라벨(flow label, 20비트)**
  패킷에 순서번호를 부여할 때 사용합니다. 출발지 주소, 목적지 주소 및 플로우 라벨을 합쳐 특정 패킷의 흐름을 구분하기 위한 용도로 사용합니다.

- **데이터 길이(payload length, 16비트)**
  위 그림에 나타난 헤더를 제외한 나머지 패킷의 길이를 나타냅니다.

- 다음 헤더(next header, 8비트)

  목적지 주소 다음에 오는 필드의 종류를 나타냅니다. 목적지 IPv6 주소까지를 기본 헤더라고 하며, 이후에는 TCP나 UDP와 같은 전송 계층 프로토콜이 사용하는 헤더나 IPv6가 추가적으로 사용하는 확장 헤더(extension header)가 올 수 있습니다.

- 홉 한계(hop limit, 8비트)

  IPv4의 TTL(Time To Live)과 동일한 역할을 합니다. 패킷이 하나의 라우터를 통과할 때마다 값이 1씩 감소합니다. 이 값이 0이면 해당 패킷을 폐기하여 라우팅 루프를 방지합니다.

- 출발지 주소(source address, 128비트)

  출발지 IPv6 주소를 표시합니다.

- 목적지 주소(destination address, 128비트)

  목적지 IPv6 주소를 표시합니다.

IPv6 주소

IPV6 주소는 다음과 같은 특징을 가집니다.

- IPv6 주소는 128비트이며, 16진수로 표시합니다. 16진수 1글자는 4비트이므로, 전체 IPv6 주소는 16진수 32글자(128/4 = 32)로 표시됩니다.
- 사람들이 읽기 쉽게 16진수 4글자씩 그룹으로 묶어 표시하고, 각 그룹 사이는 콜론(:)으로 구분합니다.
- 네트워크 마스크의 길이는 '/n'으로 표시합니다. 즉, 네트워크 마스크의 길이가 64비트이면 /64로 표시합니다.

다음과 같은 IPv6 주소를 살펴봅시다.

2001:00AA:0000:1234:0000:0000:ABCD:0001/64

주소 중 00AA, 0001등과 같이 한 그룹에서 앞부분의 0(leading zeros)은 생략할 수 있습니다. 0000, 0000:0000과 같이 전체 그룹 모두 0인 것들은 두 개의 콜론(::)만 사용하여 생략할 수 있습니다. 그러나 하나의 주소 내에서 두 군데 이상 생략하면 어느 부분에 0이 몇 개인지를 알 수 없으므로, 한 군데에서만 생략 가능합니다. 결과적으로 위의 IPv6 주소는 다음과 같이 간략하게 표현할 수 있습니다.

2001:AA:0:1234::ABCD:1/64

IPv6 주소의 종류는 다음과 같이 분류됩니다.

- **글로벌 유니캐스트(global unicast) 주소**

  공인 IPv6 주소를 의미하며, 2000::/3으로 시작합니다. 즉, 처음 주소가 16진수 2나 3으로 시작하는 것만 사용하고, 나머지 0, 1, 4-F는 나중에 사용하기 위하여 할당하지 않습니다. 결과적으로 전체 사용 가능한 IPv6 주소 중에서 1/8만 할당합니다. 글로벌 IPv6 주소는 동일한 인터페이스에 여러 개 설정할 수 있습니다.

- **링크 로컬 주소(link local)**

  FE80::/10으로 시작하며, 특정 장비의 특정 인터페이스 및 그 인터페이스로 직접 연결되는 장비 간에서만 사용됩니다.

- **멀티캐스트 주소**

  IPv6의 멀티캐스트 주소는 FF00::/8입니다. 브로드캐스트 주소는 사용하지 않습니다.

- **애니캐스트 주소**

  복수 개의 라우터에 동일한 주소를 부여하는 것을 애니캐스트(anycast) 주소라고 합니다. 애니캐스트 주소를 부여할 때는 마지막에 **anycast**라는 옵션을 사용하여 명시해줍니다.

- **루프백 주소**

  루프백(loopback) 주소는 장비 자신을 호출하는 주소입니다. IPv4에서 127.0.0.0/8 대역이 루프백 주소로 쓰이는 반면, IPv6에서는 ::1/128을 루프백 주소로 사용합니다.

IPv6와 IPv4의 동시 사용 방법

IPv6와 IPv4를 동시에 사용하는 방법은 다음과 같이 3가지로 구분할 수 있습니다.

- **듀얼 스택(dual stack)**
  동일한 네트워크에 IPv4와 IPv6을 별개로 동작시키는 방법입니다.

- **터널링(tunneling)**
  IPv4 패킷에 IPv6 패킷을 실어서 전송하거나 반대로 IPv6 패킷에 IPv4 패킷을 실어서 전송하는 것을 말합니다.

- **NAT-PT(NAT-Protocol Translation)**
  IPv6 패킷과 IPv4 패킷을 변환하는 것을 NAT-PT 라고 하는데 기술적인 문제와 복잡성으로 인하여 RFC 4966에서 더 이상 사용하지 않는다고 규정했습니다.

KING of NETWORKING

IPv6 테스트 네트워크 구축

이번에는 IPv6를 설정하고 동작을 확인해봅시다. 다음 그림과 같이 IPv6 테스트를 위한 네트워크를 구축합니다. 각 장비를 동작시키고, 인터페이스에 IPv6 주소를 부여한 다음 활성화시킵니다. IPv6 주소는 3000:1:1::/48로 시작하는 것을 사용하기로 하며, 기본적인 IPv6 주소의 네트워크 주소와 호스트 주소는 각각 64비트씩입니다.

[그림 17-2] IPv6 테스트 네트워크

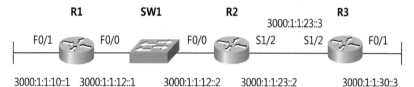

각 장비에서 기본 설정을 합니다. SW1은 기본 설정 외에 추가적인 설정은 필요 없습니다. 기본 설정이 끝나면 다음과 같이 각 장비에 IPv6 주소를 부여합니다. R1의 설정은 다음과 같습니다.

[예제 17-1] R1의 설정

```
① R1(config)# ipv6 unicast-routing

  R1(config)# interface f0/1
② R1(config-if)# ipv6 address 3000:1:1:10::1/64
  R1(config-if)# no shut
  R1(config-if)# exit

  R1(config)# interface f0/0
③ R1(config-if)# ipv6 address 3000:1:1:12::/64 eui-64
  R1(config-if)# no shut
```

① ipv6 unicast-routing 명령어를 사용하여 IPv6 라우팅을 활성화시킵니다.

② IPv6 주소를 설정합니다. 3000:0001:0001:0010:0000:0000:0000:0001/64에서 생략 가능한 0을 제외한 나머지 숫자만 사용합니다. 입력 시 생략하지 않아도 show run 명령어를 사용하여 확인해보면 간략화된 주소만 표시됩니다.

③ IPv6 주소 중 호스트 부분을 별도로 설정하지 않고 eui-64 옵션을 사용하면 48비트인 MAC 주소의 가운데 부분에 FFFE를 추가하여 만든 64비트 주소를 자동으로 호스트 주소로 사용합니다. 설정 후 다음과 같이 show ipv6 interface brief 명령어를 사용하여 확인해보면 자동으로 호스트 주소가 부여됩니다.

[예제 17-2] eui-64 옵션 사용 결과

```
R1# show ipv6 interface brief
FastEthernet0/0        [up/up]
  FE80::CE03:1BFF:FE9C:0
  3000:1:1:12:CE03:1BFF:FE9C:0
FastEthernet0/1        [up/up]
  FE80::CE03:1BFF:FE9C:1
  3000:1:1:10::1
  (생략)
```

R2의 설정은 다음과 같습니다.

[예제 17-3] R2의 설정

```
R2(config)# ipv6 unicast-routing

R2(config)# interface f0/0
R2(config-if)# ipv6 address 3000:1:1:12::2/64
R2(config-if)# no shut
R2(config-if)# exit

R2(config)# interface s1/2
R2(config-if)# ipv6 address 3000:1:1:23::2/64
R2(config-if)# no shut
```

R3의 설정은 다음과 같습니다.

[예제 17-4] R3의 설정

```
R3(config)# ipv6 unicast-routing

R3(config)# interface s1/2
R3(config-if)# ipv6 address 3000:1:1:23::3/64
R3(config-if)# no shut
R3(config-if)# exit

R3(config)# interface f0/1
R3(config-if)# ipv6 address 3000:1:1:30::3/64
R3(config-if)# no shut
```

R1의 IPv6 라우팅 테이블을 확인해보면 다음과 같습니다.

[예제 17-5] R1의 IPv6 라우팅 테이블

```
R1# show ipv6 route
IPv6 Routing Table - 5 entries
Codes: C - Connected, L - Local, S - Static, R - RIP, B - BGP
    U - Per-user Static route, M - MIPv6
    I1 - ISIS L1, I2 - ISIS L2, IA - ISIS interarea, IS - ISIS summary
    O - OSPF intra, OI - OSPF inter, OE1 - OSPF ext 1, OE2 - OSPF ext 2
    ON1 - OSPF NSSA ext 1, ON2 - OSPF NSSA ext 2
    D - EIGRP, EX - EIGRP external
C  3000:1:1:10::/64 [0/0]  ①
   via ::, FastEthernet0/1
L  3000:1:1:10::1/128 [0/0]  ②
   via ::, FastEthernet0/1
C  3000:1:1:12::/64 [0/0]
   via ::, FastEthernet0/0
L  3000:1:1:12:CE03:1BFF:FE9C:0/128 [0/0]
   via ::, FastEthernet0/0
L  FF00::/8 [0/0]
   via ::, Null0
```

① 인터페이스에 접속된 네트워크 주소를 표시합니다.

② 앞서와 같이 네트워크 주소를 표시할 뿐만 아니라, 호스트 주소도 표시합니다.

IOS 버전 15.0 이후부터는 IPv4 주소에 대해서도 IPv6와 마찬가지로 라우팅 테이블에 네트워크 주소 및 호스트 주소를 동시에 표시합니다.

다음과 같이 인접한 IPv6 주소로 핑이 되는지 확인합니다.

[예제 17-6] IPv6 주소 핑 확인

```
R1# ping 3000:1:1:12::2

Type escape sequence to abort.
Sending 5, 100-byte ICMP Echos to 3000:1:1:12::2, timeout is 2 seconds:
!!!!!
Success rate is 100 percent (5/5), round-trip min/avg/max = 0/25/100 ms
```

동일한 방법으로 모든 라우터에서 IPv6 라우팅 테이블을 확인하고, 인접한 주소까지의 통신을 핑으로 확인합니다.

ICMPv6

ICMPv6은 IPv4의 ICMP, ARP 등의 기능을 제공함과 동시에 자동으로 IP 주소를 부여하는 DHCP(Dynamic Host Configuration Protocol) 기능, 멀티캐스트에서 사용하는 IGMP(Internet Group Management Protocol) 기능 등을 제공합니다.

• NDP

NDP(Neighbor Discovery Protocol)는 IPv4의 ARP와 유사하며, ICMPv6 패킷을 이용하여 인접 장비의 MAC 주소를 알아내기 위하여 사용됩니다.

MAC 주소를 요청할 때에는 NS(Neighbor Solicitation) 메시지를 사용하고, 응답 시에는 NA(Neighbor Advertisement) 메시지를 사용합니다.

NDP 결과로 알게 된 상대방의 MAC 주소는 네이버 테이블에 저장합니다. R1에서 **ping 3000:1:1:12::2** 명령어를 사용하여 R2와 핑을 한 다음 **show ipv6 neighbors** 명령어로 네이버 테이블을 확인해보면 다음과 같습니다.

[예제 17-7] IPv6 네이버 테이블

```
R1# show ipv6 neighbors
IPv6 Address          Age  Link-layer Addr  State  Interface
3000:1:1:12::2          0  cc04.1b9c.0000   REACH  Fa0/0
FE80::CE04:1BFF:FE9C:0  9  cc04.1b9c.0000   STALE  Fa0/0
```

• 자동 주소 부여

PC 등과 같은 호스트가 라우터에게 자신의 IPv6 주소 및 게이트웨이 주소 등을 요청할 때 RS(Router Solicitation) 메시지를 사용하고, 라우터가 응답 시에는 RA(Router Advertisement) 메시지를 사용합니다. 이처럼 호스트가 라우터로부터 자동으로 IPv6 주소를 할당받는 것을 'stateless autoconfiguration'이라고 합니다. PC가 자동으로 IPv6 주소를 할당받는 과정을 디버깅으로 확인해봅시다.

[예제 17-8] 자동 주소 부여 디버깅

```
① R1# debug ipv6 nd
  ICMP Neighbor Discovery events debugging is on

  R1# conf t
② R1(config)# no ipv6 unicast-routing

  R1(config)# interface f0/0
```

① ICMP 네이버 찾기 과정을 디버깅합니다.

② 라우터를 PC처럼 동작시키기 위하여 라우팅 기능을 비활성화시킵니다.

③ 앞서 정적으로 설정한 IPv6 주소를 삭제합니다.

④ 자동으로 주소를 받아오게 설정합니다.

잠시 후 다음과 같이 RS 메시지를 보내고, RA 메시지를 이용하여 IPv6 주소를 받아옵니다.
(편의상 필요한 메시지만 표시하였습니다.)

[예제 17-9] 자동 주소 부여 디버깅 결과

```
ICMPv6-ND: Sending RS on FastEthernet0/0
ICMPv6-ND: Received RA from FE80::CE04:1BFF:FE9C:0 on FastEthernet0/0
ICMPv6-ND: Autoconfiguring 3000:1:1:12:CE03:1BFF:FE9C:0 on FastEthernet0/0

R1(config-if)# end
R1# un all
```

show ipv6 interface brief 명령어를 사용하여 확인하면 자동으로 받아온 주소가 보입니다.

[예제 17-10] 자동으로 받아온 주소

```
R1# show ipv6 interface brief
FastEthernet0/0       [up/up]
  FE80::CE03:1BFF:FE9C:0
  3000:1:1:12:CE03:1BFF:FE9C:0
  (생략)
```

이상으로 ICMPv6에 대하여 살펴보았습니다.

IPv6 라우팅

이제부터 IPv6 라우팅에 대하여 살펴봅시다. IPv6 라우팅 프로토콜은 정적 경로를 비롯하여 IPv4에서 사용 가능한 동적 라우팅 프로토콜을 모두 사용할 수 있습니다. 다만 다음 표와 같이 IPv6 지원을 위한 기능이 추가되었고, 이름도 약간 다릅니다.

[표 17-1] IPv4와 IPv6 라우팅 프로토콜

IPv4 라우팅 프로토콜	IPv6 라우팅 프로토콜
RIP	RIPng(RIP next generation)
EIGRP	EIGRP for IPv6
OSPFv2	OSPFv3
IS-IS	IS-IS for IPv6
BGP	MBGP(multiprorocol BGP)

이제 RIPng, EIGRP for IPv6 및 OSPFv3을 설정하고 동작하는 방식에 대하여 살펴봅시다.

RIPng

RIPng는 IPv6를 라우팅시키기 위하여 RIP을 개선한 라우팅 프로토콜이며, 동작하는 방식은 RIP와 거의 유사합니다. 다음 그림과 같은 IPv6 네트워크에서 RIPng를 동작시켜봅시다.

[그림 17-3] RIPng 설정을 위한 네트워크

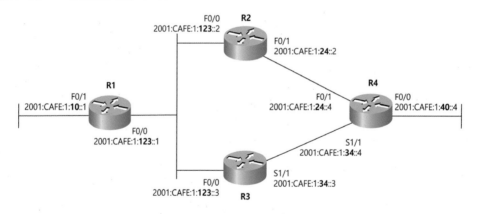

그림과 같은 토폴로지를 만들기 위하여 스위치를 설정합니다. SW1에서 다음과 같이 VLAN을 만들고, 인터페이스에 할당합시다.

[예제 17-11] SW1 설정

```
SW1(config)# vlan 123,40
```

```
SW1(config-vlan)# exit

SW1(config)# interface range f1/1 - 3
SW1(config-if-range)# switchport mode access
SW1(config-if-range)# switchport access vlan 123
SW1(config-if-range)# exit

SW1(config)# interface f1/4
SW1(config-if)# switchport mode access
SW1(config-if)# switchport access vlan 40
```

SW2의 설정은 다음과 같습니다.

[예제 17-12] SW2의 설정

```
SW2(config)# vlan 10,24
SW2(config-vlan)# exit

SW2(config)# interface f1/1
SW2(config-if)# switchport mode access
SW2(config-if)# switchport access vlan 10
SW2(config-if)# exit

SW2(config)# interface range f1/2 , f1/4
SW2(config-if-range)# switchport mode access
SW2(config-if-range)# switchport access vlan 24
```

R1의 인터페이스에 다음과 같이 IPv6 주소를 할당하고 활성화시킵니다.

[예제 17-13] R1의 설정

```
R1(config)# ipv6 unicast-routing

R1(config)# interface f0/1
R1(config-if)# ipv6 address 2001:cafe:1:10::1/64
R1(config-if)# no shut
R1(config-if)# exit

R1(config)# interface f0/0
R1(config-if)# ipv6 address 2001:cafe:1:123::1/64
R1(config-if)# no shut
```

R2의 설정은 다음과 같습니다.

[예제 17-14] R2의 설정

```
R2(config)# ipv6 unicast-routing

R2(config)# interface f0/0
R2(config-if)# ipv6 address 2001:cafe:1:123::2/64
R2(config-if)# no shut
R2(config-if)# exit

R2(config)# interface f0/1
R2(config-if)# ipv6 address 2001:cafe:1:24::2/64
R2(config-if)# no shut
```

R3의 설정은 다음과 같습니다.

[예제 17-15] R3의 설정

```
R3(config)# ipv6 unicast-routing

R3(config)# interface f0/0
R3(config-if)# ipv6 address 2001:cafe:1:123::3/64
R3(config-if)# no shut
R3(config-if)# exit

R3(config)# interface s1/1
R3(config-if)# ipv6 address 2001:cafe:1:34::3/64
R3(config-if)# no shut
```

R4의 설정은 다음과 같습니다.

[예제 17-16] R4의 설정

```
R4(config)# ipv6 unicast-routing

R4(config)# interface f0/0
R4(config-if)# ipv6 address 2001:cafe:1:40::4/64
R4(config-if)# no shut
R4(config-if)# exit

R4(config)# interface f0/1
R4(config-if)# ipv6 address 2001:cafe:1:24::4/64
R4(config-if)# no shut
R4(config-if)# exit

R4(config)# interface s1/1
```

KING of NETWORKING

```
R4(config-if)# ipv6 address 2001:cafe:1:34::4/64
R4(config-if)# no shut
```

각 라우터에서 인터페이스 설정이 끝나면 인접한 주소까지의 통신을 핑으로 확인합니다. 예를 들어, 다음과 같이 R1에서 인접한 R2, R3까지 핑이 되는지 확인합니다.

[예제 17-17] 핑 확인

```
R1# ping 2001:CAFE:1:123::2
Type escape sequence to abort.
Sending 5, 100-byte ICMP Echos to 2001:CAFE:1:123::2, timeout is 2 seconds:
!!!!!
Success rate is 100 percent (5/5), round-trip min/avg/max = 32/69/124 ms

R1# ping 2001:CAFE:1:123::3
Type escape sequence to abort.
Sending 5, 100-byte ICMP Echos to 2001:CAFE:1:123::3, timeout is 2 seconds:
!!!!!
Success rate is 100 percent (5/5), round-trip min/avg/max = 36/45/80 ms
```

다음과 같이 R4에서 인접한 R2, R3까지 핑이 되는지 확인합니다.

[예제 17-18] 핑 확인

```
R4# ping 2001:CAFE:1:34::3
Type escape sequence to abort.
Sending 5, 100-byte ICMP Echos to 2001:CAFE:1:34::3, timeout is 2 seconds:
!!!!!
Success rate is 100 percent (5/5), round-trip min/avg/max = 36/37/40 ms

R4# ping 2001:CAFE:1:24::2
Type escape sequence to abort.
Sending 5, 100-byte ICMP Echos to 2001:CAFE:1:24::2, timeout is 2 seconds:
!!!!!
Success rate is 100 percent (5/5), round-trip min/avg/max = 36/44/80 ms
```

이제 IPv6 RIPng를 설정합니다. 라우팅 프로세스에서 네트워크를 선언하는 RIP와 달리 RIPng는 라우팅에 포함시킬 인터페이스의 설정 모드로 들어가서 ipv6 rip enable 명령어를 사용합니다. 이때, rip 명령어 다음에 적당한 단어나 숫자를 사용하여 한 라우터에서 복수 개의 RIPng를 사용할 때 서로 다른 프로세스를 구분할 수 있도록 합니다.

이때 사용하는 값이 동일 라우터에서 서로 다르면 해당 프로세스 간에는 라우팅 정보를 교

환하지 않습니다. 그러나 라우터가 다르면 이 값이 달라도 라우팅 정보를 교환합니다. R1의
설정은 다음과 같습니다.

[예제 17-19] R1의 설정

```
R1(config)# ipv6 unicast-routing

R1(config)# interface f0/1
R1(config-if)# ipv6 rip myRip enable
R1(config-if)# exit

R1(config)# interface f0/0
R1(config-if)# ipv6 rip myRip enable
```

R2의 설정은 다음과 같습니다.

[예제 17-20] R2의 설정

```
R2(config)# ipv6 unicast-routing

R2(config)# interface f0/0
R2(config-if)# ipv6 rip myRip enable
R2(config-if)# exit

R2(config)# interface f0/1
R2(config-if)# ipv6 rip myRip enable
```

R3의 설정은 다음과 같습니다.

[예제 17-21] R3의 설정

```
R3(config)# ipv6 unicast-routing

R3(config)# interface f0/0
R3(config-if)# ipv6 rip r3Rip enable
R3(config-if)# exit

R3(config)# interface s1/1
R3(config-if)# ipv6 rip r3Rip enable
```

R4의 설정은 다음과 같습니다.

[예제 17-22] R4의 설정

```
R4(config)# ipv6 unicast-routing

R4(config)# interface f0/0
R4(config-if)# ipv6 rip 1 enable
R4(config-if)# exit

R4(config)# interface f0/1
R4(config-if)# ipv6 rip 1 enable
R4(config-if)# exit

R4(config)# interface s1/1
R4(config-if)# ipv6 rip 1 enable
```

RIPng 설정 후 R1의 라우팅 테이블에 다음과 같이 원격지의 IPv6 네트워크가 인스톨됩니다.

[예제 17-23] R1의 라우팅 테이블

```
R1# show ipv6 route
IPv6 Routing Table - default - 8 entries
Codes: C - Connected, L - Local, S - Static, U - Per-user Static route
    B - BGP, R - RIP, H - NHRP, I1 - ISIS L1
    I2 - ISIS L2, IA - ISIS interarea, IS - ISIS summary, D - EIGRP
    EX - EIGRP external, ND - ND Default, NDp - ND Prefix, DCE - Destination
    NDr - Redirect, O - OSPF Intra, OI - OSPF Inter, OE1 - OSPF ext 1
    OE2 - OSPF ext 2, ON1 - OSPF NSSA ext 1, ON2 - OSPF NSSA ext 2, l - LISP
C  2001:CAFE:1:10::/64 [0/0]
   via FastEthernet0/1, directly connected
L  2001:CAFE:1:10::1/128 [0/0]
   via FastEthernet0/1, receive
R  2001:CAFE:1:24::/64 [120/2]
   via FE80::C805:1AFF:FEB4:8, FastEthernet0/0
R  2001:CAFE:1:34::/64 [120/2]
   via FE80::C806:FFF:FE4C:8, FastEthernet0/0
R  2001:CAFE:1:40::/64 [120/3]
   via FE80::C805:1AFF:FEB4:8, FastEthernet0/0
   via FE80::C806:FFF:FE4C:8, FastEthernet0/0
C  2001:CAFE:1:123::/64 [0/0]
   via FastEthernet0/0, directly connected
L  2001:CAFE:1:123::1/128 [0/0]
   via FastEthernet0/0, receive
L  FF00::/8 [0/0]
   via Null0, receive
```

R4의 이더넷까지 핑도 됩니다.

[예제 17-24] 핑 확인

> R1# **ping 2001:CAFE:1:40::4**
> Type escape sequence to abort.
> Sending 5, 100-byte ICMP Echos to 2001:CAFE:1:40::4, timeout is 2 seconds:
> !!!!!
> Success rate is 100 percent (5/5), round-trip min/avg/max = 36/43/56 ms

이상으로 IPv6 RIPng를 설정하고 동작을 확인해보았습니다.

EIGRP for IPv6

이번에는 EIGRP for IPv6를 설정하고 동작을 확인해봅시다. 앞서 사용한 동일한 네트워크
에서 EIGRP for IPv6를 동작시켜봅시다.

[그림 17-4] EIGRP for IPv6를 위한 네트워크

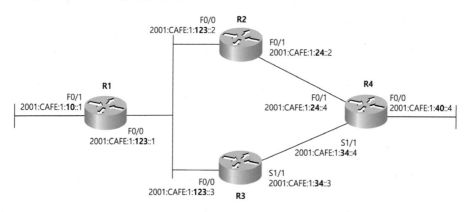

R1의 설정은 다음과 같습니다.

[예제 17-25] R1의 설정

> ① R1(config)# **ipv6 unicast-routing**
>
> ② R1(config)# **ipv6 router eigrp 1**
> ③ R1(config-rtr)# **eigrp router-id 1.1.1.1**
>   R1(config-rtr)# **exit**
>
> ④ R1(config)# **interface f0/0**

KING of NETWORKING

```
⑤ R1(config-if)# ipv6 eigrp 1
  R1(config-if)# exit

  R1(config)# interface f0/1
  R1(config-if)# ipv6 eigrp 1
```

① IPv6 라우팅을 활성화시킵니다.

② 1에서 65535 사이의 적당한 EIGRP AS 번호를 사용하여 IPv6 EIGRP 설정 모드로 들어
갑니다.

③ IPv4 주소 형식으로 EIGRP 라우터 ID를 지정합니다.

④ IPv6 EIGRP를 설정하고자 하는 인터페이스의 설정 모드로 들어갑니다.

⑤ 해당 인터페이스에 IPv6 EIGRP를 활성화시킵니다.

R2의 설정은 다음과 같습니다.

[예제 17-26] R2의 설정

```
R2(config)# ipv6 unicast-routing

R2(config)# ipv6 router eigrp 1
R2(config-rtr)# eigrp router-id 1.1.2.2
R2(config-rtr)# exit

R2(config)# interface f0/0
R2(config-if)# ipv6 eigrp 1
R2(config-if)# exit

R2(config)# interface f0/1
R2(config-if)# ipv6 eigrp 1
```

R3의 설정은 다음과 같습니다.

[예제 17-27] R3의 설정

```
R3(config)# ipv6 unicast-routing

R3(config)# ipv6 router eigrp 1
R3(config-rtr)# eigrp router-id 1.1.3.3
R3(config-rtr)# exit

R3(config)# interface f0/0
R3(config-if)# ipv6 eigrp 1
R3(config-if)# exit
```

```
R3(config)# interface s1/1
R3(config-if)# ipv6 eigrp 1
```

R4의 설정은 다음과 같습니다.

[예제 17-28] R4의 설정

```
R4(config)# ipv6 unicast-routing

R4(config)# ipv6 router eigrp 1
R4(config-rtr)# router-id 1.1.4.4
R4(config-rtr)# exit

R4(config)# interface f0/0
R4(config-if)# ipv6 eigrp 1
R4(config-if)# exit

R4(config)# interface f0/1
R4(config-if)# ipv6 eigrp 1
R4(config-if)# exit

R4(config)# interface s1/1
R4(config-if)# ipv6 eigrp 1
```

설정 후 R1의 IPv6 라우팅 테이블을 확인해보면 다음과 같이 원격지의 IPv6 네트워크를 EIGRP for IPv6에 의하여 광고받아 설치되어 있습니다.

[예제 17-29] R1의 IPv6 라우팅

```
R1# show ipv6 route eigrp
IPv6 Routing Table - default - 8 entries
Codes: C - Connected, L - Local, S - Static, U - Per-user Static route
     B - BGP, R - RIP, H - NHRP, I1 - ISIS L1
     I2 - ISIS L2, IA - ISIS interarea, IS - ISIS summary, D - EIGRP
     EX - EIGRP external, ND - ND Default, NDp - ND Prefix, DCE - Destination
     NDr - Redirect, O - OSPF Intra, OI - OSPF Inter, OE1 - OSPF ext 1
     OE2 - OSPF ext 2, ON1 - OSPF NSSA ext 1, ON2 - OSPF NSSA ext 2, l - LISP
D  2001:CAFE:1:24::/64 [90/30720]
    via FE80::C805:1AFF:FEB4:8, FastEthernet0/0
D  2001:CAFE:1:34::/64 [90/2172416]
    via FE80::C806:FFF:FE4C:8, FastEthernet0/0
D  2001:CAFE:1:40::/64 [90/33280]
    via FE80::C805:1AFF:FEB4:8, FastEthernet0/0
```

원격지 네트워크까지 핑도 됩니다.

[예제 17-30] 핑 확인

```
R1# ping 2001:CAFE:1:40::4
Type escape sequence to abort.
Sending 5, 100-byte ICMP Echos to 2001:CAFE:1:40::4, timeout is 2 seconds:
!!!!!
Success rate is 100 percent (5/5), round-trip min/avg/max = 36/38/40 ms
```

show ipv6 eigrp neighbors 명령어를 사용하여 EIGRP for IPv6 네이버를 확인해보면 다음
과 같이 네이버의 주소가 링크 로컬 주소로 표시되어 있습니다.

[예제 17-31] EIGRP for IPv6 네이버 확인

```
R1# show ipv6 eigrp neighbors
EIGRP-IPv6 Neighbors for AS(1)
H  Address                  Interface  Hold  Uptime  SRTT  RTO  Q    Seq
                                       (sec)          (ms)       Cnt  Num
1  Link-local address:      Fa0/0      14    00:05:37  55   330  0    8
   FE80::C806:FFF:FE4C:8
0  Link-local address:      Fa0/0      14    00:06:17  66   396  0    12
   FE80::C805:1AFF:FEB4:8
```

OSPFv3

이번에는 다음과 같이 OSPFv3을 설정하고 동작을 확인해봅시다.

[그림 17-5] OSPFv3을 위한 네트워크

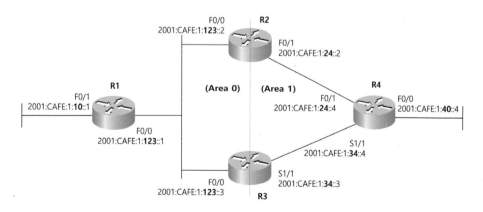

먼저, 다음과 같이 앞서 설정한 EIGRP for IPv6을 제거합니다.

[예제 17-32] EIGRP for IPv6 제거

```
R1(config)# no ipv6 router eigrp 1
R1(config)# no ipv6 router eigrp 1
R1(config)# no ipv6 router eigrp 1
R1(config)# no ipv6 router eigrp 1
```

인터페이스 설정을 확인해보면 다음과 같이 EIGRP for IPv6 관련 설정이 없습니다. RIPng
는 AD 값이 OSPF 보다 커서 OSPFv3 동작에 영향을 미치지 않으므로 그냥 두기로 합니다.

[예제 17-33] 인터페이스 설정 확인

```
R1# show run int f0/0
Building configuration...

Current configuration : 152 bytes
!
interface FastEthernet0/0
 no ip address
 speed auto
 duplex auto
 ipv6 address 2001:CAFE:1:123::1/64
 ipv6 rip myRip enable
end
```

R1에서 다음과 같이 OSPFv3을 설정합니다.

[예제 17-34] R1 설정

```
① R1(config)# ipv6 unicast-routing

② R1(config)# ipv6 router ospf 1
③ R1(config-rtr)# router-id 1.1.1.1
  R1(config-rtr)# exit

④ R1(config)# interface f0/1
⑤ R1(config-if)# ipv6 ospf 1 area 0
  R1(config-if)# exit

  R1(config)# interface f0/0
  R1(config-if)# ipv6 ospf 1 area 0
```

① IPv6 라우팅을 활성화시킵니다.

② 1에서 65535 사이의 적당한 OSPF 프로세스 번호를 사용하여 OSPFv3 설정 모드로 들어갑니다. 현재 IPv4 주소가 설정된 활성화된 인터페이스가 없으면 다음과 같이 직접 OSPFv3 라우터 ID를 지정하라는 메시지가 표시됩니다.

[예제 17-35] OSPFv3 라우터 ID를 지정하라는 메시지

%OSPFv3-4-NORTRID: Process OSPFv3-1-IPv6 could not pick a router-id, please configure manually

③ IPv4 주소 형식으로 OSPFv3 라우터 ID를 지정합니다.

④ OSPFv3을 설정하고자 하는 인터페이스의 설정 모드로 들어갑니다.

⑤ 해당 인터페이스에 OSPFv3을 활성화시킵니다.

R2의 설정은 다음과 같습니다.

[예제 17-36] R2의 설정

```
R2(config)# ipv6 unicast-routing

R2(config)# ipv6 router ospf 1
R2(config-rtr)# router-id 1.1.2.2
R2(config-rtr)# exit

R2(config)# interface f0/0
R2(config-if)# ipv6 ospf 1 area 0
R2(config-if)# exit

R2(config)# interface f0/1
R2(config-if)# ipv6 ospf 1 area 1
```

R3의 설정은 다음과 같습니다.

[예제 17-37] R3의 설정

```
R3(config)# ipv6 unicast-routing

R3(config)# ipv6 router ospf 1
R3(config-rtr)# router-id 1.1.3.3
R3(config-rtr)# exit

R3(config)# interface f0/0
R3(config-if)# ipv6 ospf 1 area 0
```

```
R3(config-if)# exit

R3(config)# interface s1/1
R3(config-if)# ipv6 ospf 1 area 1
```

R4의 설정은 다음과 같습니다.

[예제 17-38] R4의 설정

```
R4(config)# ipv6 unicast-routing

R4(config)# ipv6 router ospf 1
R4(config-rtr)# router-id 1.1.4.4
R4(config-rtr)# exit

R4(config)# interface f0/0
R4(config-if)# ipv6 ospf 1 area 1
R4(config-if)# exit

R4(config)# interface f0/1
R4(config-if)# ipv6 ospf 1 area 1
R4(config-if)# exit

R4(config)# interface s1/1
R4(config-if)# ipv6 ospf 1 area 1
```

설정 후 R1의 IPv6 라우팅 테이블을 확인해보면 다음과 같이 원격지의 IPv6 네트워크를 OSPFv3에 의하여 광고받아 설치되어 있으며, 네트워크 타입이 'OI'로 표시되어 있습니다.

[예제 17-39] R1의 IPv6 라우팅

```
R1# show ipv6 route ospf
IPv6 Routing Table - default - 8 entries
Codes: C - Connected, L - Local, S - Static, U - Per-user Static route
       B - BGP, R - RIP, H - NHRP, I1 - ISIS L1
       I2 - ISIS L2, IA - ISIS interarea, IS - ISIS summary, D - EIGRP
       EX - EIGRP external, ND - ND Default, NDp - ND Prefix, DCE - Destination
       NDr - Redirect, O - OSPF Intra, OI - OSPF Inter, OE1 - OSPF ext 1
       OE2 - OSPF ext 2, ON1 - OSPF NSSA ext 1, ON2 - OSPF NSSA ext 2, l - LISP
OI  2001:CAFE:1:24::/64 [110/2]
     via FE80::C805:1AFF:FEB4:8, FastEthernet0/0
OI  2001:CAFE:1:34::/64 [110/65]
     via FE80::C806:FFF:FE4C:8, FastEthernet0/0
OI  2001:CAFE:1:40::/64 [110/3]
     via FE80::C805:1AFF:FEB4:8, FastEthernet0/0
```

R2의 IPv6 라우팅 테이블을 확인해보면 다음과 같이 네트워크 타입이 'O'로 표시되어 있습니다.

[예제 17-40] R2의 IPv6 라우팅

```
R2# show ipv6 route ospf
IPv6 Routing Table - default - 8 entries
Codes: C - Connected, L - Local, S - Static, U - Per-user Static route
    B - BGP, R - RIP, H - NHRP, I1 - ISIS L1
    I2 - ISIS L2, IA - ISIS interarea, IS - ISIS summary, D - EIGRP
    EX - EIGRP external, ND - ND Default, NDp - ND Prefix, DCE - Destination
    NDr - Redirect, O - OSPF Intra, OI - OSPF Inter, OE1 - OSPF ext 1
    OE2 - OSPF ext 2, ON1 - OSPF NSSA ext 1, ON2 - OSPF NSSA ext 2, l - LISP
O   2001:CAFE:1:10::/64 [110/2]
     via FE80::C804:1BFF:FEAC:8, FastEthernet0/0
O   2001:CAFE:1:34::/64 [110/65]
     via FE80::C807:1FFF:FE48:6, FastEthernet0/1
O   2001:CAFE:1:40::/64 [110/2]
     via FE80::C807:1FFF:FE48:6, FastEthernet0/1
```

show ipv6 ospf neighbors 명령어를 사용하여 OSPFv3 네이버를 확인하면 다음과 같습니다.

[예제 17-41] OSPFv3 네이버 확인

```
R2# show ipv6 ospf neighbor

    OSPFv3 Router with ID (1.1.2.2) (Process ID 1)

Neighbor ID Pri State          Dead Time  Interface ID Interface
1.1.1.1      1   FULL/DROTHER   00:00:34   2            FastEthernet0/0
1.1.3.3      1   FULL/DR        00:00:32   2            FastEthernet0/0
1.1.4.4      1   FULL/BDR       00:00:39   3            FastEthernet0/1
```

show ipv6 ospf interface f0/0 명령어를 사용하면 다음과 같이 해당 인터페이스의 링크 로컬 주소, 네트워크 타입, 코스트, DR/BDR, 타이머 등의 정보를 확인할 수 있습니다.

[예제 17-42] 인터페이스의 OSPFv3 정보

```
R1# show ipv6 ospf interface f0/0
FastEthernet0/0 is up, line protocol is up
  Link Local Address FE80::C804:1BFF:FEAC:8, Interface ID 2
  Area 0, Process ID 1, Instance ID 0, Router ID 1.1.1.1
  Network Type BROADCAST, Cost: 1
  Transmit Delay is 1 sec, State DROTHER, Priority 1
```

```
Designated Router (ID) 1.1.3.3, local address FE80::C806:FFF:FE4C:8
Backup Designated router (ID) 1.1.2.2, local address FE80::C805:1AFF:FEB4:8
Timer intervals configured, Hello 10, Dead 40, Wait 40, Retransmit 5
  Hello due in 00:00:06
Graceful restart helper support enabled
Index 1/2/2, flood queue length 0
Next 0x0(0)/0x0(0)/0x0(0)
Last flood scan length is 0, maximum is 2
Last flood scan time is 0 msec, maximum is 0 msec
Neighbor Count is 2, Adjacent neighbor count is 2
  Adjacent with neighbor 1.1.2.2  (Backup Designated Router)
  Adjacent with neighbor 1.1.3.3  (Designated Router)
Suppress hello for 0 neighbor(s)
```

show ipv6 protocols 명령어를 사용하면 다음과 같이 현재 동작 중인 라우팅 프로토콜과 관련된 정보를 확인할 수 있습니다.

[예제 17-43] 라우팅 프로토콜 관련 정보 확인

```
R1# show ipv6 protocols
IPv6 Routing Protocol is "connected"
IPv6 Routing Protocol is "ND"
IPv6 Routing Protocol is "rip myRip"
 Interfaces:
   FastEthernet0/0
   FastEthernet0/1
 Redistribution:
   None
IPv6 Routing Protocol is "ospf 1"
 Router ID 1.1.1.1
 Number of areas: 1 normal, 0 stub, 0 nssa
 Interfaces (Area 0):
   FastEthernet0/0
   FastEthernet0/1
 Redistribution:
   None
```

이상으로 OSPFv3에 대하여 살펴보았습니다.

연습 문제

1. 다음 중 IPv6 주소의 종류가 아닌 것을 하나만 고르시오.

   1) 글로벌 유니캐스트(global unicast) 주소

   2) 멀티캐스트(multicast) 주소

   3) 링크 로컬(link local) 주소

   4) 브로드캐스트(broadcast) 주소

2. 다음 중 제대로 된 IPv6 주소를 하나만 고르시오.

   1) 2000:1:1:1::1:ABCD::1

   2) XYZ:1:1:1::1

   3) 2000:1:1:1:1

   4) 2000:1:1:1::1

3. 다음 중 IPv6 라우팅을 지원하는 OSPF는 무엇인가?

   1) OSPF v1

   2) OSPF v1.5

   3) OSPF v2

   4) OSPF v3

4. 다음중 IPv4와 IPv6를 동시에 사용하는 방법 2가지를 고르시오.

   1) 터널링(tunneling)

   2) 듀얼 스택(dual stack)

   3) 커플링(coupling)

   4) 태깅(tagging)

제18장

액세스 리스트

킹-오브-
네트워킹

표준 액세스 리스트

액세스 리스트(ACL, Access Control List, 접근제어 리스트)는 이름이 의미하는 것처럼 라우터에서 특정한 패킷을 차단 또는 허용할 때 사용합니다. 액세스 리스트는 제어하는 프로토콜에 따라 IPv4 ACL, IPv6 ACL, MAC ACL 등이 있습니다.

패킷을 검사할 때 출발지 IP 주소만 참조하는 것을 표준(standard) ACL, 출발지/목적지 IP 주소, 프로토콜 번호 및 전송 계층의 포트 번호까지 참조하는 것을 확장(extended) ACL이라고 합니다. ACL을 정의할 때 번호를 사용하거나(numbered ACL), 이름을 사용(named ACL)할 수도 있습니다.

네트워크 보안 장비

ACL을 공부하기 전에 잠시 네트워크 보안 장비에 대해서 살펴봅시다. 네트워크 보안 장비의 종류는 다양합니다. 그중 많이 사용되는 것들만 몇 가지 나열하면 다음과 같습니다.

- **방화벽**

  방화벽(firewall, FW)은 가장 많이 사용되는 네트워크 보안 장비이며, 사전에 정의된 규칙(rule)을 이용하여 트래픽을 제어합니다. 시스코의 대표적인 방화벽 장비로 ASA가 있으며, 라우터도 방화벽 기능을 제공합니다.

- **VPN 게이트웨이**

  VPN(Virtual Private Network, 가상 사설망) 게이트웨이는 인터넷과 같은 공중망(public network)을 사설망(private network)처럼 사용할 수 있도록 하는 장비입니다. 이를 위해서 패킷의 암호화, 인증(authentication), 패킷 변조 확인 등의 기능을 제공합니다. 시스코에서는 라우터, ASA 등을 VPN 장비로 사용합니다.

- **침입방지 시스템**

  침입방지 시스템(IPS, Intrusion Prevention System)은 가변적인 공격 트래픽을 차단하거나 탐지할 수 있는 장비입니다. 공격을 탐지하는 장비를 IDS(Intrusion Detection System)라고 하여 IPS와 구분하기도 하나 대부분의 IDS도 공격 차단 기능이 있으므로 이 구분은 마케팅적인 의미만 가지는 것으로 여겨도 무방합니다.

ACL 설정을 위한 테스트 네트워크 구축

이제부터 기본적인 방화벽 기능을 제공하는 표준 액세스 리스트에 대해서 살펴보기로 합니다. 먼저, 액세스 리스트 동작을 위한 테스트 네트워크를 구축합니다.

[그림 18-1] 액세스 리스트 테스트 네트워크

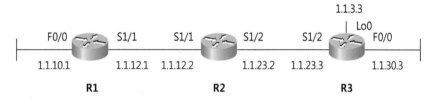

각 장비를 동작시키고 기본 설정을 합니다. 기본 설정이 끝나면 그림과 같이 인터페이스에 IP 주소를 할당하고, 활성화시킵니다. IP 주소의 서브넷 마스크 길이는 24비트로 합니다. R3 에서는 루프백 인터페이스를 사용하여 네트워크를 하나 더 설정했습니다. 각 라우터의 설정 은 다음과 같습니다.

[예제 18-1] 라우터의 인터페이스 설정

```
R1(config)# interface f0/0
R1(config-if)# ip address 1.1.10.1 255.255.255.0
R1(config-if)# no shut
R1(config-if)# interface s1/1
R1(config-if)# ip address 1.1.12.1 255.255.255.0
R1(config-if)# no shut

R2(config)# interface s1/1
R2(config-if)# ip address 1.1.12.2 255.255.255.0
R2(config-if)# no shut
R2(config-if)# interface s1/2
R2(config-if)# ip address 1.1.23.2 255.255.255.0
R2(config-if)# no shut

R3(config)# interface s1/2
R3(config-if)# ip address 1.1.23.3 255.255.255.0
R3(config-if)# no shut
R3(config-if)# interface f0/0
R3(config-if)# ip address 1.1.30.3 255.255.255.0
R3(config-if)# no shut
R3(config-if)# interface lo0
R3(config-if)# ip address 1.1.3.3 255.255.255.0
```

설정이 끝나면 각 라우터의 라우팅 테이블을 확인하고, 넥스트 홉 IP 주소까지의 통신을 핑으로 확인합니다. 통신이 되면 모든 라우터에서 OSPF 에어리어 0을 설정합니다.

[예제 18-2] OSPF 설정

```
R1(config)# router ospf 1
R1(config-router)# router-id 1.1.1.1
R1(config-router)# network 1.1.10.1 0.0.0.0 area 0
R1(config-router)# network 1.1.12.1 0.0.0.0 area 0

R2(config)# router ospf 1
R2(config-router)# router-id 1.1.2.2
R2(config-router)# network 1.1.12.2 0.0.0.0 area 0
R2(config-router)# network 1.1.23.2 0.0.0.0 area 0

R3(config)# router ospf 1
R3(config-router)# router-id 1.1.3.3
R3(config-router)# network 1.1.23.3 0.0.0.0 area 0
R3(config-router)# network 1.1.30.3 0.0.0.0 area 0
R3(config-router)# network 1.1.3.3 0.0.0.0 area 0
```

라우팅 설정이 끝나면 다음과 같이 R1의 라우팅 테이블에 모든 네트워크가 보이는지 확인합니다. R3의 루프백 인터페이스에 설정된 네트워크는 32비트로 표시됩니다.

[예제 18-3] R1의 라우팅 테이블

```
R1# show ip route
   (생략)
Gateway of last resort is not set

    1.0.0.0/8 is variably subnetted, 5 subnets, 2 masks
O      1.1.3.3/32 [110/129] via 1.1.12.2, 00:03:17, Serial1/1
C      1.1.10.0/24 is directly connected, FastEthernet0/0
C      1.1.12.0/24 is directly connected, Serial1/1
O      1.1.23.0/24 [110/128] via 1.1.12.2, 00:04:01, Serial1/1
O      1.1.30.0/24 [110/129] via 1.1.12.2, 00:00:17, Serial1/1
```

가장 먼 네트워크인 R3의 1.1.30.3까지 통신이 되는지 핑으로 확인합니다.

[예제 18-4] R3까지의 통신 확인

```
R1# ping 1.1.30.3

Type escape sequence to abort.
```

KING of NETWORKING

Sending 5, 100-byte ICMP Echos to 1.1.30.3, timeout is 2 seconds:
!!!!!
Success rate is 100 percent (5/5), round-trip min/avg/max = 8/45/100 ms

이제, 액세스 리스트 설정 및 동작 확인을 위한 네트워크가 완성되었습니다.

표준 IP ACL

먼저, 표준 IP ACL을 이용하여 트래픽을 제어해봅시다. ACL은 프로토콜(IPv4, IPv6 등)당, 인터페이스당, 방향당 하나씩 정의할 수 있습니다. 따라서 ACL을 정의하기 전에 ACL을 적용시킬 라우터, 인터페이스 및 방향을 미리 결정해야 합니다.

다음 그림과 같이 인터넷과 같은 외부 네트워크와 연결되는 라우터를 경계 라우터 (perimeter router)라고 하며, 보통 경계 라우터의 외부 인터페이스에서 내부로 들어오는 패킷들을 제어합니다.

[그림 18-2] 내부망과 외부망

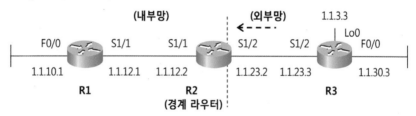

예를 들어, 출발지 IP 주소가 1.1.23.3이나 1.1.30.3인 패킷만 R2에서 허용하려면 다음과 같이 설정합니다.

[예제 18-5] ACL 설정

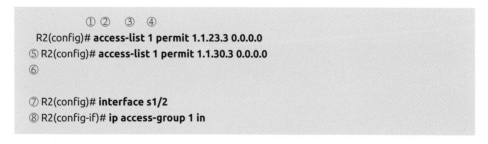

① **access-list** 명령어 다음에 적당한 번호를 지정합니다. 표준 IP ACL는 1-99, 1300-1999 사이의 번호를 사용합니다.

② ACL 번호 다음에는 **permit**, **deny**, **remark** 세 가지 명령어 중 하나를 사용합니다. **permit** 명령어는 패킷들을 허용할 때 사용하고, **deny** 명령어는 차단할 때 사용합니다. **remark** 명령어는 ACL에 주석을 달 때 사용합니다.

③ 출발지 IP 주소를 지정합니다.

④ 와일드카드 마스크(wildcard mask)를 사용합니다. 와일드카드 마스크에 대해서는 나중에 자세히 설명합니다.

⑤ ACL은 프로토콜당, 인터페이스당, 방향당 하나씩 정의할 수 있으므로, 하나의 인터페이스에 동일한 방향으로 여러 내용을 정의하려면 동일한 번호를 사용하여 문장을 추가하면 됩니다.

⑥ ACL의 마지막에는 묵시적으로 '나머지는 모두 차단하라'는 문장이 있습니다. 즉, 앞서 구체적으로 지정되지 않은 패킷들은 모두 차단됩니다.

⑦ ACL을 적용할 인터페이스의 설정 모드로 들어갑니다.

⑧ **ip access-group** 명령어 다음에 적용할 ACL 번호와 방향을 지정합니다.

설정 후 다음과 같이 내부로 핑을 해보면 출발지가 1.1.23.3이나 1.1.30.3인 패킷들은 ACL을 통과하여 통신이 됩니다.

[예제 18-6] ACL 동작 확인

```
R3# ping 1.1.12.1
R3# ping 1.1.12.1 source 1.1.30.3
```

그러나 다음과 같이 출발지 IP 주소가 1.1.3.3인 패킷은 차단됩니다.

[예제 18-7] ACL에 의한 패킷 차단

```
R3# ping 1.1.12.1 source 1.1.3.3

Type escape sequence to abort.
Sending 5, 100-byte ICMP Echos to 1.1.12.1, timeout is 2 seconds:
Packet sent with a source address of 1.1.3.3
U.U.U
Success rate is 0 percent (0/5)
```

R2에서 ACL이 패킷을 차단하면서 출발지 IP 주소로 'ACL에 의해서 패킷이 차단되었다 (communication administratively prohibited)'라는 ICMP 메시지를 보내며, 이것이 'U'로 표시됩니다. 그러나 ICMP 메시지를 많이 생성하면 라우터에 부하가 걸리므로 모든 차단 패킷에 메시지를 보내는 대신 번갈아서 보냅니다. 따라서 메시지를 보내지 않을 때는 상대

라우터가 2초 동안 기다렸다가 점(.)을 표시합니다. 결과적으로 화면에서 볼 수 있는 것처럼 'U.U.U'로 표시됩니다.

R2에서 다음과 같이 **show ip access-lists** 명령어를 이용하여 ACL이 동작한 것을 확인해보면 ACL의 각 문장에 적용된 패킷 수를 알 수 있습니다.

[예제 18-8] show ip access-lists 명령어 사용 결과

```
R2# show ip access-lists
Standard IP access list 1
    10 permit 1.1.23.3 (23 matches)
    20 permit 1.1.30.3 (5 matches)
```

이상으로 기본적인 표준 ACL을 설정하고 동작을 확인해보았습니다.

와일드카드 마스크

다음 그림에서 R3의 F0/0에 접속된 PC들은 모두 IP 주소가 1.1.30.0/24 네트워크 대역입니다.

[그림 18-3] 와일드카드 마스크가 필요한 경우

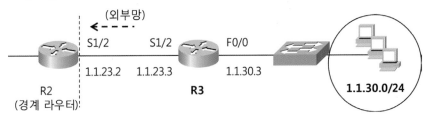

만약, 1.1.30.0/24 네트워크 대역의 PC들이 내부망과 접속할 수 있게 하기 위하여 다음과 같이 ACL에서 일일이 지정해야 한다면 힘듭니다.

[예제 18-9] 와일드카드 마스크가 필요한 설정

```
R2(config)# access-list 1 permit 1.1.30.1 0.0.0.0
R2(config)# access-list 1 permit 1.1.30.2 0.0.0.0
        ......
R2(config)# access-list 1 permit 1.1.30.254 0.0.0.0
```

이때 PC들의 주소를 일일이 하나씩 지정하지 않고 와일드카드 마스크(wildcard mask)를 사

용하면 편리합니다. 와일드카드 마스크는 기준되는 주소와 일치해야 하는 비트는 0, 일치하지 않아도 되는 비트는 1로 지정합니다.

다음처럼 IP 주소 1.1.30.0을 2진수로 표시해봅시다. IP 주소 중 24비트까지만 1.1.30.0의 2진수 표시와 일치하면 그 IP 주소는 1.1.30.0에서 1.1.30.255 사이의 것입니다.

1   .1   .30   .0   (1.1.30.0의 10진수 표기)

0000 0001 . 0000 0001 . 0001 1110 . 0000 0000 (1.1.30.0의 2진수 표기)

0000 0000 . 0000 0000 . 0000 0000 . 1111 1111 (와일드카드 마스크)

0   .0   .0   .255   (와일드카드 마스크 10진수 표기)

와일드카드 마스크는 IP 주소 다음에 10진수로 표시하여 1.1.30.0 0.0.0.255와 같이 사용합니다. 즉, 1.1.30.0 0.0.0.255는 1.1.30.0부터 1.1.30.255 사이의 주소를 의미합니다. 따라서 와일드카드 마스크를 사용하여 R3 F0/0 인터페이스에 접속된 PC들을 모두 허용하는 방법은 다음과 같이 간단합니다.

[예제 18-10] 와일드카드 마스크를 사용한 설정

R2(config)# **access-list 1 permit 1.1.30.0 0.0.0.255**

서브넷 마스크는 반드시 연속된 1을 사용해야 하지만 와일드카드 마스크는 1이나 0이 연속될 필요가 없습니다. 와일드카드 마스크에 대해서 좀 더 살펴봅시다.

1.1.2.0/24, 1.1.3.0/24 네트워크 두 개를 와일드카드 마스크를 사용하여 한 문장으로 표현하면 1.1.2.0 0.0.1.255가 됩니다. 그 이유를 살펴봅시다. 두 개의 네트워크는 다음과 같이 23비트까지 일치합니다. 따라서 1.1.2.0을 기준으로 23비트까지 일치하면 1.1.2.0부터 1.1.3.255까지의 수가 됩니다.

0000 0001 . 0000 0001 . 0000 0010 . 0000 0000 (1.1.2.0)

0000 0001 . 0000 0001 . 0000 0011 . 0000 0000 (1.1.3.0)

0000 0000 . 0000 0000 . 0000 0001 . 1111 1111 (와일드카드 마스크)

0   .0   .1   .255   (와일드카드 마스크 10진수 표기)

1.1.4.0/24부터 1.1.7.0/24 네트워크 네 개를 와일드카드 마스크를 사용하여 한 문장으로 표현하면 1.1.4.0 0.0.3.255가 됩니다. 네 개의 네트워크는 다음과 같이 22비트까지 일치합니다. 따라서 1.1.4.0을 기준으로 22비트까지 일치하면 1.1.4.0부터 1.1.7.255까지의 수가 됩니다.

0000 0001 . 0000 0001 . 0000 0100 . 0000 0000 (1.1.4.0)

0000 0001 . 0000 0001 . 0000 0101 . 0000 0000 (1.1.5.0)

0000 0001 . 0000 0001 . 0000 011 0 . 0000 0000 (1.1.6.0)

0000 0001 . 0000 0001 . 0000 011 1 . 0000 0000 (1.1.7.0)

0000 0000 . 0000 0000 . 0000 0011 . 1111 1111 (와일드카드 마스크)

0 . 0 . 3 . 255 (와일드카드 마스크 10진수 표기)

그러나 모든 네트워크를 와일드카드 마스크를 사용하여 한 문장으로 표현할 수는 없습니다. 예를 들어, 1.1.1.0부터 1.1.8.0까지의 네트워크를 가능하면 간결하게 표현해봅시다. 각 네트워크를 2진수로 표시하면 다음과 같습니다.

<u>0000 0001 . 0000 0001 . 0000 0001</u> . 0000 0000 (1.1.1.0)

<u>0000 0001 . 0000 0001 . 0000 0010</u> . 0000 0000 (1.1.2.0)

0000 0001 . 0000 0001 . 0000 001 1 . 0000 0000 (1.1.3.0)

<u>0000 0001 . 0000 0001 . 0000 01</u>00 . 0000 0000 (1.1.4.0)

0000 0001 . 0000 0001 . 0000 0101 . 0000 0000 (1.1.5.0)

0000 0001 . 0000 0001 . 0000 011 0 . 0000 0000 (1.1.6.0)

0000 0001 . 0000 0001 . 0000 011 1 . 0000 0000 (1.1.7.0)

<u>0000 0001 . 0000 0001 . 0000 1000</u> . 0000 0000 (1.1.8.0)

1.1.1.0은 와일드카드 마스크를 사용하여 더 줄일 수 없습니다. 왜냐하면 1.1.1.0을 기준으로 2개의 네트워크를 표현하려면 23비트까지 일치해야 하고, 이 경우 범위 밖의 1.1.0.0/24 네트워크가 포함되기 때문입니다.

1.1.2.0, 1.1.3.0은 와일드카드 마스크를 사용하여 하나로 표시할 수 있습니다. 왜냐하면 1.1.2.0을 기준으로 23비트까지 일치하면 두 개의 네트워크가 지정됩니다.

1.1.4.0부터 1.1.7.0까지 4개의 네트워크도 와일드카드 마스크를 사용하여 하나로 표시할 수 있습니다. 왜냐하면 1.1.4.0을 기준으로 22비트까지 일치하면 네 개의 네트워크가 지정되기 때문입니다. 남은 1.1.8.0은 하나이므로 더 이상 줄일게 없습니다. 결과적으로 다음과 같이 4개의 문장으로 표시됩니다.

1.1.1.0 0.0.0.255

1.1.2.0 0.0.1.255

1.1.4.0 0.0.3.255

1.1.8.0 0.0.0.255

와일드카드 마스크가 약간 복잡한 것 같지만 다음 두 가지 규칙만 알면 아주 간단합니다.

1) 와일드카드 마스크로 지정할 수 있는 최대 네트워크의 개수는 시작하는 수에 따라 다릅니다.

[표 18-1] 시작하는 수에 따른 최대 네트워크 수

시작하는 수	한꺼번에 표현할 수 있는 네트워크 수
0	2의 승수개 (무제한)
홀수	1
2의 배수 (2, 4, 6, ...)	2
4의 배수 (4, 8, 12, ...)	4
8의 배수 (8, 16, 24, ...)	8
16의 배수 (16, 32, 48, ...)	16
32의 배수 (32, 64, 96, ...)	32
64의 배수 (64, 128, 192)	64
128의 배수 (128)	128

2) 와일드카드 마스크는 **네트워크 개수 - 1**입니다.

이 규칙들을 사용하여 다시 앞에서 살펴보았던 1.1.1.0/24부터 1.1.8.0/24까지의 네트워크를 와일드카드 마스크로 표시해보겠습니다.

1.1.1.0은 시작하는 수가 홀수이므로 와일드카드 마스크를 사용하여 여러 개를 표현할 수 없으므로 1.1.1.0 0.0.0.255입니다.

1.1.2.0은 시작하는 수가 2의 배수이므로 2개의 네트워크까지 표현할 수 있고, 와일드카드 마스크는 1(2-1)이 되어 1.1.2.0 0.0.1.255입니다.

1.1.4.0은 시작하는 수가 4의 배수이므로 4개의 네트워크까지 표현할 수 있고, 와일드카드 마스크는 3(4-1)이 되어 1.1.4.0 0.0.3.255입니다.

1.1.8.0은 시작하는 수가 8의 배수이므로 8개의 네트워크까지 표현할 수 있지만, 남은 네트워크가 하나이므로 와일드카드 마스크는 0이 되어 1.1.8.0 0.0.0.255입니다.

특정한 IP 주소 하나만 지정하려면 와일드카드 마스크가 0.0.0.0이 되며, 이를 'host'라고 합니다. 따라서 다음 문장은 같은 의미입니다.

1.1.3.3 0.0.0.0

host 1.1.3.3

표준 ACL에서 와일드카드 마스크를 지정하지 않으면 **host**로 간주합니다.

모든 네트워크를 지정하려면 0.0.0.0 255.255.255.255가 되며, 이것을 줄여서 **any** 라고 합니다. 따라서 다음 두 문장은 의미가 같습니다.

0.0.0.0 255.255.255.255

any

이상으로 와일드카드 마스크에 대하여 살펴보았습니다.

ACL 동작 방식

ACL의 동작 방식을 몇 가지 살펴봅시다.

• 순차적 문장 적용

ACL은 첫 문장부터 차례로 확인을 하다가 일치되는 것이 있으면 그것을 적용하고 더 이상의 문장은 확인하지 않습니다. 따라서 범위가 좁은 문장을 먼저 지정해야 합니다. 예를 들어, 1.1.3.0/24에 소속된 IP 주소는 차단하고, 나머지 1.1.0.0/16에 소속된 것은 허용하는 경우를 생각해봅시다.

다음과 같이 1.1.0.0/16을 먼저 허용하면 IP 주소가 1.1.3.0/24에 소속된 패킷들도 차단되지 않고 허용됩니다. 왜냐하면 첫 번째 문장이 먼저 실행되기 때문입니다.

[예제 18-11] 범위가 큰 문장을 먼저 지정한 경우

```
R2(config)# access-list 1 permit 1.1.0.0 0.0.255.255
R2(config)# access-list 1 deny 1.1.3.0 0.0.0.255
```

따라서 다음처럼 범위가 좁은 문장을 먼저 지정해야만 원하는 목적을 달성할 수 있습니다.

[예제 18-12] 범위가 좁은 문장을 먼저 지정해야 한다

```
R2(config)# access-list 1 permit 1.1.3.0 0.0.0.255
R2(config)# access-list 1 deny 1.1.0.0 0.0.255.255
```

• 라우팅 테이블과 ACL의 적용 순서

인터페이스에 ACL이 설정되어 있는 경우에는 다음과 같은 순서가 적용됩니다.

1) 입력(inbound) ACL 적용

2) 라우팅 테이블 적용

3) 출력(outbound) ACL 적용

수신한 패킷이 입력 ACL에 의해 차단되면 더 이상 라우팅 테이블을 참조할 필요없이 패킷을 폐기합니다. 입력 시 ACL에 의해 차단되지 않으면 라우팅 테이블에 따라 목적지와 연결되는 인터페이스로 패킷을 보냅니다. 이후, 해당 출력 인터페이스에 ACL이 설정되어 있으며, 그에 따라 패킷의 전송 또는 폐기가 결정됩니다.

- ACL 문장 삭제

다음과 같이 하나의 ACL 문장을 삭제해봅시다.

[예제 18-13] ACL 문장 삭제

```
R2(config)# no access-list 1 deny 1.1.3.0 0.0.0.255
```

확인해보면 액세스 리스트 1 전체가 제거되었습니다.

[예제 18-14] 액세스 리스트 전체가 제거됨

```
R2# show ip access-lists

R2#
```

그러나 인터페이스에는 그대로 적용되어 있습니다. 이처럼 인터페이스에 적용된 ACL이 실제로는 정의되어 있지 않을 때에는 모든 패킷이 허용됩니다.

[예제 18-15] 인터페이스에는 제거되지 않음

```
R2# show running-config interface s1/2
Building configuration...

Current configuration : 108 bytes
!
interface Serial1/2
 ip address 1.1.23.2 255.255.255.0
 ip access-group 1 in
  (생략)
```

기본적으로 번호를 사용한 ACL은 특정 문장을 수정하거나 삭제할 수 없습니다. 앞서 살펴본 바와 같이 특정 문장 삭제시 전체 ACL이 제거됩니다. 그러나 마지막 문장 다음에 추가할 수는 있습니다.

따라서 번호를 사용한 ACL을 수정하려면 기존의 ACL을 메모장 등에 복사한 후에 수정 후 기존의 ACL을 제거하고 다시 새로운 것을 붙여넣어야 합니다.

- ACL을 만든 다음 인터페이스에 적용

먼저, ACL을 만들고, 충분히 검토한 다음에 인터페이스에 적용합니다. ACL을 만들기 전에 **ip access-group** 명령어를 사용하여 인터페이스에 적용하면, ACL 문장을 하나씩 정의할 때마다 적용되고, 예상하지 못한 결과가 발생할 수 있습니다.

출발지 IP 주소가 1.1.23.3/24, 1.1.3.3/32와 1.1.30.0/24인 경우만 허용하는 표준 ACL을 만들어 적용해봅시다.

[예제 18-16] 표준 ACL의 예

```
R2(config)# access-list 2 remark Inbound ACL
R2(config)# access-list 2 permit 1.1.23.0 0.0.0.255
R2(config)# access-list 2 permit 1.1.3.3 0.0.0.0
R2(config)# access-list 2 permit 1.1.30.0 0.0.0.255

R2(config)# interface s1/2
R2(config-if)# ip access-group 2 in
```

표준 ACL에서는 와일드카드 마스크를 지정하지 않으면 0.0.0.0으로 동작합니다. 그리고 0.0.0.0 또는 **host** 명령어를 사용해도 와일드카드 마스크는 표시되지 않습니다. **show ip access-lists** 명령어를 사용하여 확인하면 다음과 같습니다.

[예제 18-17] ACL 동작 확인

```
RR2# show ip access-lists
Standard IP access list 2
    20 permit 1.1.3.3
    10 permit 1.1.23.0, wildcard bits 0.0.0.255 (8 matches)
    30 permit 1.1.30.0, wildcard bits 0.0.0.255
```

다음과 같이 **show ip interface s1/2** 명령어를 사용하면 인터페이스에 설정된 ACL을 확인할 수 있습니다.

[예제 18-18] 인터페이스에 설정된 ACL 확인

```
R2# show ip interface s1/2
Serial1/2 is up, line protocol is up
  Internet address is 1.1.23.2/24
  Broadcast address is 255.255.255.255
  Address determined by setup command
  MTU is 1500 bytes
  Helper address is not set
  Directed broadcast forwarding is disabled
```

```
    Multicast reserved groups joined: 224.0.0.5
    Outgoing access list is not set
    Inbound  access list is 2
      (생략)
```

다음과 같이 **show run** 명령어를 사용해도 설정된 ACL을 확인할 수 있습니다.

[예제 18-19] show run 명령어를 사용한 ACL 확인

```
R2# show run | include access-list
access-list 2 permit 1.1.3.3
access-list 2 remark Inbound ACL
access-list 2 permit 1.1.23.0 0.0.0.255
access-list 2 permit 1.1.30.0 0.0.0.255
```

- 출력 ACL은 라우터 자신에게는 적용되지 않음

출력 ACL은 ACL이 설정된 라우터에서 출발하는 패킷에는 적용되지 않습니다. 예를 들어,
R3의 1.1.3.3와 R2의 1.1.12.2는 내부망과의 통신을 차단하는 출력 ACL을 만들어 S1/1에
적용시켜 봅시다.

[예제 18-20] 출력 ACL의 예

```
R2(config)# access-list 10 remark Outbound ACL
R2(config)# access-list 10 deny 1.1.3.3
R2(config)# access-list 10 deny 1.1.12.2
R2(config)# access-list 10 permit any

R2(config)# interface s1/1
R2(config-if)# ip access-group 10 out
```

설정 후 다음과 같이 1.1.3.3에서 내부망으로 핑을 때리면 차단됩니다.

[예제 18-21] 내부망으로의 핑이 차단됨

```
R3# ping 1.1.12.1 source lo0

Type escape sequence to abort.
Sending 5, 100-byte ICMP Echos to 1.1.12.1, timeout is 2 seconds:
Packet sent with a source address of 1.1.3.3
U.U.U
Success rate is 0 percent (0/5)
```

그러나 R2에서 핑을 때리면 출발지 IP 주소가 1.1.12.2이지만 차단되지 않습니다.

[예제 18-22] R2에서는 차단되지 않음

```
R2# ping 1.1.12.1

Type escape sequence to abort.
Sending 5, 100-byte ICMP Echos to 1.1.12.1, timeout is 2 seconds:
!!!!!
Success rate is 100 percent (5/5), round-trip min/avg/max = 4/31/64 ms
```

이상으로 ACL의 동작 방식에 대해서 살펴보았습니다.

표준 ACL을 이용한 텔넷 제어

표준 ACL을 이용하여 텔넷만 제어하는 방법은 다음과 같습니다.

[예제 18-23] 텔넷만 제어하는 방법

```
R2(config)# access-list 99 remark Telnet Control
R2(config)# access-list 99 permit 1.1.12.0 0.0.0.255

R2(config)# line vty 0 4
R2(config-line)# access-class 99 in
```

ACL을 만드는 방법은 일반 트래픽을 제어하는 경우와 동일합니다. 다만, 인터페이스가 아니라 **line vty** 명령어를 사용하여 텔넷 라인에 적용시킵니다. 설정 후 IP 주소가 1.1.12.0/24에 소속된 장비에서는 R2로 텔넷이 됩니다.

[예제 18-24] 1.1.12.0/24 소속 장비에서는 R2로 텔넷이 된다

```
R1# telnet 1.1.12.2
Trying 1.1.12.2 ... Open


User Access Verification

Password:
R2>
```

그러나 IP 주소가 1.1.23.3인 R3에서는 텔넷이 차단됩니다.

[예제 18-25] R3에서는 텔넷이 차단된다

```
R3# telnet 1.1.23.2
Trying 1.1.23.2 ...
% Connection refused by remote host
```

다음 테스트를 위하여 앞서 적용한 ACL을 모두 제거합니다.

[예제 18-26] ACL 제거하기

```
R2(config)# line vty 0 4
R2(config-line)# no access-class 99 in
R2(config-line)# exit

R2(config)# interface s1/2
R2(config-if)# no ip access-group 2 in

R2(config-if)# interface s1/1
R2(config-if)# no ip access-group 10 out
```

이상으로 표준 ACL에 대하여 살펴보았습니다.

확장 액세스 리스트

확장 액세스 리스트(extended ACL)는 네트워크 계층의 정보인 출발지 IP 주소, 목적지 IP 주소외에 전송 계층의 정보인 출발지 포트 번호, 목적지 포트 번호까지 제어할 수 있습니다.

확장 ACL 설정 및 동작 확인

확장 ACL이 참조하는 계층의 필드에 대해서 좀 더 상세히 살펴봅시다. 표준 ACL은 출발지 IP 주소만 참조하여 트래픽을 제어합니다. 그러나 확장 ACL은 L3 헤더의 출발지/목적지 IP 주소, 프로토콜의 종류, L4 헤더의 출발지/목적지 포트 번호까지 참조하여 정밀하게 트래픽을 제어할 수 있습니다.

[그림 18-4] L3/L4 헤더

출발지 IP 주소	목적지 IP 주소	프로토콜	출발지 포트 번호	목적지 포트 번호
1.1.23.3	1.1.12.1	TCP	65000	80

(L3 헤더)   (L4 헤더)

R2에서 다음과 같이 확장 ACL을 이용하여 트래픽을 제어해봅시다.

[예제 18-27] 확장 ACL을 이용한 트래픽 제어

```
                    ①    ②    ③  ④           ⑤
    R2(config)# access-list 100 permit ospf host 1.1.23.3 any
⑥ R2(config)# access-list 100 permit tcp host 1.1.23.3 host 1.1.12.1 eq telnet
⑦ R2(config)# access-list 100 permit tcp host 1.1.23.3 host 1.1.12.1 eq 80
⑧ R2(config)# access-list 100 permit ip 1.1.30.0 0.0.0.255 1.1.10.0 0.0.0.255

⑨ R2(config)# interface s1/2
    R2(config-if)# ip access-group 100 in
```

① 확장 ACL은 100-199, 2000-2699 사이의 번호를 사용합니다.

② **permit, deny, remark** 명령어를 사용하여 패킷을 허용, 차단하거나 또는 ACL의 주석을 달 수 있습니다.

③ IP 헤더의 프로토콜 필드에 설정된 프로토콜의 번호나 이름을 지정합니다. 예를 들어, OSPF는 IP 헤더의 프로토콜 번호 89번을 사용합니다. 따라서 OSPF 패킷을 허용하려면 permit 89 또는 permit ospf라고 지정합니다. 프로토콜 번호와 상관없이 모든 IP 패킷을 제어하려면 프로토콜 이름이나 번호 대신 permit ip 라고 지정합니다.

④ 출발지 네트워크를 지정합니다.

⑤ 목적지 네트워크를 지정합니다.

⑥ 출발지 IP 주소가 1.1.23.3이고 목적지가 1.1.12.1인 텔넷 패킷을 허용하는 문장입니다. 텔넷은 TCP를 사용하므로 IP 헤더의 프로토콜 번호 6을 지정하거나 직접 TCP라는 이름을 사용해도 됩니다. 그리고 텔넷은 TCP 포트 번호가 23이므로 **eq 23**이나 **eq telnet**과 같이 포트 번호를 지정합니다. 이때, eq는 equal을 의미합니다. 여러 개의 포트 번호를 지정하려면 **range** 옵션을 사용하여 시작과 끝 번호를 지정할 수 있습니다.

⑦ 출발지 IP 주소가 1.1.23.3이고 목적지가 1.1.12.1인 HTTP 패킷을 허용하는 문장입니다. HTTP는 TCP를 사용하므로 IP 헤더의 프로토콜 번호 6이나 직접 TCP라는 이름을 사용해도 됩니다. 그리고 HTTP은 TCP 포트 번호가 80이므로 **eq 80**이나 **eq www**와 같이 포트 번호나 프로토콜의 이름을 지정합니다.

⑧ 출발지 IP 주소가 1.1.30.0/24인 패킷들은 프로토콜의 종류와 상관없이 모두 1.1.10.0/24 네트워크에 접속할 수 있게 하는 문장입니다.

⑨ 확장 ACL을 인터페이스에 적용하는 방법은 표준 ACL과 동일합니다. 적용하려는 인터페이스의 설정 모드로 들어가서 **ip access-group** 명령어 다음에 ACL 번호와 방향을 지정합니다. 설정 후 다음과 같이 확장 ACL이 동작하는 것을 확인해봅시다.

permit ospf host 1.1.23.3 any 문장에 의해서 다음과 같이 R2와 R3 간의 OSPF 네이버가 유지됩니다.

[예제 18-28] OSPF 네이버 확인

```
R2# show ip ospf neighbor

Neighbor ID    Pri  State     Dead Time  Address    Interface
1.1.3.3        0    FULL/ -   00:00:33   1.1.23.3   Serial1/2
1.1.12.1       0    FULL/ -   00:00:31   1.1.12.1   Serial1/1
```

permit tcp host 1.1.23.3 host 1.1.12.1 eq telnet 문장에 의해서 다음과 같이 1.1.23.3에서 1.1.12.1까지는 텔넷이 되지만, 1.1.10.1까지의 텔넷이 차단됩니다.

[예제 18-29] 텔넷 동작 확인

```
R3# telnet 1.1.12.1
Trying 1.1.12.1 ... Open

User Access Verification

Password:
R1> exit

[Connection to 1.1.12.1 closed by foreign host]

R3# telnet 1.1.10.1
Trying 1.1.10.1 ...
% Destination unreachable; gateway or host down
```

permit tcp host 1.1.23.3 host 1.1.12.1 eq 80 문장에 의해서 1.1.12.1까지의 HTTP 트래픽은 허용됩니다. 그러나 1.1.10.1로 가는 HTTP 트래픽은 차단됩니다.

[예제 18-30] HTTP 동작 확인

```
R3# telnet 1.1.12.1 80
```

KING of NETWORKING

```
Trying 1.1.12.1, 80 ... Open
exit
   (생략)
[Connection to 1.1.12.1 closed by foreign host]


R3# telnet 1.1.10.1 80
Trying 1.1.10.1, 80 ...
% Destination unreachable; gateway or host down
```

permit ip 1.1.30.0 0.0.0.255 1.1.10.0 0.0.0.255 문장에 의해서 1.1.30.0/24에서 1.1.10.0/24
로 가는 텔넷, 핑 등 모든 트래픽이 허용됩니다.

[예제 18-31] 모든 트래픽 허용 확인

```
R3# telnet 1.1.10.1 /source-interface f0/0
Trying 1.1.10.1 ... Open

R1> exit
[Connection to 1.1.10.1 closed by foreign host]

R3# ping 1.1.10.1 source f0/0

Type escape sequence to abort.
Sending 5, 100-byte ICMP Echos to 1.1.10.1, timeout is 2 seconds:
Packet sent with a source address of 1.1.30.3
!!!!!
Success rate is 100 percent (5/5), round-trip min/avg/max = 16/51/92 ms
```

R2에서 show ip access-list 명령어를 사용하여 확인해보면 다음과 같습니다.

[예제 18-32] ACL 동작 확인하기

```
R2# show ip access-lists 100
Extended IP access list 100
    10 permit ospf host 1.1.23.3 any (27 matches)
    20 permit tcp host 1.1.23.3 host 1.1.12.1 eq telnet (24 matches)
    30 permit tcp host 1.1.23.3 host 1.1.12.1 eq www (14 matches)
    40 permit ip 1.1.30.0 0.0.0.255 1.1.10.0 0.0.0.255 (22 matches)
```

표시된 내용을 보면 각 ACL 문장별로 적용된 트래픽의 통계를 확인할 수 있습니다.

이름을 사용한 ACL

이름을 사용한 ACL(named ACL)은 ACL을 만들 때 번호 대신 이름을 사용하며, ACL 문장을 원하는 위치에 추가할 수 있고, 삭제할 수도 있어 편리합니다. 그리고 의미있는 적절한 이름을 사용하면 장애처리에도 좋아 많이 사용합니다. 출발지 IP 주소가 1.1.23.3과 1.1.30.0/24인 것을 허용하는 ACL을 R2에서 만들어 적용시키는 방법은 다음과 같습니다.

[예제 18-33] 이름을 사용한 ACL

```
                   ①              ②        ③
  R2(config)# ip access-list standard Internet-In
④ R2(config-std-nacl)# permit 1.1.23.3
  R2(config-std-nacl)# permit 1.1.30.0 0.0.0.255
  R2(config-std-nacl)# exit

⑤ R2(config)# interface s1/2
  R2(config-if)# ip access-group Internet-In in
```

① 번호를 사용하면 사용된 번호를 참조하여 IOS가 무슨 종류의 ACL인지를 판단할 수 있습니다. 그러나 이름을 사용하는 경우 이름만으로는 IOS가 ACL의 종류를 판단할 수 없으므로 **ip** 옵션을 사용하여 IP ACL이라는 것을 알려주어야 합니다.

② 마찬가지로 **standard** 옵션을 사용하여 표준 ACL이라는 것을 IOS에게 알려줍니다.

③ 의미있는 적당한 이름을 사용합니다.

④ ACL 설정 모드에서 **deny, permit, remark** 명령어를 사용하여 원하는 트래픽을 제어합니다. 일단 표준 IP ACL 설정 모드안으로 들어왔기 때문에 번호를 사용할 때와 달리 **access-list 1** 등과 같은 명령어를 사용하지 않습니다.

⑤ 만든 ACL을 인터페이스에 적용하는 것은 번호를 사용하는 경우와 동일합니다.

이번에는 이름을 사용한 확장 ACL을 만들어 R2의 S1/2 인터페이스에 입력 방향으로 적용시켜봅시다. 번호를 사용했을 때와 동일한 내용으로 트래픽을 제어해봅시다.

• 출발지 IP 주소가 1.1.23.3인 OSPF 패킷을 허용합니다.

• 1.1.23.3에서 1.1.12.1로 가는 텔넷을 허용합니다.

• 1.1.23.3에서 1.1.12.1로 가는 HTTP를 허용합니다.

• 1.1.30.0/24에서 1.1.10.0/24로 가는 모든 IP 트래픽을 허용합니다.

이를 위한 설정은 다음과 같습니다.

[예제 18-34] 이름을 사용한 인바운드 ACL

```
R2(config)# ip access-list extended S1/2-Inbound
R2(config-ext-nacl)# permit ospf host 1.1.23.3 any
R2(config-ext-nacl)# permit tcp host 1.1.23.3 host 1.1.12.1 eq telnet
R2(config-ext-nacl)# permit tcp host 1.1.23.3 host 1.1.12.1 eq 80
R2(config-ext-nacl)# permit ip 1.1.30.0 0.0.0.255 1.1.10.0 0.0.0.255
R2(config-ext-nacl)# exit

R2(config)# interface s1/2
R2(config-if)# ip access-group S1/2-Inbound in
```

이상으로 확장 ACL에 대하여 살펴보았습니다.

> ACL의 마지막 문장은 묵시적으로 deny any 또는 deny any any입니다. 그러나 이와 같은 문장을 명시적으로 사용하면 show ip access-lists 명령어를 사용하여 차단된 패킷의 수를 확인할 수 있어 공격 여부를 판단하는 데 도움이 됩니다.

IPv6 액세스 리스트

IPv6 ACL은 지금까지 살펴본 IPv4 ACL과 다음과 같은 차이가 있습니다.

- 이름을 사용한 확장 ACL만 사용할 수 있습니다.
- 와일드카드 마스크를 사용하지 않고 대신 /n 형태의 네트워크 마스크를 사용합니다.
- 인터페이스 적용 시 **ip access-group** 명령어 대신 **ipv6 traffic-filter** 명령어를 사용합니다.

IPv6 ACL을 위한 네트워크 구성

IPv6 ACL을 테스트하기 위하여 다음과 같이 IPv6 주소를 부여하고, EIGRP for IPv6를 설정해봅시다.

[그림 18-5] IPv6 ACL을 위한 네트워크

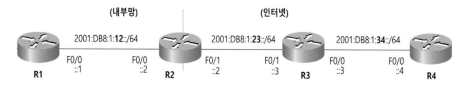

네트워크 구성을 위하여 SW1에서 다음과 같이 VLAN을 만들고, 인터페이스를 VLAN에 할당합시다.

[예제 18-35] SW1의 설정

```
SW1(config)# vlan 12,34
SW1(config-vlan)# exit

SW1(config)# interface range f1/1 - 2
SW1(config-if-range)# switchport mode access
SW1(config-if-range)# switchport access vlan 12
SW1(config-if-range)# exit

SW1(config)# interface range f1/3 - 4
SW1(config-if-range)# switchport mode access
SW1(config-if-range)# switchport access vlan 34
```

SW2의 설정은 다음과 같습니다.

[예제 18-36] SW2의 설정

```
SW2(config)# vlan 23
SW2(config-vlan)# exit

SW2(config)# interface range f1/2 - 3
SW2(config-if-range)# switchport mode access
SW2(config-if-range)# switchport access vlan 23
```

각 라우터에서 인터페이스에 IPv6 주소를 할당하고 활성화시킵니다. R1의 설정은 다음과 같습니다.

[예제 18-37] R1의 설정

```
R1(config)# interface f0/0
R1(config-if)# ipv6 address 2001:db8:1:12::1/64
R1(config-if)# no shut
```

R2의 설정은 다음과 같습니다.

[예제 18-38] R2의 설정

```
R2(config)# interface f0/0
```

KING of NETWORKING

```
R2(config-if)# ipv6 address 2001:db8:1:12::2/64
R2(config-if)# no shut
R2(config-if)# exit

R2(config)# interface f0/1
R2(config-if)# ipv6 address 2001:db8:1:23::2/64
R2(config-if)# no shut
```

R3의 설정은 다음과 같습니다.

[예제 18-39] R3의 설정

```
R3(config)# interface f0/1
R3(config-if)# ipv6 address 2001:db8:1:23::3/64
R3(config-if)# no shut
R3(config-if)# exit

R3(config)# interface f0/0
R3(config-if)# ipv6 address 2001:db8:1:34::3/64
R3(config-if)# no shut
```

R4의 설정은 다음과 같습니다.

[예제 18-40] R4의 설정

```
R4(config)# interface f0/0
R4(config-if)# ipv6 address 2001:db8:1:34::4/64
R4(config-if)# no shut
```

인터페이스 설정이 끝나면 인접한 라우터까지의 통신을 핑으로 확인합니다. 예를 들어, R1 에서는 다음과 같이 확인합니다.

[예제 18-41] 핑 확인

```
R1# ping 2001:db8:1:12::2
Type escape sequence to abort.
Sending 5, 100-byte ICMP Echos to 2001:DB8:1:12::2, timeout is 2 seconds:
!!!!!
Success rate is 100 percent (5/5), round-trip min/avg/max = 36/46/80 ms
```

다음에는 각 라우터에서 EIGRP for IPv6를 설정합니다. R1의 설정은 다음과 같습니다.

[예제 18-42] R1의 설정

```
R1(config)# ipv6 unicast-routing

R1(config)# ipv6 router eigrp 1
R1(config-rtr)# router-id 1.1.1.1
R1(config-rtr)# exit

R1(config)# interface f0/0
R1(config-if)# ipv6 eigrp 1
```

R2의 설정은 다음과 같습니다.

[예제 18-43] R2의 설정

```
R2(config)# ipv6 unicast-routing

R2(config)# ipv6 router eigrp 1
R2(config-rtr)# router-id 1.1.2.2
R2(config-rtr)# exit

R2(config)# interface f0/0
R2(config-if)# ipv6 eigrp 1
R2(config-if)# exit

R2(config)# interface f0/1
R2(config-if)# ipv6 eigrp 1
```

R3의 설정은 다음과 같습니다.

[예제 18-44] R3의 설정

```
R3(config)# ipv6 unicast-routing

R3(config)# ipv6 router eigrp 1
R3(config-rtr)# router-id 1.1.3.3
R3(config-rtr)# exit

R3(config)# interface f0/1
R3(config-if)# ipv6 eigrp 1
R3(config-if)# exit

R3(config)# interface f0/0
R3(config-if)# ipv6 eigrp 1
```

R4의 설정은 다음과 같습니다.

[예제 18-45] R4의 설정

```
R4(config)# ipv6 unicast-routing

R4(config)# ipv6 router eigrp 1
R4(config-rtr)# router-id 1.1.4.4
R4(config-rtr)# exit

R4(config)# interface f0/0
R4(config-if)# ipv6 eigrp 1
```

EIGRP for IPv6를 설정이 끝나면 R1의 라우팅 테이블에 원격지 네트워크가 모두 인스톨되어 있는지 확인합니다.

[예제 18-46] R1의 라우팅 테이블

```
R1# show ipv6 route eigrp
IPv6 Routing Table - default - 5 entries
Codes: C - Connected, L - Local, S - Static, U - Per-user Static route
    B - BGP, R - RIP, H - NHRP, I1 - ISIS L1
    I2 - ISIS L2, IA - ISIS interarea, IS - ISIS summary, D - EIGRP
    EX - EIGRP external, ND - ND Default, NDp - ND Prefix, DCE - Destination
    NDr - Redirect, O - OSPF Intra, OI - OSPF Inter, OE1 - OSPF ext 1
    OE2 - OSPF ext 2, ON1 - OSPF NSSA ext 1, ON2 - OSPF NSSA ext 2, l - LISP
D   2001:DB8:1:23::/64 [90/30720]
     via FE80::C805:1AFF:FEB4:8, FastEthernet0/0
D   2001:DB8:1:34::/64 [90/33280]
     via FE80::C805:1AFF:FEB4:8, FastEthernet0/0
```

R1에서 원격지 네트워크까지 핑이 되는지 확인합니다.

[예제 18-47] 핑 확인

```
R1# ping 2001:DB8:1:34::4
Type escape sequence to abort.
Sending 5, 100-byte ICMP Echos to 2001:DB8:1:34::4, timeout is 2 seconds:
!!!!!
Success rate is 100 percent (5/5), round-trip min/avg/max = 36/40/48 ms
```

이제, IPv6 액세스 리스트를 설정하고 테스트할 수 있는 네트워크가 완성되었습니다.

IPv6 ACL 설정 및 동작 확인

다음과 같은 네트워크에서 내부망과 인터넷의 경계선에 있는 R2에서 IPv6 ACL을 설정해 봅시다.

[그림 18-6] IPv6 ACL 설정 위치

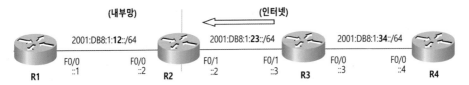

액세스 리스트의 내용은 다음과 같습니다.

- 내부망에서 인터넷으로의 핑을 허용합니다.
- 인터넷에서 내부망으로는 핑을 차단합니다.

이를 위한 설정은 다음과 같습니다.

[예제 18-48] ACL 설정

```
R2(config)# ipv6 access-list Ipv6Inbound  ①
R2(config-ipv6-acl)# permit 88 any any  ②
R2(config-ipv6-acl)# permit icmp any 2001:db8:1:12::/64 echo-reply  ③
R2(config-ipv6-acl)# exit

R2(config)# interface f0/1
R2(config-if)# ipv6 traffic-filter Ipv6Inbound in  ④
```

① **ipv6 access-list** 명령어 다음에 적당한 ACL 이름을 지정합니다. 확장 ACL만 사용할 수 있기 때문에 IPv4의 경우와 달리 **standard** 또는 **extended** 옵션이 없습니다.

② EIGRP for IPv6 패킷을 허용합니다.

③ 2001:db8:1:12::/64와 같이 와일드카드 마스크 대신 네트워크 비트수를 바로 지정합니다. 핑 응답 패킷을 지정하기 위하여 **echo-reply** 옵션을 사용했습니다.

④ 인터페이스에서 **ipv6 traffic-filter** 명령어를 사용하여 IPv6 ACL을 적용했습니다.

설정 후 다음과 같이 내부망에 소속된 R1에서 외부망의 R4로 핑을 해보면 성공합니다.

[예제 18-49] 핑 확인

```
R1# ping 2001:DB8:1:34::4
Type escape sequence to abort.
Sending 5, 100-byte ICMP Echos to 2001:DB8:1:34::4, timeout is 2 seconds:
```

KING of NETWORKING

```
!!!!!
Success rate is 100 percent (5/5), round-trip min/avg/max = 36/39/44 ms
```

그러나 외부망에서 내부망으로의 핑은 다음과 같이 차단됩니다.

[예제 18-50] 핑 확인

```
R4# ping 2001:db8:1:12::1
Type escape sequence to abort.
Sending 5, 100-byte ICMP Echos to 2001:DB8:1:12::1, timeout is 2 seconds:
AAAAA
Success rate is 0 percent (0/5)
```

다음과 같이 show ipv6 access-list 명령어를 사용하여 확인해보면 각 ACL 문장별로 적용된 패킷 수를 알 수 있습니다.

[예제 18-51] ACL 문장별로 적용된 패킷 수

```
R2# show ipv6 access-list
IPv6 access list Ipv6Inbound
    permit 88 any any (74 matches) sequence 10
    permit icmp any 2001:DB8:1:12::/64  echo-reply (5 matches) sequence 20
```

다음과 같이 내부망에 소속된 R1에서 외부망의 R4로 텔넷을 해보면 차단됩니다.

[예제 18-52] 텔넷 확인

```
R1# telnet 2001:DB8:1:34::4
Trying 2001:DB8:1:34::4 ...
% Connection timed out; remote host not responding
```

기존의 액세스 리스트에 R1에서 외부망의 R4로 텔넷을 허용하려면 다음과 같은 문장을 추가합니다.

[예제 18-53] 액세스 리스트 문장 추가

```
R2(config)# ipv6 access-list Ipv6Inbound
R2(config-ipv6-acl)# permit tcp host 2001:db8:1:34::4 eq telnet host 2001:db8:1:12::1
```

설정 후 R1에서 외부망의 R4로 텔넷을 해보면 성공합니다.

[예제 18-54] 텔넷 확인

```
R1# telnet 2001:DB8:1:34::4
Trying 2001:DB8:1:34::4 ... Open
```

외부망에 소속된 R4에서 내부망의 R1로는 텔넷이 되지 않습니다.

[예제 18-55] 외부에서의 텔넷

```
R4# telnet 2001:db8:1:12::1
Trying 2001:DB8:1:12::1 ...
% Destination unreachable; gateway or host down
```

기존의 액세스 리스트에 R4에서 내부망의 R1로의 텔넷을 허용하려면 다음과 같은 문장을 추가합니다.

[예제 18-56] 액세스 리스트 문장 추가

```
R2(config)# ipv6 access-list Ipv6Inbound
R2(config-ipv6-acl)# permit tcp host 2001:db8:1:34::4 host 2001:db8:1:12::1 eq telnet
```

이번에는 외부망에 소속된 R4에서 내부망의 R1로 텔넷이 성공합니다.

[예제 18-57] 외부망에서 내부망으로 텔넷

```
R4# telnet 2001:db8:1:12::1
Trying 2001:DB8:1:12::1 ... Open
```

다시, show ipv6 access-list 명령어를 사용하여 확인해보면 각 ACL 문장별로 적용된 패킷의 수는 다음과 같습니다.

[예제 18-58] ACL 문장별로 적용된 패킷 수

```
R2# show ipv6 access-list
IPv6 access list Ipv6Inbound
    permit 88 any any (184 matches) sequence 10
    permit icmp any 2001:DB8:1:12::/64 echo-reply (5 matches) sequence 20
    permit tcp host 2001:DB8:1:34::4 eq telnet host 2001:DB8:1:12::1 (6 matches) sequence 30
```

```
permit tcp host 2001:DB8:1:34::4 host 2001:DB8:1:12::1  eq telnet (10 matches) sequence 40
```

다음과 같이 show running-config | section access-list 명령어를 사용하면 설정된 액세스 리스트의 내용을 확인할 수 있습니다.

[예제 18-59] 액세스 리스트 내용 확인

```
R2# show running-config | section access-list
ipv6 access-list Ipv6Inbound
 permit 88 any any
 permit icmp any 2001:DB8:1:12::/64 echo-reply
 permit tcp host 2001:DB8:1:34::4 eq telnet host 2001:DB8:1:12::1
 permit tcp host 2001:DB8:1:34::4 host 2001:DB8:1:12::1 eq telnet
```

이상으로 IPv6 ACL을 설정하고 동작을 확인해보았습니다.

연습 문제

1. 다음 중 확장 ACL이 참조하지 않는 필드를 하나만 고르시오.

    1) 출발지 IP 주소

    2) 출발지 프로토콜 번호

    3) 목적지 포트 번호

    4) 출발지 물리 계층의 종류

2. 다음 중 설정된 IP ACL의 내용과 적용된 결과를 볼 수 있는 명령어 두 개를 고르시오.

    1) show ip access-lists

    2) show access-lists

    3) show appletalk access-lists

    4) show ipx access-lists

3. 다음 중 C 클래스 IP 주소 전체를 표현한 와일드카드 마스크로 맞는 것은?

    1) 192.0.0.0 31.255.255.255

    2) 192.0.0.0 0.255.255.255

    3) 192.0.0.0 0.0.0.0

    4) 192.0.0.0 255.255.255.255

4. 192.168.1.0/24 - 192.168.10.0/24 네트워크에 소속된 모든 주소만을 지정하는 와일드카드 마스크를 가장 적은 수의 문장을 사용하여 만들어 보시오.

5. 다음 중 IPv4 ACL과 비교했을 때 IPv6 ACL의 특징 세 가지를 고르시오.

    1) 이름을 사용한 확장 ACL만 사용할 수 있다.

    2) 와일드카드 마스크를 사용하지 않고 대신 /n 형태의 네트워크 마스크를 사용한다.

    3) 인터페이스에 적용할 때 ipv6 traffic-filter 명령어를 사용한다.

    4) IPv6 ACL을 사용하여 전송 계층은 제어할 수 없다.

제19장

NAT

NAT

NAT(Network Address Translator 또는 Translation)는 원래의 IP 주소를 다른 것으로 변환하여 전송하는 것을 말합니다. 일반적으로 사설(private) IP 주소를 인터넷으로 라우팅시킬 때 공인(public) IP 주소로 변환시키고, 인터넷에서 수신한 공인 IP 주소를 내부망으로 전송할 때 다시 사설 IP 주소로 변환시킵니다.

사설 IP 주소는 IANA에서 할당받지 않고 관리자가 임의로 부여한 주소를 말합니다. 보통 10.0.0.0/8, 172.16.0.0/12, 192.168.0.0/16 대역의 주소를 사설 IP 주소로 사용합니다. 그러나 많은 조직이 IANA에서 사설 IP 주소로 지정한 위의 주소 대신에 임의의 네트워크 대역을 사설 IP 주소로 사용하기도 합니다.

NAT의 용도

NAT를 사용하는 목적은 다음과 같습니다.

- **공인 IP 주소 절약**

  NAT를 사용하면 많은 공인 IP 주소를 절약할 수 있습니다. 예를 들어, 인터넷과 접속해야 하는 PC가 10,000대인 조직이 있다면 공인 IP 주소 10,000개가 필요합니다. 그러나 NAT를 사용하면 공인 IP 주소 1개만 있어도 10,000개의 PC를 인터넷과 접속하여 사용할 수 있습니다. 실제, 정부기관, 대기업 등과 같이 수만대의 PC를 사용하는 조직이 많으며, 대부분 NAT를 사용합니다.

- **네트워크 보안**

  NAT를 사용하면 내부에서 사용하는 IP 주소를 외부에서 알 수 없습니다. 따라서 보안성이 강화됩니다.

- **효과적인 주소 할당**

  IANA에서 IP 주소를 할당받는 경우, 원하는 대역을 지정할 수 없습니다. 그러나 사설 IP 주소를 사용하면 관리자가 원하는 대로 네트워크를 할당할 수 있으며, 결과적으로 효과적인 축약이 가능해져 라우팅 네트워크의 성능이 향상되고, 장애처리가 쉬워집니다.

  그러나 통신 상대의 실제 IP 주소를 알아야 하는 특정 애플리케이션이 있다면 NAT를 사용하지 못할 수도 있습니다.

NAT를 위한 테스트 네트워크 구축

다음과 같이 NAT를 위한 테스트 네트워크를 구축합니다. 내부망 IP 주소의 네트워크 대역은 10.0.0.0/8을 사용하며, 서브넷 마스크는 모두 24비트를 사용합니다.

[그림 19-1] NAT 테스트 네트워크

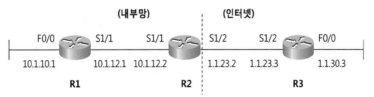

먼저, 각 장비들을 동작시키고 기본 설정을 합니다. 기본 설정이 끝나면 각 라우터들의 인터페이스에 IP 주소를 부여하고 활성화시킵니다.

[예제 19-1] 인터페이스 IP 주소 부여 및 활성화

```
R1(config)# interface f0/0
R1(config-if)# ip address 10.1.10.1 255.255.255.0
R1(config-if)# no shut
R1(config-if)# interface s1/1
R1(config-if)# ip address 10.1.12.1 255.255.255.0
R1(config-if)# no shut

R2(config)# interface s1/1
R2(config-if)# ip address 10.1.12.2 255.255.255.0
R2(config-if)# no shut
R2(config-if)# interface s1/2
R2(config-if)# ip address 1.1.23.2 255.255.255.0
R2(config-if)# no shut

R3(config)# interface s1/2
R3(config-if)# ip address 1.1.23.3 255.255.255.0
R3(config-if)# no shut
R3(config-if)# interface f0/0
R3(config-if)# ip address 1.1.30.3 255.255.255.0
R3(config-if)# no shut
```

인터페이스 설정이 끝나면, 라우팅을 설정합니다. 다음 그림과 같이 내부망에서만 라우팅을 동작시킵시다. R2에서 인터넷으로 정적 경로를 이용하여 디폴트 루트를 설정하고, OSPF를 이용하여 R1로 광고합니다.

[그림 19-2] NAT 테스트 네트워크 라우팅

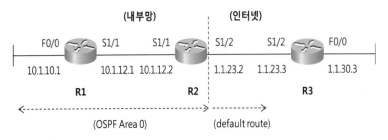

R1의 설정은 다음과 같습니다.

[예제 19-2] R1 라우팅 설정

```
R1(config)# router ospf 1
R1(config-router)# network 10.1.10.1 0.0.0.0 area 0
R1(config-router)# network 10.1.12.1 0.0.0.0 area 0
```

R2의 설정은 다음과 같습니다.

[예제 19-3] R2 라우팅 설정

```
R2(config)# ip route 0.0.0.0 0.0.0.0 1.1.23.3
R2(config)# router ospf 1
R2(config-router)# network 10.1.12.2 0.0.0.0 area 0
R2(config-router)# default-information originate
```

설정 후 R1의 라우팅 테이블은 다음과 같습니다.

[예제 19-4] R1 라우팅 테이블

```
R1# show ip route
   (생략)
Gateway of last resort is 10.1.12.2 to network 0.0.0.0

    10.0.0.0/24 is subnetted, 2 subnets
C      10.1.10.0 is directly connected, FastEthernet0/0
C      10.1.12.0 is directly connected, Serial1/1
O*E2 0.0.0.0/0 [110/1] via 10.1.12.2, 00:00:09, Serial1/1
```

R2의 라우팅 테이블은 다음과 같습니다.

[예제 19-5] R2 라우팅 테이블

```
R2# show ip route
  (생략)
Gateway of last resort is 1.1.23.3 to network 0.0.0.0

   1.0.0.0/24 is subnetted, 1 subnets
C    1.1.23.0 is directly connected, Serial1/2
   10.0.0.0/24 is subnetted, 2 subnets
O    10.1.10.0 [110/65] via 10.1.12.1, 00:04:33, Serial1/1
C    10.1.12.0 is directly connected, Serial1/1
S*  0.0.0.0/0 [1/0] via 1.1.23.3
```

R2에서 R1과 R3의 이더넷까지 핑이 됩니다. 그러나 R1에서 인터넷 라우터인 R3까지는 핑이 되지 않습니다. 다음 그림의 R1에서 R3의 1.1.30.3으로 가는 패킷은 디폴트 루트를 이용하여 라우팅되지만, R3에서 패킷이 돌아올 때 출발지 주소가 사설 IP 주소인 10.1.12.1이고, 이것이 R3의 라우팅 테이블에 없기 때문입니다.

[그림 19-3] 사설 IP 주소 때문에 라우팅이 불가한 경우

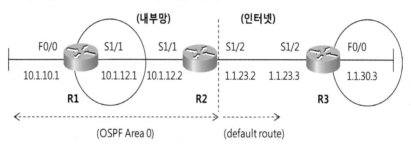

이제, NAT 테스트를 위한 네트워크 구축이 완료되었습니다.

정적 NAT

NAT는 크게 정적 NAT(static NAT)와 동적 NAT(dynamic NAT)로 구분할 수 있습니다. 정적 NAT는 변환되는 두 IP 주소가 미리 지정되어 있는 것을 말합니다. 정적 NAT는 외부에서 사설 IP 주소를 가진 내부 장비와의 접속이 필요한 경우에 주로 사용합니다.

[그림 19-4] 정적 NAT를 사용하는 경우

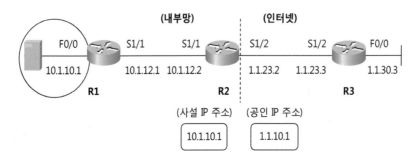

앞의 그림과 같이 R1에 IP 주소가 10.1.10.1인 웹 서버가 있고, 외부에서 접속해야 하는 경우를 생각해봅시다. 이때, ISP(internet service provider)에서 공인 IP 주소 1.1.10.0/24를 할당받았다고 가정합시다.

그러면, 외부에는 웹 서버의 주소를 1.1.10.1이라고 알려주고, 실제로는 사설 IP 주소인 10.1.10.1을 사용하면서, 정적 NAT를 이용하여 두 주소를 변환시키면 됩니다. 이를 위하여 ISP에서 다음과 같이 라우팅을 설정해야 합니다.

[예제 19-6] ISP에서의 라우팅 설정

```
R3(config)# ip route 1.1.10.0 255.255.255.0 1.1.23.2
```

R2에서 다음과 같이 정적 NAT를 설정합시다.

[예제 19-7] 정적 NAT 설정

```
① R2(config)# ip nat inside source static 10.1.10.1 1.1.10.1

② R2(config)# interface s1/1
   R2(config-if)# ip nat inside
   R2(config-if)# exit

③ R2(config)# interface s1/2
   R2(config-if)# ip nat outside
```

① 정적 NAT를 설정하려면 **ip nat inside source static** 명령어 다음에 사설 IP 주소와 공인 IP 주소를 지정합니다.

② 사설 IP 주소를 사용하는 인터페이스의 설정 모드로 들어가서 **ip nat inside** 명령어를 지정합니다.

③ 공인 IP 주소를 사용하는 인터페이스의 설정 모드로 들어가서 **ip nat outside** 명령어를 지정합니다.

설정 후 다음과 같이 인터넷 라우터인 R3에서 공인 IP 주소 1.1.10.1로 텔넷을 하면 IP 주소가 10.1.10.1인 R1과 연결됩니다. NAT가 설정된 R2에서 다음과 같이 **show ip nat translations** 명령어를 사용하면 현재 변환된 상황을 확인할 수 있습니다.

[예제 19-8] NAT 동작 확인

```
R2# show ip nat translations

①      ②                ③                ④                  ⑤
Pro   Inside global    Inside local     Outside local       Outside global
tcp   1.1.10.1:23      10.1.10.1:23     1.1.23.3:39682      1.1.23.3:39682
---   1.1.10.1         10.1.10.1        ---                 ---
```

① 통신에 사용된 프로토콜을 표시합니다.

② NAT에 사용된 주소를 크게 4가지로 구분합니다. Inside와 Outside는 위치를 의미합니다. 즉, Inside는 내부망에 있는 주소이고, Outside는 외부망에 있는 주소입니다. global과 local 은 공인/사설 주소를 의미합니다. 즉, global은 공인 IP 주소이고, local은 사설 IP 주소입니다. 따라서 Inside global은 내부망에 있는 장비의 공인 IP 주소를 의미합니다.

③ Inside local은 내부망에 있는 장비의 사설 IP 주소를 의미합니다.

④ Outside local은 경우에 따라 의미가 달라집니다. 지금은 ⑤와 동일하게 외부망에 있는 장비의 공인 IP 주소를 의미합니다. 어떤 경우에는 NAT를 이용하여 외부의 주소를 변환해야 하는 경우도 있으며, 이때 외부망에 있는 사설 IP 주소의 의미로 사용됩니다.

⑤ Outside global은 외부망에 있는 장비의 공인 IP 주소입니다.

다음과 같이 R1에서 인터넷 장비인 R3과 연결해봅시다.

[예제 19-9] 인터넷과의 통신 확인

```
R1# telnet 1.1.30.3 /source-interface f0/0
Trying 1.1.30.3 ... Open


User Access Verification

Password:
R3>
```

NAT로 변환되는 사설 IP 주소를 10.1.10.1로 지정했기 때문에 이 주소를 사용하게 하기 위하여 텔넷시 /source-interface f0/0 옵션을 사용했습니다. 접속 후 R3에서 **show user** 명령어를 사용하여 확인해보면 다음과 같이 출발지 IP 주소가 10.1.10.1이 아닌 공인 IP 주소 1.1.10.1로 보입니다.

[예제 19-10] 접속자 보기

```
R3# show user
  Line     User     Host(s)      Idle      Location
  0 con 0           1.1.10.1     00:00:10
 *226 vty 0         idle         00:00:00   1.1.10.1
```

지금까지 정적 NAT에 대하여 살펴보았습니다.

동적 NAT

동적 NAT(dynamic NAT)는 사설 IP 주소와 변환되는 공인 IP 주소가 사전에 지정되지 않고, 통신이 시작될 때마다 정해지는 것을 말합니다. R2에서 동적 NAT를 설정하는 방법은 다음과 같습니다.

[예제 19-11] 동적 NAT 설정하기

```
① R2(config)# ip access-list standard Private
  R2(config-std-nacl)# permit 10.0.0.0 0.255.255.255
  R2(config-std-nacl)# exit

② R2(config)# ip nat pool Public 1.1.10.2 1.1.10.254 prefix-length 24

③ R2(config)# ip nat inside source list Private pool Public overload

④ R2(config)# interface s1/1
  R2(config-if)# ip nat inside
  R2(config-if)# exit

⑤ R2(config)# interface s1/2
  R2(config-if)# ip nat outside
  R2(config-if)# exit
```

① 사설 IP 주소로 사용할 네트워크를 ACL로 지정합니다.

② 공인 IP 주소로 사용할 네트워크를 풀(pool)로 지정합니다. **ip nat pool** 명령어 다음에 적당한 이름(예를 들어, Public)을 지정하고, 시작 공인 IP 주소와 끝나는 공인 IP 주소를 지정한 다음, **prefix-length** 옵션 다음에 서브넷 마스크 길이를 지정합니다. 또는, **netmask** 옵션 다음에 서브넷 마스크 길이를 255.255.255.0과 같이 지정해도 됩니다. 공인 IP 주소 1.1.10.1은 앞서 정적 NAT의 용도로 사용했기 때문에 시작 IP 주소를 1.1.10.2로 했습니다.

③ **ip nat inside source list** 명령어 다음에 앞서 설정한 ACL 이름과 **pool** 옵션 다음에 풀 이름을 지정합니다. 현재, 지정한 사설 IP 주소는 10.0.0.0/8이고, 공인 IP 주소는 1.1.10.0/24입니다. 즉, 가용한 공인 IP 주소가 253개이고, 다 사용되면 추가적인 통신이 불가능합니다. 이때, **overload** 옵션을 사용하면 하나의 공인 IP 주소와 포트 번호를 사용하여 여러 개의 사설 IP 주소를 변환시킵니다. 결과적으로 하나의 공인 IP 주소만 사용하여 많은 사설 IP 주소를 지원할 수 있습니다. 이처럼 **overload** 옵션을 사용하는 NAT를 특별히 PAT(port address translation)라고 합니다.

④ 사설 IP 주소를 사용하는 인터페이스의 설정 모드로 들어가서 **ip nat inside** 명령어를 적용합니다.

⑤ 공인 IP 주소를 사용하는 인터페이스의 설정 모드로 들어가서 **ip nat outside** 명령어를 적용합니다.

설정 후 다음과 같이 내부 라우터인 R1에서 외부 라우터인 R3으로 텔넷을 하면 연결됩니다.

[예제 19-12] NAT 동작 확인

```
R1# telnet 1.1.30.3
Trying 1.1.30.3 ... Open


User Access Verification

Password:
R3>
```

R2에서 다음과 같이 **show ip nat translations** 명령어를 사용하여 확인해보면 사설 IP 주소 10.1.12.1이 공인 IP 주소 1.1.10.2로 변환되어 있습니다.

[예제 19-13] NAT 변환 테이블 확인

```
R2# show ip nat translations
Pro  Inside global    Inside local     Outside local    Outside global
---  1.1.10.1         10.1.10.1        ---              ---
tcp  1.1.10.2:17720   10.1.12.1:17720  1.1.30.3:23      1.1.30.3:23
```

현재의 NAT 변환 테이블을 삭제하려면 다음과 같이 **clear ip nat translation** * 명령어를 사용합니다.

[예제 19-14] NAT 변환 테이블 삭제

```
R2# clear ip nat translation *
R2# show ip nat translations
Pro  Inside global    Inside local     Outside local    Outside global
---  1.1.10.1         10.1.10.1        ---              ---
```

특별한 제약사항이 없다면 다음과 같이 NAT 풀(pool)을 사용하지 않고, **interface** 옵션과 함께 인터페이스 이름을 지정하면 NAT 설정이 간편합니다.

[예제 19-15] 인터페이스 옵션을 사용한 NAT 설정

```
R2(config)# ip nat inside source list Private interface s1/2 overload
```

이 경우, 인터넷과 연결되는 인터페이스에 설정된 공인 IP 주소를 이용하여 NAT 변환이 일어납니다.

연습 문제

1. 다음 중 NAT를 사용하는 목적 세 가지를 고르시오.

   1) 공인 IP 주소 절약

   2) 네트워크 보안 강화

   3) 효과적인 주소 할당

   4) 사설 IP 주소 절약

2. 정적 NAT(static NAT)에 대한 설명 중 맞는 것 두 가지를 고르시오.

   1) 변환되는 사설 IP 주소와 이에 대응하는 공인 IP 주소가 미리 지정되어 있다.

   2) 외부에서 사설 IP 주소를 가진 내부 장비와의 접속이 필요한 경우에 주로 사용한다.

   3) 내부에서 외부로 먼저 통신을 할 수 없다.

   4) 외부에서 내부로 먼저 통신을 할 수 없다.

3. 동적 NAT(dynamic NAT)에 대한 설명 중 맞는 것 두 가지를 고르시오.

   1) 다수 개의 사설 IP 주소를 소수의 공인 IP 주소로 변환시킬 수 있다.

   2) 외부에서 사설 IP 주소를 가진 내부 장비와의 접속이 필요한 경우에 주로 사용한다.

   3) 내부에서 외부로 먼저 통신을 할 수 없다.

   4) 외부에서 내부로 먼저 통신을 할 수 없다.

4. NAT 변환 테이블 확인하는 명령어는 무엇인가?

   1) clear ip nat translation *

   2) show ip nat translations

   3) ip nat inside

   4) ip nat outside

제20장

QoS

트래픽의 표시, 분류 및 혼잡 관리

세이핑과 폴리싱

혼잡 회피

킹-오브-
네트워킹

트래픽의 표시, 분류 및 혼잡 관리

QoS(Quality of Service)는 VoIP(Voice over IP)와 같이 실시간성을 요구하는 트래픽의 지연을 최소화시켜 빨리 전송하고, 특정한 트래픽에 대한 대역폭을 보장하거나 특정한 트래픽에 대한 대역폭을 제한하는 일을 합니다.

이와 같은 목적을 달성하려면 트래픽의 대역폭(bandwidth), 지연(delay), 지터(jitter) 및 패킷 손실률(packet loss)을 제어해야 합니다. 지연은 패킷이 출발지를 떠나 목적지까지 도달하는 시간입니다. 지터는 지연 편차입니다. 즉, 첫 번째 패킷의 지연 시간이 100 밀리초이고, 두 번째 패킷의 지연 시간이 80 밀리초라면 지터가 20 밀리초입니다.

QoS는 작업은 패킷을 분류, 표시하고, 혼잡을 관리하거나 회피하고, 폴리싱 및 세이핑 등의 일을 수행합니다. 경우에 따라 이와 같은 작업을 모두 하거나, 이중 일부의 설정만 할 수도 있습니다.

우선순위 표시

먼저, 우선순위 표시에 대하여 살펴봅시다. 우선순위 표시(marking)란 패킷에 우선순위(priority)를 설정하는 것을 의미합니다. 프로토콜의 종류에 따라 표시하는 필드의 이름, 위치, 방식 등이 다릅니다.

• CoS

먼저, 이더넷 헤더(header)의 구성을 살펴보면 다음 그림과 같습니다.

그림에서 보는 것처럼 이더넷 헤더는 목적지/출발지 MAC 주소, 타입/길이를 나타내는 필드만 있어 프레임의 우선순위를 표시할 수 있는 곳이 없습니다.

[그림 20-1] 이더넷 헤더

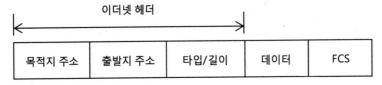

따라서 트렁킹이 아닌 액세스 포트를 통해 송수신되는 이더넷 프레임은 우선순위를 표시하지 못합니다. 그러나 트렁크를 통해 송수신되는 이더넷 프레임에는 다음과 같이 우선순위를 표시할 수 있는 필드가 있습니다. 802.1Q 태그에는 우선순위를 표시할 수 있는 필드 3비트가 있습니다.

[그림 20-2] 802.1Q 태그

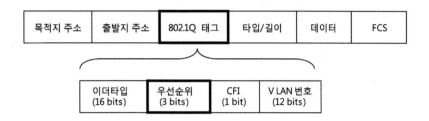

이처럼 802.1Q 트렁킹 헤더에 표시된 우선순위를 CoS(Class of Service)라고 하며, 3비트를 사용하므로 0에서 7사이의 값을 가집니다. 일반적으로 CoS 값이 낮을수록 우선순위도 낮고, 높을수록 우선순위도 높습니다.

이처럼 이더넷 프레임은 트렁크 포트에서만 우선순위를 표시할 수 있습니다.

• DSCP

이더넷과 무관하게 상위계층 프로토콜인 IP 헤더에서도 우선순위를 표시할 수 있는 필드가 있습니다. IP 헤더에서 버전, 헤더길이 다음의 1바이트 길이의 필드를 ToS(Type of Service)라고 하며, 이중에서 3비트를 이용하여 우선순위를 표시하는 방법을 IP 프리시던스 (precedence)라고 합니다.

[그림 20-3] IP 프리시던스와 DSCP

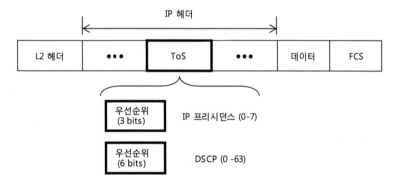

CoS와 마찬가지로 IP 프리시던스도 0에서 7까지 8단계의 우선순위를 가지며, 0이 제일 낮은 우선순위를 가지고 7이 제일 높습니다. 근래에 QoS용 우선순위를 좀 더 세분화할 필요성이 생겼습니다. 이 때문에 ToS 필드중 6비트를 사용하여 우선순위를 표시할 수 있도록 표준을 만들었고 이것을 DSCP(Defferenciated Services Code Point)라고 합니다.

DSCP는 6비트를 사용하므로 0에서 63까지의 값을 사용합니다. CoS나 IP 프리시던스와 달리 DSCP는 그 값이 낮은 것이 우선순위도 낮은 것은 아닙니다. 보통, 우선순위가 높은 VoIP 패킷에 주로 부여하는 DSCP 값은 46이며, 이 값을 EF(Expedited Forwarding)라고 합니다.

트래픽 분류

트래픽 분류(classification)란 말 그대로 QoS 정책을 설정하기 위하여 원하는 종류의 패킷을 구분하는 것을 말합니다. 특정한 CoS, DSCP 또는 IP 프리시던스 값을 가진 프레임, 특정 인터페이스를 통해 수신한 프레임, 특정한 출발지/목적지 IP 주소를 가진 패킷, 특정 출발지/목적지 MAC 주소를 가진 패킷 등 다양한 방법으로 트래픽을 분류할 수 있습니다.

- **액세스 리스트를 이용한 분류**

액세스 리스트를 이용하여 트래픽을 분류하는 경우 모든 번호를 사용하는 액세스 리스트와 이름을 사용하는 액세스 리스트를 사용할 수 있습니다.

- **IP 헤더의 QoS 필드에 따른 분류**

IP 헤더에 존재하는 QoS 필드인 IP 프리시던스(precedence)나 DSCP 값에 따라 트래픽을 분류할 수 있습니다. 그리고 VoIP에서 사용되는 RTP 트래픽을 다른 트래픽과 분류할 수도 있습니다. 트래픽을 DSCP 값에 따라 분류하려면 0 - 63 사이의 DSCP 값을 지정하거나, 미리 정의된 DSCP의 이름 지정할 수 있습니다.

IP 프리시던스 값에 따라 트래픽을 분류하려면 0 -7 사이의 IP 프리시던스 값을 지정하거나, 미리 정의된 이름을 사용할 수도 있습니다.

- **레이어 2 헤더에 따른 분류**

레이어 2 헤더에 따른 분류 방법은 이더넷 트렁킹 프레임의 CoS 값, 이더넷 프레임의 목적지나 출발지 MAC 주소, 프레임 릴레이 프레임의 DE 비트 설정 여부, DLCI 값 및 MPLS의 EXP 필드에 따른 분류 등이 있습니다.

혼잡 관리

혼잡관리를 큐잉(queuing)이라고도 합니다. 혼잡관리는 패킷을 분류하고, 출력 큐(output queue)에 저장하고, 저장된 패킷을 하드웨어 큐인 Tx Ring으로 전송하는 것을 말합니다.

[그림 20-4] 혼잡관리의 구성요소 및 순서

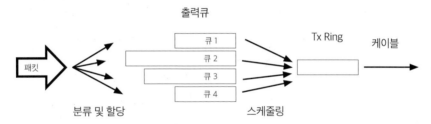

큐잉은 방식에 따라 패킷을 분류하는 방법, 큐의 개수, 각 큐의 크기, 스케줄링 방식 등이 다릅니다. 스케줄링(scheduling)이란 각 큐에서 Tx Ring으로 패킷을 전송하는 순서를 말합니다. 큐잉은 Tx Ring이 혼잡할 때만 적용됩니다. 즉, Tx Ring이 혼잡하지 않을 때는 패킷들이 출력큐를 거치지 않고 바로 Tx Ring으로 전송됩니다.

[그림 20-5] Tx Ring이 차지 않으면 출력큐가 사용되지 않음

CBWFQ(Class Based Weighted Fair Queuing)는 클래스별로(Class-Based) 큐잉을 적용하는 방식을 말합니다. CBWFQ는 총 64개의 클래스를 지정할 수 있습니다. 따라서 큐가 클래스별로 하나씩 생성되므로 총 64개의 큐까지 만들어질 수 있습니다. 큐 하나의 길이가 기본적으로 64패킷입니다. 그리고 각각의 클래스내에서는 FIFO 큐잉을 하며, class-default 클래스에 대해서만 옵션으로 WFQ를 설정할 수 있습니다.

LLQ(Low Latency Queuing)는 CBWFQ의 일종입니다. 즉, CBWFQ의 클래스 중에서 특정한 것들에 대해서 최우선 큐잉(PQ, Priority Queuing)를 적용한 것을 말합니다. 따라서 LLQ를 PQ/CBWFQ라고도 합니다.

bandwidth 명령어를 사용하면 최저 보장 대역폭이 설정되는 반면, LLQ에서는 최저 보장 속도이면서 동시에 최고 보장 속도가 지정됩니다. 두 경우 모두, 트래픽이 없으면 할당된 트래픽이 다른 클래스에 배분됩니다. 그러나 해당 클래스의 트래픽이 많은 경우, LLQ에서는 지정 속도를 넘어가면 폐기합니다.

세이핑과 폴리싱

기준 속도를 넘어가는 트래픽은 버퍼에 저장했다가 전송하여 일정 속도를 유지시키는 것을 트래픽 세이핑(traffic shaping)이라고 합니다. 반면, 기준 속도를 넘어가는 트래픽을 모두 폐기시키는 것을 폴리싱(policing)이라고 합니다.

즉, 세이핑과 폴리싱은 모두 최고 속도를 제한하는 기능이며, 최고 속도 초과시 세이핑은 버퍼링을 하고, 폴리싱은 패킷을 폐기합니다. 폴리싱은 통신 사업자측에서 주로 사용하고, 세이핑은 사용자측에서 주로 사용하는 방법입니다.

세이핑과 큐잉의 관계

큐잉은 하나의 인터페이스당 하나씩만 설정되며, 세이핑은 인터페이스, 서브 인터페이스별로 설정이 가능합니다. 패킷이 출력 인터페이스의 Tx Ring으로 전송되기 전에 거칠 수 있는 큐는 세이핑 큐와 출력 큐가 있습니다. 이를 그림으로 표시하면 다음과 같습니다. 만약 세이퍼(shaper)에 의해서 버퍼링이 되어야 할 패킷이 있으면 세이핑 큐에 저장됩니다. 그런 다음, Tx Ring이 차 있으면 출력큐에 저장되었다가 마지막으로 Tx Ring으로 전송됩니다.

[그림 20-6] 세이핑 한도를 초과하면 세이핑 큐를 거침

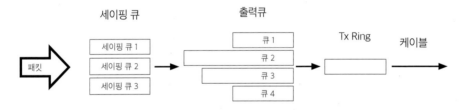

만약 세이퍼(shaper)에 의해서 버퍼링이 되어야 할 패킷이 없으면 세이핑 큐를 거치지 않습니다. 그런 다음, Tx Ring이 차 있으면 출력큐에 저장되었다가 마지막으로 Tx Ring으로 전송됩니다.

[그림 20-7] 세이핑 한도를 초과하지 않고, Tx Ring이 혼잡하면 출력큐로 전송

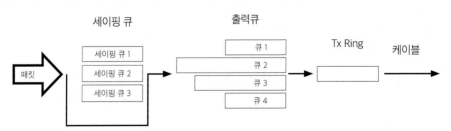

만약 세이퍼(shaper)에 의해서 버퍼링이 되어야 할 패킷이 없고, Tx Ring에도 여유가 있으면 바로 Ring으로 전송됩니다.

[그림 20-8] 세이핑 한도를 초과하지 않고, Tx Ring이 비어있으면 바로 Tx Ring으로 전송

폴리싱

폴리싱(policing)은 기준치를 넘는 트래픽을 폐기하는 것을 말합니다. 설정에 따라서 기준치를 넘는 트래픽을 폐기하지 않고, 표시만 하고 전송할 수도 있습니다. 예를 들어, 1Mbps로 폴리싱한다는 것은 초당 1Mbit만 전송할 수 있다는 의미입니다. 폴리싱은 주로 통신사업자가 많이 사용합니다. 어떤 통신 서비스의 최대 다운로딩 속도가 100Mbps라면 통신사측의 장비에서 100Mbps로 폴리싱하는 경우가 많습니다.

혼잡 회피

프레임이 버퍼링될 큐가 정해지면 프레임은 해당 큐에 임시 저장됩니다. 그러나 해당 큐가 가득 차 있으면 프레임을 폐기해야 합니다. 이때 프레임을 폐기하는 방법들을 혼잡 제어(congestion control)이라고 합니다. 혼잡 제어 방식은 테일드롭(taildrop), WTD, WRED 등이 있습니다.

TCP 글로벌 싱크로나이제이션과 TCP 스타베이션

TCP 등과 같이 신뢰성 있는(reliable) 통신을 하는 프로토콜들은 상대방에게서 '지금까지의 패킷을 잘 받았으니 다음 번호의 패킷을 보내라'는 ACK(acknowledgement) 신호를 받아야만 다음 데이터를 전송합니다.

그런데, 패킷을 하나 보내고 다시 ACK를 받아야만 다음 것을 보낼 수 있다면 통신의 속도가 너무 느려집니다. 이를 해결하기 위해서 윈도우 사이즈(window size)라는 개념이 사용됩니다. 즉, 윈도우 사이즈란 상대방의 ACK 없이 한꺼번에 보낼 수 있는 패킷수를 말합니다. 통신경로상에서 에러가 거의 발생하지 않는다면 윈도우 사이즈가 클수록 통신속도가 빨라집니다. 그러나 에러가 많이 발생한다면 윈도우 사이즈가 큰 것이 오히려 통신속도를 느리게 합니다.

예를 들어, 한꺼번에 1000개의 TCP 패킷을 전송했는데 상대측이 500개를 수신하지 못했다면 500개를 다시 전송해야 합니다. 이와 같은 경우에 대비해서 TCP는 전송한 패킷에 에러가 발생하여 상대에게 제대로 도달하지 못하면 윈도우 사이즈를 줄여서 통신속도를 감소시킵니다. 그러다가 에러가 발생하지 않으면 다시 윈도우 사이즈를 늘려서 통신속도를 증가시킵니다.

이렇게 중간에 프레임이 폐기되면 동시에 많은 PC들이 서버에게 TCP를 통하여 재전송을 요구합니다. 재전송 요구를 받은 서버들은 PC로 가는 전송경로 도중에 에러가 발생했음을 알고 윈도우 사이즈를 줄인다. 결과적으로 전송되는 프레임 수가 줄어들고, 스위치 간의 링크 사용률이 감소합니다.

이제 큐에 여유가 생긴 스위치는 프레임을 폐기하지 않고, TCP 입장에서는 에러가 없어집니다. 그러면 다시 서버들은 TCP 윈도우 사이즈를 서서히 증가시키고, 혼잡이 발생되면 다시 프레임이 폐기되기 시작합니다.

이처럼 특정 링크를 사용하는 모든 종단장치들이 거의 동시에 TCP 윈도우 사이즈를 변경하는 것을 글로벌 TCP 싱크로나이제이션(global TCP synchronization)이라고 합니다. 글로벌 TCP 싱크로나이제이션이 발생하면 링크의 사용효율이 나빠집니다.

WRED의 동작 방식

WRED는 TCP의 슬로우 스타트 기능을 이용하여 혼잡을 회피하는 방식입니다. 즉, 큐가 혼잡이 발생하여 테일드롭이 발생하기 전에 미리 임의 TCP 패킷을 폐기시켜 결과적으로 해당 세션의 출발지 호스트가 TCP 패킷의 전송을 감소시키게 하는 것입니다.

그런데, 모든 패킷을 동일하게 폐기하지 않고, 패킷의 IP 프리시던스나 DSCP 값에 따라 폐기를 시작하는 시점을 다르게 한 것을 WRED(Weighted Random Early Detection)이라고 합니다.

IOS가 사용하는 각 IP 프리시던스별로 기본 폐기 임계치는 다음 표와 같습니다.

KING of NETWORKING

[표 20-1] IP 프리시던스별 WRED 폐기 임계치

IP 프리시던스	최소 임계치	최대 임계치
0	20 패킷	40 패킷
1	22 패킷	40 패킷
2	24 패킷	40 패킷
3	26 패킷	40 패킷
4	28 패킷	40 패킷
5	31 패킷	40 패킷
6	33 패킷	40 패킷
7	35 패킷	40 패킷

이상으로 QoS에 대하여 살펴보았습니다.

연습 문제

1. 다음 중 QoS(Quality of Service)의 역할을 세 가지 고르시오.

   1) 실시간성을 요구하는 트래픽의 지연을 최소화시킨다.

   2) 특정한 트래픽에 대한 대역폭을 보장한다.

   3) 특정한 트래픽의 목적지를 확인한다.

   4) 특정한 트래픽에 대한 대역폭을 제한한다.

2. 다음 중 우선순위를 표시할 수 없는 필드를 하나만 고르시오.

   1) 이더넷 트렁킹 헤더(header)의 CoS 필드

   2) IP 헤더의 DSCP 필드

   3) MPLS의 EXP 필드

   4) TCP의 포트번호 필드

3. CBWFQ(Class Based Weighted Fair Queuing)에 대한 설명 중 맞는 것을 하나만 고르시오.

   1) 혼잡이 발생하기 시작하면 임의의 패킷을 폐기한다.

   2) 최고 속도를 제한한다.

   3) 중요한 패킷에 표시를 한다.

   4) 트래픽을 클래스별로 분류하여 대역폭을 할당한다.

4. 다음 세이핑과 폴리싱에 대한 설명 중 맞는 것을 세 가지 고르시오.

    1) 세이핑과 폴리싱은 모두 최고 속도를 제한하는 기능이다.

    2) 최고 속도 초과시 세이핑은 버퍼링을 한다.

    3) 최고 속도 초과시 폴리싱은 패킷을 폐기한다.

    4) 세이핑은 통신 사업자측에서 주로 사용하고, 폴리싱은 사용자측에서 주로 사용하는 방법이다.

제21장

HSRP와 DHCP

L3 스위칭

HSRP

DHCP

킹-오브-
네트워킹

L3 스위칭

레이어 3 스위치에서 라우팅을 설정하기 위해서는 레이어 3 인터페이스를 만들어야 합니다. 레이어 3 인터페이스는 크게 SVI(Switched Virtual Interface)와 라우티드 포트(routed port)로 구분할 수 있습니다. SVI는 특정 VLAN을 대표하는 L3 인터페이스이며, 라우티드 포트는 스위치의 포트를 라우터 포트처럼 동작시키는 것을 말합니다.
다음 그림과 같은 랜(LAN) 네트워크를 살펴봅시다.

[그림 21-1] 일반적인 랜 네트워크

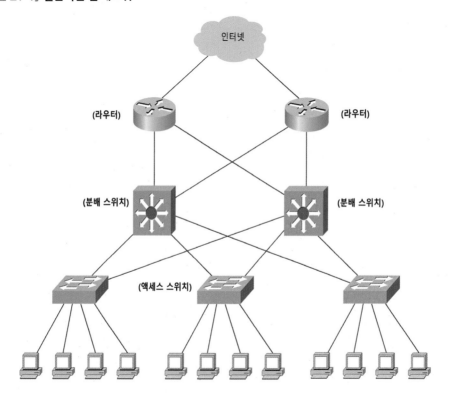

인터넷과 라우터가 연결되고, 이 라우터들이 다시 분배 스위치(distribution switch)와 연결됩니다. 분배 스위치에는 많은 액세스 스위치(access switch)들이 연결되고, 액세스 스위치에는 PC들이 연결됩니다. 이와 유사한 테스트 네트워크를 구성하면서, L3 스위칭, DHCP(Dynamic Host Configuration Protocol), HSRP(Hot Standby Router Protocol) 등을 설정하고, 동작을 확인해봅시다.

SVI

테스트를 위하여 다음 그림과 같은 네트워크를 구성합니다. 예를 들어, SW3에 접속된 PC 의 게이트웨이 주소를 SW1의 1.1.100.11로 설정하는 경우를 가정해봅시다. 이때, SW1에서 는 어디에 IP 주소 1.1.100.11을 부여해야 할까요?

[그림 21-2] SVI가 필요한 경우

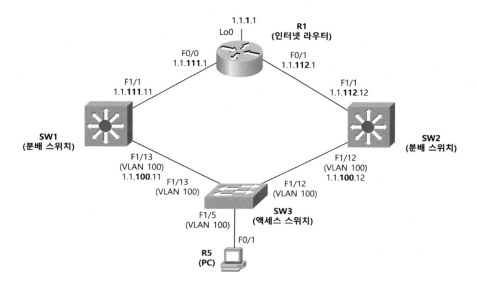

만약, SW1의 F1/13 포트에 IP 주소를 부여하면 다음과 같이 'L2 인터페이스에는 IP 주소 를 부여할 수 없다'는 에러 메시지가 표시됩니다.

[예제 21-1] L2 인터페이스에는 IP 주소를 부여할 수 없다

```
SW1(config)# interface f1/13
SW1(config-if)# ip address 1.1.100.11 255.255.255.0

% IP addresses may not be configured on L2 links.
```

즉, L2 인터페이스에는 IP 주소를 부여할 수 없습니다. 이를 위하여 특정한 VLAN을 대표하 여 IP 주소를 부여할 수 있는 L3 인터페이스가 SVI(Switched Virtual Interface)입니다. 그림 의 SW1, SW2에서 PC와 연결되는 VLAN 100을 위하여 다음과 같이 SVI를 만들고 IP 주 소를 부여합니다.

[예제 21-2] SVI 만들기

```
SW1(config)# interface vlan 100
SW1(config-if)# ip address 1.1.100.11 255.255.255.0
```

interface vlan 100 명령어에 의해서 SVI 100이 만들어집니다. 그러나 스위치에 VLAN 100
에 소속된 활성화된 포트가 없으면 해당 SVI는 활성화되지 않습니다.

[예제 21-3] 인터페이스 확인

```
SW1# show ip interface brief vlan 100
Interface    IP-Address    OK?  Method  Status   Protocol
Vlan100      1.1.100.11    YES  manual  up       down
```

다음과 같이 SW1에서 VLAN을 만들고 인터페이스에 할당합시다.

[예제 21-4] VLAN 만들기

```
SW1(config)# vlan 100
SW1(config-vlan)# exit

SW1(config)# interface f1/13
SW1(config-if)# switchport mode access
SW1(config-if)# switchport access vlan 100
SW1(config-if)# end
```

이제, 다음과 같이 SVI 100이 활성화됩니다.

[예제 21-5] 활성화된 SVI

```
SW1# show ip interface brief vlan 100
Interface    IP-Address    OK?  Method  Status   Protocol
Vlan100      1.1.100.11    YES  manual  up       up
```

SW2에서도 다음과 같이 VLAN 100을 위한 SVI를 만듭시다.

[예제 21-6] SW2의 설정

```
SW2(config)# vlan 100
SW2(config-vlan)# exit

SW2(config)# interface f1/12
SW2(config-if)# switchport mode access
SW2(config-if)# switchport access vlan 100
SW2(config-if)# exit

SW2(config)# interface vlan 100
SW2(config-if)# ip address 1.1.100.12 255.255.255.0
```

다음과 같이 SVI 100이 생성되고, 활성화되어 있습니다.

[예제 21-7] 활성화된 SVI

```
SW2# show ip interface brief vlan 100
Interface    IP-Address    OK? Method Status    Protocol
Vlan100      1.1.100.12    YES manual up        up
```

SW1에서 SW2의 SVI 100에 할당된 IP 주소 1.1.100.12로 핑을 해보면 성공합니다.

[예제 21-8] 핑 테스트

```
SW1# ping 1.1.100.12

Type escape sequence to abort.
Sending 5, 100-byte ICMP Echos to 1.1.100.12, timeout is 2 seconds:
.!!!!
Success rate is 80 percent (4/5), round-trip min/avg/max = 72/155/396 ms
```

즉, 다음 그림과 같이 SW3을 통하여 SW1, SW2 사이에 핑이 이루어집니다.

[그림 21-3] SVI 사이의 통신

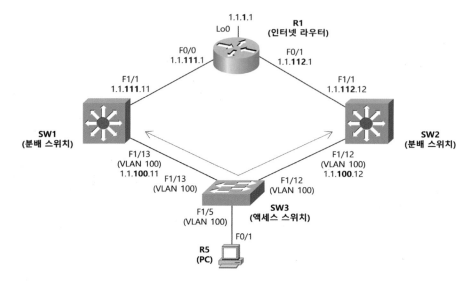

이상으로 SVI에 대하여 살펴보았습니다.

라우티드 포트

라우티드 포트(routed port)는 스위치의 L2 포트를 L3 포트로 변경시킨 것으로 주로 L3 스위치와 라우터 또는 L3 스위치끼리 연결할 때 사용합니다. 앞의 그림에서 R1과 연결되는 각 스위치의 포트를 라우티드 포트로 동작시켜 봅시다.

[예제 21-9] 라우티드 포트 설정

```
SW1(config)# interface f1/1
SW1(config-if)# no switchport ①
SW1(config-if)# ip address 1.1.111.11 255.255.255.0

SW2(config)# interface f1/1
SW2(config-if)# no switchport
SW2(config-if)# ip address 1.1.112.12 255.255.255.0
```

① 스위치의 인터페이스에서 **no switchport** 명령어를 사용하면 라우티드 포트가 됩니다. 즉, L3 인터페이스가 되어 IP 주소를 부여할 수 있습니다. 만약, 다시 L2 인터페이스로 변경하려면 **switchport** 명령어를 사용하면 됩니다.

스위치 설정이 끝나면 R1의 인터페이스에 IP 주소를 부여하고, 활성화시킵니다.

[예제 21-10] R1 인터페이스 설정

```
R1(config)# interface lo0
R1(config-if)# ip address 1.1.1.1 255.255.255.0
R1(config-if)# exit

R1(config)# interface f0/0
R1(config-if)# ip address 1.1.111.1 255.255.255.0
R1(config-if)# no shut
R1(config-if)# exit

R1(config)# interface f0/1
R1(config-if)# ip address 1.1.112.1 255.255.255.0
R1(config-if)# no shut
```

설정이 끝나면 R1에서 인접한 스위치인 SW1, SW2로 핑을 해보면 성공합니다.

[예제 21-11] 핑 테스트

```
R1# ping 1.1.111.11
Type escape sequence to abort.
Sending 5, 100-byte ICMP Echos to 1.1.111.11, timeout is 2 seconds:
.!!!!
Success rate is 80 percent (4/5), round-trip min/avg/max = 48/239/804 ms

R1# ping 1.1.112.12
Type escape sequence to abort.
Sending 5, 100-byte ICMP Echos to 1.1.112.12, timeout is 2 seconds:
.!!!!
Success rate is 80 percent (4/5), round-trip min/avg/max = 68/330/1108 ms
```

이상으로 스위치의 L3 인터페이스에 대하여 살펴보았습니다.

스위치에서 라우팅 설정하기

이제, 다음 그림과 같이 R1, SW1, SW2 사이에 OSPF 에어리어 0을 설정해봅시다.

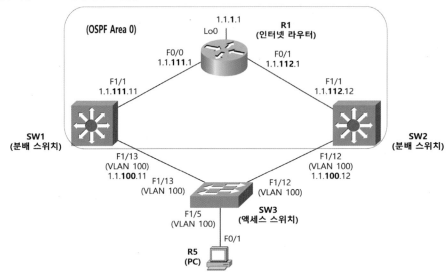

[그림 21-4] OSPF 에어리어 0 설정

R1의 설정은 다음과 같습니다.

[예제 21-12] R1의 설정

```
R1(config)# router ospf 1
R1(config-router)# router-id 1.1.1.1
R1(config-router)# network 1.1.1.1 0.0.0.0 area 0
R1(config-router)# network 1.1.111.1 0.0.0.0 area 0
R1(config-router)# network 1.1.112.1 0.0.0.0 area 0
```

SW1의 설정은 다음과 같습니다.

[예제 21-13] SW1의 설정

```
SW1(config)# ip routing ①

SW1(config)# router ospf 1
SW1(config-router)# router-id 1.1.11.11
SW1(config-router)# network 1.1.111.11 0.0.0.0 area 0
SW1(config-router)# network 1.1.100.11 0.0.0.0 area 0
SW1(config-router)# passive-interface vlan 100 ②
```

① 기본적으로 L2 스위치로 동작하는 L3 스위치에서 **ip routing** 명령어를 사용해야 L3 스위치로 동작합니다.

② interface vlan 100은 SW3을 통하여 PC 등 종단장비가 접속되는 지역입니다. 이 지역으로는 OSPF 헬로 패킷을 전송하지 않으며, 수신하지도 못하게 합니다. 결과적으로, 이 인터

페이스를 통하여 네이버를 맺지 않아 라우팅 공격을 방지할 수 있습니다.

SW2의 설정은 다음과 같습니다.

[예제 21-14] SW2의 설정

```
SW2(config)# ip routing

SW2(config)# router ospf 1
SW2(config-router)# router-id 1.1.12.12
SW2(config-router)# network 1.1.112.12 0.0.0.0 area 0
SW2(config-router)# network 1.1.100.12 0.0.0.0 area 0
SW2(config-router)# passive-interface vlan 100
```

설정 후 R1의 라우팅 테이블을 확인해보면 다음과 같이 1.1.100.0/24 네트워크를 SW1과 SW2를 통하여 동시에 광고받고 있습니다.

[예제 21-15] R1의 라우팅 테이블

```
R1# show ip route ospf
  (생략)
Gateway of last resort is not set

      1.0.0.0/8 is variably subnetted, 7 subnets, 2 masks
O      1.1.100.0/24 [110/2] via 1.1.112.12, 00:00:41, FastEthernet0/1
                    [110/2] via 1.1.111.11, 00:01:22, FastEthernet0/0
```

SW1의 라우팅 테이블에는 다음과 같이 R1의 네트워크인 1.1.1.1/32가 인스톨됩니다.

[예제 21-16] SW1의 라우팅 테이블

```
SW1# show ip route
  (생략)
Gateway of last resort is not set

      1.0.0.0/8 is variably subnetted, 4 subnets, 2 masks
O      1.1.1.1/32 [110/2] via 1.1.111.1, 00:02:01, FastEthernet1/1
C      1.1.100.0/24 is directly connected, Vlan100
C      1.1.111.0/24 is directly connected, FastEthernet1/1
O      1.1.112.0/24 [110/2] via 1.1.111.1, 00:02:01, FastEthernet1/1
```

SW1은 다음과 같이 R1과 OSPF 네이버를 맺고 있습니다. 즉, **passive-interface vlan 100** 명령어를 사용한 SW2와는 네이버를 맺지 않습니다.

[예제 21-17] OSPF 네이버

```
SW1# show ip ospf neighbor

Neighbor ID  Pri  State       Dead Time   Address      Interface
1.1.1.1      1    FULL/BDR    00:00:30    1.1.111.1    FastEthernet1/1
```

R1에서 SW1, SW2와 핑이 됩니다.

[예제 21-18] 핑 테스트

```
R1# ping 1.1.100.11
Type escape sequence to abort.
Sending 5, 100-byte ICMP Echos to 1.1.100.11, timeout is 2 seconds:
!!!!!
Success rate is 100 percent (5/5), round-trip min/avg/max = 48/49/56 ms

R1# ping 1.1.100.12
Type escape sequence to abort.
Sending 5, 100-byte ICMP Echos to 1.1.100.12, timeout is 2 seconds:
!!!!!
Success rate is 100 percent (5/5), round-trip min/avg/max = 48/54/64 ms
```

이상으로 L3 스위칭에 대하여 살펴보았습니다.

HSRP

PC나 서버처럼 라우팅 기능이 없는 장비들은 게이트웨이를 통하여 자신과 다른 네트워크에 연결된 장비들과 통신합니다. 이때 게이트웨이 역할을 하는 라우터나 레이어 3 스위치를 복수 개로 구성하고, 하나가 다운되면 다른 하나가 그 역할을 계속 수행하게 하는 프로토콜을 게이트웨이 이중화 프로토콜(FHRP, First Hop Redundancy Protocol)이라고 합니다. 여기에 해당하는 프로토콜로 HSRP, VRRP, GLBP 등이 있습니다.

HSRP의 동작 방식

HSRP(Hot Standby Router Protocol)는 시스코에서 개발한 게이트웨이 이중화 프로토콜입니다. HSRP는 게이트웨이 역할을 하는 L3 스위치 또는 라우터 간에서 동작합니다. PC에서는 HSRP가 사용하는 가상의 IP 주소를 게이트웨이 주소로 설정합니다.

HSRP 장비 중에서 하나가 액티브(active) 라우터 역할을 하며, 이것이 게이트웨이 주소가 목적지인 프레임을 처리합니다.

HSRP 스탠바이(standby)라우터는 액티브 라우터를 감시합니다. 만약 액티브 HSRP 라우터가 다운되면 대기상태(standby)에 있던 라우터가 액티브 라우터 역할을 이어받아 게이트웨이 역할을 계속합니다.

결과적으로 PC는 하나의 게이트웨이 라우터가 다운되어도 다른 라우터를 통하여 계속 외부 네트워크와 통신이 가능합니다.

HSRP는 스탠바이 그룹(standby group)별로 하나의 액티브 라우터와 하나의 스탠바이(standby) 라우터를 뽑습니다. 액티브 라우터는 게이트웨이 역할을 수행하며, 스탠바이 라우터는 액티브 라우터가 다운되었을 때 액티브 라우터의 역할을 이어받아 게이트웨이 역할을 합니다.

HSRP는 버전1과 2가 있으며, 두 버전 간의 주요 차이점은 다음과 같습니다.

- 버전1에서 사용 가능한 HSRP 그룹번호는 0-255입니다. 그러나 버전2에서는 VLAN 번호와 같이 0-4095 사이의 수를 사용할 수 있습니다.

- 버전1에서 액티브 라우터가 사용하는 기본적인 MAC 주소는 0000.0c07.acNN입니다. 이때 NN은 그룹번호입니다. 버전2에서 액티브 라우터가 사용하는 기본적인 MAC 주소는 0000.0c9f.fNNN입니다. 이때 NNN은 그룹번호입니다.

- 버전 1과 2는 호환되지 않습니다. 그러나 인터페이스별로 서로 다른 버전을 사용할 수는 있습니다.

HSRP 설정

다음 그림에서 SW1을 HSRP 액티브 라우터, SW2를 HSRP 스탠바이 라우터로 설정해봅시다.

[그림 21-5] HSRP 설정

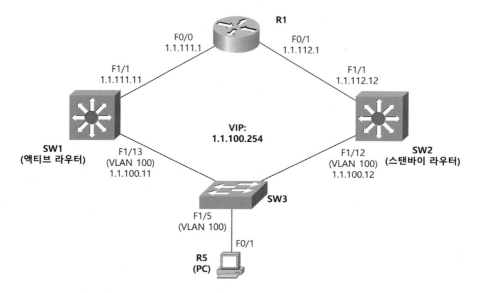

즉, 평시에는 SW1이 액티브 라우터 역할을 하여 VLAN 100에서 외부로 가는 트래픽을 SW1이 라우팅시킵니다. 만약, SW1에 장애가 발생하면 스탠바이 라우터인 SW2가 액티브 라우터 역할을 이어받습니다. 액티브 라우터인 SW1의 설정은 다음과 같습니다.

[예제 21-19] SW1 설정

```
SW1(config)# interface vlan 100 ①
SW1(config-if)# standby 1 ip 1.1.100.254 ②
SW1(config-if)# standby 1 priority 105 ③
SW1(config-if)# standby 1 preempt ④
```

① HSRP는 라우터나 스위치의 L3 인터페이스에서 설정합니다.

② standby 1 ip 1.1.100.254 명령어를 사용하여 HSRP 그룹번호와 가상 IP 주소(virtual ip address)를 지정합니다. 그룹번호는 0부터 255 사이의 수를 사용할 수 있습니다.

③ HSRP 그룹 1에 대한 SW1의 우선순위를 지정합니다. 기본값이 100이며, 우선순위가 높은 장비가 액티브 라우터가 됩니다.

④ standby 1 preempt 명령어는 SW1이 다시 액티브 라우터의 역할을 수행하게 합니다.

스탠바이 라우터인 SW2의 설정은 다음과 같습니다.

[예제 21-20] SW2 설정

```
SW2(config)# interface vlan 100
SW2(config-if)# standby 1 ip 1.1.100.254
```

```
SW2(config-if)# standby 1 preempt
```

스탠바이 라우터의 설정은 간단합니다. 가상 IP를 지정하고, **standby 1 preempt** 명령어를 사용하여 액티브 라우터에 장애발생 시 자신이 액티브 라우터의 역할을 수행하게 합니다. 설정 후 액티브 라우터인 SW1에서 **show standby brief** 명령어를 사용하여 확인해보면 다음과 같습니다.

[예제 21-21] show standby brief 명령어를 사용한 확인

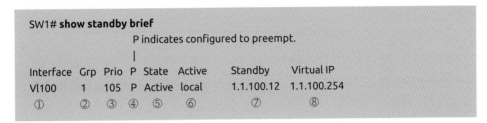

① HSRP가 설정된 인터페이스를 표시합니다.

② HSRP 그룹번호를 표시합니다.

③ 현재 스위치의 HSRP 우선순위가 105임을 나타냅니다.

④ 프리엠션(preemption)이 설정되어 있는 것을 의미합니다. 즉, 조건이 충족되면 다시 액티브 라우터의 역할을 받아오도록 설정되어 있음을 나타냅니다.

⑤ 현재 스위치의 상태가 액티브임을 나타냅니다.

⑥ 액티브 라우터가 현재의 스위치임을 나타냅니다.

⑦ 스탠바이 라우터의 IP 주소를 나타냅니다.

⑧ HSRP 그룹 1의 가상 IP 주소를 나타냅니다.

스탠바이 라우터인 SW2에서 **show standby brief** 명령어를 사용하여 확인해보면 다음과 같습니다.

[예제 21-22] SW2에서 show standby brief 명령어를 사용한 확인

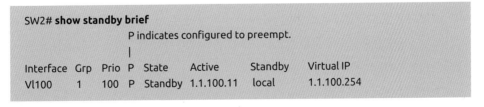

즉, 외부로 전송되는 모든 패킷에 대하여 SW1이 액티브 라우터의 역할을 수행합니다.

액티브 라우터인 SW1에서 다음과 같이 **show standby** 명령어를 사용하면 HSRP에 대한 상세한 정보를 확인할 수 있습니다.

[예제 21-23] show standby 명령어를 사용한 상세 정보 확인

```
SW1# show standby
Vlan100 - Group 1
  State is Active
    2 state changes, last state change 00:05:17
  Virtual IP address is 1.1.100.254
  Active virtual MAC address is 0000.0c07.ac01
    Local virtual MAC address is 0000.0c07.ac01 (v1 default)
  Hello time 3 sec, hold time 10 sec
    Next hello sent in 0.280 secs
  Preemption enabled
  Active router is local
  Standby router is 1.1.100.12, priority 100 (expires in 7.020 sec)
  Priority 105 (configured 105)
  Group name is "hsrp-Vl100-1" (default
```

VLAN 100 인터페이스에서 HSRP 그룹 1에 대해서 현재 SW1이 액티브 라우터이고, 가상 MAC 주소 0000.0c07.ac01을 사용하고 있습니다.

HSRP 동작 확인

설정한 HSRP가 제대로 동작하는지 확인해봅시다. 액티브 라우터인 SW1에서 트래킹 (tracking)이 설정된 f0/13 인터페이스를 다운시켜봅시다.

[예제 21-24] 인터페이스 다운시키기

```
SW1(config)# int f1/13
SW1(config-if)# shutdown
```

그러면, 즉시 다음과 같이 SW1은 Init 상태로 변경된다는 메시지가 표시됩니다.

[예제 21-25] Init 상태로 변경된다는 메시지

```
SW1(config-if)#
%LINEPROTO-5-UPDOWN: Line protocol on Interface Vlan100, changed state to down
%HSRP-5-STATECHANGE: Vlan100 Grp 1 state Active -> Init
```

KING of NETWORKING

SW1에서 확인해보면 다음과 같습니다.

[예제 21-26] SW1에서의 확인

```
SW1# show standby brief
                 P indicates configured to preempt.
                 |
Interface  Grp  Prio  P  State   Active    Standby    Virtual IP
Vl100      1    105   P  Init    unknown   unknown    1.1.100.254
```

SW2에서 확인해보면 다음과 같이 액티브 라우터로 동작합니다.

[예제 21-27] SW2에서의 확인

```
SW2# show standby brief
                 P indicates configured to preempt.
                 |
Interface  Grp  Prio  P  State   Active    Standby    Virtual IP
Vl100      1    100   P  Active  local     unknown    1.1.100.254
```

다시, SW1에서 HSRP가 설정된 F1/13 인터페이스를 활성화시킵니다.

[예제 21-28] F1/13 인터페이스를 활성화시킴

```
SW1(config)# interface f1/13
SW1(config-if)# no shutdown
```

SW1의 f1/13 인터페이스가 다시 살아나면 잠시 후 SW1이 다시 액티브 라우터로 변경됩니다.

[예제 21-29] SW1이 다시 액티브 라우터로 변경됨

```
SW1# show standby brief
                 P indicates configured to preempt.
                 |
Interface  Grp  Prio  P  State   Active   Standby     Virtual IP
Vl100      1    105   P  Active  local    1.1.100.12  1.1.100.254
```

SW2는 다시 스탠바이 라우터로 변경됩니다.

[예제 21-30] SW2는 스탠바이 라우터로 변경됨

```
SW2# show standby brief
                   P indicates configured to preempt.
                   |
Interface  Grp  Prio  P  State    Active      Standby   Virtual IP
Vl100      1    100   P  Standby  1.1.100.11  local     1.1.100.254
```

이상으로 HSRP에 대하여 살펴보았습니다.

DHCP

DHCP(Dynamic Host Configuration Protocol)란 호스트에게 자동으로 IP 주소를 부여하는 프로토콜입니다. 즉, 호스트에게 유동 IP를 제공할 때 사용하는 프로토콜입니다.

DHCP 동작 방식

DHCP 클라이언트(PC, 라우터 등)가 DHCP 서버(서버, 라우터, 스위치)로부터 IP 주소를 포함해 게이트웨이 주소, DNS 서버 주소 등을 요청하고 받아오는 과정은 다음과 같습니다.

[그림 21-6] DHCP 동작 방식

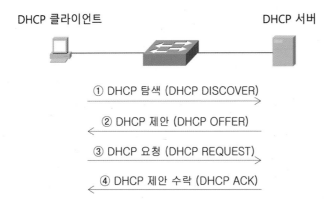

① DHCP 클라이언트가 DHCP 서버를 찾는 메시지를 보냅니다. 이 메시지를 DHCP DISCOVER 메시지라고 하며 출발지 IP 주소는 0.0.0.0, 목적지 IP 주소는 브로드캐스트 주소인 255.255.255.255로 설정됩니다. UDP를 사용하며, 출발지 포트번호는 68, 목적지

포트번호는 67로 설정됩니다. 그리고 메시지내에 클라이언트의 MAC 주소(CHADDR, Client Hardware Address)도 포함되어 있습니다.

② DHCP 서버가 제안 메시지를 보냅니다. 이 메시지를 DHCPOFFER 메시지라고 하며 출발지 IP 주소는 DHCP 서버의 주소, 목적지 IP 주소는 브로드캐스트 주소인 255.255.255.255로 설정됩니다. DHCP 제안 메시지 내 포함되는 주요정보는 다음과 같습니다.

- 클라이언트가 사용할 IP 주소(YIADDR, Your Ip ADDRess)
- 서브넷 마스크
- 게이트웨이 주소
- DNS 서버 주소
- IP 주소를 사용할 수 있는 기간(lease time)
- 클라이언트의 MAC 주소
- DHCP 서버의 주소

③ DHCP 클라이언트가 요청 메시지를 보냅니다. 이 메시지를 DHCPREQUEST 메시지라고하며 출발지 IP 주소는 0.0.0.0, 목적지 IP 주소는 255.255.255.255로 설정됩니다. 목적지 IP 주소를 브로드캐스트로 설정하는 이유는 여러 대의 DHCP 서버가 있을 때, DHCP 제안 메시지를 보낸 다른 DHCP 서버들에게 알리기 위함입니다. 이 메시지를 수신한 다른 DHCP 서버들은 제한했던 IP 주소를 유보합니다.

④ DHCP 서버가 요청확인 메시지를 보냅니다. 이 메시지를 DHCPACK 메시지라고 하며 출발지 IP 주소는 DHCP 서버의 주소, 목적지 주소는 255.255.255.255로 설정됩니다.

DHCP 설정 및 동작 확인

다음 그림에서 SW1을 DHCP 서버로 설정하고 동작을 확인해봅시다.

[그림 21-7] DHCP 서버 설정

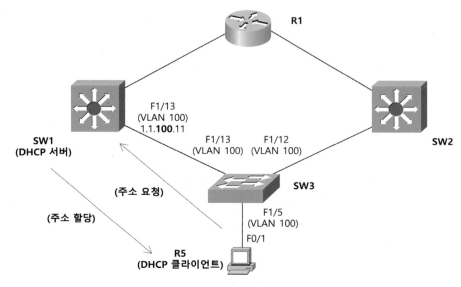

F1/13
(VLAN 100)
1.1.**100**.11

F1/13   F1/12
(VLAN 100)   (VLAN 100)

R1

SW1
(DHCP 서버)

SW2

SW3

(주소 요청)

(주소 할당)

F1/5
(VLAN 100)
F0/1

R5
(DHCP 클라이언트)

먼저, SW3에서 VLAN을 설정하고, 인터페이스에 할당합니다.

[예제 21-31] SW3 설정

```
SW3(config)# vlan 100
SW3(config-vlan)# exit

SW3(config)# interface range f1/5 , f1/12 - 13
SW3(config-if-range)# switchport mode access
SW3(config-if-range)# switchport access vlan 100
```

SW1에서 다음과 같이 DHCP를 설정합시다.

[예제 21-32] SW1 설정

```
SW1(config)# service dhcp ①
SW1(config)# ip dhcp pool myPool ②
SW1(dhcp-config)# network 1.1.100.0 255.255.255.0 ③
SW1(dhcp-config)# default-router 1.1.100.254 ④
SW1(dhcp-config)# dns-server 8.8.8.8 ⑤
```

① DHCP 서버 기능을 활성화시킵니다.

② DHCP 관련 설정을 하기 위하여 DHCP 풀 설정 모드로 들어갑니다.

③ 할당하고자 하는 IP 주소의 네트워크 대역을 지정합니다.

④ 디폴트 게이트웨이를 지정합니다.

⑤ DNS 서버 주소를 지정합니다.

PC 역할을 하는 R5에서 다음과 같이 F0/0 인터페이스가 유동 IP 주소를 요청하여 할당받도록 설정합시다.

[예제 21-33] R5 설정

```
R5(config)# interface f0/1
R5(config-if)# ip address dhcp
R5(config-if)# no shut
```

잠시 후, R5에서 확인해보면 다음과 같이 인터페이스에 DHCP를 통하여 IP 주소가 할당되어 있습니다.

[예제 21-34] DHCP를 통하여 할당된 IP 주소

```
R5# show ip interface brief f0/1
Interface          IP-Address   OK? Method Status  Protocol
FastEthernet0/1    1.1.100.1    YES  DHCP   up      up
```

R5의 라우팅 테이블에 디폴트 루트(게이트웨이)도 인스톨됩니다.

[예제 21-35] R5의 라우팅 테이블

```
R5# show ip route
  (생략)
Gateway of last resort is 1.1.100.254 to network 0.0.0.0

S*   0.0.0.0/0 [254/0] via 1.1.100.254
     1.0.0.0/8 is variably subnetted, 2 subnets, 2 masks
C    1.1.100.0/24 is directly connected, FastEthernet0/1
L    1.1.100.1/32 is directly connected, FastEthernet0/1
```

show dhcp server 명령어를 사용하면 다음과 같이 DNS 서버의 주소를 확인할 수 있습니다.

[예제 21-36] DNS 서버 주소 확인

```
R5# show dhcp server
 DHCP server: ANY (255.255.255.255)
 Leases:  1
 Offers:  1   Requests: 1   Acks : 1   Naks: 0
```

```
      Declines: 0    Releases: 0    Query: 0    Bad: 0
      DNS0: 8.8.8.8,   DNS1: 0.0.0.0
      Subnet: 255.255.255.0
```

R5에서 외부의 네트워크로 핑도 됩니다.

[예제 21-37] 핑 테스트

```
R5# ping 1.1.1.1
Type escape sequence to abort.
Sending 5, 100-byte ICMP Echos to 1.1.1.1, timeout is 2 seconds:
.!!!!
Success rate is 80 percent (4/5), round-trip min/avg/max = 32/42/52 ms
```

DHCP 서버에서 **show ip dhcp pool** 명령어를 사용하면 할당된 IP 주소의 수량, 다음에 할당할 주소 등의 정보를 확인할 수 있습니다.

[예제 21-38] DHCP 서버 정보 확인

```
SW1# show ip dhcp pool

Pool myPool :
 Utilization mark (high/low)    : 100 / 0
 Subnet size (first/next)       : 0 / 0
 Total addresses                : 254
 Leased addresses               : 1
 Pending event                  : none
 1 subnet is currently in the pool :
 Current index        IP address range              Leased addresses
 1.1.100.2            1.1.100.1    - 1.1.100.254     1
```

이상으로 DHCP에 대하여 살펴보았습니다.

연습 문제

1. 다음 중 스위치의 L3 인터페이스를 두 가지 고르시오.

    1) 액세스 포트

    2) 트렁크 포트

    3) 라우티드 포트

    4) SVI

2. 다음 중 게이트웨이 이중화 프로토콜을 세 가지 고르시오.

    1) HSRP

    2) VRRP

    3) GLBP

    4) DHCP

3. HSRP의 기본적인 우선순위 값은 얼마인가요?

    1) 0

    2) 100

    3) 150

    4) 255

4. 다음 중 DHCP(Dynamic Host Configuration Protocol)를 통하여 전달할 수 없는 내용을 하나만 고르시오.

    1) PC의 IP 주소

    2) 게이트웨이 주소

    3) DNS 서버 주소

    4) 방화벽의 주소

제22장

네트워크 보안

AAA

포트 보안

킹-오브-
네트워킹

AAA

AAA는 특정인의 네트워크 접속 허용여부, 사용 가능 기능 지정 및 사용 기록을 남기는 기능을 수행할 때 사용합니다. AAA 서비스는 인증, 인가 및 어카운팅으로 구성됩니다.

- 인증(Authentication)

인증은 특정 사용자의 네트워크 접속 가능 여부를 결정하는 것을 말합니다.

- 인가(Authorization)

인가는 특정 사용자가 네트워크에 접속한 다음 할 수 있는 일을 지정하는 것을 말합니다.

- 어카운팅(Accounting)

특정인이 네트워크를 사용한 내역을 기록하는 것을 말합니다. 어카운팅 기능은 요금 청구, 감사, 보고 등의 용도로 사용될 수 있습니다. 사용기록에는 시작과 끝낸 시간, 사용한 명령어, 데이터량 등이 포함됩니다.

AAA 환경은 AAA 서버, AAA 클라이언트(LAN 스위치, 무선랜 액세스 포인트, 라우터, 방화벽, VPN 장비 등)와 PC 등 종단장치로 구분할 수 있습니다. AAA 서버는 다양한 제품이 있으며, 시스코에서는 ACS(Access Control Server, 2017년 단종)와 ISE(Identity Services Engine)가 있습니다.

AAA 구성요소와 사용 프로토콜

AAA 서버와 더불어 인증, 인가, 어카운팅 관련 동작을 하는 장비를 AAA 클라이언트라고 하며 라우터, 스위치, 방화벽 등이 여기에 해당합니다. 예를 들어, 누군가가 AAA 클라이언트에 접속하면 클라이언트는 사용자명과 암호를 묻습니다.

AAA 클라이언트는 응답받은 정보를 AAA 서버에게 전송하며, 결과에 따라 해당 사용자를 접속시키거나 또는 차단합니다. 이때 AAA 서버와 클라이언트 간에 사용되는 프로토콜이 RADIUS(Remote Access Dial-In User Service) 또는 TACACS+ (Terminal Access Controller Access Control System)입니다.

TACACS+와 RADIUS를 비교하면 다음과 같습니다.

[표 22-1] TACACS+와 RADIUS

항목	TACACS+	RADIUS
전송 프로토콜	TCP	UDP
사용 포트	49	인증과 인가: 1645, 1812 어카운팅: 1646, 1813
암호화	패킷 전체	패스워드만 암호화(16 바이트까지)
구조	인증, 인가, 어카운팅이 별개의 서비스로 동작	인증과 인가가 하나의 서비스로 동작

네트워크 환경에 따라, TACACS+ 또는 RADIUS를 사용하며 경우에 따라 두 가지 프로토콜을 모두 사용하기도 합니다.

AAA 활성화시키기

AAA 테스트를 위하여 다음과 같은 네트워크를 구성합니다.

[그림 22-1] AAA 테스트를 위한 네트워크

이를 위하여 각 라우터에서 다음과 같이 설정합시다.

[예제 22-1] 각 라우터의 설정

```
R1(config)# interface s1/1
R1(config-if)# ip address 1.1.12.1 255.255.255.0
R1(config-if)# no shut

R2(config)# interface s1/1
R2(config-if)# ip address 1.1.12.2 255.255.255.0
R2(config-if)# no shut
```

설정이 끝나면 R2에서 R1로 핑이 되는지 확인합니다.

AAA 기능을 사용하려면 다음과 같이 aaa new-model 명령어를 사용하여 AAA를 활성화시키고, 로컬 데이터베이스를 만듭시다.

[예제 22-2] AAA 기능 활성화시키기

① R1(config)# **aaa new-model**
② R1(config)# **username user1 password cisco**

① AAA 기능을 활성화시킵니다.

② 사용자명과 패스워드를 지정합니다. 이처럼 라우터나 스위치에 지정해 놓은 사용자명과 패스워드를 로컬 데이터베이스라고 합니다. AAA 기능을 활성화시키면 원격 접속 시 기본적으로 이를 사용하여야 합니다.

이제, R2에서 R1로 텔넷을 하면 사용자명을 입력해야 합니다.

[예제 22-3] R2에서 R1로 텔넷을 하면 사용자명을 입력해야 함

```
R2# telnet 1.1.12.1
Trying 1.1.12.1 ... Open


User Access Verification

Username: user1
Password:

R1>
R1>
```

지금까지 기본적인 AAA 기능을 활성화시켜 보았습니다.

AAA 인증

TACACS+ 서버에 설정된 사용자명과 패스워드를 이용하여 인증하는 방식을 설정해봅시다. 현재, AAA 서버가 없지만 다음 그림과 같이 IP 주소가 1.1.10.100인 서버가 있다고 가정합시다.

[그림 22-2] TACACS+ 서버

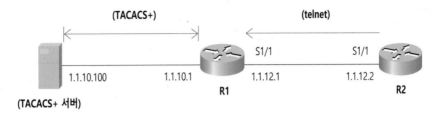

(TACACS+)   (telnet)

1.1.10.100   1.1.10.1   S1/1   1.1.12.1   S1/1   1.1.12.2

(TACACS+ 서버)   **R1**   **R2**

R2에서 AAA 클라이언트인 R1로 텔넷을 하면 R1은 사용자명과 패스워드를 묻고 TACACS+를 사용하여 AAA 서버에게 인증을 요청합니다.

[예제 22-4] AAA 인증

```
① R1(config)# tacacs server MyTacacsServer
② R1(config-server-tacacs)# address ipv4 1.1.10.100
③ R1(config-server-tacacs)# key cisco
  R1(config-server-tacacs)# exit

R1(config)# aaa authentication login default group tacacs+ local none
                ④        ⑤   ⑥
```

① 적당한 이름을 사용하여 TACACS+ 서버 설정 모드로 들어갑니다.

② TACACS+ 서버의 주소를 지정합니다.

③ 암호를 지정합니다.

이상과 같이 TACACS+ 서버 설정이 끝나면 다음에는 **aaa authentication login default** 명령어를 사용하여 인증 방식을 지정합니다.

④ 먼저 TACACS+ 서버에 설정된 사용자명과 암호를 사용하여 인증을 시도합니다.

⑤ 만약, TACACS+ 서버와의 통신이 불가능하면 라우터에 **username username password password** 명령어로 만든 로컬 데이터베이스를 사용하여 인증을 시도합니다.

⑥ 만약, 로컬 데이터베이스가 설정되어 있지 않으면 로그인시 인증을 하지 않고 접속을 허용합니다.

이상으로 AAA에 대하여 간단히 살펴보았습니다.

포트 보안

포트 보안(port security)이란 스위치의 특정 포트에 특정 MAC 주소를 가진 장비만 접속할
수 있게 하는 것을 말합니다. 특정 MAC 주소는 사전에 미리 지정할 수도 있고, 동적으로 지
정되게 할 수도 있습니다.

테스트 네트워크 구축

포트 보안 실습을 위하여 다음과 같은 네트워크를 구축합니다.

[그림 22-3] 포트 보안 설정을 위한 네트워크

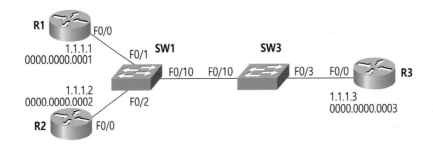

다음과 같이 스위치에서 필요한 인터페이스만 활성화시킵니다.

[예제 22-5] 필요한 인터페이스 활성화

```
SW1(config)# int range f0/1 -24
SW1(config-if-range)# shutdown
SW1(config-if-range)# exit
SW1(config)# int range f0/1 -2 ,f0/10
SW1(config-if-range)# no shut

SW3(config)# int range f0/1 -24
SW3(config-if-range)# shutdown
SW3(config-if-range)# exit
SW3(config)# int range f0/10 ,f0/3
SW3(config-if-range)# no shut
```

각 라우터에서 IP 주소와 MAC 주소를 설정하고, 인터페이스를 활성화시킵니다. 일반적으
로 MAC 주소는 변경하지 않지만 테스트의 편의상 읽기 쉬운 주소로 변경했습니다.

[예제 22-6] IP 주소와 MAC 주소 설정

```
R1(config)# int f0/0
R1(config-if)# ip address 1.1.1.1 255.255.255.0
R1(config-if)# mac-address 0000.0000.0001

R2(config)# int f0/0
R2(config-if)# ip address 1.1.1.2 255.255.255.0
R2(config-if)# mac-address 0000.0000.0002

R3(config)# int f0/0
R3(config-if)# ip address 1.1.1.3 255.255.255.0
R3(config-if)# mac-address 0000.0000.0003
```

SW1과 SW3에서 **show cdp neighbor** 명령어를 사용하여 네트워크가 제대로 구성되었는지 확인합니다. SW1에서의 확인 결과는 다음과 같습니다.

[예제 22-7] SW1에서의 확인 결과

```
SW1# show cdp neighbors
Capability Codes: R - Router, T - Trans Bridge, B - Source Route Bridge
                  S - Switch, H - Host, I - IGMP, r - Repeater, P - Phone

Device ID    Local Intrfce    Holdtme    Capability    Platform      Port ID
SW3          Fas 0/10         172        S I           WS-C3560-2    Fas 0/10
R2           Fas 0/2          138        R S I         2811          Fas 0/0
R1           Fas 0/1          142        R S I         2811          Fas 0/0
```

R1에서 다른 라우터와의 통신가능 여부를 핑으로 확인합니다.

[예제 22-8] 핑 테스트

```
R1# ping 1.1.1.2

Type escape sequence to abort.
Sending 5, 100-byte ICMP Echos to 1.1.1.2, timeout is 2 seconds:
.!!!!
Success rate is 80 percent (4/5), round-trip min/avg/max = 1/1/4 ms
R1# ping 1.1.1.3

Type escape sequence to abort.
Sending 5, 100-byte ICMP Echos to 1.1.1.3, timeout is 2 seconds:
.!!!!
Success rate is 80 percent (4/5), round-trip min/avg/max = 1/1/4 ms
```

이제, 테스트를 위한 준비가 끝났습니다.

기본적인 포트 보안

포트 보안을 이용하여 SW1 F0/1 포트에는 MAC 주소가 0000.0000.0001인 장비만 접속할
수 있도록 해봅시다.

[그림 22-4] 포트 보안 설정을 위한 네트워크

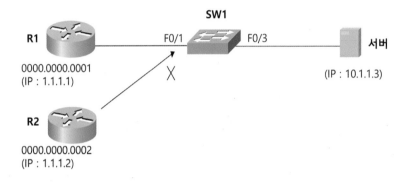

이를 위하여 SW1에서 다음과 같이 설정합시다.

[예제 22-9] 정적인 포트 보안 설정하기

```
SW1(config)# interface FastEthernet 0/1
SW1(config-if)# switchport mode access
SW1(config-if)# switchport port-security mac-address 0000.0000.0001
SW1(config-if)# switchport port-security
```

R1에서 R3으로 핑을 해보면 성공합니다. 즉, MAC 주소가 0000.0000.0001인 R1은 F0/1
에 접속할 수 있습니다.

[예제 22-10] 핑 테스트

```
R1# ping 1.1.1.3

Type escape sequence to abort.
Sending 5, 100-byte ICMP Echos to 1.1.1.3, timeout is 2 seconds:
!!!!!
Success rate is 100 percent (5/5), round-trip min/avg/max = 1/2/4 ms
```

이번에는 R1의 MAC 주소를 0000.0000.0004로 변경해봅시다.

[예제 22-11] R1의 MAC 주소 변경

```
R1(config)# int f0/0
R1(config-if)# mac-address 0000.0000.0004
```

그러면, 통신이 되지 않습니다.

[예제 22-12] 보안 MAC이 아니면 차단된다

```
R1# ping 1.1.1.3

Type escape sequence to abort.
Sending 5, 100-byte ICMP Echos to 1.1.1.3, timeout is 2 seconds:
.....
Success rate is 0 percent (0/5)
```

SW1에는 다음과 같이 '포트 보안 침해가 일어나 F0/1 포트를 **err-disable** 상태로 둔다'라는 메시지와 함께 해당 포트를 다운시킵니다. 그리고 포트 보안 침해를 일으킨 MAC 주소가 0000.0000.0004임을 알려줍니다.

[예제 22-13] 포트 보안 침해 확인 메시지

```
SW1#
10:51:44: %PM-4-ERR_DISABLE: psecure-violation error detected on Fa0/1, putting Fa0/1 in
err-disable state
SW1#
10:51:44: %PORT_SECURITY-2-PSECURE_VIOLATION: Security violation occurred, caused by
MAC address 0000.0000.0004 on port FastEthernet0/1.
10:51:45: %LINEPROTO-5-UPDOWN: Line protocol on Interface FastEthernet0/1, changed state
to down
SW1#
10:51:46: %LINK-3-UPDOWN: Interface FastEthernet0/1, changed state to down
```

SW1의 F0/1 포트에 설정한 포트 보안을 제거합니다.

[예제 22-14] 포트 보안 제거

```
SW1(config)# int f0/1
SW1(config-if)# no switchport port-security
```

그래도, 인터페이스가 살아나지 않습니다. **show interfaces status err-disabled** 명령어로 확인해보면 F0/1이 포트 보안 침해 때문에(psecure-violation) 비활성화되어있다는 것을 알 수 있습니다.

[예제 22-15] 인터페이스가 살아나지 않음

```
SW1# show interfaces status err-disabled

Port    Name        Status        Reason
Fa0/1               err-disabled  psecure-violation
```

다음과 같이 인터페이스를 shutdown 했다가 다시 활성화시켜야 합니다.

[예제 22-16] shutdown 했다가 다시 활성화시켜야 함

```
SW1(config)# int f0/1
SW1(config-if)# shutdown
SW1(config-if)# no shutdown
```

포트 보안은 이처럼 스위치의 특정 포트에는 특정 MAC 주소를 가진 프레임만 접속하게 합니다. 그리고 특정 포트에 접속이 허용된 MAC 주소는 다른 포트에는 접속할 수 없습니다. 다시, R1의 MAC 주소를 0000.0000.0001로 변경하고, SW1의 F0/1 포트에 이를 허용하는 포트 보안을 설정합시다.

[예제 22-17] SW1 F0/1 포트에서의 포트 보안 설정

```
R1(config)# int f0/0
R1(config-if)# mac-address 0000.0000.0001

SW1(config)# int f0/1
SW1(config-if)# switchport port-security mac-address 0000.0000.0001
SW1(config-if)# switchport port-security
```

즉, SW1의 F0/1에 MAC 주소 0000.0000.0001을 허용합니다. 그런데, 이 명령어는 'MAC 주소 0000.0000.0001은 SW1의 F0/1 포트에만 접속할 수 있고, 다른 포트에는 접속할 수 없다'라는 의미도 가집니다. R2의 MAC 주소를 0000.0000.0001로 변경해봅시다.

[예제 22-18] R2의 MAC 주소 변경

```
R2(config)# int f0/0
R2(config-if)# mac-address 0000.0000.0001
```

그러면, R2는 통신이 되지 않습니다.

[예제 22-19] R2는 통신이 되지 않음

```
R2# ping 1.1.1.3

Type escape sequence to abort.
Sending 5, 100-byte ICMP Echos to 1.1.1.3, timeout is 2 seconds:
.....
Success rate is 0 percent (0/5)
```

R2가 접속된 SW1의 F0/2 포트에는 포트 보안이 설치되어 있지 않기 때문에 다른 포트에 설정된 보안 MAC 주소가 출발지로 설정된 프레임을 수신하면 포트를 다운시켰다가 다시 살립니다.

R2의 MAC 주소를 다시 0000.0000.0002로 변경하면, F0/2 포트의 스패닝 트리 포트 상태가 전송으로 변경되는 30초 후부터 다시 통신이 가능합니다.

[예제 22-20] R2의 MAC 주소 변경시 다시 통신 가능

```
R2# ping 1.1.1.3

Type escape sequence to abort.
Sending 5, 100-byte ICMP Echos to 1.1.1.3, timeout is 2 seconds:
.!!!!
Success rate is 80 percent (4/5), round-trip min/avg/max = 1/1/4 ms
```

다음 테스트를 위하여 F0/1에 설정된 포트 보안을 삭제합니다.

[예제 22-21] F0/1에 설정된 포트 보안 삭제

```
SW1(config)# int f0/1
SW1(config-if)# no switchport port-security
SW1(config-if)# no switchport port-security mac-address 0000.0000.0001
```

이제, 포트 보안에 대해 좀 더 자세히 알아봅시다.

동적인 포트 보안용 MAC 주소 지정

포트 보안은 정적(static)인 액세스 포트, 트렁크 포트 및 터널 포트에만 설정할 수 있습니다. 그러나 이더채널, 라우티드 포트 및 SVI 등에는 설정할 수 없습니다. 포트 보안용 MAC 주소를 지정하는 방법은 세 가지가 있습니다.

- 동적인 MAC 주소 지정

- 정적인 MAC 주소 지정

- 포트 스티키

동적으로 지정하려면 해당 포트에 **switchport port-security** 명령어만 사용하면 됩니다. 설정 시 MAC 주소 테이블에 있거나 이 후 이 포트를 통하여 수신하는 프레임의 MAC 주소가 포트 보안용 MAC 주소가 됩니다. 포트 보안이 설정된 포트에는 기본적으로 하나의 MAC 주소만 허용됩니다.

다음 그림에서 포트 F0/1을 동적 보안 포트로 지정하면, 지정 당시 MAC 주소 테이블에 있는 첫 번째 MAC 주소 또는 처음 MAC 주소 테이블에 기록되는 것이 포트 보안용 MAC 주소로 지정됩니다.

[그림 22-5] 동적인 포트 보안 설정을 위한 네트워크

SW1에서 포트 F0/1에 동적으로 포트 보안을 설정하려면 해당 포트에 **switchport port-security** 명령어만 사용하면 됩니다. 정적인 DTP 모드에서만 포트 보안을 설정할 수 있으므로 우선 **switchport mode access** 명령어를 사용하여 해당 포트를 액세스 포트로 지정합니다. 트렁크 포트일 때에는 **switchport mode trunk** 명령어를 사용하면 됩니다.

[예제 22-22] 동적인 포트 보안 설정

```
SW1(config)# interface f0/1
SW1(config-if)# switchport mode access
SW1(config-if)# switchport port-security
```

show port-security 명령어를 사용하면 스위치의 포트 보안 설정상황을 확인할 수 있습니다.

[예제 22-23] 포트 보안 설정상황 확인

```
SW1# show port-security

     ①              ②              ③              ④              ⑤
Secure Port    MaxSecureAddr   CurrentAddr   SecurityViolation   Security Action
                  (Count)        (Count)        (Count)
-----------------------------------------------------------------------------
   Fa0/1            1              1              0            Shutdown
-----------------------------------------------------------------------------
Total Addresses in System (excluding one mac per port)   : 0
Max Addresses limit in System (excluding one mac per port) : 6272
```

① 포트 보안이 설정된 포트를 표시합니다.

② 포트별 최대허용 보안 MAC 주소의 수량을 표시합니다.

③ 현재 동작하는 보안 MAC 주소의 수량을 표시합니다.

④ 포트 보안 침해횟수를 표시합니다.

⑤ 포트 보안 침해시의 동작을 표시합니다.

포트 보안용 MAC 주소를 확인하려면 show port-security address 명령어를 사용합니다. 그러면, 포트 보안 MAC 주소, MAC 주소를 설정한 방식, 포트 보안이 설정된 포트 번호 등을 확인할 수 있습니다.

[예제 22-24] show port-security address 명령어를 사용한 포트 보안 설정 확인

```
SW1# show port-security address
       Secure Mac Address Table
---------------------------------------------------------------------
Vlan   Mac Address      Type            Ports  Remaining Age
                                               (mins)
------ ----------------  ---------------  ------ -----------
  1    0000.0000.0001   SecureDynamic   Fa0/1    -
---------------------------------------------------------------------
Total Addresses in System (excluding one mac per port)   : 0
Max Addresses limit in System (excluding one mac per port) : 6272
```

show port-security interface 명령어를 사용하면 특정 포트의 보안 포트 관련 설정사항을 확인할 수 있습니다.

[예제 22-25] show port-security interface 명령어를 사용한 포트 보안 설정 확인

```
SW1# show port-security interface f0/1
```

```
Port Security                    : Enabled
Port Status                      : Secure-up
Violation Mode                   : Shutdown
Aging Time                       : 0 mins
Aging Type                       : Absolute
SecureStatic Address Aging       : Disabled
Maximum MAC Addresses            : 1
Total MAC Addresses              : 1
Configured MAC Addresses         : 0
Sticky MAC Addresses             : 0
Last Source Address:Vlan         : 0000.0000.0001:1
Security Violation Count         : 0
```

동적인 포트 보안은 출발지 MAC 주소를 변경하여 수많은 프레임을 전송하는 MAC 플러
딩 (flooding) 공격등을 방어하는데 유용합니다.

정적인 포트 보안용 MAC 주소 지정

포트 보안용 MAC 주소를 정적으로 직접 지정하려면 해당 포트에 **switchport port-security**
address 명령어를 사용합니다. SW1의 F0/2 포트는 MAC 주소 0000.0000.0002만 사용할
수 있게 하려면 다음과 같이 설정합시다.

[예제 22-26] 정적인 포트 보안 설정 순서

```
SW1(config)# interface FastEthernet 0/2
SW1(config-if)# switchport mode access
SW1(config-if)# switchport port-security mac-address 0000.0000.0002
SW1(config-if)# switchport port-security
```

switchport port-security 명령어를 먼저 사용하면 스위치의 MAC 주소 테이블에 있는 주
소를 사용하여 동적인 보안 포트 MAC 주소가 먼저 지정됩니다. 따라서 앞의 예제와 같이
보안 포트용 MAC 주소를 먼저 지정하는 것이 정적인 보안 포트 지정에 편리합니다. **show**
port-security address 명령어로 확인하면 다음처럼 F0/2 포트에 정적으로 보안 포트용
MAC 주소가 설정되어 있습니다.

[예제 22-27] show port-security address 명령어를 사용한 포트 보안 설정 확인

```
SW1# show port-security address
        Secure Mac Address Table
```

```
----------------------------------------------------------------
Vlan   Mac Address       Type            Ports   Remaining Age
                                                 (mins)

-----  --------------    --------------  ------  ----------------
  1    0000.0000.0001    SecureDynamic   Fa0/1   -
  1    0000.0000.0002    SecureConfigured Fa0/2  -
----------------------------------------------------------------
Total Addresses in System (excluding one mac per port)         : 0
Max Addresses limit in System (excluding one mac per port)     : 6272
```

포트 스티키

보안 포트용 MAC 주소를 지정하는 세 번째 방법으로 포트 스티키(port sticky)가 있습니다.
포트 스티키란 동적인 포트 보안 MAC 주소를 정적인 주소로 변경시키는 것을 말합니다.
동적인 포트 보안 MAC 주소는 스위치의 전원을 다시 켜면 다 삭제됩니다.

그러나 포트 스티키 방식을 사용하면 설정 파일을 저장할 때 포트 보안 MAC 주소도 함께
저장되어 전원을 꺼도 삭제되지 않습니다. 포트 스티키는 트렁크 포트나 다른 스위치와 연
결되는 액세스 포트에서 동시에 다수 개의 포트 보안 MAC 주소를 설정할 때 대단히 편리
합니다.

[그림 22-6] 포트 스티키를 사용하면 편리한 네트워크

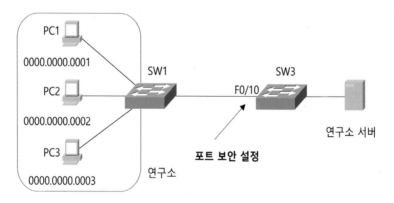

앞 그림에서 SW1에 접속된 PC1, PC2, PC3만 연구소 서버가 있는 SW3에 접속할 수 있게
하려면 SW3의 F0/10 포트에 포트 보안을 설정하면 됩니다. 이때 여러 대의 PC MAC 주소
를 일일이 지정할 필요없이 다음과 같이 포트 스티키 방식을 사용하면 편리합니다.

다음 그림의 SW3 F0/10 포트에 포트 스티키를 이용한 포트 보안을 설정해봅시다.

[그림 22-7] 포트 스티키를 사용한 포트 보안 설정용 네트워크

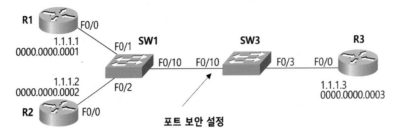

포트 보안 설정

이를 위하여 다음과 같이 설정합시다.

[예제 22-28] 포트 스티키 방식을 사용한 포트 보안 설정

```
① SW3(config)# interface FastEthernet 0/10
② SW3(config-if)# switchport trunk encapsulation dot1q
③ SW3(config-if)# switchport mode trunk
④ SW3(config-if)# switchport port-security
⑤ SW3(config-if)# switchport port-security maximum 3
   <1-6272>  Maximum addresses
⑥ SW3(config-if)# switchport port-security mac-address sticky
```

① 포트 설정 모드로 들어갑니다.

② 스위치 간에 단일 VLAN 프레임만 전송하려면 액세스 포트로 설정하면 됩니다. 그러나 복수 개의 VLAN을 사용하려면 트렁크 포트로 지정합니다. 이때 DTP를 사용하는 동적인 방식을 사용하면 포트 보안을 설정할 때 다음처럼 '포트가 액세스 또는 트렁크 또는 터널 포트가 아니어서 포트 보안을 설정할 수 없다'라는 에러 메시지가 표시됩니다.

[예제 22-29] DTP를 사용하는 동적인 포트에서는 포트 보안을 설정할 수 없음

```
SW3(config-if)# switchport port-security
Command rejected: Fa0/10 is not an access or trunk or tunnel port.
```

따라서 해당 포트를 직접 트렁크로 설정하기 위하여 트렁킹 프로토콜을 지정합니다. ISL이나 802.1Q 두 가지 방식중 하나를 지정합니다.

③ 포트 F0/10을 트렁크 포트로 지정합니다.

④ 포트 F0/10에 포트 보안을 활성화시킵니다. 이 명령어를 사용하지 않으면 보안용 MAC 주소를 지정해도 포트 보안이 활성화되지 않습니다.

⑤ 한 포트에 설정할 수 있는 최대 포트 보안 MAC 주소 수량을 지정합니다. 기본은 1개이며 스위치 모델에 따라 다르나 여러 개를 지정할 수 있습니다.

[예제 22-30] 최대 포트 보안 MAC 주소 수량을 지정하기

```
SW3(config-if)# switchport port-security maximum ?
 <1-6272>  Maximum addresses
```

앞의 예제에서 포트 F0/10에 설정할 보안 포트 MAC의 수량은 R1, R2를 위한 2개와 SW1
의 포트 F0/10가 BPDU를 전송할 때 출발지 MAC 주소로 사용하는 1개를 합해서 최소한
3개로 설정해야 합니다.

⑥ 포트 스티키를 설정합니다. 이제 각 PC에서 서버로 접속하면 각 PC의 MAC 주소가 자
동으로 포트 스티키 MAC 주소가 됩니다.

설정 후 연구소의 각 PC에서 서버와 한번씩 접속하게 하여 SW3의 F0/10 포트에 보안용
MAC 주소로 등록되게 합니다.

[예제 22-31] 트래픽 발생 시키기

```
R1# ping 1.1.1.3
R2# ping 1.1.1.3
```

SW3에서 show port-security address 명령어로 확인해보면 다음과 같이 R1, R2의 MAC 주
소가 포트 보안 MAC 주소로 등록됩니다.

[예제 22-32] 포트 보안 MAC 주소 자동 등록

```
SW3# show port-security address
          Secure Mac Address Table
-------------------------------------------------------------------
Vlan   Mac Address      Type           Ports    Remaining Age
                                                 (mins)

-----  --------------   ------------   --------  ------------------
  1    0000.0000.0001   SecureSticky   Fa0/10   -
  1    0000.0000.0002   SecureSticky   Fa0/10   -
  1    001c.b1c5.b78c   SecureSticky   Fa0/10   -
-------------------------------------------------------------------
Total Addresses in System (excluding one mac per port)    : 2
Max Addresses limit in System (excluding one mac per port) : 6272
```

show running-config int f0/10 명령어로 확인해보면 보안용 MAC 주소가 설정파일에도 기
록됩니다.

[예제 22-33] show running-config interface 명령어로 포트 스티키 MAC 주소 확인하기

```
SW3# show running-config int f0/10
Building configuration...

Current configuration : 382 bytes
!
interface FastEthernet0/10
 switchport trunk encapsulation dot1q
 switchport mode trunk
 switchport port-security maximum 4
 switchport port-security
 switchport port-security mac-address sticky
 switchport port-security mac-address sticky 0000.0000.0001
 switchport port-security mac-address sticky 0000.0000.0002
 switchport port-security mac-address sticky 001c.b1c5.b78c
end
```

이제 설정파일을 저장하면 스위치의 전원이 리셋되어도 포트 보안 MAC 주소가 삭제되지 않고 그대로 남아있습니다.

[예제 22-34] 포트 스티키 MAC 주소 저장하기

```
SW3# copy run start
Destination filename [startup-config]?
Building configuration...
[OK]
```

전원을 리셋한 후에 show running-config 명령어나 다음처럼 show port-security address 명령어를 사용하여 확인해보면 PC들의 MAC 주소가 포트 보안 MAC 주소로 지정되어 있습니다.

[예제 22-35] show port-security address 명령어를 사용한 포트 스티키 MAC 주소 확인

```
SW3# show port-security address
              Secure Mac Address Table
-------------------------------------------------------------------
Vlan   Mac Address      Type           Ports    Remaining Age
                                                (mins)

------ --------------   ------------   --------  --------------
  1    0000.0000.0001   SecureSticky   Fa0/10    -
  1    0000.0000.0002   SecureSticky   Fa0/10    -
  1    001c.b1c5.b78c   SecureSticky   Fa0/10    -
-------------------------------------------------------------------
Total Addresses in System (excluding one mac per port)      : 2
Max Addresses limit in System (excluding one mac per port)  : 6272
```

이상으로 포트 보안에 대하여 살펴보았습니다.

연습 문제

1. 다음 중 AAA에 해당하는 것 세 가지를 고르시오.

   1) 인증(Authentication)

   2) 인가(Authorization)

   3) 어카운팅(Accounting)

   4) 액세스(Access)

2. 다음 TACACS+에 대한 설명 중 맞는 것을 세 가지 고르시오.

   1) TCP 포트 49번을 사용한다.

   2) 패킷 전체를 암호화시킨다.

   3) 인증과 인가가 하나의 서비스로 동작한다.

   4) 인증, 인가, 어카운팅이 별개의 서비스로 동작한다.

3. 포트 보안용 MAC 주소를 지정하는 방법 세 가지를 고르시오.

   1) 동적인 MAC 주소 지정

   2) 정적인 MAC 주소 지정

   3) 포트 스티키

   4) 포트 그룹핑

4. 다음 중 포트보안 침해시 일어나는 기본적인 동작은 무엇인가?

　　1) 포트를 셧다운시킨다.

　　2) 해당 프레임만 차단하고 콘솔화면에 로그 메시지(log message)를 표시한다.

　　3) 해당 프레임만 차단한다.

　　4) 포트보안 침해장비를 역공격한다.

제23장

네트워크 관리

킹-오브-
네트워킹

IP SLA

IP SLA(Service Level Agreement)는 목적지 네트워크까지 패킷을 전송하고, 이에 대한 응답을 받아 네트워크의 상황을 판단하는 기능입니다. IP SLA 기능을 사용하면 네트워크의 가용성, 성능, 지연 등을 파악할 수 있습니다.

테스트 네트워크 구축

다음과 같은 테스트 네트워크를 구축합니다.

[그림 23-1] 테스트 네트워크

먼저, 다음과 같이 SW1에서 VLAN을 만들고, 포트를 할당합시다.

[예제 23-1] SW1 설정

```
SW1(config)# vlan 12,34
SW1(config-vlan)# exit

SW1(config)# interface range f1/1 - 2
SW1(config-if-range)# switchport mode access
SW1(config-if-range)# switchport access vlan 12
SW1(config-if-range)# exit

SW1(config)# interface range f1/3 - 4
SW1(config-if-range)# switchport mode access
SW1(config-if-range)# switchport access vlan 34
```

다음에는 라우터의 인터페이스에 IP 주소를 할당하고, 활성화시킵니다. R1의 설정은 다음과 같습니다.

[예제 23-2] R1의 설정

```
R1(config)# interface f0/0
R1(config-if)# ip address 1.1.12.1 255.255.255.0
R1(config-if)# no shut
```

R2의 설정은 다음과 같습니다.

[예제 23-3] R2의 설정

```
R2(config)# interface f0/0
R2(config-if)# ip address 1.1.12.2 255.255.255.0
R2(config-if)# no shut
R2(config-if)# exit

R2(config)# interface s1/2
R2(config-if)# ip address 1.1.23.2 255.255.255.0
R2(config-if)# no shut
```

R3의 설정은 다음과 같습니다.

[예제 23-4] R3의 설정

```
R3(config)# interface s1/2
R3(config-if)# ip address 1.1.23.3 255.255.255.0
R3(config-if)# no shut
R3(config-if)# exit

R3(config)# interface f0/0
R3(config-if)# ip address 1.1.34.3 255.255.255.0
R3(config-if)# no shut
```

R4의 설정은 다음과 같습니다.

[예제 23-5] R4의 설정

```
R4(config)# interface f0/0
R4(config-if)# ip address 1.1.34.4 255.255.255.0
R4(config-if)# no shut
```

인터페이스 설정이 끝나면 인접한 IP 주소까지의 통신을 핑으로 확인합니다. 핑이 모두 성공하면 OSPF 에어리어 0을 설정합시다. R1의 설정은 다음과 같습니다.

[예제 23-6] R1의 설정

```
R1(config)# router ospf 1
R1(config-router)# router-id 1.1.1.1
R1(config-router)# network 1.1.12.1 0.0.0.0 area 0
```

R2의 설정은 다음과 같습니다.

[예제 23-7] R2의 설정

```
R2(config)# router ospf 1
R2(config-router)# router-id 1.1.2.2
R2(config-router)# network 1.1.12.2 0.0.0.0 area 0
R2(config-router)# network 1.1.23.2 0.0.0.0 area 0
```

R3의 설정은 다음과 같습니다.

[예제 23-8] R3의 설정

```
R3(config)# router ospf 1
R3(config-router)# router-id 1.1.3.3
R3(config-router)# network 1.1.23.3 0.0.0.0 area 0
R3(config-router)# network 1.1.34.3 0.0.0.0 area 0
```

R4의 설정은 다음과 같습니다.

[예제 23-9] R4의 설정

```
R4(config)# router ospf 1
R4(config-router)# router-id 1.1.4.4
R4(config-router)# network 1.1.34.4 0.0.0.0 area 0
```

잠시 후 R1의 라우팅 테이블에 원격지의 네트워크가 설치됩니다.

[예제 23-10] R1의 라우팅 테이블

```
R1# show ip route ospf
  (생략)
Gateway of last resort is not set

    1.0.0.0/8 is variably subnetted, 4 subnets, 2 masks
O    1.1.23.0/24 [110/65] via 1.1.12.2, 00:01:40, FastEthernet0/0
O    1.1.34.0/24 [110/66] via 1.1.12.2, 00:00:26, FastEthernet0/0
```

R4까지 핑도 됩니다.

[예제 23-11] 핑 테스트

```
R1# ping 1.1.34.4
Type escape sequence to abort.
Sending 5, 100-byte ICMP Echos to 1.1.34.4, timeout is 2 seconds:
!!!!!
Success rate is 100 percent (5/5), round-trip min/avg/max = 68/72/76 ms
```

이제, IP SLA 테스트를 위한 네트워크가 완성되었습니다.

IP SLA 핑 테스트

IP SLA 기능을 사용하여 주기적으로 특정 장비에게 핑을 전송하여 해당 장비의 정상적인
동작 여부를 확인할 수 있습니다.

[예제 23-12] R1의 설정

```
R1(config)# ip sla 100 ①
R1(config-ip-sla)# icmp-echo 1.1.34.4 ②
R1(config-ip-sla-echo)# frequency 5 ③
R1(config-ip-sla-echo)# exit

R1(config)# ip sla schedule 100 start-time now life forever ④
```

① **ip sla** 명령어 다음에 1-2147483647 사이의 적당한 수를 사용하여 IP SLA 설정 모드로
들어갑니다. 다음과 같이 다양한 기능에 대한 IP SLA를 설정할 수 있습니다.

[예제 23-13] R1의 설정

```
R1(config-ip-sla)#?
IP SLAs entry configuration commands:
  dhcp       DHCP Operation
  dns        DNS Query Operation
  ethernet   Ethernet Operations
  exit       Exit Operation Configuration
  ftp        FTP Operation
  http       HTTP Operation
  icmp-echo  ICMP Echo Operation
  mpls       MPLS Operation
  path-echo  Path Discovered ICMP Echo Operation
  path-jitter Path Discovered ICMP Jitter Operation
```

```
tcp-connect  TCP Connect Operation
udp-echo     UDP Echo Operation
udp-jitter   UDP Jitter Operation
```

② 주기적으로 핑을 보낼 목적지 장비의 IP 주소를 지정합니다.

③ 핑을 전송할 주기를 초 단위로 지정합니다.

④ 앞서 만든 IP SLA 100의 동작 스케줄을 지정합니다.

다음과 같이 **show ip sla configuration 100** 명령어를 사용하면 현재 설정된 IP SLA의 내용을 확인할 수 있습니다.

[예제 23-14] IP SLA 내용 확인

```
R1# show ip sla configuration 100
IP SLAs Infrastructure Engine-III
Entry number: 100
Owner:
Tag:
Operation timeout (milliseconds): 5000
Type of operation to perform: icmp-echo
Target address/Source address: 1.1.34.4/0.0.0.0
Type Of Service parameter: 0x0
Request size (ARR data portion): 28
Verify data: No
Vrf Name:
Schedule:
   Operation frequency (seconds): 5  (not considered if randomly scheduled)
   Next Scheduled Start Time: Start Time already passed
   Group Scheduled : FALSE
   Randomly Scheduled : FALSE
   Life (seconds): Forever
   Entry Ageout (seconds): never
   Recurring (Starting Everyday): FALSE
   Status of entry (SNMP RowStatus): Active
Threshold (milliseconds): 5000
Distribution Statistics:
   Number of statistic hours kept: 2
   Number of statistic distribution buckets kept: 1
   Statistic distribution interval (milliseconds): 20
Enhanced History:
History Statistics:
   Number of history Lives kept: 0
   Number of history Buckets kept: 15
   History Filter Type: None
```

KING of NETWORKING

다음과 같이 **show ip sla statistics** 명령어를 사용하면 현재 동작 중인 IP SLA의 내용을 확인할 수 있습니다.

[예제 23-15] 동작 중인 IP SLA 내용 확인

```
R1# show ip sla statistics
IPSLAs Latest Operation Statistics

IPSLA operation id: 100
     Latest RTT: 36 milliseconds
Latest operation start time: 10:58:29 UTC Sun Dec 11 2016
Latest operation return code: OK
Number of successes: 211
Number of failures: 0
Operation time to live: Forever
```

이상으로 IP SLA 핑 테스트에 대하여 살펴보았습니다.

IP SLA UDP 지터 테스트

IP SLA UDP 지터 테스트 기능을 사용하면 주기적으로 특정 장비에게 연속된 UDP 패킷을 전송하고, 해당 장비의 응답을 분석하여 지연, 지터 및 패킷 손실률 등을 확인할 수 있습니다.

[예제 23-16] IP SLA UDP 지터 테스트 설정

```
R1(config)# ip sla 200 ①
R1(config-ip-sla)# udp-jitter 1.1.23.3 65000 num-packets 30 ②
R1(config-ip-sla-jitter)# request-data-size 160 ③
R1(config-ip-sla-jitter)# frequency 30 ④
R1(config-ip-sla-jitter)# exit

R1(config)# ip sla schedule 200 start-time after 00:00:10 ⑤
```

① ip sla 명령어 다음에 적당한 수를 사용하여 IP SLA 설정 모드로 들어갑니다.

② UDP 패킷을 보낼 목적지 장비의 IP 주소, 포트 번호, 패킷의 수량을 지정합니다.

③ 데이터의 크기를 바이트 단위로 지정합니다.

④ 전송 주기를 초 단위로 지정합니다.

⑤ 앞서 만든 IP SLA 200의 동작 스케줄을 지정합니다. 즉, 10초 뒤 동작되게 설정했습니다.

다음과 같이 IP SLA UDP 지터 테스트 패킷에 응답하도록 R3을 설정합시다.

[예제 23-17] sla responder 설정

> R3(config)# **ip sla responder**

다음과 같이 show ip sla configuration 200 명령어를 사용하면 현재 설정된 IP SLA의 내용을 확인할 수 있습니다.

[예제 23-18] 설정된 IP SLA 내용 확인

> R1# **show ip sla configuration 200**
> IP SLAs Infrastructure Engine-III
> Entry number: 200
> Owner:
> Tag:
> Operation timeout (milliseconds): 5000
> **Type of operation to perform: udp-jitter**
> **Target address/Source address: 1.1.23.3/0.0.0.0**
> **Target port/Source port: 65000/0**
> **Type Of Service parameter: 0x0**
> **Request size (ARR data portion): 160**
> **Packet Interval (milliseconds)/Number of packets: 20/30**
> Verify data: No
> Vrf Name:
> Control Packets: enabled
> Schedule:
>   Operation frequency (seconds): 30 (not considered if randomly scheduled)
>   Next Scheduled Start Time: Start Time already passed
>   Group Scheduled : FALSE
>   Randomly Scheduled : FALSE
>   Life (seconds): 3600
>   Entry Ageout (seconds): never
>   Recurring (Starting Everyday): FALSE
>   Status of entry (SNMP RowStatus): Active
> Threshold (milliseconds): 5000
> Distribution Statistics:
>   Number of statistic hours kept: 2
>   Number of statistic distribution buckets kept: 1
>   Statistic distribution interval (milliseconds): 20
> Enhanced History:

다음과 같이 **show ip sla statistics** 명령어를 사용하면 현재 동작 중인 IP SLA의 내용을 확인할 수 있습니다.

[예제 23-19] 동작 중인 IP SLA 내용 확인

```
R1# show ip sla statistics 200
IPSLAs Latest Operation Statistics

IPSLA operation id: 200
Type of operation: udp-jitter
    Latest RTT: 11 milliseconds
Latest operation start time: 11:42:29 UTC Sun Dec 11 2016
Latest operation return code: OK
RTT Values:
    Number Of RTT: 30        RTT Min/Avg/Max: 1/11/32 milliseconds
Latency one-way time:
    Number of Latency one-way Samples: 0
    Source to Destination Latency one way Min/Avg/Max: 0/0/0 milliseconds
    Destination to Source Latency one way Min/Avg/Max: 0/0/0 milliseconds
Jitter Time:
    Number of SD Jitter Samples: 29
    Number of DS Jitter Samples: 29
    Source to Destination Jitter Min/Avg/Max: 0/10/24 milliseconds
    Destination to Source Jitter Min/Avg/Max: 0/6/20 milliseconds
Packet Loss Values:
    Loss Source to Destination: 0
    Source to Destination Loss Periods Number: 0
    Source to Destination Loss Period Length Min/Max: 0/0
    Source to Destination Inter Loss Period Length Min/Max: 0/0
    Loss Destination to Source: 0
    Destination to Source Loss Periods Number: 0
    Destination to Source Loss Period Length Min/Max: 0/0
    Destination to Source Inter Loss Period Length Min/Max: 0/0
    Out Of Sequence: 0      Tail Drop: 0
    Packet Late Arrival: 0  Packet Skipped: 0
Voice Score Values:
    Calculated Planning Impairment Factor (ICPIF): 0
    Mean Opinion Score (MOS): 0
Number of successes: 3
Number of failures: 0
Operation time to live: 3513 sec
```

이상으로 IP SLA에 대하여 살펴보았습니다.

SNMP

SNMP(Simple Network Management Protocol)는 네트워크 장비의 동작 상태 파악 및 설정을 위하여 사용하는 프로토콜입니다. SNMP가 동작하기 위해서는 SNMP 매니저(manager)와 에이전트(agent)가 필요합니다. SNMP 매니저는 서버나 PC에서 동작하는 네트워크 관리 프로그램으로 NMS(Network Management Station)라고 부릅니다. 에이전트는 라우터, 스위치 등과 같은 통신장비에 설치되어 NMS에게 장비의 상황을 전달하고, NMS의 지시에 따라 장비를 설정하는 기능을 합니다.

각 에이전트는 장비의 동작에 필요한 변수, 상태 등의 데이터베이스를 유지하고 있는데 이것을 MIB(Management Information Base)라고 합니다.

NMS는 각 장비의 SNMP 에이전트를 폴링하고, 문제 발생 시 이를 콘솔 화면, 메일, 문자 등으로 전송하거나, MIB 내의 SNMP 변수를 조정하여 장비를 설정할 수 있습니다. NMS가 에이전트에게 정보를 요청할 때에는 SNMP GET 메시지를 사용하고, 에이전트를 통하여 장비를 설정할 때에는 SNMP SET 메시지를 사용합니다.

SNMP 설정하기

앞서 설정한 다음 그림과 같은 네트워크에서 NMS의 IP 주소가 1.1.12.100이라고 가정하고, R3에서 SNMP를 설정해봅시다.

[그림 23-2] 테스트 네트워크

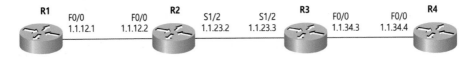

IP 주소가 1.1.12.100인 NMS가 R3을 제어할 수 있도록 하기 위한 R3의 설정은 다음과 같습니다.

[예제 23-20] R3의 설정

```
R3(config)# ip access-list standard NMS_ADDR ①
R3(config-std-nacl)# permit host 1.1.12.100
R3(config-std-nacl)# exit
R3(config)# snmp-server community ThisIsReadOnlyPwd ro NMS_ADDR ②
R3(config)# snmp-server community ThisIsReadWritePwd rw NMS_ADDR ③
```

KING of NETWORKING

① R3을 제어할 수 있는 NMS의 주소를 액세스 리스트로 지정합니다.

② **snmp-server community** 명령어 다음에 암호(ThisIsReadOnlyPwd)를 지정하고, 'ro'옵션을 사용하여 이 장비의 상태를 확인(read only)할 때 사용할 것임을 선언한 다음, 이 장비의 상태를 확인할 수 있는 NMS의 주소를 액세스 리스트로 지정합니다. SNMP에서는 암호를 커뮤니티 스트링(community string)이라고 합니다. 장비의 상태를 확인할 때 사용하는 Get 명령어 전송 시 필요한 RO(Read Only) 암호와 Get과 장비를 설정할 때 사용하는 Set 명령어 둘 다 실행할 수 있는 RW(read-write) 암호가 있으며, SNMPv1부터 지원됩니다.

③ **snmp-server community** 명령어 다음에 암호(ThisIsReadWritePwd)를 지정하고, 'rw'옵션을 사용하여 이 장비의 상태 확인 및 설정(read wtire)할 때 사용할 것임을 선언한 다음, 이 장비를 제어할 수 있는 NMS의 주소를 액세스 리스트로 지정합니다.

이번에는 R3에서 특정한 상황이 발생했을 때 이를 NMS에게 알리도록 하려면 다음과 같이 설정합시다.

[예제 23-21] R3의 설정

```
R3(config)# snmp-server host 1.1.12.100 version 2c myPassword ①
R3(config)# snmp-server enable traps ②
```

① **snmp-server host** 명령어 다음에 NMS의 주소를 지정하고, SNMP의 버전을 지정합니다. 버전을 지정하지 않으면 기본적으로 SNMPv1이 동작합니다. 마지막으로 NMS에 설정된 암호를 지정합니다.

② 정보 전송 방식을 '트랩'으로 지정하면서, 동시에 트랩을 활성화시킵니다.

각 장비에 설치된 SNMP 에이전트가 특정 상황이 발생했을 때 NMS로 정보를 전송하는 방식은 트랩(trap)과 인폼(inform) 두 가지가 있습니다. 두 방식의 가장 큰 차이는 트랩은 신뢰성이 없고, 인폼은 신뢰성이 있다는 것입니다. 트랩은 정보를 전송만 하고 NMS에 제대로 도달했는지 확인하지 않습니다. 그러나 인폼은 이를 수신한 NMS가 수신 확인 메시지를 보내지 않으면 또 보냅니다. 트랩과 인폼은 모두 UDP를 사용합니다. 트랩은 SNMPv1부터 지원되며, 인폼은 SNMPv2부터 지원됩니다.

이처럼 **snmp-server enable traps** 명령어를 사용한 후 다음과 같이 **running-config** 파일을 확인하면 NMS에게 보고할 수십가지의 트랩이 자동으로 활성화됩니다.

[예제 23-22] running-config 파일을 확인

```
R3# show running-config
   (생략)
```

```
!
ip access-list standard NMS_ADDR
 permit 1.1.12.100
!
!
snmp-server community ThisIsReadOnlyPwd RO NMS_ADDR
snmp-server community ThisIsReadWritePwd RW NMS_ADDR
snmp-server enable traps snmp authentication linkdown linkup coldstart warmstart
  (생략)
snmp-server enable traps vrrp
snmp-server enable traps config
snmp-server enable traps syslog
snmp-server enable traps alarms informational
  (생략)
snmp-server host 1.1.12.100 version 2c myPassword
```

다음과 같이 **show snmp host** 명령어를 사용하면 NMS 주소, UDP 포트 번호(162)가 표시되며, SNMPv2c 프로토콜이 트랩으로 정보를 전송한다는 것을 알 수 있습니다.

[예제 23-23] 트랩으로 정보 전송

```
R3# show snmp host
Notification host: 1.1.12.100   udp-port: 162   type: trap
user: myPassword      security model: v2c
```

트랩 생성을 위하여 F0/0 인터페이스를 셧다운시켰다가 다시 활성화시켜봅시다.

[예제 23-24] F0/0 인터페이스 조정

```
R3(config)# interface f0/0
R3(config-if)# shut
R3(config-if)# no shut
```

다음과 같이 **show snmp** 명령어를 사용하여 확인하면 SNMP 패킷들이 트랩으로 전송된 것을 알 수 있습니다.

[예제 23-25] 트랩 전송

```
R3# show snmp
Chassis: 4279256517
Contact: Support Team At 02-123-4567
Location: Core Router At Seoul
```

```
  0 SNMP packets input
     0 Bad SNMP version errors
     0 Unknown community name
     0 Illegal operation for community name supplied
     0 Encoding errors
     0 Number of requested variables
     0 Number of altered variables
     0 Get-request PDUs
     0 Get-next PDUs
     0 Set-request PDUs
     0 Input queue packet drops (Maximum queue size 1000)
  18 SNMP packets output
     0 Too big errors (Maximum packet size 1500)
     0 No such name errors
     0 Bad values errors
     0 General errors
     0 Response PDUs
     18 Trap PDUs

  SNMP logging: enabled
     Logging to 1.1.12.100.162, 0/10, 18 sent, 0 dropped.
```

관리 대상 장비의 위치를 기록하려면 다음과 같이 **nmp-server location** 명령어를 사용하고, 연락처를 지정하려면 **snmp-server contact** 명령어를 사용합니다.

[예제 23-26] 장비의 위치 및 연락처 설정

```
R3(config)# snmp-server location Core Router At Seoul
R3(config)# snmp-server contact Support Team At 02-123-4567
```

각각의 설정 내용을 확인하는 방법은 다음과 같습니다.

[예제 23-27] 설정 내용 확인

```
R3# show snmp location
Core Router At Seoul

R3# show snmp contact
Support Team At 02-123-4567
```

이상으로 SNMPv2c를 설정하고, 동작을 확인해보았습니다.

SNMP 인폼 설정하기

이번에는 SNMP 인폼(inform) 으로 NMS에게 패킷을 전송하도록 설정해봅시다. 이를 위하여 R3에서 다음과 같이 설정합시다.

[예제 23-28] 인폼 설정

```
R3(config)# snmp-server host 1.1.12.100 informs version 2c myPassword
```

설정 후 **show snmp host** 명령어를 사용하여 확인해보면 다음과 같이 NMS와의 통신 타입이 trap외에 informs도 추가되어 있습니다.

[예제 23-29] 인폼 확인

```
R3# show snmp host
Notification host: 1.1.12.100   udp-port: 162   type: inform
user: myPassword        security model: v2c

Notification host: 1.1.12.100   udp-port: 162   type: trap
user: myPassword        security model: v2c
```

인폼 생성을 위하여 다음처럼 F0/0 인터페이스를 셧다운시켰다가 다시 활성화시켜봅시다.

[예제 23-30] F0/0 인터페이스 조정

```
R3(config)# interface f0/0
R3(config-if)# shut
R3(config-if)# no shut
```

show snmp 명령어를 사용하여 확인하면 SNMP 패킷들이 인폼으로 전송된 것을 알 수 있습니다.

[예제 23-31] 인폼으로 전송

```
R3# show snmp
Chassis: 4279256517
0 SNMP packets input
   (생략)
60 SNMP packets output
   0 Too big errors (Maximum packet size 1500)
```

```
   0 No such name errors
   0 Bad values errors
   0 General errors
   0 Response PDUs
   29 Trap PDUs

SNMP logging: enabled
   Logging to 1.1.12.100.162, 0/10, 29 sent, 0 dropped.
   (생략)
SNMP informs: enabled
   Informs in flight 10/25 (current/max)
   Logging to 1.1.12.100.162
        10 sent, 10 in-flight, 0 retries, 0 failed, 0 dropped
```

이상으로 SNMP 인폼에 대하여 살펴보았습니다.

SNMPv3

SNMPv3에서는 보안을 위하여 NMS와 통신장비 사이에서 송수신되는 SNMP 패킷에 대하여 인증(authentication), 암호화(encryption) 및 패킷의 변조 여부를 검사하는 무결성 확인(integrity) 기능이 지원됩니다.

IP 주소가 1.1.12.101인 NMS가 SNMPv3을 사용하여 R4를 제어할 수 있도록 하기 위한 R4의 설정은 다음과 같습니다.

[예제 23-32] R4의 설정

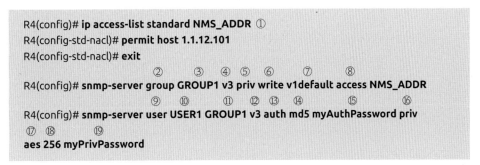

```
R4(config)# ip access-list standard NMS_ADDR ①
R4(config-std-nacl)# permit host 1.1.12.101
R4(config-std-nacl)# exit
                    ②          ③   ④  ⑤  ⑥      ⑦       ⑧
R4(config)# snmp-server group GROUP1 v3 priv write v1default access NMS_ADDR
                    ⑨   ⑩        ⑪  ⑫  ⑬  ⑭        ⑮          ⑯
R4(config)# snmp-server user USER1 GROUP1 v3 auth md5 myAuthPassword priv
⑰ ⑱        ⑲
aes 256 myPrivPassword
```

① R4를 제어할 수 있는 NMS의 주소를 액세스 리스트로 지정합니다.

② snmp-server group 명령어를 사용하여 SNMPv3 그룹을 설정합니다.

③ 적당한 그룹 이름을 지정합니다.

④ SNMP 버전을 지정하며, 항상 v3이어야 합니다.

⑤ 인증 및 암호화 여부를 지정합니다.

[예제 23-33] SNMPv3 그룹 설정

```
R4(config)# snmp-server group GROUP1 v3 ?
auth    group using the authNoPriv Security Level
noauth  group using the noAuthNoPriv Security Level
priv    group using SNMPv3 authPriv security level
```

SNMPv3 설정 시 다음 표와 같이 사용되는 키워드에 따라 인증 및 암호화 기능들의 활성화 여부가 결정됩니다. 어느 경우든 무결성 확인 기능은 모두 동작합니다. **noauth** 키워드를 사용하면 패킷을 암호화하지 않으며, 보안성이 강화된 MD5 또는 SHA 방식을 사용한 인증 기능도 사용하지 않습니다. **auth** 키워드를 사용해도 패킷을 암호화하지 않지만, MD5 또는 SHA 방식을 사용한 인증 기능을 사용합니다. **priv** 키워드를 사용하면 패킷을 암호화하고, 인증 기능도 사용합니다.

[표 23-1] 키워드에 따른 인증 및 암호화 기능

키워드	인증	암호화	무결성 확인
noauth	X	X	O
auth	O	X	O
priv	O	O	O

⑥ 기본적으로 SNMPv3은 Set 명령어를 사용하여 장비(R4)에 대해 설정을 할 수 있는 권한을 주지 않습니다. 그러나 write 키워드를 사용하여 설정 권한을 줄 수 있습니다.

⑦ 특정한 MIB들의 집합을 뷰(view)라고 합니다. IOS에서 미리 지정해 놓은 v1default라는 뷰가 있으며, 이 MIB들을 Set 명령어를 사용하여 NMS가 값을 변경할 수 있도록 합니다. 설정 후 **show snmp group** 명령어를 사용하여 확인해보면 다음과 같이 writeview가 v1default로 지정됩니다. 즉, v1default에 지정된 MIB들은 NMS가 그 내용을 변경할 수 있습니다. 그리고 readview는 기본적으로 v1default로 되어 있어 별도의 설정 없이 v1default에 지정된 MIB들은 NMS가 그 내용을 Get 명령어를 사용하여 읽을 수 있습니다.

[예제 23-34] SNMP 뷰(view)

```
R4# show snmp group

groupname: GROUP1                    security model:v3 priv
```

```
contextname: <no context specified>        storage-type: nonvolatile
readview : v1default                       writeview: v1default
notifyview: <no notifyview specified>
row status: active      access-list: NMS_ADDR
```

⑧ access NMS_ADDR 키워드는 액세스 리스트 NMS_ADDR에 의해 지정된 NMS만 R4
를 제어할 수 있습니다.

이상과 같이 그룹을 정의한 후, 다음과 같이 이 그룹에 소속될 사용자를 지정합니다.

⑨ **snmp-server user** 명령어를 이용하여 사용자를 지정합니다.

⑩ 사용자의 이름을 지정합니다.

⑪ 사용자가 소속될 그룹을 지정합니다.

⑫ SNMP 버전을 지정하며, 항상 v3이어야 합니다.

⑬ 앞서 그룹을 지정할 때 ⑤에서 **priv** 키워드를 사용했습니다. 즉, 인증과 암호화 기능을 사
용하기로 했습니다. 그러면, 사용자를 정의할 때 **auth**와 **priv**를 명시하고, 각각의 방법 및 암
호를 지정합니다.

⑭ 인증시 MD5나 SHA 중에서 하나의 방식을 지정합니다.

⑮ 인증시 사용할 암호를 지정합니다.

⑯ ⑰ ⑱ **priv aes 256** 키워드를 사용하여 SNMP 메시지를 AES 방식으로 암호화하며, 암호
화시 사용할 키의 크기를 256으로 지정합니다.

⑲ 암호화시 사용할 암호를 지정합니다.

설정 후 **show snmp user** 명령어를 사용하여 확인해보면 다음과 같습니다.

[예제 23-35] show snmp user 명령어

```
R4# show snmp user

User name: USER1
Engine ID: 800000090300CA071F480008
storage-type: nonvolatile      active
Authentication Protocol: MD5
Privacy Protocol: AES256
Group-name: GROUP1
```

이상으로 IP 주소가 1.1.12.101인 NMS가 SNMPv3을 사용하여 R4를 제어할 수 있도록 하
기 위해서 R4를 설정했습니다.

SNMPv3 트랩 및 인폼

이번에는 R4에서 특정한 상황이 발생했을 때 SNMPv3을 사용하여 이를 NMS에게 트랩으로 알리도록 하려면 다음과 같이 설정합시다.

[예제 23-36] R4 설정

```
R4(config)# snmp-server host 1.1.12.101 version 3 priv USER1
R4(config)# snmp-server enable traps
```

① snmp-server host 명령어 다음에 NMS의 주소를 지정하고, SNMP의 버전을 3으로 지정합니다. 앞서 group과 user에서 지정한 것과 동일하게 인증/암호화 여부를 지정한 다음, 사용자명을 명시합니다.
② 트랩을 활성화시킵니다.

다음과 같이 **show snmp host** 명령어를 사용하면 NMS 주소, UDP 포트 번호(162)가 표시되며, SNMPv3 프로토콜을 사용하고, 메시지를 인증 및 암호화시킨다는 것을 알 수 있습니다(priv).

[예제 23-37] show snmp host 명령어 사용

```
R4# show snmp host
Notification host: 1.1.12.101   udp-port: 162   type: trap
user: USER1     security model: v3 priv
```

이번에는 R4에서 특정한 상황이 발생했을 때 SNMPv3을 사용하여 이를 NMS에게 인폼 (inform)으로 알리도록 하려면 다음과 같이 설정합시다. 이때에도 앞서 group과 user에서 지정한 것과 동일하게 인증/암호화 여부를 지정한 다음, 사용자명을 명시합니다.

[예제 23-38] SNMPv3 NMS 설정

```
R4(config)# snmp-server host 1.1.12.101 informs version 3 priv USER1
```

설정 후 show snmp 명령어로 확인해보면 다음과 같이 인폼이 활성화되어 있습니다.

[예제 23-39] show snmp 명령어 사용

```
R4# show snmp
```

```
             (생략)
SNMP informs: enabled
   Informs in flight 0/25 (current/max)
   Logging to 1.1.12.101.162
      0 sent, 0 in-flight, 0 retries, 0 failed, 0 dropped
```

이상으로 SNMP를 설정하고, 동작을 확인해보았습니다.

NTP

NTP(Network Time Protocol)는 장비의 시간을 맞출 때 사용하는 프로토콜입니다. 시간
정보를 제공하는 장비를 NTP 서버라고 하며, NTP 서버로부터 시간 정보를 받는 장비를
NTP 클라이언트라고 합니다.

NTP 서버 설정

다음 그림에서 R1을 NTP 서버로 동작시켜봅시다.

[그림 23-3] 테스트 네트워크

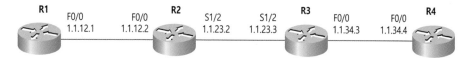

이를 위한 R1의 설정은 다음과 같습니다.

[예제 23-40] R1의 설정

```
R1(config)# ntp master 1
```

ntp master 명령어 다음의 숫자를 스트라텀 번호(stratum number)라고 하며, 최상단 NTP
서버의 스트라텀 번호가 1이고, 거기서 시간 정보를 받아가면 2이며, 다시 스트라텀 번호 2
에서 시간 정보를 받아가는 장비의 번호는 3이 됩니다. 가장 뒤쪽의 번호는 15입니다. 따라
서 스트라텀 번호가 낮을수록 좀 더 정확한 시간 정보를 의미합니다. 그러나 테스트에서는

적당한 번호를 사용하면 됩니다. 별도로 설정하지 않으면 7입니다. 이처럼 라우터를 NTP 서버로 동작시키는 방법은 간단합니다.

NTP 클라이언트 설정

이번에는 R2를 NTP 클라이언트로 동작시켜봅시다. 즉, NTP를 사용하여 R1에서 시간 정보를 받아오도록 설정해봅시다. 현재 R2의 시간은 다음과 같이 설정되지 않은 시간이어서 앞에 별표(*)가 표시되어 있습니다.

[예제 23-41] 설정되지 않은 시간

```
R2# show clock
*16:41:18.815 UTC Sun Dec 18 2016
```

R2를 NTP 클라이언트로 동작시키는 방법은 다음과 같습니다.

[예제 23-42] NTP 클라이언트로 동작시키는 방법

```
R2(config)# ntp server 1.1.12.1 source f0/0
```

ntp server 명령어 다음에 NTP 서버의 주소를 지정하고, 출발지 IP 주소로 사용할 인터페이스를 지정합니다. 별도로 출발지 인터페이스를 지정하지 않으면 라우팅 테이블에서의 출력 인터페이스에 설정된 IP 주소가 사용됩니다.

잠시 후 R2의 시간을 확인해보면 앞에 별표가 사라졌습니다. 즉, R2가 NTP 서버에서 받아온 시간에 동기되어 있습니다. NTP 클라이언트가 주기적으로 서버에게 시간을 요청하고, 서버가 응답합니다.

[예제 23-43] R2의 시간 확인

```
R2# show clock
16:43:04.059 UTC Sun Dec 18 2016
```

다음과 같이 **show ntp associations** 명령어를 사용하면 NTP 서버의 주소, 스트라텀 번호(st), 최종적으로 시간 정보를 요청하고 경과한 초단위 시간(when), 요청 주기(poll) 등의 정보를 확인할 수 있습니다.

[예제 23-44] show ntp associations 명령어 사용

```
R2# show ntp associations

 address     ref clock   st  when  poll  reach  delay  offset   disp
*~1.1.12.1   .LOCL.      1   49    64    77     28.059 -1236.8  3.205
 * sys.peer, # selected, + candidate, - outlyer, x falseticker, ~ configured
```

다음과 같이 **show ntp status** 명령어를 사용하면 NTP 서버와 시간이 맞추어져 있는지(동기되어 있는지) 확인할 수 있습니다.

[예제 23-45] show ntp status 명령어 사용

```
R2# show ntp status
Clock is synchronized, stratum 2, reference is 1.1.12.1
nominal freq is 250.0000 Hz, actual freq is 250.0000 Hz, precision is 2**18
ntp uptime is 39600 (1/100 of seconds), resolution is 4000
reference time is DC013BC5.A8AA16C5 (16:45:57.658 UTC Sun Dec 18 2016)
clock offset is -1236.8154 msec, root delay is 28.05 msec
root dispersion is 2230.30 msec, peer dispersion is 3.20 msec
loopfilter state is 'SPIK' (Spike), drift is 0.000000000 s/s
system poll interval is 64, last update was 188 sec ago.
```

이상으로 기본적인 NTP 서버 및 클라이언트를 설정하고, 동작을 확인해보았습니다.

NTP 보안

이번에는 NTP 서버에서 시간 정보와 함께 제공하는 키 값이 클라이언트에 설정된 것과 일치할 때에만 시간을 동기하도록 설정해봅시다.

이를 위한 NTP 서버의 설정은 다음과 같습니다.

[예제 23-46] NTP 서버 보안 설정

```
R1(config)# ntp authentication-key 10 md5 myPassword ①
R1(config)# ntp trusted-key 10 ②
R1(config)# ntp authenticate ③
```

① 인증 키 번호(10), 인증 방식(MD5) 및 암호를 지정합니다.

② 앞서 설정한 키 번호 10을 사용한다고 선언합니다. ①,② 번 설정은 다음과 같이 반복적

으로 여러 개 할 수 있습니다.

[예제 23-47] 여러 개의 키 사용

```
R1(config)# ntp authentication-key 10 md5 myPassword
R1(config)# ntp authentication-key 20 md5 myPassword2
R1(config)# ntp trusted-key 10
R1(config)# ntp trusted-key 20
```

이 경우, 두 가지 키를 모두 사용합니다. 이것은 키를 변경하는 경우에도 NTP가 중단없이 동작하도록 하는 목적으로 사용됩니다.

③ NTP 보안을 활성화시킵니다.

이번에는 R3이 NTP 서버인 R1에게서 수신한 시간 정보를 보안 키 값이 일치하는 경우에만 받아들이도록 설정해봅시다.

[예제 23-48] R3 설정

```
R3(config)# ntp authentication-key 10 md5 myPassword
R3(config)# ntp trusted-key 10
R3(config)# ntp authenticate
R3(config)# ntp server 1.1.12.1 key 10
```

NTP 클라이언트인 R3에서의 보안 설정은 처음 세 가지는 서버와 동일하며, 마지막으로 서버를 지정할 때 키 값을 명시하면 됩니다. NTP 클라이언트에서도 NTP 서버와 마찬가지로 키와 트러스티드 키 번호를 여러 개 지정할 수 있으며, 키 번호(10), 키 값(myPassword) 및 트러스티드 키 번호는 서버와 일치해야 합니다.

잠시 후 R3에서 **show ntp associations** 명령어를 사용하여 확인해보면 다음과 같이 NTP 서버의 주소 정보가 표시됩니다.

[예제 23-49] show ntp associations 명령어 사용

```
R3# show ntp associations

 address    ref clock  st when  poll reach delay   offset  disp
*~1.1.12.1  .LOCL.      1  46    64   1     28.100  -1117.1 189.57
* sys.peer, # selected, + candidate, - outlyer, x falseticker, ~ configured
```

show ntp status 명령어를 사용하면 1.1.12.1에 시간이 동기화되었다는 것을 알려줍니다.

```
R3# show ntp status
Clock is synchronized, stratum 2, reference is 1.1.12.1
nominal freq is 250.0000 Hz, actual freq is 250.0000 Hz, precision is 2**18
ntp uptime is 71800 (1/100 of seconds), resolution is 4000
reference time is DC014275.D09404FD (17:14:29.814 UTC Sun Dec 18 2016)
clock offset is -3872.8137 msec, root delay is 28.07 msec
root dispersion is 6864.75 msec, peer dispersion is 64.01 msec
loopfilter state is 'SPIK' (Spike), drift is 0.000000000 s/s
system poll interval is 64, last update was 25 sec ago.
```

다음과 같이 보안 키를 설정하지 않은 NTP 클라이언트인 R2에서도 NTP를 통하여 수신한 시간 정보가 유지됩니다.

[예제 23-51] show ntp status 명령어 사용

```
R2# show ntp status
Clock is synchronized, stratum 2, reference is 1.1.12.1
nominal freq is 250.0000 Hz, actual freq is 250.0000 Hz, precision is 2**18
ntp uptime is 207900 (1/100 of seconds), resolution is 4000
reference time is DC014147.8E1F267A (17:09:27.555 UTC Sun Dec 18 2016)
clock offset is -5989.0187 msec, root delay is 28.04 msec
root dispersion is 9352.33 msec, peer dispersion is 4.25 msec
loopfilter state is 'SPIK' (Spike), drift is 0.000000000 s/s
system poll interval is 64, last update was 455 sec ago.
```

그 이유는 NTP 보안 설정은 클라이언트 별로 다르게 동작하기 때문이다, 즉, 보안을 설정한 클라이언트는 키가 일치해야 시간을 동기화시키고, 설정하지 않은 장비들은 보안키를 무시합니다.

이상으로 NTP에 대하여 살펴보았습니다.

Syslog

라우터나 스위치와 같은 통신장비가 생성하는 시스템 메시지를 시스로그(syslog, system message log)라고 합니다. 시스로그 메시지는 장비의 관리뿐만 아니라 보안 침해 등을 탐지하고 추적할 때 대단히 유용하게 사용됩니다.

기본적인 로깅

라우터나 스위치가 생성한 시스템 메시지가 전송 또는 기록되는 장소는 콘솔 화면, 원격 접속 화면, DRAM 및 로그 서버이며, 기본적인 로깅 기능은 다음과 같습니다.

[예제 23-52] 기본적인 로깅 기능

```
R2# show logging
① Syslog logging: enabled (0 messages dropped, 0 messages rate-limited, 0 flushes,
0 overruns, xml disabled, filtering disabled)

No Active Message Discriminator.
No Inactive Message Discriminator.

② Console logging: level debugging, 25 messages logged, xml disabled,
        filtering disabled
③ Monitor logging: level debugging, 0 messages logged, xml disabled,
        filtering disabled
④ Buffer logging:  level debugging, 25 messages logged, xml disabled,
        filtering disabled
   Exception Logging: size (8192 bytes)
   Count and timestamp logging messages: disabled
   Persistent logging: disabled

No active filter modules.

⑤ Trap logging: level informational, 28 message lines logged
     Logging Source-Interface:      VRF Name:

Log Buffer (8192 bytes):

*Dec 19 08:56:08.047: %LINK-3-UPDOWN: Interface FastEthernet0/0, changed state to up
*Dec 19 08:56:08.083: %LINK-3-UPDOWN: Interface FastEthernet0/1, changed state to up
   (생략)
```

① 기본적으로 아래에 설명하는 모든 로깅 기능이 활성화되어 있습니다. 어떤 이유로 비활성화된 경우, **logging on** 명령어를 사용하면 됩니다.

② Console logging은 콘솔 화면에 시스템 메시지(로그 메시지)를 표시하는 기능이며, 기본적으로 활성화되어 있습니다.

③ Monitor logging은 텔넷 등으로 원격 접속된 장비의 로그 메시지를 표시하는 기능입니다. 원격 접속후 관리자 모드에서 **terminal monitor** 명령어를 사용하면 모니터 로깅 기능을 사용할 수 있습니다.

④ Buffer logging은 장비의 DRAM에 로그 메시지를 저장하는 기능입니다.

KING of NETWORKING

⑤ Trap logging은 원격지의 로그 서버로 메시지를 전송하는 기능입니다.

기본적으로 트랩 로깅만 레벨 6(informational)까지 표시하고, 나머지는 모두 레벨 7(debugging)까지 표시합니다.

시스템 메시지의 구조

시스템 메시지의 구조는 다음과 같습니다.

[예제 23-53] 시스템 메시지 구조

```
     ①        ②③ ④      ⑤
*Dec 19 08:56:08.047: %LINK-3-UPDOWN: Interface FastEthernet0/0, changed state to up
```

① 타임 스탬프(time stamp, 메시지가 생성된 시간)를 표시합니다. 다음과 같이 **service timestamps log** 명령어를 사용하여 일시(datetime) 또는 장비의 업타임(uptime)으로 표시할 수 있습니다.

[예제 23-54] 타임 스탬프 설정

```
R3(config)# service timestamps log ?
 datetime  Timestamp with date and time
 uptime    Timestamp with system uptime
 <cr>
```

② 기능 코드(facility code)이며, 로그 메시지를 생성한 기능의 이름을 표시합니다. 기능 코드 앞에는 항상 %가 표시됩니다.

③ 심각도(severity level)를 의미합니다. 심각도는 0부터 7까지 8단계로 구분되며 설정 시 심각도 번호나 이름을 사용할 수 있습니다. 번호가 낮을수록 심각한 상황입니다.

[표 23-2] 시스로그 심각도

심각도	이름	의미
0	Emergency	장비 사용 불가 (IOS 로딩 불가 등)
1	Alerts	즉각적인 조치 필요 (고온 등)
2	Critical	심각 (메모리 부족, 포트 보안 침해 등)
3	Errors	에러 (잘못된 메모리 사이즈, 포트 활성화 등)

심각도	이름	의미
4	Warnings	경고 (크립토 동작 실패, DHCP 스누핑 등)
5	Notifications	통지 (인터페이스 다운 등)
6	Informational	참고 (액세스 리스트에 의한 패킷 폐기 등)
7	Debug	debug 결과 메시지

④ 약호(mnemonic)를 의미하며 메시지의 의미를 간략히 나타냅니다.

⑤ 메시지 텍스트를 나타내며, 메시지의 내용을 설명합니다.

콘솔 로깅과 원격 화면 로깅

콘솔(console logging)은 콘솔 화면에 로그 메시지를 표시하는 기능입니다. 기본적으로 심각도 7(debugging)까지 활성화되어 있으며, 다음과 같이 **logging console** 명령어 다음에 심각도를 지정할 수 있습니다.

[예제 23-55] 심각도 지정

```
R3(config)# logging console ?
 <0-7>              Logging severity level
 alerts             Immediate action needed           (severity=1)
 critical           Critical conditions               (severity=2)
 debugging          Debugging messages                (severity=7)
 discriminator      Establish MD-Console association
 emergencies        System is unusable                (severity=0)
 errors             Error conditions                  (severity=3)
 filtered           Enable filtered logging
 guaranteed         Guarantee console messages
 informational      Informational messages            (severity=6)
 notifications      Normal but significant conditions (severity=5)
 warnings           Warning conditions                (severity=4)
 xml                Enable logging in XML
 <cr>
```

어떤 이유로 화면에 시스템 메시지가 표시되지 않도록 하려면 **no logging console** 명령어를 사용하면 됩니다. 그러나 이 경우 설정을 잘못해도 에러 메시지가 표시되지 않으므로 가능하면 이 명령어는 사용하지 않는 것이 좋습니다. (CCIE 실기시험에서 장애처리 능력을 테스트하기 위하여 감독관이 이 명령어를 사용하여 콘솔 화면에 로그 메시지가 나타나지 않게 한다는 이야기도 있습니다.)

원격 화면 로깅(monitor logging)은 텔넷 등으로 원격 접속된 장비의 로그 메시지를 표시하는 기능입니다. 원격 접속후 관리자 모드에서 **terminal monitor** 명령어를 사용하면 모니터 로깅 기능이 활성화됩니다. 원격 화면 로깅 기능을 중지하려면 **terminal no monitor** 명령어를 사용합니다. (no terminal monitor가 아님!!!)

버퍼 로깅

버퍼 로깅(buffer logging)은 장비의 DRAM에 로그 메시지를 저장하는 기능입니다. 기본적으로 로그 메시지가 8k 바이트까지 저장되며 다음과 같이 **logging buffered** 명령어를 사용하여 저장되는 크기를 조정할 수 있습니다.

[예제 23-56] 저장되는 크기 조정

```
R3(config)# logging buffered ?
 <0-7>          Logging severity level
 <4096-2147483647> Logging buffer size
```

저장된 로그 메시지를 확인하려면 다음과 같이 **show logging** 명령어를 사용하면 됩니다.

[예제 23-57] 저장된 로그 메시지 확인

```
R3# show logging
  (생략)
*Dec 19 12:58:43.342: IP: s=1.1.23.2 (Serial1/2), d=1.1.23.3, len 41, rcvd 2
*Dec 19 12:58:43.342: IP: s=1.1.23.2 (Serial1/2), d=1.1.23.3, len 41, stop process pak for forus
packet
*Dec 19 12:58:43.342: IP: tableid=0, s=1.1.23.3 (local), d=1.1.23.2 (Serial1/2), routed via FIB
*Dec 19 12:58:43.342: IP: s=1.1.23.3 (local), d=1.1.23.2 (Serial1/2), len 41, sending
```

버퍼 로깅은 로그 서버가 없는 상황에서 과거의 로그/디버거 메시지를 확인할 수 있어 한번 씩 유용하게 사용됩니다.

로그 서버 로깅

로그 메시지를 저장하고 분석하는 로그 서버로 로그 메시지를 전송하는 방법은 다음과 같습니다.

[예제 23-58] 로그 서버로 로그 메시지 전송

```
R3(config)# logging 1.1.12.200
R3(config)# logging trap 6
```

① **logging** 명령어 다음에 로그 서버의 IP 주소를 지정합니다.
② **logging trap** 명령어 다음에 전송할 로그 메시지의 심각도를 지정합니다. 기본적으로 심각도가 6인 메시지까지를 모두 전송하므로, 기본값을 사용하려면 이 명령어는 사용하지 않아도 됩니다.

넷 플로우

넷 플로우(NetFlow)는 출발지/목적지 IP 주소, 포트 번호 등을 사용하여 트래픽을 탐지, 분류 및 통계를 알려주는 기술입니다. 넷 플로우는 네트워크 사용에 대한 과금(billing), 트래픽별 네트워크 사용량 정보를 이용한 시설 계획, 장애처리, 공격 탐지 등 다양한 목적으로 사용됩니다.

넷 플로우 설정

다음과 같은 네트워크의 R2에서 넷 플로우를 설정해봅시다.

[그림 23-4] 테스트 네트워크

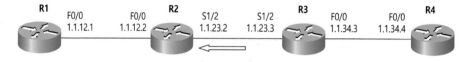

예를 들어, IP 주소가 1.1.12.210이고, UDP 포트 번호 5000을 사용하는 넷 플로우 정보를 분석하는 장비에게 R2의 S1/2 인터페이스가 입력받는 패킷의 정보를 전송하게 하는 방법은 다음과 같습니다.

[예제 23-59] R2의 설정

```
① R2(config)# ip cef
② R2(config)# ip flow-export destination 1.1.12.210 5000
③ R2(config)# interface s1/2
④ R2(config-if)# ip flow ingress
```

① 넷 플로우는 시스코의 CEF(Cisco Express Forwarding) 기능을 사용하므로 이를 활성화
시킵니다. (대부분의 경우, 기본적으로 활성화되어 있습니다.)

② 넷 플로우 분석 장비를 지정합니다.

③ 트래픽을 분석하려는 인터페이스의 설정 모드로 들어갑니다.

④ 입력 트래픽에 대하여 넷 플로우 기능을 활성화시킵니다. 만약 출력 트래픽을 분석하려
면 **egress** 키워드를 사용합니다.

기본적인 넷 플로우 기능 설정은 이처럼 간단합니다.

넷 플로우 동작 확인

설정 후 다음과 같이 **show ip interface s1/2 | include NetFlow** 명령어를 사용하면 인터페이
스에 설정된 넷 플로우 상황을 확인할 수 있습니다.

[예제 23-60] 넷 플로우 상황 확인

```
R2# show ip interface s1/2 | include NetFlow
 Input features: Ingress-NetFlow, MCI Check
 Output features: Post-Ingress-NetFlow
```

테스트를 위하여 다음과 같이 R3에서 R1에게 핑을 합니다.

[예제 23-61] 핑하기

```
R3# ping 1.1.12.1 repeat 1000000
```

잠시 후 R2에서 **show ip cache flow** 명령어를 사용하면 다음과 같이 넷 플로우가 분석한 트
래픽 정보를 확인할 수 있습니다.

[예제 23-62] 넷 플로우가 분석한 트래픽 정보 확인

```
R2# show ip cache flow
IP packet size distribution (24323 total packets): ①
  1-32   64   96  128  160  192  224  256  288  320  352  384  416  448  480
 .000 .000 .002 .997 .000 .000 .000 .000 .000 .000 .000 .000 .000 .000 .000

  512  544  576 1024 1536 2048 2560 3072 3584 4096 4608
 .000 .000 .000 .000 .000 .000 .000 .000 .000 .000 .000

IP Flow Switching Cache, 4456704 bytes
  2 active, 65534 inactive, 4 added
  1276 ager polls, 0 flow alloc failures
  Active flows timeout in 30 minutes
  Inactive flows timeout in 15 seconds
IP Sub Flow Cache, 533256 bytes
  0 active, 16384 inactive, 0 added, 0 added to flow
  0 alloc failures, 0 force free
  1 chunk, 1 chunk added
  last clearing of statistics never
Protocol    Total  Flows  Packets Bytes Packets Active(Sec) Idle(Sec)
----------  Flows  /Sec   /Flow   /Pkt  /Sec    /Flow       /Flow
UDP-other     1    0.0        1   110   0.0       4.0        15.0
ICMP          1    0.0    11316   100   0.5     268.1        15.0
Total:        2    0.0     5658   100   0.5     136.0        15.0

②        ③            ④      ⑤            ⑥   ⑦     ⑧    ⑨
SrcIf    SrcIPaddress DstIf  DstIPaddress Pr  SrcP  DstP Pkts
Se1/2    1.1.23.3     Null   224.0.0.5    59  0000  0000 71
Se1/2    1.1.23.3     Fa0/0  1.1.12.1     01  0000  0800 13K
```

① 패킷의 사이즈별 통계를 나타냅니다.

② 입력 인터페이스를 의미합니다.

③ 출발지 IP 주소를 의미합니다.

④ 출력 인터페이스를 의미합니다.

⑤ 목적지 IP 주소를 나타냅니다.

⑥ 프로토콜 번호를 16진수로 표시합니다. 59는 10진수로 89이며, OSPF를 의미하고, 01은 핑(ICMP)을 의미합니다.

⑦ 출발지 포트 번호를 나타냅니다.

⑧ 목적지 포트 번호를 나타냅니다.

⑨ 패킷의 수량을 나타냅니다.

다음과 같이 R2에서 **show ip flow export** 명령어를 사용하면 다음과 같이 넷 플로우가 분석한 트래픽 정보를 분석 장비인 1.1.12.210에게 UDP 포트번호 5000을 사용하여 전송하는 것을 확인할 수 있습니다.

[예제 23-63] show ip flow export 명령어 사용

```
R2# show ip flow export
Flow export v1 is enabled for main cache
 Export source and destination details :
 VRF ID : Default
  Destination(1)  1.1.12.210 (5000)
 Version 1 flow records
 2 flows exported in 2 udp datagrams
 0 flows failed due to lack of export packet
 0 export packets were sent up to process level
 0 export packets were dropped due to no fib
 1 export packets were dropped due to adjacency issues
 0 export packets were dropped due to fragmentation failures
 0 export packets were dropped due to encapsulation fixup failures
```

이상으로 넷 플로우에 대하여 살펴보았습니다.

SPAN

스위치 네트워크가 기대만큼의 성능을 제공하지 못할 때 네트워크를 통해 송수신되는 트래픽을 모니터링해보면 그 원인을 알 수 있는 경우가 많습니다. 이를 위해서 스위치의 특정 포트에 분석장비를 접속하고 다른 포트의 트래픽을 분석장비로 자동 복사해주는 기술을 SPAN이라고 합니다.

즉, SPAN(Switch Port ANalyzer)란 특정 포트를 통해 입출력되는 트래픽을 다른 포트에 접속된 분석장비를 통하여 볼 수 있게 하는 것입니다. SPAN을 포트 미러링(port mirroring)이라고도 합니다. 허브에 접속된 장비라면 SPAN을 설정할 필요가 없습니다. 왜냐하면 허브는 한 포트를 통해 수신한 프레임을 모든 포트로 플러딩시키기 때문입니다. 따라서 아무 포트에나 트래픽 분석장비를 접속하기만 하면 해당 허브를 통하는 모든 프레임을 분석할 수 있습니다. 그러나 스위치는 수신한 프레임을 플러딩하지 않고 MAC 주소 테이블을 참조하여 송신 또는 차단하기 때문에 SPAN을 설정하지 않으면 다른 포트 간의 트래픽을 분석할 수 없습니다.

[그림 23-5] SPAN 포트

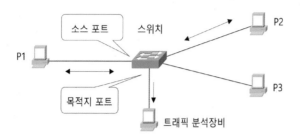

[그림 23-2]에서 SPAN의 분석 대상이 되는 포트를 SPAN 소스 포트(source port 또는 monitored port)라고 하며, 분석장비가 접속되어 있는 포트를 SPAN 목적지 포트(destination port 또는 monitoring port)라고 합니다. SPAN은 트래픽 분석을 통한 네트워크 관리뿐만 아니라 침입방지시스템(IPS)을 위해서 설정하기도 합니다. 스위치에서 SPAN 기능으로 미러링할 수 있는 소스 포트의 트래픽 종류는 다음과 같습니다.

• 복수 개의 포트 트래픽을 미러링할 수 있음
• 복수 개의 VLAN 트래픽을 미러링할 수 있음

그리고 소스 포트와 목적지 포트가 동일한 스위치에 있는 것을 로컬 SPAN(local SPAN)이라고 하며, 소스 SPAN 포트와 목적지 SPAN 포트가 서로 다른 스위치에 있는 것을 RSPAN(remote SPAN)이라고 합니다.

SPAN 설정

지금부터 SPAN을 설정해봅시다. 먼저 다음 그림처럼 SW1의 F1/1 포트를 통해서 입출력되는 프레임을 트래픽 분석장비가 접속된 F1/7 포트로 미러링할 수 있도록 기본적인 SPAN을 설정해봅시다.

[그림 23-6] 테스트 네트워크

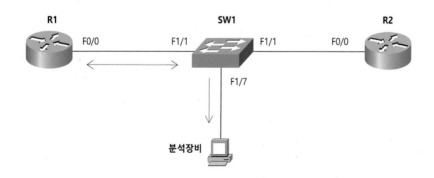

기본적인 SPAN 설정은 다음과 같습니다.

[예제 23-64] 기본적인 SPAN 설정하기

```
SW1(config)# monitor session 1 source interface f1/1 ①
SW1(config)# monitor session 1 destination interface f1/7 ②
```

① F1/1 포트를 SPAN 소스 포트로 지정합니다. SPAN을 위한 소스 또는 목적지를 지정하는 것을 각각 하나씩의 모니터 세션이라고 합니다. 하나의 스위치에 설정할 수 있는 모니터 세션 수는 장비에 따라 다릅니다.

[예제 23-65] SPAN 세션수 확인하기

```
SW1(config)# monitor session ?
 <1-2>  SPAN session number
```

② F1/7 포트를 SPAN 목적지 포트로 지정합니다. 결과적으로, F1/1 포트를 통해 입출력되는 모든 프레임이 F1/7 포트로 복사되어 F1/7 포트에 접속되어 있는 와이어 샤크(wireshark) 등과 같은 트래픽 분석기에서 분석할 수 있게 됩니다.

show monitor 명령어를 사용하여 SPAN 설정을 확인하면 다음과 같습니다. 결과를 보면 SPAN의 소스 포트가 F1/1이고 목적지 포트가 F1/7인 것을 확인할 수 있습니다.

[예제 23-66] show monitor 명령어를 사용한 SPAN 설정 확인

```
SW1# show monitor session 1
Session 1
-------------
Source Ports:
  RX Only:         None
  TX Only:         None
  Both:            Fa1/1
Source VLANs:
  RX Only:         None
  TX Only:         None
  Both:            None
Destination Ports:  Fa1/7
Filter VLANs:       None
```

SPAN 목적지 포트로 설정된 포트는 SPAN 세션을 위해서 필요한 트래픽이나 IPS를 위해서 입력 트래픽 전송(ingress traffic forwarding)이 설정된 경우를 제외하고는 자신의 트래픽을 송수신할 수 없습니다. 다음과 같이 show interface 명령어로 확인해보면 인터페이스 링크 상태가 'down (monitoring)'으로 표시됩니다.

[예제 23-67] show interface 명령어를 사용한 SPAN 설정 확인

```
SW1# show interfaces f1/7
FastEthernet1/7 is up, line protocol is down (monitoring)
  (생략)
```

이상으로 기본적인 SPAN을 설정하고 확인해보았습니다.

SPAN 소스 포트 지정

SPAN 소스 포트를 지정할 때 사용할 수 있는 옵션은 다음과 같습니다.

[예제 23-68] SPAN 소스 포트 지정시 사용 가능한 옵션

```
SW1(config)# monitor session 1 source interface f1/1 ?
,    Specify another range of interfaces
-    Specify a range of interfaces
both Monitor received and transmitted traffic
rx   Monitor received traffic only
tx   Monitor transmitted traffic only
<cr>
```

한꺼번에 복수 개의 소스 포트를 지정하려면 다음과 같이 설정합시다.

[예제 23-69] 복수 개의 소스 포트 지정하기

```
SW1(config)# monitor session 1 source interface f1/1, f1/3, f1/5 - 6
```

미러링하고자 하는 트래픽의 방향은 별도로 지정하지 않으면 양방향(both)입니다. 이때 송신/수신 방향의 기준은 스위치입니다. 위의 예에서 포트 F1/1은 양방향 트래픽을 미러링하고, 나머지는 수신 트래픽만 미러링하려면 다음과 같이 설정합시다.

[예제 23-70] 미러링 방향 지정하기

```
SW2(config)# no monitor session 1
SW2(config)# monitor session 1 source interface f1/1
SW2(config)# monitor session 1 source interface f1/3 , f1/5 - 6 rx
```

show monitor 명령어로 확인해보면 다음과 같습니다.

[예제 23-71] show monitor 명령어를 이용한 확인

```
SW1# show monitor session 1
Session 1
-------------
Source Ports:
  RX Only:          Fa1/3,Fa1/5-6
  TX Only:          None
  Both:             Fa1/1
Source VLANs:
  RX Only:          None
  TX Only:          None
  Both:             None
Destination Ports:  Fa1/7
Filter VLANs:       None
```

이상으로 SPAN에 대하여 살펴보았습니다.

연습 문제

1. IP SLA(Service Level Agreement)에 대한 설명 중 맞는 것 두 가지를 고르시오.

  1) 목적지 네트워크까지 패킷을 전송하고, 이에 대한 응답을 받아 네트워크의 상황을 판
     단하는 기능이다.

  2) IP SLA 기능을 사용하면 네트워크의 가용성, 성능, 지연 등을 파악할 수 있다.

  3) IP SLA 기능을 사용하면 특정 장비의 설정을 변경할 수 있다.

  4) 시스코 장비에서 IP SLA 기능은 활성화시키지 않아도 기본적으로 동작한다.

2. 다음 중 SNMP 구성 요소를 세 가지 고르시오.

  1) NMS

  2) SNMP 에이전트

  3) SNMP 포워드

  4) MIB

3. 다음 중 라우터나 스위치가 생성한 시스템 메시지가 전송 또는 기록되는 장소를 모두
고르시오.

  1) 콘솔 화면

  2) 원격 접속 화면

  3) DRAM

  4) 로그 서버

4. 다음 넷 플로우에 대한 설명 중 맞는 것을 두 가지 고르시오.

    1) 출발지/목적지 IP 주소, 포트 번호 등을 사용하여 트래픽을 탐지, 분류 및 통계를 알려주는 기술이다.

    2) 특정한 패킷에 필요한 값을 설정할 수 있다.

    3) 응용 계층을 제어하기 위한 용도로 사용한다.

    4) 네트워크 사용에 대한 과금, 트래픽별 네트워크 사용량 정보를 이용한 시설 계획, 장애처리, 공격 탐지 등의 목적으로 사용된다.

KING of NETWORKING

KING of NETWORKING

제24장

SDN과 클라우드 컴퓨팅

SDN

클라우드 컴퓨팅

킹-오브-
네트워킹

SDN

SDN(Software Defined Networking, 소프트웨어 정의 네트워킹)은 라우터나 스위치와 같은 네트워크 장비를 사용자가 직접 프로그램으로 제어할 수 있도록 하기 위하여 도입되었습니다. 이를 위하여 패킷의 경로를 결정하는 컨트롤 플레인(control plane, 제어 영역)과 실제 데이터를 전송하는 데이터 플레인(data plane)이 별개의 장비로 분리되어 있는 경우가 많습니다.

즉, 전통적인(legacy) 네트워크 장비들은 컨트롤 플레인과 데이터 플레인이 모두 동일한 장비에 구현되어 있습니다. 그러나 SDN 장비들은 컨트롤 플레인 전체 또는 일부를 별개의 장비(서버 등)에 구현하고, 통신장비들은 주로 데이터 플레인 관련 역할을 수행합니다.

결과적으로 개발자나 장비 사용자들이 네트워크 장비에서 자기가 원하는 기능을 직접 구현할 수 있게 됩니다. 이제, SDN에 대하여 좀 더 자세히 살펴봅시다.

컨트롤 플레인과 데이터 플레인

네트워크 장비가 동작하는 영역은 그 역할에 따라 데이터 플레인 및 컨트롤 플레인으로 구분할 수 있습니다.

라우터가 라우팅 테이블을 만드는 것은 컨트롤 플레인의 역할이고, 수신한 패킷을 라우팅 테이블을 참조하여 목적지와 연결되는 인터페이스로 전송하는 것은 데이터 플레인의 역할입니다. 라우팅 테이블을 만들기 위한 모든 라우팅 프로토콜, 레이어 2 루프 방지를 위한 STP(Spanning Tree Protocol), ARP 테이블을 만들기 위한 ARP(Address Resolution Protocol) 등은 컨트롤 플레인에서 동작합니다.

스위치가 MAC 주소 테이블을 만드는 것은 컨트롤 플레인의 역할이고, 수신한 프레임을 MAC 주소 테이블을 참조하여 목적지와 연결되는 인터페이스로 전송하는 것은 데이터 플레인의 역할입니다. 데이터 플레인은 데이터(프레임 또는 패킷)를 수신하고, 처리하고(에러 확인, 목적지 확인, 새로운 레이어 2 헤더 부착 등), 전송하는 역할을 합니다.

전통적인 네트워크 장비들은 각각의 장비에 데이터 플레인과 컨트롤 플레인이 구현되어 있습니다.

[그림 24-1] 전통적인 장비의 데이터 플레인과 컨트롤 플레인

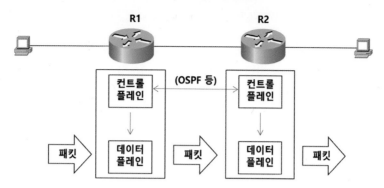

그러나 SDN에서는 별개의 컨트롤러(SDN controller)가 데이터 플레인에서 필요한 MAC 주소 테이블, 라우팅 테이블 등을 만들어 각 장비에게 알려줍니다.

[그림 24-2] SDN 컨트롤러와 데이터 플레인

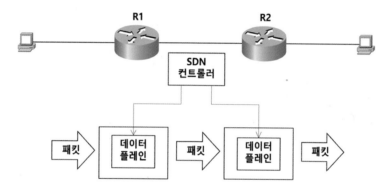

현재 SDN 장비들은 각 스위치들이 순수한 데이터 플레인 이외에 일부의 컨트롤 플레인 기능을 그대로 가지고 있는 것들이 많습니다.

SDN의 구조

데이터 플레인은 물리적인 장비와 가상의 장비가 있으며, 어느 경우든 패킷을 전송하는 역할을 담당합니다. 이때, 장비의 내부 구조는 제조업체별로 모두 다를 수 있지만 컨트롤 플레인의 역할을 담당하는 SDN 컨트롤러와의 접속 방식(논리적인 인터페이스)은 사전에 정해진 일정한 규칙을 따라야 합니다.

이처럼 SDN 컨트롤러와 데이터 플레인의 접속 방식을 SBI(Southbound Interface)라고 합니다. 남행(southbound) 인터페이스라고 부르는 이유는 그림에서 SDN 컨트롤러를 기준으로 하여 데이터 플레인이 남쪽에 위치하기 때문입니다. 다양한 어플리케이션들이 SDN 컨트롤러를 통하여 데이터 플레인을 제어할 수 있으며, 이를 위한 SDN 컨트롤러와 어플리케이션 플레인의 접속 방식을 NBI(Nouthbound Interface)라고 합니다.

[그림 24-3] SDN의 구조

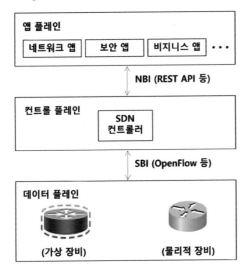

SBI와 NBI는 API(Application Programming Interface)로 구현됩니다. API는 하나의 프로그램이 다른 프로그램과 데이터를 교환할 때 사용하는 프로그램입니다.

대표적인 SBI로 ONF(Open Networking Foundation, www.opennetworking.org)에서 만든 OpenFlow가 있습니다. OpenFlow는 데이터 플레인과 컨트롤 플레인 사이의 통신에서 사용하는 프로토콜과 API를 정의하고 있습니다.

[그림 24-4] OpenFlow의 내용(출처: www.opennetworking.org)

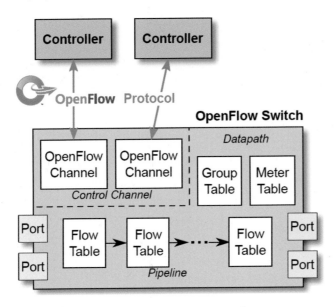

OpenFlow 사양에는 스위치의 구성 요소와 기본적인 기능 및 OpenFlow 스위치와 원격 OpenFlow 컨트롤러(OpenFlow를 지원하는 SDN 컨트롤러) 사이의 프로토콜을 명시하고 있습니다. 결과적으로 OpenFlow 사양을 지원하는 네트워크 장비는 이 사양에 따라 만든 SDN 컨트롤러를 사용하여 설정 및 제어를 할 수 있습니다.

SDN 콘트롤 플레인의 기능을 제공하는 대표적인 SDN 콘트롤러로 OpenDaylight Foundation(www.opendaylight.org)에서 만든 OpenDaylight(ODL)이 있습니다. ODL은 시스코, 쥬니퍼, 인텔, 레드헷, AT&T, 마이크로소프트, VMware 등 제조사와 통신회사 및 일반인들이 참여하여 만들고 있습니다. 각 기능별로 모듈화된 ODL을 사용하여 누구나 자신만의 SDN 콘트롤러를 만들 수 있습니다.

ODL을 기반으로 만들어진 SDN 컨트롤러 중 몇 가지는 다음과 같습니다.

[표 24-1] ODL을 기반으로 만들어진 SDN 컨트롤러

제조사	SDN 컨트롤러 이름
Avaya	Avaya Open SDN Fx Fabric Orchestrator
Cisco	Cisco Open SDN Controller
Dell	Dell ODL Networking Controller for OpenStack Deployments
Ericsson	Ericsson Transport, Cloud and Services SDN
Extreme Networks	Extreme Networks OneController
Fujitsu	Fujitsu Virtuora NC
HPE	HP SDN Fabric for NFV - ContexNet
Inocybe	Open Networking Platform
Intel	Intel Open Network Platform (Intel ONP)
Telco Systems	Telco Systems EdgeGenie Orchestrator

NBI(Northbound Interface)는 어플리케이션들이 네트워크 장비에 대한 상세한 정보를 몰라도 컨트롤 플레인의 기능과 서비스를 사용할 수 있도록 합니다.

시스코의 SDN 구현

시스코에서 구현한 SDN 솔루션은 OSC, ACI 및 APIC-EM이 있습니다.

- OSC

  Cisco OSC(Open SDN Controller)는 ODL의 시스코 상용 버전이며, 넥서스 3000 시리즈 스위치와 ASR 9000 시리즈 라우터에서 OSC가 지원됩니다.

- ACI

  ACI(Application Centric Infrastructure)는 시스코의 데이터센터 SDN 솔루션입니다. ACI 는 APIC(Application Policy Infrastructure Controller)이라는 컨트롤러를 사용하여 ACI가 지원되는 스위치들을 제어하며, OpFlex라는 SBI를 사용합니다. ACI는 일부 제어 플레인은 APIC에 나머지 제어 플레인은 개별 스위치에서 구현합니다. 현재 넥서스 9000 시리즈 스위치에서 ACI가 지원됩니다.

- APIC-EM

  특정한 소수의 장비만 지원되는 OSC나 ACI와 달리 APIC-EM(APIC Enterprise Module) 은 다음과 같이 많은 기존의 장비들이 지원됩니다. 즉, APIC-EM이 지원되는 장비는 카탈리스트 2960, 3560, 3650, 3750, 3850, 4500, 6500, 6800, 넥서스 5000, 7000 시리즈 스위치들과 ISR G2, 800, 4000 시리즈 라우터, ASR 1000, 9000 시리즈 라우터, 시스코 2500, 5500, 5520, 5760, 8500, 8540 시리즈 무선 컨트롤러 등입니다.

  대부분 또는 일부의 컨트롤 플레인이 SDN 컨트롤러에서 동작하는 OSC나 ACI와 달리 APIC-EM은 컨트롤 플레인이 각각의 개별 장비에서 동작하므로 진정한 SDN 컨트롤러는 아닙니다.

[그림 24-5] APIC-EM 화면

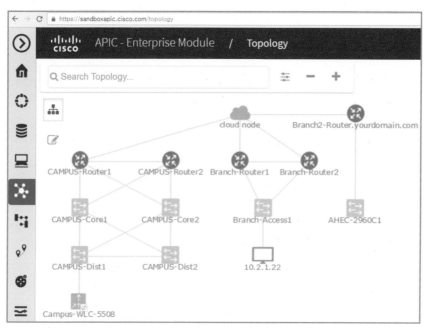

시스코에서 구현한 각 SDN 솔루션의 차이점을 정리해보면 다음 표와 같습니다.

[표 24-2] 시스코에서 구현한 각 SDN 솔루션의 차이점

항목	OSC	ACI	APIC Enterprise
SBI	OpenFlow	OpFlex	CLI, SNMP
컨트롤러	OpenDaylight, Cisco OSC	APIC	APIC-EM
컨트롤 플레인 동작 방식 변경	O	O	X

앞서 설명한 시스코 SDN 솔루션들은 시스코 사이트(https://developer.cisco.com)에서 연습해 볼 수 있습니다.

이상으로 SDN에 대하여 간단히 살펴보았습니다.

클라우드 컴퓨팅

클라우드 컴퓨팅은 네트워크, 서버, 저장장치, 응용 프로그램, 서비스 등의 컴퓨팅 자원을 필요에 따라 필요한 만큼 할당받아 사용하는 것을 말합니다.

클라우드 컴퓨팅의 특징

NIST(National Institute of Standards and Technology, 미국국립표준기술연구소)에서 정의한 클라우드 컴퓨팅의 5가지 특징(characteristics), 3가지 서비스 모델(service models) 및 4가지 전개 모델(deployment models)에 대하여 살펴봅시다.

클라우드 컴퓨팅의 5가지 특징은 다음과 같습니다.

• **필요한 자원을 사용자가 직접 할당(On-demand self-service)**

클라우드 사업자가 제공하는 네트워크, 서버, 저장장치, 응용 프로그램, 서비스 등의 컴퓨팅 자원을 필요 시 필요한 만큼 사용자 스스로 할당할 수 있어야 합니다.

• **다양한 접속 방법 제공(Broad network access)**

스마트 폰, PC 등 다양한 장비를 사용하여 인터넷, MPLS, VPN, 전용회선 등 다양한 네트워크를 통한 접속 방식이 제공되어야 합니다.

- **컴퓨팅 자원군 구성(Resource pooling)**

특정한 고객에게 특정한 자원을 할당하는 방식이 아니라 지역적으로 분산되어 있는 가상의 컴퓨팅 자원군(resource pool)을 만들어 다수의 고객들에게 동적으로 할당해야 합니다. 고객들은 사용하는 자원이 어디에 있는지를 모르는 경우가 대부분이겠지만, 경우에 따라서는 자원이 위치한 국가나 데이터센터 위치 등은 지정할 수 있습니다.

- **고 탄력성(Rapid elasticity)**

고객들에게는 자원이 무제한인 것처럼 보이고, 필요한 만큼의 자원이 즉시 제공되고, 불필요할 때에는 즉시 반납할 수 있어야 합니다.

- **사용량 측정(Measured service)**

자동으로 CPU, 메모리, 대역폭, 계정 수량 등의 자원 사용량이 측정되어 사업자 및 고객이 모두 알 수 있어야 합니다. 이를 통하여 고객에게 투명한 사용 정보가 제공되고, 클라우드 사업자는 자원의 모니터링 및 제어와 요금청구를 할 수 있습니다.

클라우드 컴퓨팅 서비스 모델

클라우드 컴퓨팅의 서비스 모델은 SaaS(Cloud Software as a Service), PaaS(Cloud Platform as a Service) 및 IaaS(Cloud Infrastructure as a Service)로 구분할 수 있습니다. SaaS는 클라우드 사업자가 서버, 스토리지, 네트워킹 등의 하드웨어와 VMware, Hiper-V, KVM(Kernel-based Virtual Machine) 등과 같은 가상화 프로그램, OS 및 응용 프로그램까지 모두 제공하는 서비스입니다. PaaS는 응용 프로그램만 제외한 나머지 환경을 제공하며, IaaS 하드웨어 및 가상화 프로그램까지만 제공하고 OS 및 응용 프로그램은 사용자가 직접 설치하여 사용하는 서비스입니다.

- **SaaS**

SaaS(Cloud Software as a Service)는 클라우드 사업자가 응용 프로그램을 제공하는 것을 말합니다. 대표적인 것으로 Salesforce의 CRM(Customer Relationship Management, 고객관계관리), 마이크로소프트의 오피스365, 어도비의 Creative Cloud 등이 있습니다.

[그림 24-6] 어도비의 Creative Cloud(http://www.adobe.com/kr)

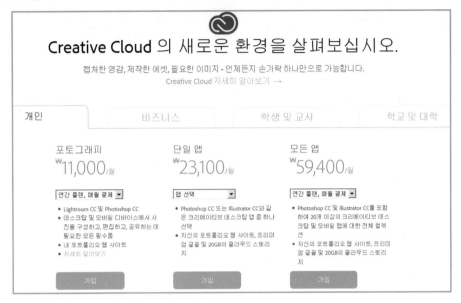

- PaaS

PaaS(Cloud Platform as a Service)는 특정한 업무 수행을 위한 솔루션을 제공하는 클라우드 서비스입니다. PaaS의 예로 마이크로소프트의 애저(Azure) 중에서 'Azure IoT Hub'를 들 수 있습니다. 예를 들어, IoT(Internet of Things, 사물 인터넷)를 이용하여 원격으로 데이터를 수집하고 모니터링을 하기 위한 제품을 개발하는 경우를 생각해봅시다. 이때 원격에서 수집한 데이터를 저장, 분석, 전파하기 위한 서버, 미들웨어 및 프로그래밍을 위한 라이브러리 등이 필요합니다. 이처럼 IoT 제품 개발을 위한 환경을 일일이 구축하려면 많은 시간과 노력이 필요하지만 마이크로소프트에서 제공하는 PaaS인 'Azure IoT Hub'를 사용하면 미리 IoT에 필요한 모든 환경을 만들어 제공하므로 편리합니다.

[그림 24-7] Azure 포털(https://azure.microsoft.com/ko-kr/features/azure-portal/)

- IaaS

  IaaS(Cloud Infrastructure as a Service)는 사용자가 서버를 제공받아 임의의 OS 및 프로그램을 설치하여 사용할 수 있는 클라우드 서비스입니다. 대표적인 것으로 아마존의 AWS(Amazon Web Services), 마이크로소프트의 애저(Azure), KT의 유클라우드 비즈 (ucloud biz) 등이 있습니다.

[그림 24-8] 유클라우드 비즈(https://ucloudbiz.olleh.com)

| kt ucloud biz | 한국어 | 소개 | 상품 | 개발지원 | 고객센터 |

서버	스토리지/CDN/인코딩	엔터프라이즈	네트워크	매니지먼트
server	storage	enterprise cloud	hybrid cloud	import/export
japan server	NAS	hybrid cloud	GSLB	DR
SSD server	SSD volume	VPC	loadbalancer	autoscaling
HPC	CDN			packaging
	CDN Global	보안		messaging
	encoder	웹방화벽(wapples)	플랫폼	watch
데이터베이스	media cloud	웹방화벽(WIWAF-VE)	devpack	Sycros
DB		secure zone	daisy BETA	backup
MS-SQL		managed security	appster	managed
PPAS	데스크탑	Deep Security		
Remote DBA	VDI	ShellMonitor		
	pc backup	D'Amo		
		F-Secure		

이상으로 클라우드 컴퓨팅 서비스 모델에 대하여 살펴보았습니다.

클라우드 컴퓨팅 전개 모델

NIST에서 정의한 클라우드 컴퓨팅의 4가지 전개 모델은 다음과 같습니다.

- 사설 클라우드

  사설 클라우드(private cloud)는 기업, 정부기관 등 사용자가 자체적으로 보유하는 클라우드를 의미합니다. 사용자 또는 제3자가 운영할 수 있으며, 사용 조직 내부 또는 외부에 위치할 수 있습니다.

- 커뮤니티 클라우드

  커뮤니티 클라우드(community cloud)는 업무, 보안 요구 사항, 정책 등이 유사한 몇 개의 조직이 공유하는 클라우드입니다. 사설 클라우드와 마찬가지로 사용자 또는 제3자가 운영할 수 있으며, 사용 조직 내부 또는 외부에 위치할 수 있습니다.

- 공용 클라우드

  공용 클라우드(public cloud)는 클라우드 서비스를 판매하는 조직이 소유하고, 일반 고객들이 사용할 수 있는 클라우드 인프라입니다.

- 하이브리드 클라우드

  하이브리드 클라우드(hybrid cloud)는 앞서 설명한 사설, 커뮤니티 및 공용 클라우드가 두 개 이상 조합된 클라우드입니다. 각 클라우드는 독립성을 유지하면서 데이터와 응용 프로그램은 상호 공유될 수 있습니다. 예를 들어, 고도의 보안이 요구되는 데이터는 사설 클라우드에 저장하고, 나머지는 공용 클라우드내에서 운용할 수 있습니다.

  이상 설명한 4가지 클라우드 전개 모델을 비교하면 다음과 같습니다.

[표 24-3] 4가지 클라우드 전개 모델을 비교

항목	사설 클라우드	커뮤니티 클라우드	공용 클라우드	하이브리드 클라우드
비용	높음	중간	낮음	중간
확장성	낮음	낮음	높음	높음
보안성	아주 뛰어남	뛰어남	보통	뛰어남

이상으로 클라우드 컴퓨팅에 대하여 살펴보았습니다.

연습 문제

1. 다음 중 컨트롤 플레인의 역할을 한 가지 고르시오.

   1) 새로운 레이어 2 헤더 부착

   2) 프레임 수신 및 전송

   3) 프레임의 에러 확인

   4) 라우팅 테이블 생성

2. SDN에 대한 설명 중 맞는 것 세 가지를 고르시오.

   1) OpenDaylight(ODL)은 SDN 콘트롤러이다.

   2) OpenFlow는 SBI이다.

   3) SBI는 SDN 컨트롤러와 데이터 플레인 사이에 동작하며, NBI는 SDN 컨트롤러와 어플리케이션 플레인 사이에 동작한다.

   4) APIC-EM은 표준 SDN 컨트롤러이다.

3. 다음 중 NIST에서 정의한 클라우드 컴퓨팅의 특징에 속하지 않는 것은 무엇인가?

   1) 필요한 자원을 사용자가 직접 구성(On-demand self-service)

   2) 컴퓨팅 자원군 구성(Resource pooling)

   3) 저가의 컴퓨팅 환경 제공(Low cost computing)

   4) 사용량 측정(Measured service)

4. 다음 중 클라우드 컴퓨팅의 전개 모델이 아닌 것은 무엇인가?

    1) 고속 클라우드

    2) 공용 클라우드

    3) 사설 클라우드

    4) 커뮤니티 클라우드

KING of NETWORKING

KING of NETWORKING

KING -of- NETWORKING

제25장

네트워크 구성사례

하나의 VLAN만 사용하는 네트워크

다수의 VLAN을 사용하는 네트워크

하나의 VLAN만 사용하는 네트워크

이번 장에는 소규모 네트워크 구성 사례를 살펴봅시다. 먼저, 회사 내부에서 VLAN을 하나만 사용하여 라우터, 스위치 및 PC를 설정하고, 장애처리 방법을 공부합니다.

하나의 VLAN만 사용하는 네트워크 구성

다음 그림과 같이 네트워크를 구성합니다. 고객망과 인터넷은 메트로(metro) 이더넷을 이용하여 연결하는 것으로 가정합시다. 메트로 이더넷은 전송거리가 먼 이더넷으로 동작하는 것은 일반 이더넷과 동일합니다. 그리고 xDSL을 사용하여 연결하는 경우도 고객방 내부의 설정은 동일합니다. R3과 R4를 PC 대용으로 사용합니다.

[그림 25-1] 하나의 VLAN만 사용하는 네트워크

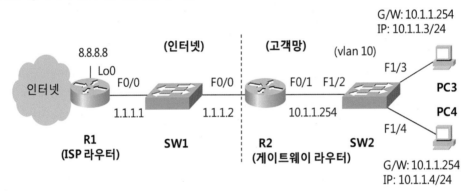

일반 사용자가 통신회사(ISP)의 장비를 구성하는 일은 없겠지만, 테스트를 위하여 ISP 라우터까지 설정하기로 합니다.

ISP 라우터 구성

ISP 라우터에서 고객에게 자동으로 IP 주소를 부여하는 DHCP(Dynamic Host Configuration Protocol)를 구성합니다. 그리고 루프백 인터페이스를 하나 만들고 IP 주소 8.8.8.8을 부여하여 DNS 서버라고 간주합니다. DNS(Domain Name System) 서버란 www.cisco.com 등과 같은 도메인 이름의 IP 주소를 알려주는 서버를 말합니다.

필요한 장비들을 동작시키고, 기본 설정을 합니다. 각 장비에서 기본 설정이 끝나면 다음과 같이 ISP 라우터를 구성합니다.

KING of NETWORKING

[예제 25-1] ISP 라우터 구성

```
R1(config)# interface lo0
R1(config-if)# ip address 8.8.8.8 255.255.255.0
R1(config-if)# exit

R1(config)# interface f0/0
R1(config-if)# ip address 1.1.1.1 255.255.255.0
R1(config-if)# no shut
R1(config-if)# exit

① R1(config)# ip dhcp pool ISP-POOL
② R1(dhcp-config)# network 1.1.1.0 255.255.255.0
③ R1(dhcp-config)# default-router 1.1.1.1
④ R1(dhcp-config)# lease 1
⑤ R1(dhcp-config)# dns-server 8.8.8.8
  R1(dhcp-config)# exit
```

① **ip dhcp pool** 명령어와 함께 적당한 이름을 사용해 DHCP 서버 설정 모드로 들어갑니다.

② 자동으로 부여할 IP 주소의 네트워크 대역을 지정합니다.

③ DHCP를 이용하여 알려줄 게이트웨이 주소를 지정합니다.

④ 주소를 부여할 기간을 1일로 지정합니다. 필요 시 분 단위까지 설정할 수 있으며, **infinite** 옵션을 사용하면 IP 주소 영구임대가 가능합니다.

⑤ DHCP를 이용하여 알려줄 DNS 서버의 주소를 지정합니다.

실제 ISP의 라우터에서는 보안관련 내용, 라우팅 등 좀 더 많은 설정이 있지만 테스트를 위해서는 이 정도만 설정해도 됩니다.

게이트웨이 라우터 구성

이제, 고객망의 게이트웨이 라우터인 R2를 구성해봅시다. 게이트웨이 라우터에서는 기본적으로 IP 주소, NAT, DHCP를 설정해야 합니다. 먼저, 인터페이스에 다음과 같이 IP 주소를 설정하고, 활성화시킵니다.

[예제 25-2] IP 주소 설정 및 활성화

```
R2(config)# interface f0/0
R2(config-if)# ip address dhcp
R2(config-if)# no shut
R2(config-if)# exit
```

```
R2(config)# interface f0/1
R2(config-if)# ip address 10.1.1.254 255.255.255.0
R2(config-if)# no shut
R2(config-if)# exit
```

인터넷과 연결되는 인터페이스에는 **ip address dhcp** 명령어를 이용하여 ISP에서 자동으로 IP 주소, 게이트웨이, DNS 서버 주소 등을 받아오게 합니다. 내부망과 연결되는 인터페이스에 설정하는 IP 주소는 PC들이 게이트웨이 주소로 사용하게 됩니다. 설정 후 **show ip interface brief** 명령어를 사용하여 확인해보면 다음과 같이 ISP에서 DHCP를 통하여 받아온 IP 주소가 F0/0 인터페이스에 설정되어 있습니다.

[예제 25-3] DHCP를 통하여 받아온 IP 주소

```
R2# show ip interface brief
Interface          IP-Address    OK?   Method   Status   Protocol
FastEthernet0/0    1.1.1.2       YES   DHCP     up       up
FastEthernet0/1    10.1.1.254    YES   manual   up       up
       (생략)
```

라우팅 테이블을 보면 다음과 같이 ISP 라우터로 디폴트 루트가 설정되어 있습니다.

[예제 25-4] R2의 라우팅 테이블

```
R2# show ip route
    (생략)
Gateway of last resort is 1.1.1.1 to network 0.0.0.0

    1.0.0.0/24 is subnetted, 1 subnets
C    1.1.1.0 is directly connected, FastEthernet0/0
    10.0.0.0/24 is subnetted, 1 subnets
C    10.1.1.0 is directly connected, FastEthernet0/1
S*  0.0.0.0/0 [254/0] via 1.1.1.1
```

다음에는 NAT를 설정합시다.

[예제 25-5] NAT 설정

① R2(config)# **access-list 55 permit 10.0.0.0 0.255.255.255**

② R2(config)# **ip nat inside source list 55 interface f0/0 overload**

③ R2(config)# **interface f0/0**

```
R2(config-if)# ip nat outside
R2(config-if)# exit

④ R2(config)# interface f0/1
R2(config-if)# ip nat inside
R2(config-if)# exit
```

① ACL을 이용하여 사설 IP 주소 대역을 지정합니다.

② ISP와 접속되는 F0/0 인터페이스에 설정된 IP 주소를 NAT에서 공인 IP 주소로 사용하도록 설정하고, **overload** 옵션을 사용하여 PAT 기능을 활성화시켰습니다.

③ 외부망과 연결되는 인터페이스를 지정합니다.

④ 내부망과 연결되는 인터페이스를 지정합니다.

설정 후 NAT가 동작하는지 다음과 같이 내부의 사설 IP 주소를 이용하여 ISP 라우터로 핑을 해봅시다.

[예제 25-6] NAT 동작 확인

```
R2# ping 1.1.1.1 source 10.1.1.254

Type escape sequence to abort.
Sending 5, 100-byte ICMP Echos to 1.1.1.1, timeout is 2 seconds:
Packet sent with a source address of 10.1.1.254
!!!!!
Success rate is 100 percent (5/5), round-trip min/avg/max = 16/60/88 ms
```

다음에는 PC에게 IP 주소, 게이트웨이 주소, DNS 서버 주소 등을 자동으로 부여하기 위하여 DHCP 서버를 설정합시다.

[예제 25-7] DHCP 서버 설정

```
R2(config)# ip dhcp pool Pool-VLAN10
R2(dhcp-config)# network 10.1.1.0 255.255.255.0
R2(dhcp-config)# default-router 10.1.1.254
R2(dhcp-config)# dns-server 8.8.8.8
R2(dhcp-config)# lease infinite
R2(dhcp-config)# exit
```

스위치 구성

내부의 SW2에서는 다음과 같이 VLAN 10을 만들고, 해당 포트에 할당합시다.

[예제 25-8] VLAN 설정

```
sw2(config)# vlan 10
sw2(config-vlan)# exit

sw2(config)# interface range f1/2 - 4
sw2(config-if-range)# switchport mode access
sw2(config-if-range)# switchport access vlan 10
sw2(config-if-range)# spanning-tree portfast
sw2(config-if-range)# exit
```

이상으로 라우터와 스위치 설정이 완료되었습니다.

PC 설정

다음에는 PC를 설정합니다. 실제 PC라면 다음과 같이 설정합시다. 바탕화면의 '내 네트워크 연결'이나 제어판의 '네트워크 및 공유센터'등을 선택한 후, 설정을 원하는 랜카드의 속성을 열고, 'Internet Protocol Version 4(TCP/IPv4)'속성을 선택합니다.

[그림 25-2] 인터넷 프로토콜(TCP/IP) 속성 선택하기

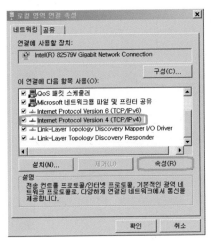

인터넷 프로토콜(TCP/IP) 등록정보 화면에서 '자동으로 IP 주소 받기'와 '자동으로 DNS 서버 주소 받기'버튼을 선택한 다음, '확인'버튼을 누르면 PC의 네트워크 설정이 끝납니다.

[그림 25-3] 자동으로 IP 주소 받기

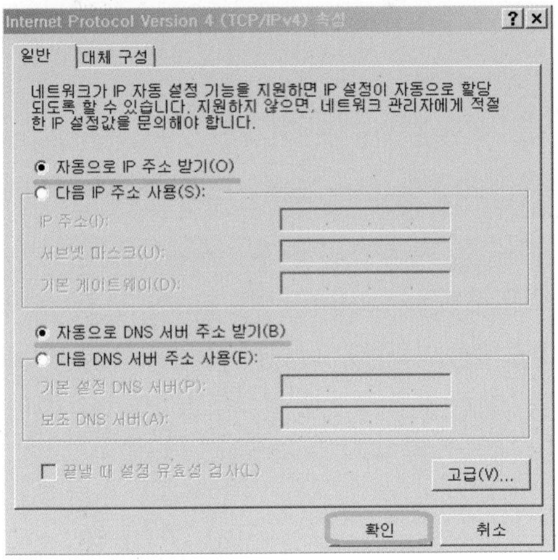

IP 주소, 게이트웨이 주소, DNS 서버 주소 등을 직접 입력하려면 다음과 같이 설정합시다.

[그림 25-4] IP 주소 직접 입력하기

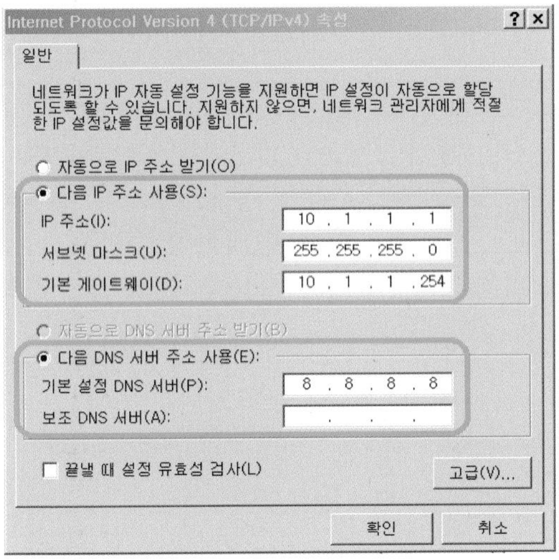

잠시 후 모니터의 좌측 하단 '시작'버튼을 누르고 '프로그램 및 파일검색' 창에서 **cmd** 명령어를 입력하여 명령어 창으로 들어갑니다. 다음과 같이 **ipconfig /all** 명령어를 사용하면 PC에 할당된 IP 주소, 게이트웨이 주소, DHCP 서버 주소, DNS 서버 주소 등을 확인할 수 있습니다.

[예제 25-9] PC의 IP 확인

```
C:\> ipconfig /all
```

```
이더넷 어댑터 로컬 영역 연결:

    연결별 DNS 접미사...        :
    설명........................ : Intel(R) 82579V Gigabit Network Connection
    물리적 주소.................. : E8-40-F2-B1-F3-D8
    DHCP 사용.................. : 아니요
    자동 구성 사용.............. : 예
    링크-로컬 IPv6 주소.......... : fe80::7c15:3ad9:7bb0:c8cc%11(기본 설정)
    IPv4 주소.................. : 10.1.1.1(기본 설정)
    서브넷 마스크................. : 255.255.255.0
    기본 게이트웨이.............. : 10.1.1.254
    DHCPv6 IAID................ : 238575735
    DHCPv6 클라이언트 DUID..... : 00-01-00-01-18-36-EB-E7-E8-40-F2-B1-F3-D8
    DNS 서버................... : 8.8.8.8
    Tcpip를 통한 NetBIOS........ : 사용
```

이번에는, PC 대용으로 사용할 R3, R4에서 다음과 같이 설정합시다. 호스트 이름을 PC3, PC4라고 지정했습니다.

[예제 25-10] R3, R4 설정

```
PC3(config)# interface f0/1
PC3(config-if)# ip address dhcp
PC3(config-if)# no shut

PC4(config)# interface f0/1
PC4(config-if)# ip address dhcp
PC4(config-if)# no shut
```

설정 후 다음과 같이 **show ip interface brief** 명령어를 사용하여 확인해보면 DHCP 서버에게서 IP 주소를 할당받았습니다.

[예제 25-11] DHCP 서버에게서 할당받은 IP 주소

```
PC3# show ip interface brief
Interface         IP-Address    OK?  Method  Status                  Protocol
FastEthernet0/0   unassigned    YES  unset   administratively down   down
FastEthernet0/1   10.1.1.1      YES  DHCP    up                      up
  (생략)
```

인터넷의 DNS 서버까지 핑이 됩니다.

KING of NETWORKING

```
PC3# ping 8.8.8.8

Type escape sequence to abort.
Sending 5, 100-byte ICMP Echos to 8.8.8.8, timeout is 2 seconds:
..!!!
Success rate is 60 percent (3/5), round-trip min/avg/max = 28/76/128 ms
```

장애처리

만약 인터넷이 안 되면 다음과 같이 장애처리를 합니다.

[그림 25-5] 장애처리 위치

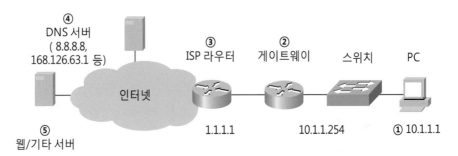

① 윈도우 명령어 창에서 **ipconfig** 명령어를 사용하여 IP 주소, DNS 서버 주소를 제대로 할당받았는지 확인합니다.

IP 주소, DNS 서버 주소를 직접 지정했거나, 제대로 할당받았다면, 다음 단계로 넘어갑니다. 할당받지 못했다면 랜카드의 속성을 열고, '인터넷 프로토콜(TCP/IP)'속성을 선택하여 설정을 확인하고, 필요 시 수정합니다. 무선랜을 사용하는 경우라면 제어판에서 무선 랜카드를 선택하거나, 와이파이(WiFi) 연결 유틸리티를 이용하여 네트워크 목록을 새로 고칩니다. 처음 인터넷에 연결하는 경우라면 랜 카드 드라이버가 제대로 설치되어 있는지 확인합니다.

② 게이트웨이 라우터로 핑을 때립니다.

핑이 되면 다음 단계로 넘어갑니다. 핑이 안 되면 스위치, 게이트웨이 라우터 또는 두 장비 간의 링크에 장애가 발생했을 가능성이 큽니다. 네트워크 관리자라면 직접 고치고, 일반 사용자라면 네트워크 관리자에게 연락합니다.

③ ISP 라우터로 핑을 때립니다.

핑이 되면 다음 단계로 넘어갑니다. 핑이 안 되면 통신회사의 장비 또는 퍼스트 마일 액세스

(first mile access) 구간의 케이블 장애이므로 통신회사에 전화합니다.

> 네트워크 관리자는 평소에 자사와 연결되는 통신회사 라우터의 IP 주소를 기록해놓는 것이 좋습니다. 고정 IP 주소를 사용하는 경우에는 통신회사에서 미리 알려줍니다. DHCP를 이용한 유동 IP 주소를 사용하는 경우라면, ISP와 연결되는 라우터의 라우팅 테이블을 확인하면 상대측 IP 주소가 디폴트 루트의 넥스트 홉 주소로 설정되어 있습니다.

④ DNS 서버로 핑을 때립니다.

핑이 되면 다음 단계로 넘어갑니다. 핑이 안 되면 DNS 서버 문제일 가능성이 큽니다. DNS 서버를 다른 것으로 변경해봅시다. 예를 들어, KT 코넷은 168.126.63.1 또는 168.126.63.2, 구글은 8.8.8.8 또는 8.8.4.4입니다.

> DNS 서버는 다른 통신사의 것을 사용해도 문제없습니다.

⑤ ping www.google.com과 같이 직접 서버로 핑을 해봅시다.

핑이 되면 서버의 랜카드까지는 문제가 없습니다. 핑이 안 되어도 서버나 인근 방화벽에서 핑을 차단했을 수도 있습니다. 그러나 홈페이지 화면이 열리지 않는다면 서버가 공격을 받고 있거나 어떤 장애가 발생했을 가능성이 큽니다. 자사의 홈페이지라면 서버가 있는 데이터 센터나 서버 관리회사에 연락해야 합니다. 직접 홈페이지를 관리하는 경우라면 원격 관리 시스템으로 접속하거나 서버가 있는 곳으로 달려가야 합니다.

장애처리 시 꼭 위의 순서대로 할 필요는 없습니다. 경우에 따라서 게이트웨이로 먼저 핑을 해서 내부망의 상태 전체를 확인하기도 하고, DNS 서버로 먼저 핑을 때려 인터넷까지의 접속을 확인하기도 합니다.

다수의 VLAN을 사용하는 네트워크

이번 절에는 다수의 VLAN을 사용하는 소규모 네트워크 구성 사례를 살펴봅시다. 하나의 VLAN만 사용하는 경우와 별로 차이가 없습니다. 다만, 게이트웨이 라우터와 스위치에서 트렁킹 관련 설정을 추가하고, VLAN 별 DHCP 풀(pool)을 구성하면 됩니다.

KING of NETWORKING

다수의 VLAN을 사용하는 네트워크 구성

다음 그림과 같이 네트워크를 구성합니다. 고객망과 인터넷은 메트로(metro) 이더넷을 이용하여 연결하는 것으로 가정합시다. 그리고 xDSL을 사용하여 연결하는 경우도 고객망 내부의 설정은 동일합니다. R3과 R4를 PC 대용으로 동작시킵니다.

[그림 25-6] 다수의 VLAN을 사용하는 네트워크

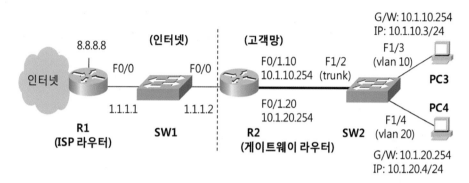

ISP 라우터 구성은 앞 절과 동일하므로 설명을 생략합니다.

게이트웨이 라우터 구성

이제, 고객망의 게이트웨이 라우터인 R2를 구성해봅시다. 게이트웨이 라우터에서는 기본적으로 IP 주소, NAT, DHCP를 설정해야 합니다. 먼저, 인터페이스에 다음과 같이 IP 주소를 설정하고, 활성화시킵니다.

[예제 25-13] IP 주소 설정 및 활성화

```
R2(config)# interface f0/0
R2(config-if)# ip address dhcp
R2(config-if)# no shut
R2(config-if)# exit

R2(config)# interface f0/1
R2(config-if)# no shut

R2(config-if)# interface f0/1.10
R2(config-subif)# encapsulation dot1Q 10
R2(config-subif)# ip address 10.1.10.254 255.255.255.0
R2(config-subif)# exit
```

```
R2(config)# interface f0/1.20
R2(config-subif)# encapsulation dot1Q 20
R2(config-subif)# ip address 10.1.20.254 255.255.255.0
R2(config-subif)# exit
```

인터넷과 연결되는 인터페이스에는 **ip address dhcp** 명령어를 이용하여 ISP에서 자동으로
IP 주소, 게이트웨이, DNS 서버 주소 등을 받아오게 합니다. 내부에 2개의 VLAN을 사용
할 예정이므로, 내부망과 연결되는 F0/1 인터페이스에 서브 인터페이스를 설정하여 각각
VLAN 번호와 IP 주소를 할당합니다.

설정 후 **show ip interface brief** 명령어를 사용하여 확인해보면 다음과 같습니다.

[예제 25-14] 인터페이스 설정 확인

```
R2# show ip interface brief
Interface          IP-Address    OK? Method Status    Protocol
FastEthernet0/0    1.1.1.2       YES DHCP   up        up
FastEthernet0/1    unassigned    YES unset  up        up
FastEthernet0/1.10 10.1.10.254   YES manual up        up
FastEthernet0/1.20 10.1.20.254   YES manual up        up
       (생략)
```

라우팅 테이블을 보면 다음과 같이 ISP 라우터로 디폴트 루트가 설정되어 있습니다.

[예제 25-15] R2의 라우팅 테이블

```
R2# show ip route
   (생략)
Gateway of last resort is 1.1.1.1 to network 0.0.0.0

   1.0.0.0/24 is subnetted, 1 subnets
C    1.1.1.0 is directly connected, FastEthernet0/0
   10.0.0.0/24 is subnetted, 2 subnets
C    10.1.10.0 is directly connected, FastEthernet0/1.10
C    10.1.20.0 is directly connected, FastEthernet0/1.20
S*   0.0.0.0/0 [254/0] via 1.1.1.1
```

다음에는 NAT를 설정합시다.

[예제 25-16] NAT 설정

```
① R2(config)# ip access-list standard Private
```

```
R2(config-std-nacl)# permit 10.1.10.0 0.0.0.255
R2(config-std-nacl)# permit 10.1.20.0 0.0.0.255
R2(config-std-nacl)# exit

② R2(config)# ip nat inside source list Private interface f0/0 overload

③ R2(config)# int f0/0
R2(config-if)# ip nat outside
R2(config-if)# exit

④ R2(config)# int f0/1.10
R2(config-subif)# ip nat inside
R2(config-subif)# exit

R2(config)# int f0/1.20
R2(config-subif)# ip nat inside
R2(config-subif)# exit
```

① ACL을 이용하여 사설 IP 주소 대역을 지정합니다. permit 10.0.0.0 0.255.255.255와 같이 전체 사설 네트워크를 지정해도 됩니다.

② ISP와 접속되는 F0/0 인터페이스에 할당된 IP 주소를 NAT에서 공인 IP 주소로 사용하도록 지정합니다.

③ 외부망과 연결되는 인터페이스를 지정합니다.

④ 내부망과 연결되는 인터페이스를 지정합니다.

설정 후 NAT가 동작하는지 다음과 같이 내부의 사설 IP 주소를 이용하여 ISP 라우터로 핑을 해봅시다.

[예제 25-17] NAT 동작 동작

```
R2# ping 1.1.1.1 source 10.1.10.254

Type escape sequence to abort.
Sending 5, 100-byte ICMP Echos to 1.1.1.1, timeout is 2 seconds:
Packet sent with a source address of 10.1.10.254
.!!!!
Success rate is 80 percent (4/5), round-trip min/avg/max = 8/49/72 ms

R2# ping 1.1.1.1 source 10.1.20.254

Type escape sequence to abort.
Sending 5, 100-byte ICMP Echos to 1.1.1.1, timeout is 2 seconds:
Packet sent with a source address of 10.1.20.254
!!!!!
```

다음에는 PC에게 IP 주소, 게이트웨이 주소, DNS 서버 주소 등을 자동으로 부여하기 위하여 DHCP 서버를 설정합니다.

[예제 25-18] DHCP 서버 설정

```
R2(config)# ip dhcp pool Pool-VLAN10
R2(dhcp-config)# network 10.1.10.0 255.255.255.0
R2(dhcp-config)# default-router 10.1.10.254
R2(dhcp-config)# dns-server 8.8.8.8
R2(dhcp-config)# lease infinite
R2(dhcp-config)# exit

R2(config)# ip dhcp pool Pool-VLAN20
R2(dhcp-config)# network 10.1.20.0 255.255.255.0
R2(dhcp-config)# default-router 10.1.20.254
R2(dhcp-config)# dns-server 8.8.8.8
R2(dhcp-config)# lease infinite
R2(dhcp-config)# exit
```

이처럼 여러 개의 VLAN을 사용할 때에는 DHCP 서버 설정 시 VLAN별로 풀(pool)을 만듭니다. 이상으로 게이트웨이 라우터 설정이 완료되었습니다.

스위치 구성

내부의 SW2에서는 다음과 같이 VLAN 10, 20을 만들고, 게이트웨이 라우터와 연결되는 F1/2 포트를 트렁크로 설정하며, 각 PC와 연결되는 포트에 VLAN을 할당합시다.

[예제 25-19] 스위치 설정하기

```
SW2(config)# vlan 10
SW2(config-vlan)# vlan 20
SW2(config-vlan)# exit

SW2(config)# interface f1/2
SW2(config-if)# switchport trunk encapsulation dot1q
SW2(config-if)# switchport mode trunk
SW2(config-if)# exit

SW2(config)# interface f1/3
```

```
SW2(config-if)# switchport mode access
SW2(config-if)# switchport access vlan 10
SW2(config-if)# spanning-tree portfast
SW2(config-if)# exit

SW2(config)# interface f1/4
SW2(config-if)# switchport mode access
SW2(config-if)# switchport access vlan 20
SW2(config-if)# spanning-tree portfast
SW2(config-if)# exit
```

이상으로 라우터와 스위치 설정이 완료되었습니다.

PC 설정

PC 대용으로 사용할 R3, R4에서 다음과 같이 설정합시다. 호스트 이름을 PC3, PC4라고 지정했습니다.

[예제 25-20] R3, R4 설정

```
PC3(config)# interface f0/1
PC3(config-if)# ip address dhcp
PC3(config-if)# no shut

PC4(config)# interface f0/1
PC4(config-if)# ip address dhcp
PC4(config-if)# no shut
```

설정 후 PC3에서 다음과 같이 **show ip interface brief** 명령어를 사용하여 확인해보면 DHCP 서버에게서 IP 주소를 할당받았습니다.

[예제 25-21] DHCP 서버에게서 할당받은 IP 주소

```
PC3# show ip interface brief
Interface          IP-Address      OK? Method Status    Protocol
FastEthernet0/1    10.1.10.1       YES DHCP   up        up
  (생략)
```

PC4도 DHCP 서버에게서 IP 주소를 할당받았습니다.

```
PC3# show ip interface brief
Interface          IP-Address    OK?  Method Status  Protocol
FastEthernet0/1    10.1.20.1     YES  DHCP   up      up
    (생략)
```

PC3에서 인터넷의 DNS 서버까지 핑이 됩니다.

[예제 25-23] PC3에서 인터넷까지 통신 확인

```
PC3# ping 8.8.8.8

Type escape sequence to abort.
Sending 5, 100-byte ICMP Echos to 8.8.8.8, timeout is 2 seconds:
.!!!!
Success rate is 80 percent (4/5), round-trip min/avg/max = 20/58/96 ms
```

PC4에서도 인터넷의 DNS 서버까지 핑이 됩니다.

[예제 25-24] PC4에서 인터넷까지 통신 확인

```
PC4# ping 8.8.8.8

Type escape sequence to abort.
Sending 5, 100-byte ICMP Echos to 8.8.8.8, timeout is 2 seconds:
.!!!!
Success rate is 80 percent (4/5), round-trip min/avg/max = 20/58/96 ms
```

만약, 여러 대의 스위치를 사용하는 경우에도 설정은 큰 차이가 없습니다. 게이트웨이 라우터에서 VLAN 수 만큼 서브 인터페이스를 나누고, 각 VLAN별 DHCP 풀(pool)을 만들면 됩니다. 그리고 스위치 간의 링크는 필요에 따라 트렁크 또는 액세스 포트로 설정을 합니다.

[그림 25-7] 여러 대의 스위치를 사용하는 경우의 네트워크

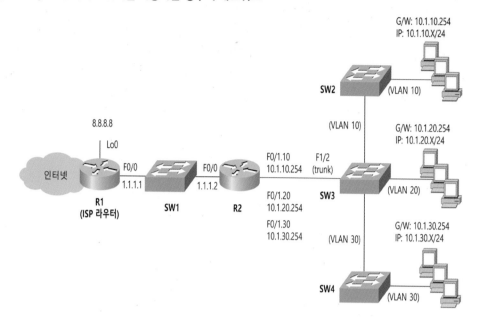

이상으로 소규모 네트워크 구축사례 및 장애처리 방법에 대해서 살펴보았습니다.

연습 문제

1. PC에 설정된 DNS 서버 주소를 확인할 수 있는 윈도우 명령어는 무엇인가?
    1) ipconfig
    2) route print
    3) ipconfig /all
    4) ipconfig /renew

2. 외부 홈페이지와 연결이 되지 않아 테스트를 해보니, PC에서 게이트웨이까지는 핑이 되는데, 외부의 DNS 서버까지는 핑이 되지 않습니다. 다음 중 장애의 원인일 수 있는 것을 세 가지 고르시오.
    1) 게이트웨이와 통신회사 사이의 링크에 장애가 생겼다.
    2) PC가 접속되어 있는 내부의 스위치에 장애가 생겼다.
    3) 외부의 DNS 서버에 장애가 생겼다.
    4) 통신회사 내부 네트워크에 장애가 생겼다.

3. 다음의 장애처리 방식 중 바람직하지 못한 것을 두 가지 고르시오.

    1) 한꺼번에 여러 가지의 변수를 조정하여 신속하게 장애를 해결한다.

    2) 장애해결이 제대로 되지 않을 경우 항상 처음 장애상태로 원상복구할 수 있어야 한다.

    3) 사용자를 추궁하여 무슨 짓을 했는지 알아낸다.

    4) '그럴 리가 없을 텐데요'하지 않고, 장애현상에 대한 사용자의 말을 존중한다.

4. 외부 DNS 서버의 IP 주소 하나를 적으시오.

부록

연습문제 풀이

GNS3을 이용한 실습 네트워크 구축

프레임 릴레이

시스코 자격시험 안내

킹-오브-
네트워킹

연습문제 풀이

제1장 문제 풀이

1. 각 계층의 프로토콜들은 자신이 실어 나르는 상위 계층 프로토콜의 종류를 알고 있어야 디캡슐레이션 후 적절한 프로세스에게 정보를 올려보낸다. 이처럼 상위 계층 프로토콜을 표시하는 필드의 이름은 프로토콜의 종류마다 다르다. 다음 표의 빈 칸을 채우시오.

계층 이름	프로토콜	상위계층을 나타내는 필드명
전송 계층	TCP와 UDP	포트(port)
네트워크 계층	IP	프로토콜(protocol)
링크 계층	이더넷	타입(type)

2. OSI 참조모델에서 데이터의 묶음을 PDU(Protocol Data Unit)라고 한다. 다음 표에서 각 계층별 PDU의 이름을 적으시오.

계층 번호	계층 이름	PDU 이름
7	응용 계층(application layer)	메시지(message)
6	표현 계층(presentation layer)	메시지(message)
5	세션 계층(session layer)	메시지(message)
4	전송 계층(transport layer)	세그먼트(segment)
3	네트워크 계층(network layer)	패킷(packet)
2	데이터 링크 계층(data link layer)	프레임(frame)
1	물리 계층(phisical layer)	비트(bit)

3. 다음 중 물리적인 주소(physical address)를 사용하는 계층은 무엇인가?

2) 데이터 링크 계층

4. 다음 중 스위치가 기본적으로 참조하는 계층을 2개 고르시오.

1) 물리 계층   2) 데이터 링크 계층

5. 다음 중 라우터가 기본적으로 참조하는 계층을 3개 고르시오.

　　1) 물리 계층　　　2) 데이터 링크 계층　　　3) 네트워크 계층

6. 다음 중 IP 헤더에서 IP 패킷의 루핑을 방지하는 위한 필드는 무엇인가?

　　3) TTL(time to live)

7. 다음 중 커넥션 오리엔티드(connection-oriented) 프로토콜을 2개 고르시오.

　　1) TCP　　　　3) PPP

8. 다음 중 신뢰성 있는 프로토콜(reliable protocol)을 하나만 고르시오.

　　1) TCP

제2장 문제 풀이

1. 다음 중 NVRAM(Non-Volatile RAM)에 대한 설명으로 맞는 것을 2개 고르시오.

　　1) 장비의 설정 내용이 저장된다.

　　2) NVRAM의 내용은 장비가 재부팅되어도 없어지지 않는다.

2. 다음 중 장비의 각 포트(port)에 대한 설명으로 틀린 것을 하나만 고르시오.

　　3) 이더넷(ethernet) 포트는 속도가 1Mbps 이하이다.

3. 다음 중 동시에 여러 대의 라우터나 스위치의 콘솔 포트에 접속할 수 있는 장비는 무엇인가?

　　3) 터미널 서버

4. 다음 중 관리를 위하여 장비와 접속하는 방법으로 맞는 것을 모두 고르시오.

　　1) 텔넷(telnet)이나 SSH를 이용하여 원격으로 접속한다.

　　2) 콘솔 포트를 이용하여 접속한다.

　　3) HTTP를 이용하여 원격으로 접속한다.

　　4) AUX 포트를 이용하여 접속한다.

　　(모두 가능)

제3장 문제 풀이

1. 다음 중 셋업 모드로 들어가는 방법을 모두 고르시오.

    1) 공장 출하 시

    2) 관리자 모드에서 setup 명령어 사용

    3) 설정 레지스터의 끝에서 두 번째 값이 0X2142처럼 4 일 때

    4) 설정 파일을 삭제한 후 재부팅할 때

2. 다음 중 어느 모드에서라도 바로 관리자 모드로 빠져나오는 방법을 2가지 고르시오.

    1) end 명령어를 입력한다.

    4) Control+z 명령어를 입력한다.

3. 다음 중 현재의 설정을 저장하는 명령어를 3가지 고르시오.

    2) copy running-config startup-config

    3) write memory

    4) wr

4. erase flash: 명령어는 플래시 메모리에 저장된 내용을 모두 삭제합니다. 연습용 프로그램인 emulator 를 사용할 때에는 이 명령어를 사용해도 상관없다. 그러나 실제 장비에서는 이 명령어를 사용하면 IOS가 삭제된다. 실수로 IOS를 삭제했을 때 어떻게 해야 할까?

    1) reload 명령어를 사용하거나 전원을 끄기 전까지는 장비가 정상적으로 동작한다. 절대로 장비 를 끄거나 재부팅시키지 말고, 미리 백업(backup)해둔 해당 장비의 IOS를 찾아서 다시 설치한다.

5. IP 주소 10.1.100.0/24를 이용하여 다음 네트워크가 제대로 동작할 수 있도록 각 라우터의 인터페 이스에 적당한 IP 주소와 서브넷 마스크를 부여하시오.

    • R1 F0/0 의 IP 주소와 서브넷 마스크 : (10.1.100.1/25   )

    • R1 S1/1 의 IP 주소와 서브넷 마스크 : (10.1.100.129/26   )

    • R2 S1/1 의 IP 주소와 서브넷 마스크 : (10.1.100.130/26   )

    • R2 F0/0 의 IP 주소와 서브넷 마스크 : (10.1.100.193/26   )

    (이 풀이는 예를 든 것이고, 이 외에도 여러 방법이 있다.)

6. IP 주소 192.168.200.50/29가 소속된 서브넷 주소와 브로드캐스트 주소를 구하시오.

    • 서브넷 주소 : (192.168.200.48/29)

KING of NETWORKING

- 브로드캐스트 주소 : (192.168.200.55/29)

7. IP 주소 172.16.1.100/28이 소속된 서브넷 주소와 브로드캐스트 주소를 구하시오.
- 서브넷 주소 : (172.16.1.96/28)
- 브로드캐스트 주소 : (172.16.1.111/28)

8. 다음 중 네트워크를 축약(summary)하는 이유를 3가지 고르시오.
   1) 네트워크의 안정화시킨다.
   2) 장애처리가 쉽다.
   3) 네트워크 관리가 쉽다.

9. 다음 중 서브넷 마스킹(subnet masking)을 하는 이유를 2가지 고르시오.
   1) 네트워크 주소가 부족해서
   2) 라우터는 인터페이스별로 서로 다른 네트워크를 사용해야 하기 때문에

10. 명령어 입력 결과 '% Ambiguous command: '라는 에러 메시지가 표시되었습니다. 이 메시지가 의미하는 내용은 무엇인가?
   1) 동일한 문자열로 시작하는 명령어가 2개 이상이다.

11. 명령어 입력 결과 '% Incomplete command.'라는 에러 메시지가 표시되었습니다. 이 메시지가 의미하는 내용은 무엇인가?
   2) 명령어 다음에 필요한 옵션을 지정하지 않았다.

12. 관리자 모드나 이용자 모드에서 명령어가 아닌 문자열을 입력했을 때 IOS는 어떻게 동작할까?
   1) 해당 문자열을 도메인이나 호스트 이름으로 인식하고 해당하는 IP 주소를 알아내기 위하여 DNS 서버를 찾는다.

제4장 문제 풀이

1. 다음 중 핑에 대해 설명한 것 중 틀린 것을 고르시오.
   4) 시스코 IOS는 기본적으로 1초 이내에 응답이 없으면 핑이 실패한 것으로 간주한다.

2. 원격지의 장비에 텔넷을 했다가 먹통이 되었다. 텔넷을 종료하는 가장 적당한 방법은?

    2) Control + Shift + 6 키를 눌렀다가 손을 모두 뗀 후, x 키를 누른 다음, disconnect 명령어를 사용한다.

3. 다음 중 트레이스 루트(traceroute) 명령어가 사용하는 프로토콜을 모두 고르시오.

    1) ICMP

    2) IP

    4) UDP

4. 텔넷으로 접속한 장비의 동작을 디버깅하기 위하여 필요한 명령어는 무엇인가?

    3) terminal monitor

제5장 문제 풀이

1. 다음 중 UTP 케이블과 RJ45 잭을 연결할 때 사용하는 표준을 모두 고르시오.

    1) TIA/EIA-568-B

    2) TIA/EIA-568-A

2. 다음 중 스위치와 스위치를 연결할 때 사용할 수 있는 케이블에 대해서 맞는 것을 두 가지 고르시오.

    2) 크로스 케이블(cross cable)

    4) 일반적으로 크로스 케이블을 사용하나 케이블의 종류를 자동으로 감지하는 스위치에서는 크로스 케이블 또는 다이렉트 케이블을 사용해도 된다.

3. 이더넷 헤더의 크기는 얼마인가?

    2) 18바이트

4. 인접한 두 이더넷 장비 간의 통신 시 두플렉스(duplex)가 다르면 어떻게 될까?

    3) 프레임의 충돌이 많이 일어나 속도가 느려진다.

KING of NETWORKING

제6장 문제 풀이

1. 정책상 각 PC에 직접 IP 주소를 설정하는 회사에서 IP 주소를 교체하는 작업을 했다. 비몽사몽 야간 작업을 하던 네트워크 엔지니어가 깜박 잊고 IP 주소만 변경하고 게이트웨이 주소는 그대로 두고 퇴근했다. 아침에 어떤 일이 벌어질까?

    3) 네트워크가 제대로 동작할 수도 있고, 안할 수도 있다. (게이트웨이 장비에 ip proxy-arp 명령어가 설정되어 있으면 네트워크가 제대로 동작한다. 아니면, 인터넷 등 원격 접속이 되지 않는다.)

2. 왜 제로의 서울시청 사무실 PC에서는 아들의 홈페이지가 보이지 않을까? 다음 중 가능성 높은 것을 두 가지만 고르시오.

    2) 서울시와 아들이 사용하는 IP 주소의 네트워크 대역이 같아서

    3) ARP가 실패하기 때문에

3. 제로가 아들의 홈페이지를 볼 수 있는 방법을 모두 고르시오. (모두 가능)

    1) 조퇴하고 얼른 집으로 간다.

    2) 소공동의 PC방으로 간다.

    3) 스마트 폰을 이용하여 접속한다.

    4) 아들에게 무료 DNS 서버를 이용하라고 한다.

4. 다음 중 트랜스패런트 브리징의 기능에 속하지 않는 것은 무엇인가?

    6) 드라이빙(driving)

5. 다음 중 플러딩 조건이 아닌 것은?

    2) 유니캐스트 프레임

6. MAC 플러딩(flooding) 공격이란?

    3) 출발지 MAC 주소가 다른 프레임을 무수히 전송하여 MAC 주소 테이블을 채우는 공격

제7장 문제 풀이

1. 다음 중 VLAN을 사용하는 이유를 4가지 고르시오. (모두 해당)

    1) 브로드캐스트 도메인의 수를 늘이기 위하여

    2) 브로드캐스트 도메인의 크기를 줄이기 위하여

3) 보안성 증대를 위하여

4) VLAN간 부하분산을 위하여

2. 다음 명령어 설정 결과를 설명하는 것 중에서 맞는 것을 2가지 고르시오.

```
SW1(config)# interface f1/3
SW1(config-if)# switchport access vlan 20
```

3) F1/3 포트가 액세스 포트로 동작하는 경우에 VLAN 20에 소속된다.

4) F1/3 포트는 트렁크 포트로 동작할 수도 있다.

3. 다음 중 VTP가 동작하기 위한 필수조건을 두 가지 고르시오.

1) 스위치를 트렁크 포트로 연결해야 한다.

3) VTP 도메인 이름이 동일해야 한다.

4. SW2가 다음 그림과 같이 네이티브 VLAN이 10으로 설정되어 있는 트렁크 포트를 통하여 VLAN 번호가 표시되어 있지 않은 브로드캐스트 프레임을 수신했다. 다음 중 SW2의 동작으로 맞는 것을 하나만 고르시오.

1) VLAN 10에 소속된 F1/1 포트로만 전송한다.

5. 다음 중 VTP 설정번호를 초기화하는 방법을 모두 고르시오.

2) VTP 도메인 이름을 다른 것으로 변경하기

3) VTP 모드를 트랜스패런트로 변경하기

4) VLAN 데이터베이스를 삭제하고 재부팅하기

6. VTP 설정 실수로 인하여 VLAN 번호가 다 삭제되었습니다. 필요한 조치를 하나 고르시오.

4) 얼른 원래의 VLAN을 만든다.

제8장 문제 풀이

1. 강남역에서 교대역으로 핑을 때리면 어떤 경로를 거쳐갈까?

1) 왕복 패킷이 모두 2호선을 한바퀴 돌아서간다. 즉, 교대역-시청역-강남역으로 먼 길을 거친다.

2. 폭설이 내려 신도림역의 통신선로에 장애가 발생하여 대림역부터 교대역까지 11개의 지하철역은 나머지 역과의 일시적인 통신불능 상태가 된다. 통신이 복구될 때까지 얼마의 시간이 걸릴까?

    4) 50초

3. 장애발생 시 대체경로로 전환되는 시간문제 때문에 STP 대신 RSTP를 사용하기로 했다. 이 경우, 위와 동일한 상황이 발생했을 때 통신이 복구되는 시간을 얼마일까?

    1) 1초 이내

4. RSTP 사용 시 강남역에서 교대역으로 핑을 때리면 어떤 경로를 거쳐갈까?

    1) 왕복 패킷이 모두 2호선을 한바퀴 돌아서간다. (STP 사용 시와 동일)

5. 다음 중 프레임 루핑(looping)시 나타나는 현상 세 가지를 고르시오.

    1) 브로드캐스트 폭풍이 발생한다.

    2) 동일한 프레임을 여러번 수신한다.

    4) MAC 주소 테이블이 불안정해진다.

6. 다음 중 STP 청취상태를 설명하는 것 중에서 맞는 것을 모두 고르시오.

    1) PC의 전원을 켜면 PC가 접속된 스위치 포트는 청취상태가 된다.

    2) 15초 후에 학습상태가 된다.

    3) 포트의 역할이 지정포트라면, 청취상태에서 BPDU를 전송하기 시작한다.

7. 다음 중 STP 지정 포트(designated port)를 설명하는 것 중에서 맞는 것을 세 가지 고르시오.

    1) 루트 스위치의 모든 포트는 지정 포트이다.

    2) 세그먼트당 하나씩, 그리고 반드시 하나씩 존재한다.

    3) 설정 BPDU를 송신한다.

8. 다음 중 STP 루트 포트(designated port)를 설명하는 것 중에서 맞는 것을 2개 고르시오.

    1) 루트 스위치를 제외한 모든 스위치에서 반드시 하나씩 존재한다.

    3) 설정 BPDU를 수신한다.

9. 다음 중 STP 대체 포트(alternate port)를 설명하는 것 중에서 맞는 것을 3개 고르시오.

    1) 데이터 프레임을 송신하지 않는다.

    2) 데이터 프레임을 수신하지 않는다.

3) BPDU를 수신한다.

10. 다음 중 속도와 STP 경로값의 관계를 잘못 표시한 것을 하나 고르시오.

   4) 10Gbps - 1

11. 다음 이더채널(EtherChannel)에 대한 설명 중 맞는 것을 3개 고르시오.

   1) STP는 이더채널을 하나의 포트로 간주한다.

   2) 동일한 속도의 포트들로 구성해야 한다.

   4) 트렁크 포트로 사용 시 트렁킹 프로토콜의 종류가 동일해야 한다.

제9장 문제 풀이

1. 서브 인터페이스에 대한 설명 중 틀린 것 한 가지를 고르시오.

   4) 하나의 물리적인 인터페이스를 사용하여 만들 수 있는 서브 인터페이스의 수량은 2개이다.

2. 라우터의 이더넷 포트에서 서브 인터페이스를 사용할 경우, 이와 연결되는 스위치의 포트 설정에 대하는 맞는 것을 하나 고르시오.

   1) 스위치의 포트를 트렁크 포트로 설정해야 한다.

3. 4대의 라우터에서 각 F0/0 인터페이스를 사용하여 다음 그림과 같은 버스 토폴로지를 구성하려고 한다. 이때 반드시 서브 인터페이스를 사용해야 할 포트를 모두 고르시오.

   2) R2의 F0/0

   3) R3의 F0/0

제10장 문제 풀이

1. 다음 중 L2 스위치와 라우터의 차이점 중 맞는 것을 3가지 고르시오.

   1) L2 스위치는 동일한 서브넷 간의 통신에 사용되고, 라우터는 서로 다른 서브넷을 연결할 때 사용한다.

   2) L2 스위치는 MAC 주소 테이블을 참조하고, 라우터는 라우팅 테이블을 참조한다.

   4) L2 스위치는 목적지를 모르는 프레임을 플러딩하고, 라우터는 폐기한다.

2. 다음 중 디스턴스 벡터 라우팅 프로토콜에 대한 설명 중 틀린 것 하나를 고르시오.

1) 목적지 네트워크와 메트릭 값을 광고한다.

3) RIP, EIGRP, BGP가 디스턴스 벡터 라우팅 프로토콜이다.

4) 라우팅 정보에 목적지 네트워크의 메트릭(distance)과 방향(vector)이 포함되므로 디스턴스 벡터 라우팅 프로토콜이라고 한다.

3. 라우터가 경로를 결정하는 방법 중 맞는 것을 세 가지 고르시오.

1) 동일 라우팅 프로토콜내에서 특정 목적지로 가는 경로가 복수 개 있을 때 메트릭 값이 가장 낮은 것이 선택된다.

2) 복수 개의 라우팅 프로토콜들이 계산한 특정 네트워크가 라우팅 테이블에 저장될 때는 AD(administrative distance) 값이 가장 낮은 것이 선택된다.

3) 일단 라우팅 테이블에 저장된 다음에는 롱기스트 매치 룰에 따라 패킷의 목적지 주소와 라우팅 테이블에 있는 네트워크 주소가 가장 길게 일치되는 경로를 선택한다.

4. 다음 중 정적 경로의 장점을 두 가지 고르시오.

1) 관리자가 원하는 곳으로 패킷을 전송 시킬 수 있다.

3) 라우팅 테이블 유지를 위한 자원 (CPU, 대역폭, DRAM)의 소모가 거의 없다.

5. 다음 중 링크상태 라우팅 프로토콜을 모두 고르시오.

1) OSPF   4) IS-IS

6. 다음 중 EGP에 해당하는 라우팅 프로토콜을 하나 고르시오.

3) BGP

7. 목적지 IP 주소가 1.1.10.100인 패킷을 수신하면 R2는 어느 라우터로 패킷을 전송할까?

1) R1

8. 목적지 IP 주소가 1.1.10.200인 패킷을 수신하면 R2는 어느 라우터로 패킷을 전송할까?

2) R3

9. 다음 중 경로의 종류와 AD 값의 관계가 잘못된 것을 하나만 고르시오.

4) OSPF - 115

10. 다음 중 네트워크 정보 광고시 서브넷 마스크 정보를 알려주지 못하는 라우팅 프로토콜을 하나만 고르시오.

　　1) RIP v1

11. 디폴트 루트(default route)를 설명하는 것 중 맞는 것을 하나만 고르시오.

　　2) 상세한 목적지 네트워크가 라우팅 테이블에 존재하지 않는 패킷을 전송하는 곳이다.

제11장 문제 풀이

1. RIP 최적경로 계산을 위해서 사용하는 알고리즘은 무엇인가?

　　1) 벨만 포드(Bellman-Ford) 알고리즘

2. 다음중 RIPv2 패킷의 목적지 주소는 무엇인가?

　　2) 224.0.0.9

3. 다음중 RIPv2 패킷의 메트릭으로 사용하는 값은 무엇인가?

　　3) 홉 카운트(hop count)

4. 다음 RIPv2 패킷에 대한 설명 중 맞는 것을 두 가지 고르시오.

　　2) RIP은 출발지 UDP 포트번호 520을 이용한다.

　　3) RIP은 목적지 UDP 포트번호도 520을 이용한다.

제12장 문제 풀이

1. 왜 이런 일이 벌어질까? 다음 중 맞는 것을 하나만 고르시오.

　　2) EIGRP의 라우팅 알고리즘인 DUAL의 특성 때문에 발생한 현상이다. 즉, EIGRP는 가장 느린 대역폭만 취하여 라우팅 계산을 하기 때문에 서울 라우터에서 보면 대전 네트워크 (1.1.30.0/24)로 가는 경로의 메트릭이 동일하여 서울과 수원 간에 UCLB가 일어나지 않는다. 따라서 대전으로 가는 트래픽은 1,544kbps와 512kbps 회선 간에 1:1로 부하분산이 일어나고, 과거 1,544kbps 회선만 사용할 때보다 속도가 오히려 더 느려질 수 있다.

2. 다음 중 이 문제를 해결할 수 있는 방법으로 적당한 것을 하나만 고르시오.

1) 수원에서 대전과 연결되는 S1/2 인터페이스의 대역폭을 1544kbps 이상으로 조정한다.

제13장 문제 풀이

1. OSPF의 동작에 필요한 타이머 값에 대한 다음 표를 완성하시오.

이벤트	시간 (초)
이더넷에서 OSPF가 헬로를 전송하는 주기	10
이더넷의 경우 투웨이 상태에서 대기하는 시간 (웨이트 타이머)	40
OSPF가 네트워크를 계산하기 전 기다리는 시간	5

2. 다음 중 OSPF 네이버가 되기위한 조건이 아닌 것은?

4) 라우터 ID가 동일해야 합니다.

3. 다음 표의 빈칸에 들어갈 적당한 OSPF 상태 이름을 보기에서 찾아 넣으시오.

순서	상태 이름	동작
1	이닛(init) 상태	수신한 헬로 패킷의 네이버 리스트에 나의 라우터 ID가 없다
2	투웨이(2-way) 상태	이더넷인 경우, DR/BDR을 선출한다
3	엑스 스타트(ex-start) 상태	DBD 교환을 위한 준비를 한다
4	익스체인지(exchange) 상태	DBD를 교환한다
5	로딩(loading) 상태	LSA를 교환한다
6	풀(full) 상태	네이버간 링크상태 데이터베이스의 내용이 동일하다

(보기)

① 로딩(loading) 상태 ② 투웨이(2-way) 상태 ③ 이닛(init) 상태

④ 익스체인지(exchange) 상태 ⑤ 엑스 스타트(ex-start) 상태 ⑥ 풀(full) 상태

제14장 문제 풀이

1. BGP에 대한 설명 중 틀린 것을 한 가지 고르시오.

    4) BGP는 주로 하나의 조직 내부에서 사용한다.

2. BGP AS 번호에 대한 설명 중 틀린 것을 두 가지 고르시오.

    3) 4 바이트 AS 번호중 64512에서 65534까지는 사설 AS 번호이다.

    4) IP 주소와 달리 IANA에서는 공인 AS 번호를 부여하지 않는다.

3. eBGP(external BGP) 네이버란?

    2) 서로 다른 AS에 속하는 네이버이다.

4. BGP 설정에 대한 설명 중 틀린 것을 한 가지 고르시오.

    3) DMZ 네트워크도 BGP 네트워크에 반드시 포함시켜야 한다.

제15장 문제 풀이

1. 다음 중 틀린 설명을 하나 고르시오.

    4) CO(Central Office)는 통신회사의 본사를 의미한다.

2. 다음 중 공중 전화망(PSTN)에 대한 설명으로 틀린 것을 하나 고르시오.

    1) 전봇대를 이용하여 공중에 설치되어 있는 전화망을 의미한다.

3. PPP(Point to Point Protocol)에 대한 설명 중에서 맞는 것을 세 가지 고르시오.

    1) 주로 장거리 통신망에서 사용하는 링크 계층 프로토콜이다.

    2) 다른 링크 계층 프로토콜에 없는 인증기능을 가지고 있다.

    3) LCP와 NCP라는 두 개의 서브 계층으로 구성된다.

4. PPPoE(PPP over Ethernet)에 대한 설명 중 틀린 것을 하나 고르시오.

    1) PPPoE는 사용자 인증을 위하여 이더넷 인터페이스에 PPP를 동작시키는 것을 말한다.

    2) 고객들의 장비가 이더넷으로 인터넷에 접속될 때 인증 절차를 거치고 IP 주소를 받아가도록 한다.

    3) 고객이 접속을 시도할 때 CHAP으로 인증할 수 있다.

제16장 문제 풀이

1. MPLS VPN에 대한 설명 중 틀린 것을 하나 고르시오.

  3) MPLS VPN은 인증과 암호화 기능을 제공한다.

2. MPLS PE(Provider Edge) 라우터란?

  2) MPLS 고객과 연결되는 망측의 라우터이다.

3. GRE(Generic Routing Encapsulation)에 대한 설명 중 틀린 것을 하나 고르시오.

  4) IPv6 패킷을 GRE를 사용하여 라우팅시킬 수 없다.

4. IPSec VPN이 제공하지 않는 기능을 하나 고르시오.

  1) 루프(looping) 방지

제17장 문제 풀이

1. 다음 중 IPv6 주소의 종류가 아닌 것을 하나만 고르시오.

  4) 브로드캐스트(broadcast) 주소

2. 다음 중 제대로 된 IPv6 주소를 하나만 고르시오.

  4) 2000:1:1:1::1

3. 다음 중 IPv6 라우팅을 지원하는 OSPF는 무엇인가?

  4) OSPF v3

4. 다음 중 IPv4와 IPv6를 동시에 사용하는 방법 2가지를 고르시오.

  1) 터널링(tunneling)   2) 듀얼 스택(dual stack)

제18장 문제 풀이

1. 다음 중 확장 ACL이 참조하지 않는 필드를 하나만 고르시오.

  4) 출발지 물리 계층의 종류

2. 다음 중 설정된 IP ACL의 내용과 적용된 결과를 볼 수 있는 명령어 두 개를 고르시오.

    1) show ip access-lists

    2) show access-lists

3. 다음 중 C 클래스 IP 주소 전체를 표현한 와일드카드 마스크로 맞는 것은?

    1) 192.0.0.0 31.255.255.255

4. 192.168.1.0/24 - 192.168.10.0/24 네트워크에 소속된 모든 주소만을 지정하는 와일드카드 마스크를 가장 적은 수의 문장을 사용하여 만들어 보시오.

    192.168.1.0 0.0.0.255

    192.168.2.0 0.0.1.255

    192.168.4.0 0.0.3.255

    192.168.8.0 0.0.1.255

    192.168.10.0 0.0.0.255

5. 다음 중 IPv4 ACL과 비교했을 때 IPv6 ACL의 특징 세 가지를 고르시오.

    1) 이름을 사용한 확장 ACL만 사용할 수 있다.

    2) 와일드카드 마스크를 사용하지 않고 대신 /n 형태의 네트워크 마스크를 사용한다.

    3) 인터페이스에 적용할 때 ipv6 traffic-filter 명령어를 사용한다.

제19장 문제 풀이

1. 다음 중 NAT를 사용하는 목적 세 가지를 고르시오.

    1) 공인 IP 주소 절약

    2) 네트워크 보안 강화

    3) 효과적인 주소 할당

2. 정적 NAT(static NAT)에 대한 설명 중 맞는 것 두 가지를 고르시오.

    1) 변환되는 사설 IP 주소와 이에 대응하는 공인 IP 주소가 미리 지정되어 있다.

    2) 외부에서 사설 IP 주소를 가진 내부 장비와의 접속이 필요한 경우에 주로 사용한다.

3. 동적 NAT(dynamic NAT)에 대한 설명 중 맞는 것 두 가지를 고르시오.

KING of NETWORKING

1) 다수 개의 사설 IP 주소를 소수의 공인 IP 주소로 변환시킬 수 있다.

4) 외부에서 내부로 먼저 통신을 할 수 없다.

4. NAT 변환 테이블 확인하는 명령어는 무엇인가?

2) show ip nat translations

제20장 문제 풀이

1. 다음 중 QoS(Quality of Service)의 역할을 세 가지 고르시오.

1) 실시간성을 요구하는 트래픽의 지연을 최소화시킨다.

2) 특정한 트래픽에 대한 대역폭을 보장한다.

4) 특정한 트래픽에 대한 대역폭을 제한한다.

2. 다음 중 우선순위를 표시할 수 없는 필드를 하나만 고르시오.

4) TCP의 포트번호 필드

3. CBWFQ(Class Based Weighted Fair Queuing)에 대한 설명 중 맞는 것을 하나만 고르시오.

4) 트래픽을 클래스별로 분류하여 대역폭을 할당한다.

4. 다음 세이핑과 폴리싱에 대한 설명 중 맞는 것을 세 가지 고르시오.

1) 세이핑과 폴리싱은 모두 최고 속도를 제한하는 기능이다.

2) 최고 속도 초과시 세이핑은 버퍼링을 한다.

3) 최고 속도 초과시 폴리싱은 패킷을 폐기한다.

제21장 문제 풀이

1. 다음중 스위치의 L3 인터페이스를 두 가지 고르시오.

3) 라우티드 포트   4) SVI

2. 다음 중 게이트웨이 이중화 프로토콜을 세 가지 고르시오.

1) HSRP   2) VRRP   3) GLBP

3. HSRP의 기본적인 우선순위 값은 얼마인가?

    2) 100

4. 다음 중 DHCP(Dynamic Host Configuration Protocol)를 통하여 전달할 수 없는 내용을 하나만 고르시오.

    4) 방화벽의 주소

제22장 문제 풀이

1. 다음 중 AAA에 해당하는 것 세 가지를 고르시오?

    1) 인증(Authentication)

    2) 인가(Authorization)

    3) 어카운팅(Accounting)

2. 다음 TACACS+에 대한 설명 중 맞는 것을 세 가지 고르시오.

    1) TCP 포트 49번을 사용한다.

    2) 패킷 전체를 암호화시킨다.

    4) 인증, 인가, 어카운팅이 별개의 서비스로 동작한다.

3. 포트 보안용 MAC 주소를 지정하는 방법 세 가지를 고르시오.

    1) 동적인 MAC 주소 지정

    2) 정적인 MAC 주소 지정

    3) 포트 스티키

4. 다음 중 포트보안 침해시 일어나는 기본적인 동작은 무엇인가?

    1) 포트를 셧다운시킨다.

제23장 문제 풀이

1. IP SLA(Service Level Agreement)에 대한 설명 중 맞는 것 두 가지를 고르시오.

    1) 목적지 네트워크까지 패킷을 전송하고, 이에 대한 응답을 받아 네트워크의 상황을 판단하는 기능이다.

KING of NETWORKING

2) IP SLA 기능을 사용하면 네트워크의 가용성, 성능, 지연 등을 파악할 수 있다.

2. 다음 중 SNMP 구성 요소를 세 가지 고르시오.

   1) NMS   2) SNMP 에이전트   4) MIB

3. 다음 중 라우터나 스위치가 생성한 시스템 메시지가 전송 또는 기록되는 장소를 모두 고르시오. (모두 해당)

   1) 콘솔 화면   2) 원격 접속 화면   3) DRAM   4) 로그 서버

4. 다음 넷 플로우에 대한 설명 중 맞는 것을 두 가지 고르시오.

   1) 출발지/목적지 IP 주소, 포트 번호 등을 사용하여 트래픽을 탐지, 분류 및 통계를 알려주는 기술이다.

   4) 네트워크 사용에 대한 과금, 트래픽별 네트워크 사용량 정보를 이용한 시설 계획, 장애처리, 공격 탐지 등의 목적으로 사용된다.

제24장 문제 풀이

1. 다음 중 컨트롤 플레인의 역할을 한 가지 고르시오.

   4) 라우팅 테이블 생성

2. SDN에 대한 설명 중 맞는 것 세 가지를 고르시오.

   1) OpenDaylight(ODL)은 SDN 콘트롤러이다.

   2) OpenFlow는 SBI이다.

   3) SBI는 SDN 컨트롤러와 데이터 플레인 사이에 동작하며, NBI는 SDN 컨트롤러와 어플리케이션 플레인 사이에 동작한다.

3. 다음 중 NIST에서 정의한 클라우드 컴퓨팅의 특징에 속하지 않는 것은 무엇인가?

   3) 저가의 컴퓨팅 환경 제공(Low cost computing)

4. 다음 중 클라우드 컴퓨팅의 전개 모델이 아닌 것은 무엇인가?

   1) 고속 클라우드

제25장 문제 풀이

1. PC에 설정된 DNS 서버 주소를 확인할 수 있는 윈도우 명령어는 무엇인가?

   3) ipconfig /all

2. 외부 홈페이지와 연결이 되지 않아 테스트를 해보니, PC에서 내부의 게이트웨이까지는 핑이 되는데, 외부의 DNS 서버까지는 핑이 되지 않는다. 다음 중 장애의 원인일 수 있는 것을 세 가지 고르시오.

   1) 게이트웨이와 통신회사 사이의 링크에 장애가 생겼다.

   3) 외부의 DNS 서버에 장애가 생겼다.

   4) 통신회사 내부 네트워크에 장애가 생겼다.

3. 다음의 장애처리 방식 중 바람직하지 못한 것을 두 가지 고르시오.

   1) 한꺼번에 여러 가지의 변수를 조정하여 신속하게 장애를 해결한다.

   3) 사용자를 추궁하여 무슨 짓을 했는지 알아낸다.

4. 외부 DNS 서버의 IP 주소 하나를 적으시오.

   8.8.8.8, 168.126.63.1 등

GNS3을 이용한 실습 네트워크 구축

GNS3은 라우터, 스위치, 방화벽 등을 에뮬레이션(emulation) 하는 프로그램입니다. 흉내 내는 시뮬레이션(simulation)과 달리 에뮬레이션은 특정 장비나 프로그램과 똑같이 동작하는 것을 말합니다.

GNS3을 설치하기 위하여 해당 홈페이지(https://www.gns3.com/)에 접속한 다음, 윈도우, 리눅스 및 Mac OS 중에서 자신의 환경에 맞는 설치 프로그램을 다운로드합니다. 원하는 경우 VMware나 VirtualBox용 프로그램을 사용할 수도 있습니다. 이 책에서는 윈도우용 GNS3을 사용하기로 합니다.

GNS3 설치하기

다운로드받은 GNS3 설치 프로그램을 실행시킵니다. 대부분 기본 설정을 사용하면 되므로 각 단계에서 **Next, Install** 등을 누릅니다. 다음과 같이 셋업 마법사 초기 화면에서 **Next** 버튼을 누릅니다.

[그림] 셋업 마법사 초기 화면

다음과 같이 설치할 프로그램의 종류를 묻는 화면이 나타나면 기본값을 그대로 두고 역시 **Next** 버튼을 누릅니다.

[그림] 설치할 프로그램의 종류를 묻는 화면

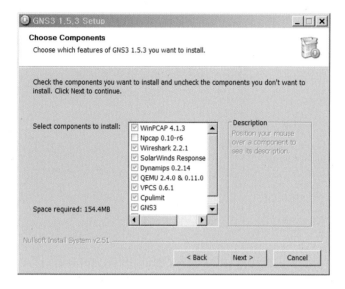

다음과 같이 WinPcap 프로그램이 이미 설치되어 있다는 메시지가 나타나면 WinPcap 프로그램 설치 **취소** 버튼을 눌러 다음 과정으로 진행합니다. **확인** 버튼을 눌러 다시 WinPcap 프로그램을 설치해도 됩니다.

[그림] WinPcap 재설치 확인 메시지

SolarWinds라는 네트워크 관리 시스템 프로그램 제조사에 등록할 이메일 주소를 묻는 화면에서 이메일을 등록하고 **Continue** 버튼을 누르거나 등록하지 않으려면 **Cancel** 버튼을 누릅니다. 지금은 불필요하므로 **Cancel** 버튼을 누릅니다.

[그림] SolarWinds 화면

KING of NETWORKING

SolarWinds에서 무료로 제공하는 표준 툴킷 라이센스를 받을지 묻는 화면에서 아무 버튼이
나 체크하고 **Next** 버튼을 누릅니다.

[그림] SolarWinds 표준 툴킷 라이센스 획득 질의 화면

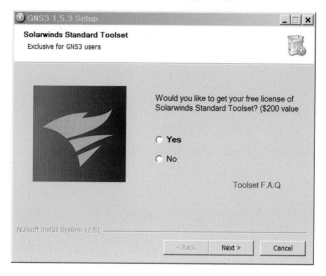

다음과 같이 GNS3 설치 완료 화면이 나타납니다.

[그림] GNS3 설치 완료 화면

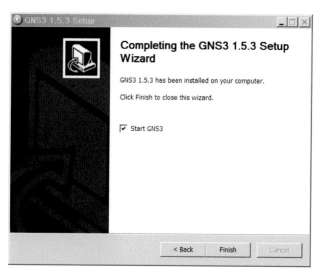

Finish 버튼을 누르면 GNS3 설치가 완료됩니다.

GNS3 기본 설정

이어서 GNS3 기본 설정 완료화면이 나타납니다. **Local server**를 선택한 다음 **Next** 버튼을 누릅니다.

[그림] Local server 선택 화면

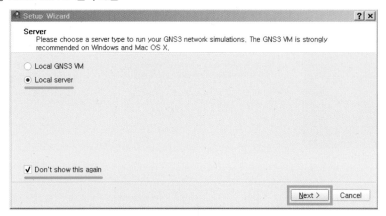

Add an IOS router ...를 체크한 다음 **Finish** 버튼을 누릅니다.

[그림] IOS 이미지 추가 화면

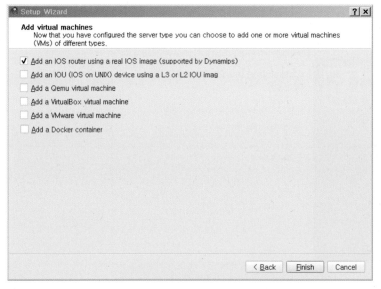

IOS 이미지를 지정하는 화면이 나타납니다. 미리 준비한 IOS 파일이 있는 위치를 지정합니다. 본 예제에서는 시스코 7200 라우터용 IOS를 사용하기로 합니다.

[그림] 시스코 7200 라우터용 IOS 지정하기

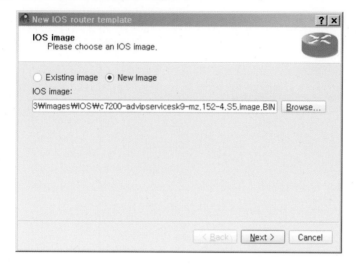

만약, IOS 파일을 기본 이미지 디렉토리로 복사할지를 물으면 **Yes** 버튼을 누르면 됩니다. 다음과 같이 이름과 플랫폼은 기본 값을 그대로 두고 **Next** 버튼을 누릅니다.

[그림] IOS 파일을 기본 이미지 디렉토리로 복사할지를 묻는 화면

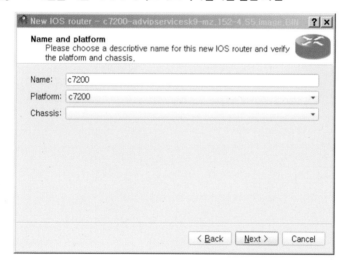

IOS 파일이 사용할 기본 DRAM의 크기를 그대로 두고 **Next** 버튼을 누릅니다.

[그림] 기본 DRAM의 크기

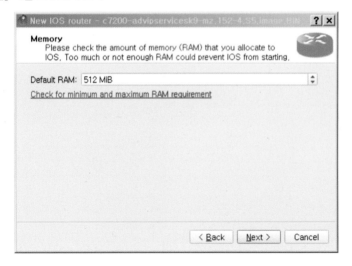

slot 0에는 이더넷 포트가 2개인 **C7200-IO-2FE** 카드를 선택하고, slot 1에는 시리얼 포트가 4개인 **PA-4T+** 카드를 지정합니다. 지정할 수 있는 카드의 종류는 라우터의 종류에 따라 다릅니다.

[그림] C7200 카드 선택

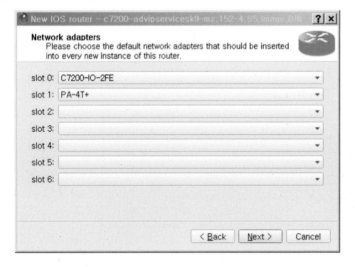

Idle-PC Finder 버튼을 눌러 Idle PC 값을 찾습니다. 이 값을 지정해 주어야 CPU 사용률이 줄어듭니다.

[그림] Idle PC 값 찾기

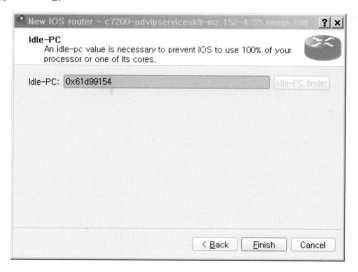

잠시 후 Idle PC 값을 찾으면 **Finish** 버튼을 누릅니다. 만약, 찾지 못하면 나중에 다시 시도하면 되므로 다음 단계로 넘어갑니다.

[그림] Idle PC 값

이상으로 실습에서 사용할 하나의 라우터 IOS를 등록했습니다. 이번에는 이더스위치 모듈을 꽂아 스위치로 사용할 장비의 IOS를 등록합니다. 이 책에서는 시스코 3660 라우터를 사용하기로 합니다. 다음과 같이 왼쪽의 메뉴에서 **IOS routers**를 선택하고, New 버튼을 누르면 다시 새로운 IOS를 등록할 수 있는 화면이 나타납니다.

미리 준비한 시스코 3660 라우터 이미지를 지정하고 **Next** 버튼을 누릅니다.

[그림] 새로운 IOS 등록 화면

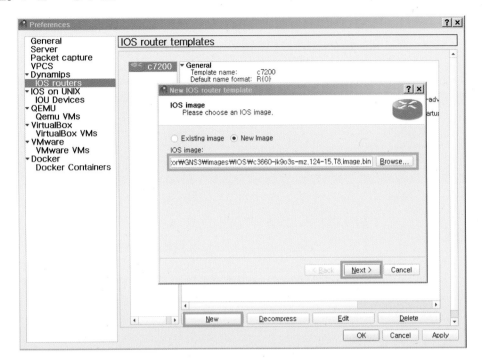

만약, 다음과 같이 IOS 파일을 기본 이미지 디렉토리로 복사할지를 물으면 **Yes** 버튼을 누르면 됩니다.

[그림] IOS 파일을 기본 이미지 디렉토리로 복사할지를 묻는 화면

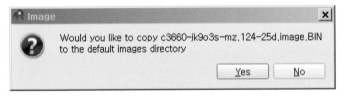

이어서, 다음과 같이 **This is an EtherSwitch router**를 체크하면 이름이 **EtherSwitch router**로 변경됩니다.

다음과 같이 플랫폼과 새시 값은 기본 값을 그대로 두고 **Next** 버튼을 누릅니다.

[그림] EtherSwitch router로 변경하기

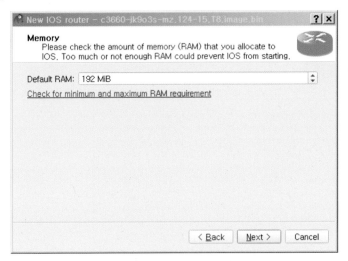

IOS 파일이 사용할 기본 DRAM의 크기를 그대로 두고 **Next** 버튼을 누릅니다.

[그림] 기본 DRAM의 크기

slot 0에는 이더넷 포트가 2개인 **Leopard-2FE** 기본 카드를 그대로 둡니다. 실제 시스코 3660 스위치는 새시에 기본 카드가 장착되어 있기 때문에 이 값을 변경할 수 없습니다. slot 1에는 이더넷 포트가 16개인 **NM-16ESW** 카드를 지정합니다. 이 카드는 라우터에 장착하여 사용하는 이더넷 스위치입니다. 선택이 끝나면 **Next** 버튼을 누릅니다.

[그림] NM-16ESW 카드 지정

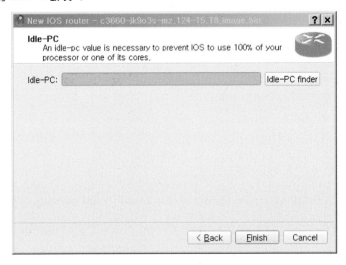

Idle-PC Finder 버튼을 눌러 Idle PC 값을 찾습니다.

[그림] Idle PC 값 찾기

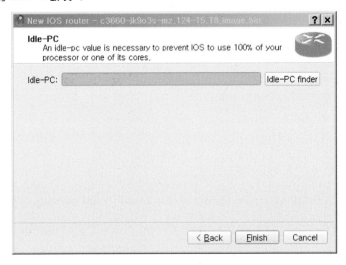

잠시 후 Idle PC 값을 찾으면 **Finish** 버튼을 누릅니다. 만약, 다음과 같이 Idle PC 값을 찾지 못하면 나중에 다시 시도하면 되므로 다음 단계로 넘어갑니다.

[그림] Idle PC 값 찾기 실패

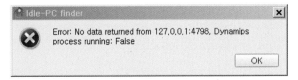

다음과 같이 이더 스위치 라우터가 등록됩니다.

[그림] 이더 스위치 라우터 등록

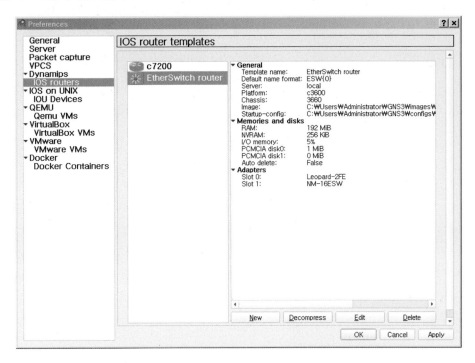

이제, **OK** 버튼을 눌러 IOS 등록을 종료합니다.

GNS3 물리적인 구성

이번에는 앞서 등록한 라우터와 스위치를 이용하여 실습에서 사용할 장비들을 구성해봅시다. 앞의 과정에 이어서 나타나는 화면이나 GNS3 왼쪽 상단에서 **파일 > New blank project**를 차례로 선택하면 나타나는 새 프로젝트 지정화면에서 적당한 이름을 지정합니다. 예를 들어, 프로젝트 이름을 MyLab으로 지정하고 **OK** 버튼을 누릅니다.

[그림] 프로젝트 이름 지정

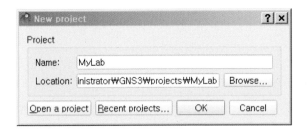

그러면 다음과 같이 메인 화면이 빈 GNS3 창이 나타납니다.

[그림] 메인 화면이 빈 GNS3 창

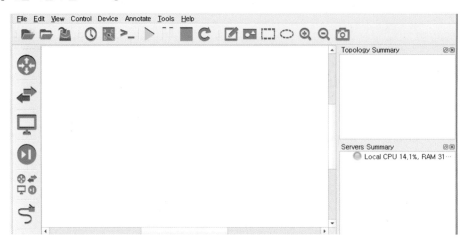

다음과 같이 왼쪽 하단의 모든 장비 보기 버튼을 클릭하면 사용 가능한 장비들이 표시됩니다. 이중에서 EtherSwitch router를 비어있는 메인 창으로 끌어다 놓습니다.

[그림] EtherSwitch router를 비어있는 메인 창으로 끌어다 놓기

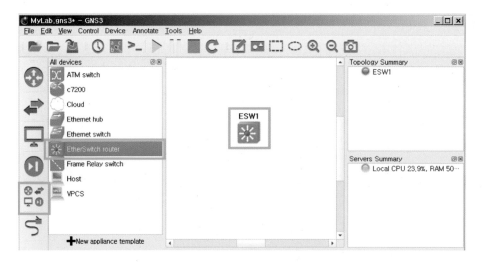

이더 스위치 설치 과정에서 Idle PC 값을 찾지 못했다면 ESW1 아이콘에 오른 마우스 버튼을 클릭한 후 **Auto Idle-PC**를 선택하면 잠시 후 다음과 같이 Idle PC 값이 계산됩니다. **OK** 버튼을 누릅니다.

[그림] dle PC 값 계산

다음 그림과 같이 왼쪽 장비 목록에서 추가적으로 EtherSwitch router를 두 개 더 끌어다 메인 창에 놓습니다.

[그림] EtherSwitch router를 두 개 더 끌어다 놓기

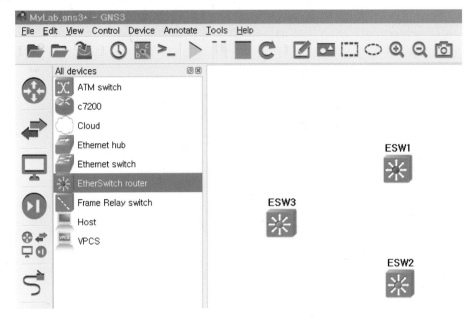

이번에는 실습에서 사용할 라우터를 가져온다. 다음 그림과 같이 왼쪽 장비 목록에서 c7200 라우터를 다섯 개 끌어다 메인 창에 놓습니다.

[그림] 라우터 가져오기

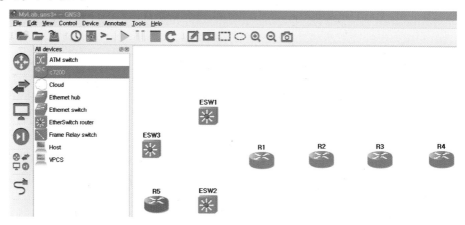

이제 필요한 장비를 모두 메인 창에 끌어다 놓았습니다.

이번에는 각 장비를 케이블로 연결해야 합니다. 먼저, 각 라우터와 스위치를 다음 표와 같이 연결합니다.

[표] 라우터와 스위치 케이블 연결표

라우터	포트	스위치	포트
R1	F0/0	SW1	F1/1
	F0/1	SW2	F1/1
R2	F0/0	SW1	F1/2
	F0/1	SW2	F1/2
R3	F0/0	SW1	F1/3
	F0/1	SW2	F1/3
R4	F0/0	SW1	F1/4
	F0/1	SW2	F1/4
R5	F0/0	SW3	F1/5
	F0/1	SW3	F1/5

이를 위하여 좌측 하단의 잭(jack) 그림을 클릭하여 붉은색으로 바꿉니다. R1에서 왼쪽 마우스를 클릭하여 FastEthernet0/0을 선택합니다.

[그림] R1에서 FastEthernet0/0 선택하기

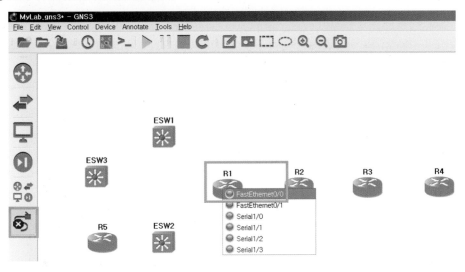

이후, ESW1에서 왼쪽 마우스를 클릭하여 FastEthernet1/1을 선택합니다.

[그림] ESW1에서 FastEthernet1/1 선택하기

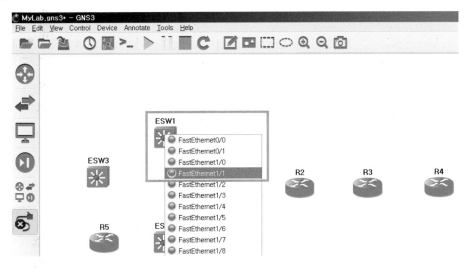

그러면 다음과 같이 두 포트 사이에 케이블이 연결됩니다.

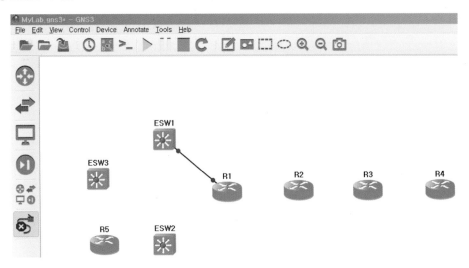

표를 참조하여 동일한 방식으로 모든 라우터와 스위치를 연결합니다. 그러면 다음과 같이 라우터와 스위치 사이의 케이블링이 완성됩니다.

[그림] 라우터와 스위치 사이의 케이블링

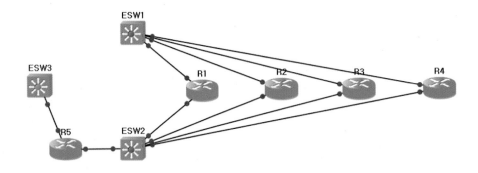

이번에는 스위치 사이를 다음 표와 같이 연결합니다.

[표] 라우터와 스위치 케이블 연결표

스위치	포트	스위치	포트
SW1	F1/10	SW2	F1/10
	F1/11	SW2	F1/11
	F1/13	SW3	F1/13
SW2	F1/12	SW3	F1/12

다음 그림은 스위치 사이를 표와 같이 연결한 결과입니다.

[그림] 스위치 사이의 케이블링

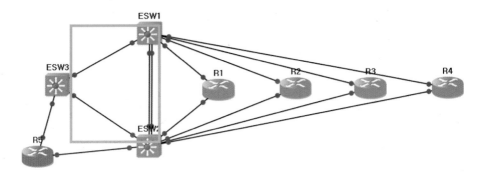

이번에는 라우터 사이를 다음 표와 같이 시리얼 케이블로 연결합니다.

[표] 라우터와 라우터 사이의 시리얼 케이블 연결표

라우터	포트	라우터	포트
R1	S1/1	R2	S1/1
	S1/3	R3	S1/3
R2	S1/2	R3	S1/2
R3	S1/0	R4	S1/0
	S1/1	R4	S1/1

다음 그림은 라우터 사이를 시리얼 케이블로 연결한 결과입니다.

[그림] 라우터 사이를 시리얼 케이블로 연결한 결과

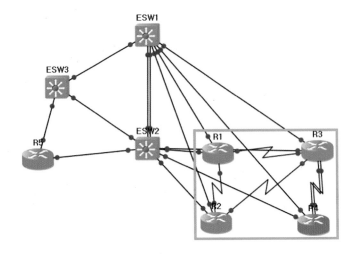

이제, 라우터와 스위치 사이에 필요한 케이블을 모두 연결했습니다.

[그림] 완성된 케이블링

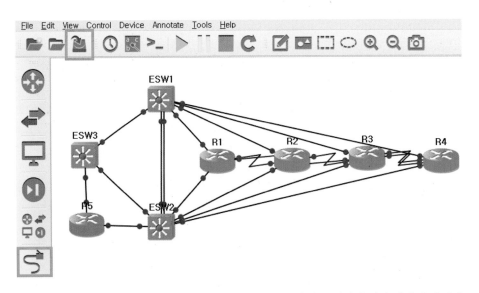

케이블 연결 작업이 끝난 후 왼쪽 하단의 잭 그림을 다시 한번 클릭하면 붉은색에서 원래의
색으로 돌아옵니다. 왼쪽 상단에서 저장 버튼을 눌러 구성을 저장합니다.

이후에는 더 이상 케이블 연결작업이 필요 없습니다. 이 책의 설명에 따라 이더넷 스위치와
라우터의 포트 설정을 조정하여 버스, 링, 스타 등의 토폴로지를 만들어 실습하면 됩니다.

GNS3 동작시키기

이제, 앞서 만든 장비들을 동작시켜봅시다. 특정한 장비만 동작시키려면 해당 장비에서 오른쪽 마우스를 클릭한 후 **Start**를 선택하면 됩니다.

[그림] 장비 동작시키기

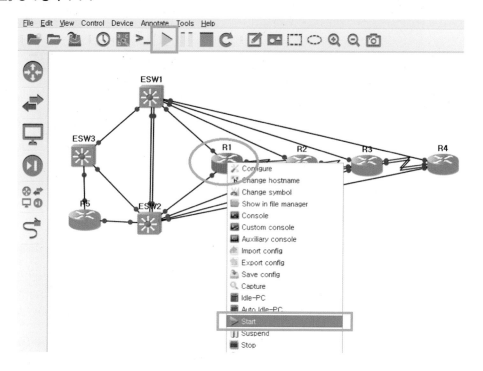

모든 장비를 한꺼번에 동작시키려면 상단 메뉴의 **플레이** 버튼을 누르면 됩니다. GNS3을 동작시키는 PC의 성능이 떨어지는 경우, 한꺼번에 동작시키지 말고 한 대씩 차례로 동작시키는 것이 좋습니다.

장비를 동작시킨 다음에 해당 장비를 클릭하면 다음과 같이 장비의 콘솔화면이 나타납니다.

```
R1
*Jan 18 14:38:53.639: %LINK-3-UPDOWN: Interface Serial1/1, changed state to up
*Jan 18 14:38:53.643: %LINK-3-UPDOWN: Interface Serial1/2, changed state to up
*Jan 18 14:38:53.643: %LINK-3-UPDOWN: Interface Serial1/3, changed state to up
*Jan 18 14:38:53.943: %SYS-5-CONFIG_I: Configured from memory by console
*Jan 18 14:38:54.367: %SYS-5-RESTART: System restarted --
Cisco IOS Software, 7200 Software (C7200-ADVIPSERVICESK9-M), Version 15.2(4)S5, RELEASE SOFTWARE (fc1)
Technical Support: http://www.cisco.com/techsupport
Copyright (c) 1986-2014 by Cisco Systems, Inc.
Compiled Thu 20-F
R1#eb-14 06:51 by prod_rel_team
*Jan 18 14:38:54.603: %LINEPROTO-5-UPDOWN: Line protocol on Interface FastEthernet0/0, changed state to down
*Jan 18 14:38:54.639: %LINEPROTO-5-UPDOWN: Line protocol on Interface FastEthernet0/1, changed state to down
*Jan 18 14:38:54.639: %LINEPROTO-5-UPDOWN: Line protocol on Interface Serial1/0, changed state to down
*Jan 18 14:38:54.639: %LINEPROTO-5-UPDOWN: Line protocol on Interface Serial1/1, changed state to down
*Jan 18 14:38:54.651: %LINEPROTO-5-UPDOWN: Line protocol on Interface Serial1/2, changed state to down
*Jan 18 14:38:54.651: %LINEPROTO-5-UPDOWN: Line protocol on Interface Serial1/3, changed state to down
*Jan 18 14:38:55.947: %LINK-5-CHANGED: Interface FastEthernet0/0, changed state to administratively down
*Jan 18 14:38:55.959: %LINK-5-CHANGED: Interface FastEthernet0/1, changed state to administratively down
*Jan 18 14:38:55.967: %LINK-5-CHANGED: Interface Serial1/0, changed state to administratively down
*Jan 18 14:38:55.991:
R1# %LINK-5-CHANGED: Interface Serial1/1, changed state to administratively down
*Jan 18 14:38:56.019: %LINK-5-CHANGED: Interface Serial1/2, changed state to administratively down
*Jan 18 14:38:56.027: %LINK-5-CHANGED: Interface Serial1/3, changed state to administratively down
R1#
```

실습 후 상단 메뉴의 정지 버튼을 누르면 모든 장비의 전원이 꺼집니다. 한 대씩 끄려면 해당 장비에서 오른쪽 마우스를 클릭 후 **Stop**을 선택합니다.

[그림] 장비의 전원 끄기

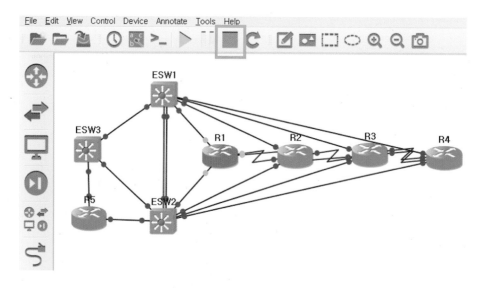

다시 GNS3을 동작시키는 경우, 다음과 같이 프로젝트 선택화면에서 **Recent project** 버튼을 누르면 최근에 동작시켰던 프로젝트들을 선택할 수 있습니다.

[그림] 최근에 동작시켰던 프로젝트들을 선택하기

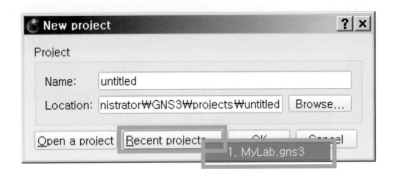

이상으로 GNS3을 설치하고 설정하는 방법에 대하여 살펴보았습니다.

프레임 릴레이

프레임 릴레이(frame relay)는 요즘엔 사용하지 않는 기술입니다. 그러나 아직까지 CCNA 시험에 출제되므로 시험을 준비하는 독자들만 읽어보시기 바랍니다.

프레임 릴레이는 장거리 통신망(WAN)에서 사용하는 링크 레이어 프로토콜 중의 하나입니다. 프레임 릴레이를 사용하는 이유는 다음과 같습니다.

- 전용선에 비해서 저렴한 유지비용

- 인터넷에 비해서 뛰어난 보안성

- 다양한 모양의 네트워크 구성

장거리 통신 시 전용회선에 비하여 가격이 저렴하고, 인터넷에 비해서 보안성이 뛰어나므로 프레임 릴레이 네트워크를 사용하는 경우가 많습니다. 최근에는 인터넷의 속도가 빨라지고, VPN을 이용하는 경우가 많아지면서 프레임 릴레이의 사용이 감소하고 있습니다.

프레임 릴레이는 아주 다양한 네트워크 형태(토폴로지, topology)를 구성할 수 있습니다. 따라서 실제 네트워크를 구축하기 전이나 장애처리를 위한 시뮬레이션을 위해서 많이 사용하며, 특히, CCNA, CCNP, CCIE 등과 같은 시스코 자격증 취득을 원하는 사람들은 프레임 릴레이를 자세히 공부해야합니다.

DLCI

프레임 릴레이에서 특정 상대방과 연결하기 위한 전송경로를 지정하기 위하여 사용하는 것이 DLCI(Data Link Connection Identifier)입니다. DLCI는 이더넷의 MAC 주소에 해당합니다. DLCI는 목적지당 하나씩 사용하며, 17부터 1007 사이의 임의의 번호를 부여합니다.

프레임 릴레이망의 출발지에서 목적지까지의 DLCI 조합을 PVC(Permanent Virtual Circuit)라고 합니다. 다음 그림 R1의 S1/0 인터페이스에서 DLCI 102로 프레임을 전송하면 항상 R2가 S1/0 인터페이스에 설정된 DLCI 201로 수신합니다. 그 이유는 그림과 같이 통신회사에서 미리 목적지까지의 DLCI를 구성해 놓았기 때문입니다.

KING of NETWORKING

[그림] DLCI가 모여 PVC를 구성함

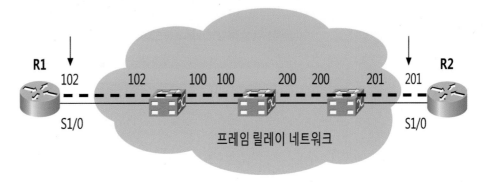

앞의 그림에서 보는 것처럼 DLCI는 구간별로 모두 동일할 필요가 없습니다. 인접한 두 장
비 사이에만 동일한 DLCI 번호를 사용하면 됩니다. 이것을 일컬어 'DLCI는 인접 장비 간
에만 의미가 있다(locally significant)'고 합니다.

따라서 R1과 R2를 연결하는 DLCI 번호는 서로 동일할 필요가 없습니다.

프레임 릴레이 네트워크 형태

프레임 릴레이를 이용하면 원하는 네트워크 구성을 마음대로 할 수 있습니다. 예를 들어, 다
음과 같이 모든 장비들을 다 연결하는 구성을 풀 메시(full mesh) 구성이라고 합니다.

[그림] 풀 메시 구성

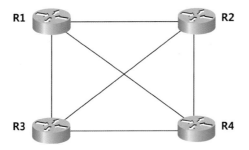

다음과 같이 일부의 장비끼리는 다 연결하고, 일부는 연결하지 않는 구성을 파셜 메시
(partial mesh) 구성이라고 합니다.

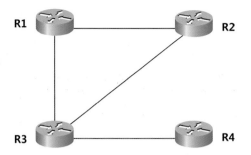

이외에도 프레임 릴레이를 이용하면 링(ring) 구조, 버스(bus) 구조 등 거의 대부분의 토폴로지를 마음대로 구성할 수 있습니다.

프레임 릴레이 스위치 설정

여러 가지 토폴로지를 구성하여 테스트하려면 그때마다 프레임 릴레이 스위치에서 필요한 DLCI를 설정해야 하고, 귀찮습니다. 따라서 다음과 같이 프레임 릴레이 스위치를 풀 메시로 설정해 놓고, 원하는 구성에 따라 라우터에서 필요한 DLCI만 선택해서 사용하면 편리합니다. DLCI 번호는 세 자리를 사용했습니다. 첫 번째 번호는 DLCI가 시작되는 라우터의 번호이고, 가운데는 모두 0을 사용했으며, 마지막 번호는 상대방 라우터의 번호를 사용했습니다.

[그림] 프레임 릴레이 스위치의 DLCI 설정

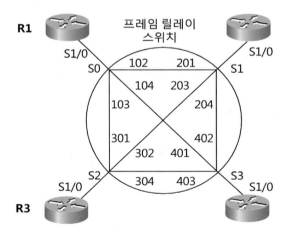

예를 들어, R1과 R3을 연결하는 DLCI 번호는 103이고, R3과 R1을 연결하는 DLCI 번호는 301입니다.

프레임 릴레이 테스트 네트워크 구축

다음 그림과 같은 프레임 릴레이 테스트 네트워크를 구축합니다.

[그림] 프레임 릴레이 테스트 네트워크

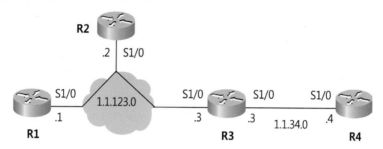

각 장비를 동작시키고 기본 설정을 합니다. 그림상에는 프레임 릴레이 스위치가 표시되지 않았지만 각 시리얼 인터페이스 간에는 프레임 릴레이 스위치가 연결되어 있습니다. R1의 기본 설정은 다음과 같습니다.

[예제] R1의 기본 설정

```
Router(config)# host R1
R1(config)# no ip domain-lookup
R1(config)# enable secret cisco

R1(config)# line console 0
R1(config-line)# logg sync
R1(config-line)# exec-t 0

R1(config-line)# line vty 0 4
R1(config-line)# password cisco

R1(config)# interface s1/0
R1(config-if)# encapsulation frame-relay
R1(config-if)# no shut
```

각 라우터에서 프레임 릴레이 스위치와 연결된 S1/0 인터페이스의 인캡슐레이션(L2 프로토콜)을 frame-relay로 지정하고 활성화시켰습니다. 나머지 라우터 R2, R3, R4도 호스트 이름만 달리하고 동일하게 설정을 합니다.

이제, 프레임 릴레이 설정을 위한 준비가 끝났습니다.

LMI

LMI(Local Management Interface)는 프레임 릴레이 장비 간에 사용되는 프로토콜이며, 사용 가능한 DLCI 번호를 요청하고, 부여하며, PVC의 상태를 알려줄 때 사용합니다.

[예제] LMI 타입

```
R1(config)# interface s1/0
R1(config-if)# frame-relay lmi-type ?
 cisco
 ansi
 q933a
```

인터페이스에서 사용 가능한 LMI 프로토콜의 종류는 **cisco**, **ansi** 및 **q933a** 세 가지가 있으며, 프레임 릴레이 장비 간에 자동으로 협상을 하여 프레임 릴레이 스위치에 설정된 타입을 따릅니다.

프레임 릴레이가 설정된 라우터의 인터페이스를 활성화시키면 LMI를 이용하여 스위치에게 자신이 사용할 수 있는 DLCI 번호를 요청합니다. 이처럼 LMI를 이용하여 DLCI를 요청하는 장비를 프레임 릴레이 DTE(Data Terminal Equipment)라고 하며, 기본적으로 라우터의 인터페이스가 여기에 해당합니다.

프레임 릴레이 DLCI 번호 할당 요청을 받았을 때 LMI를 이용하여 DLCI 번호를 할당해 주고, 각 PVC(DLCI)의 상태를 알려주는 장비를 프레임 릴레이 DCE(Data Circuit-terminating Equipment)라고 하며 프레임 릴레이 스위치가 여기에 해당합니다. 다음과 같이 **show interfaces s1/0** 명령어를 사용하면 인터페이스가 사용 중인 LMI 방식과 역할을 알 수 있습니다.

[예제] 동작 중인 LMI 종류 및 프레임 릴레이 역할 확인하기

```
R1# show interfaces s1/0
Serial1/0 is up, line protocol is up
  Hardware is M4T
  MTU 1500 bytes, BW 1544 Kbit/sec, DLY 20000 usec,
    reliability 255/255, txload 1/255, rxload 1/255
  Encapsulation FRAME-RELAY, crc 16, loopback not set
  Keepalive set (10 sec)
    LMI enq sent  75, LMI stat recvd 76, LMI upd recvd 0, DTE LMI up
  LMI DLCI 0  LMI type is ANSI Annex D  frame relay DTE  segmentation inactive
    (생략)
```

KING of NETWORKING

결과를 보면 R1의 S1/0 인터페이스는 프레임 릴레이 DTE로 동작하며, 프레임 릴레이 스위치 간에 사용하는 LMI 타입은 ANSI Annex D입니다.

PVC 상태 확인하기

LMI는 이처럼 DLCI 번호를 요청하고 부여할 뿐만 아니라 PVC의 상태도 알려줍니다. 특정 인터페이스에 할당된 PVC 번호와 상태를 보려면 다음과 같이 **show frame-relay pvc | include DLCI** 명령어를 사용합니다. (DLCI는 대문자 사용)

[예제] PVC 종류 및 상태 확인하기

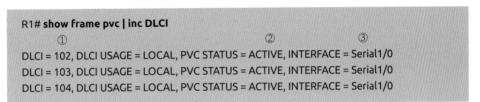

```
R1# show frame pvc | inc DLCI
        ①                              ②              ③
DLCI = 102, DLCI USAGE = LOCAL, PVC STATUS = ACTIVE, INTERFACE = Serial1/0
DLCI = 103, DLCI USAGE = LOCAL, PVC STATUS = ACTIVE, INTERFACE = Serial1/0
DLCI = 104, DLCI USAGE = LOCAL, PVC STATUS = ACTIVE, INTERFACE = Serial1/0
```

① 프레임 릴레이 스위치에서 할당받은 DLCI 번호를 표시합니다.

② **액티브(active)**라고 표시되는 것은 해당 PVC가 출발지부터 목적지까지 이상없이 동작한다는 의미입니다. **인액티브(inactive)**는 출발지의 인터페이스와 직접 접속된 프레임 릴레이 스위치 간에는 이상이 없지만, 그 이후의 어느 구간에서 문제가 발생했음을 의미합니다. **딜리티드(deleted)**는 프레임 릴레이 스위치에서 할당받지 않은 DLCI 번호를 사용했다는 뜻입니다.

[그림] DLCI의 동작 상태

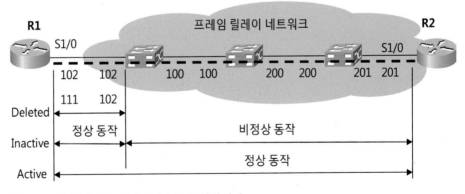

③ DLCI를 할당받은 인터페이스를 표시합니다.

서브 인터페이스

다음과 같은 네트워크를 생각해봅시다. 프레임 릴레이 네트워크와 연결되는 R3의 인터페이스는 S1/0 하나인데 R2, R4와 통신하기 위하여 사용하는 네트워크는 두 개입니다. 이처럼 물리적인 인터페이스는 하나지만 복수 개의 네트워크를 설정해야 하는 경우에 사용하는 것이 서브 인터페이스(sub-interface)입니다.

[그림] 서브 인터페이스가 필요한 경우

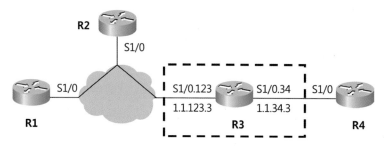

사용 가능한 서브 인터페이스 번호는 다음과 같이 많습니다.

[예제] 사용 가능한 서브 인터페이스 번호

```
R1(config)# interface s1/0.?
 <0-4294967295>  Serial interface number
```

R1, R2, R4와 같이 하나의 인터페이스에 필요한 네트워크가 하나인 경우에도 서브 인터페이스를 사용할 수 있습니다. 실제, 물리적인 인터페이스보다 서브 인터페이스를 사용하는 것이 라우팅 설정이나 추후 네트워크 변경 등에 유리합니다.

서브 인터페이스는 다음과 같이 포인트 투 포인트(point-to-point)와 멀티포인트(multipoint) 두 가지 종류가 있습니다.

[예제] 서브 인터페이스의 종류

```
R1(config)# interface s1/0.123 ?
 multipoint      Treat as a multipoint link
 point-to-point  Treat as a point-to-point link
```

다음 그림의 R2처럼 서브 인터페이스를 통하여 직접 연결되는 상대방이 둘 이상인 경우에는 멀티포인트 서브 인터페이스를 사용해야 합니다.

KING of NETWORKING

[그림] 멀티포인트 서브 인터페이스를 사용해야 하는 경우

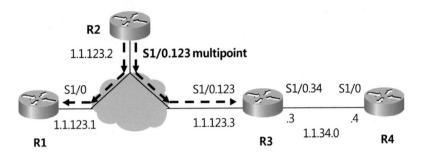

서브 인터페이스 사용 원칙을 정리하면 다음과 같습니다.

• 사용할 네트워크에 비해 물리적인 인터페이스가 부족하면 서브 인터페이스를 사용해야 합니다. 앞 그림 R3의 S1/0 인터페이스가 여기에 해당합니다. 나머지 경우, 즉, 물리적인 인터페이스가 부족하지 않은 경우에는 서브 인터페이스 사용하거나 또는 사용하지 않아도 됩니다. 앞 그림 R1, R2, R4의 S1/0에서의 서브 인터페이스 사용 여부는 관리자 마음입니다.

• 서브 인터페이스 사용 시, 직접 연결된 라우터가 둘 이상이면 멀티포인트 서브 인터페이스를 사용해야 합니다. 앞 그림 R2의 S1/0.123이 여기에 해당합니다. 서브 인터페이스를 통하여 직접 연결된 라우터가 하나이면 포인트 투 포인트 또는 멀티포인트 어느 것을 사용해도 됩니다. 앞 그림에서 R1, R3, R4의 S1/0이 여기에 해당합니다.

라우터들은 상대방 라우터의 서브 인터페이스 사용여부를 알지 못합니다. 따라서 각 라우터 자신의 필요에 따라서 서브 인터페이스 사용여부를 결정하면 됩니다.

인버스 ARP

넥스트 홉(next hop) IP 주소 즉, 인접 IP 주소와 연결되는 DLCI를 지정하는 것을 넥스트 홉 매핑(mapping)이라고 합니다. DLCI 번호와 넥스트 홉 IP 주소를 매핑하는 방법은 자동 매핑과 수동 매핑 두 가지가 있습니다.

먼저 자동 매핑에 대해서 살펴봅시다. 프레임 릴레이에서 자동으로 넥스트 홉 IP 주소로 가는 경로를 알려주는 것을 인버스(inverse) ARP라고 합니다. 다음 그림에서 인버스 ARP가 동작하는 방식을 살펴봅시다.

1) R2의 S1/0 인터페이스에서 인캡슐레이션을 프레임 릴레이로 지정하고 IP 주소를 설정합니다.

2) R2가 LMI를 이용하여 프레임 릴레이 스위치에게 사용 가능한 DLCI 값을 요청합니다.

3) 프레임 릴레이 스위치가 LMI를 이용하여 R2에게 사용 가능한 DLCI 값과 상태를 알려

줍니다. 예제에서는 프레임 릴레이 스위치가 R2에게 사용 가능한 DLCI 값이 201과 203이
라고 알려줍니다.

[그림] 인버스 ARP 동작 방식

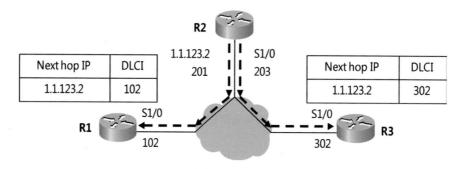

4) 인버스 ARP가 동작하여 R2는 할당받은 모든 DLCI로 자신의 IP 주소를 전송합니다.

5) R1은 DLCI 102를 통하여, 상대의 IP 주소가 1.1.123.2라는 인버스 ARP 프레임을 수신
합니다. R3도 DLCI 302를 통하여, IP 주소가 1.1.123.2라는 인버스 ARP 프레임을 수신합
니다. 결과적으로, R1과 R3은 각각 DLCI 102, 302를 통하면 IP 주소 1.1.123.2라는 장비에
도달할 수 있다는 것을 알게되어, 인버스 ARP가 완료됩니다.

이더넷에서 상대방의 MAC 주소를 알기 위해서 사용하는 ARP(Address Resolution
Protocol)는 필요한 장비가 요청하여 동작합니다. 그러나 프레임 릴레이에서는 요청하지 않
아도 자동으로 상대방의 IP 주소로 도달할 수 있는 자신의 DLCI 값을 알게되므로, 인버스
(inverse, 반대의, 역의) ARP라고 합니다.

직접 매핑

프레임 릴레이 DLCI 번호와 넥스트 홉(Next-hop) IP 주소를 매핑하는 방법은 자동 매핑
과 직접 매핑 두 가지가 있으며, 앞서 자동 매핑 방식인 인버스 ARP에 대해서 살펴보았습니
다. 이번에는 직접 매핑 방식에 대해서 살펴봅시다. 직접 매핑하는 방식은 다시 **frame-relay
interface-dlci** 명령어를 사용하는 것과 **frame-relay map** 명령어를 사용하는 두 가지 방식으
로 나누어집니다. 일반적으로 인버스 ARP는 정밀한 제어가 불가능하여 잘 사용하지 않고
주로 직접 매핑 방식을 많이 사용합니다. 직접 매핑의 원칙은 다음과 같습니다.

• 포인트 투 포인트 서브 인터페이스에서는 **frame-relay interface-dlci** 명령어를 사용합니다.
• 주 인터페이스나 멀티포인트 서브 인터페이스에서는 **frame-relay map** 명령어를 사용합
니다.

다음 그림처럼 서브 인터페이스를 지정하고, IP 주소를 부여한 다음 DLCI를 매핑해봅시다.

[그림] 프레임 릴레이 설정 네트워크

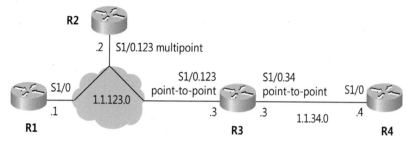

R1의 설정은 다음과 같습니다.

[예제] R1의 DLCI 매핑

```
① R1(config)# interface s1/0
② R1(config-if)# encapsulation frame-relay
③ R1(config-if)# no frame-relay inverse-arp
④ R1(config-if)# ip address 1.1.123.1 255.255.255.0
⑤ R1(config-if)# frame-relay map ip 1.1.123.2 102 broadcast
⑥ R1(config-if)# frame-relay map ip 1.1.123.3 102 broadcast
```

① 프레임 릴레이를 설정한 인터페이스의 설정 모드로 들어갑니다.

② 링크 레이어 프로토콜을 프레임 릴레이로 지정합니다.

③ **no frame-relay inverse-arp** 명령어를 사용하여 인버스 ARP에 의한 자동 넥스트 홉 매핑을 방지합니다. 특히, 프레임 릴레이 스위치에서 모든 라우터 간에 미리 DLCI를 설정해 놓은 테스트 환경에서는 이 명령어를 사용하지 않으면 자동으로 주 인터페이스가 프레임 릴레이 스위치로부터 부여받은 모든 DLCI와 넥스트 홉 매핑을 하여 원하는 토폴로지를 구성할 수 없습니다.

④ IP 주소를 부여합니다.

⑤ 멀티포인트 서브 인터페이스이므로 **frame-relay map** 명령어를 사용하여 넥스트 홉 매핑을 합니다. 이때 사용하는 옵션의 내용은 다음과 같습니다.

[예제] frame-relay map 명령어 옵션

ⓐ DLCI와 매핑할 넥스트 홉 레이어 3 프로토콜의 종류를 지정합니다. IP외에도 IPv6,

CLNS 등을 지정할 수 있습니다. 이때, 미리 인버스 ARP가 동작하여 해당 DLCI가 사용 중이라는 에러 메시지가 보이면 encapsulation hdlc 명령어를 사용하여 인캡슐레이션을 HDLC로 변경하였다가 다시 프레임 릴레이로 변경한 후 처음부터 설정합니다.

ⓑ 넥스트 홉(Next Hop) IP 주소를 지정합니다.

ⓒ 현재 라우터의 인터페이스에서 사용할 DLCI 번호를 지정합니다.

ⓓ broadcast는 라우터 자신이 생성하는 브로드캐스트나 멀티캐스트 프레임도 전송하게 하는 옵션입니다. 대부분의 라우팅 프로토콜들이 브로드캐스트나 멀티캐스트 패킷을 사용하므로 이 옵션이 없으면 라우팅 업데이트가 전송되지 않습니다.

ⓖ R3과 연결되는 넥스트 홉 IP 주소인 1.1.123.3에 대해서도 매핑합니다. 이처럼 동일한 네트워크 주소를 가지는 넥스트 홉 주소가 여러 개 있을 때는 모두 매핑을 해야합니다. R1에서 1.1.123.3으로 프레임을 전송하려면 R2로 보내야 하므로 DLCI 102번을 사용합니다.

주의해야 할 점은 DLCI 103을 사용하면 R1에서 직접 R3과 연결되는 상황이 발생되므로 이렇게 하지 않습니다. R1에서 R3과 연결하기 위하여 DLCI 103을 사용한다는 것은 추가적인 비용을 지불하고 R1과 R3을 직접 연결하는 결과가 됩니다.

R2에서 서브 인터페이스를 지정하고, IP 주소를 부여한 다음 DLCI를 매핑하는 방법은 다음과 같습니다.

[예제] R2의 DLCI 매핑

```
R2(config)# interface s1/0
R2(config-if)# encapsulation frame-relay
R2(config-if)# no frame-relay inverse-arp
R2(config-if)# no shut

① R2(config-if)# interface s1/0.123 multi
② R2(config-subif)# ip address 1.1.123.2 255.255.255.0
③ R2(config-subif)# frame-relay map ip 1.1.123.1 201 broadcast
④ R2(config-subif)# frame-relay map ip 1.1.123.3 203 broadcast
```

앞의 설정과 같이 주 인터페이스에서 인캡슐레이션을 지정하고, no frame-relay inverse-arp 명령어를 사용한 다음, 활성화시킵니다.

① R2에서는 S1/0에 설정해야 하는 네트워크가 1.1.123.0 하나이기 때문에 주 인터페이스나 서브 인터페이스 중 어느 것을 사용해도 문제없습니다. 그리고 넥스트 홉 IP가 2개이기 때문에(1.1.123.1, 1.1.123.3) 서브 인터페이스를 사용한다면 멀티포인트가 되어야 합니다. 여기서는 서브 인터페이스를 사용했습니다.

KING of NETWORKING

② 서브 인터페이스를 사용하는 경우, IP 주소는 반드시 서브 인터페이스에 부여해야 합니다. 만약, 주 인터페이스에 L3 주소를 부여하면 제대로 동작하지 않을 뿐만 아니라 장애의 원인을 찾기도 힘듭니다.

③ 주 인터페이스나 멀티포인트 서브 인터페이스인 경우 **frame-relay map** 명령어를 사용하여 넥스트 홉 IP 주소를 매핑합니다. R1과는 DLCI 번호 201을 사용하여 통신할 수 있게 매핑했다. R3과는 DLCI 번호 203을 사용하여 통신할 수 있게 매핑했습니다.

R3의 설정은 다음과 같습니다.

[예제] R3의 DLCI 매핑

```
R3(config)# interface s1/0
R3(config-if)# encapsulation frame-relay
R3(config-if)# no frame-relay inverse-arp
R3(config-if)# no shut

R3(config-if)# interface s1/0.123 point-to-point
R3(config-subif)# ip address 1.1.123.3 255.255.255.0
R3(config-subif)# frame-relay interface-dlci 302

R3(config-fr-dlci)# interface s1/0.34 point-to-point
R3(config-subif)# ip address 1.1.34.3 255.255.255.0
R3(config-subif)# frame-relay interface-dlci 304
```

R3에서는 주 인터페이스의 수가 부족하므로 서브 인터페이스를 사용해야 합니다. 각 서브 인터페이스에서 연결되는 상대가 하나이므로 어떤 종류의 서브 인터페이스를 사용해도 무관하지만 모두 포인트 투 포인트 서버 인터페이스를 사용했습니다. 포인트 투 포인트 서버 인터페이스에서는 **frame-relay interface-dlci** 명령어를 사용하여 넥스트 홉을 매핑합니다.

설정 도중에 DLCI를 지정하면 '%PVC already assigned to interface Serial1/0(사용 중인 DLCI값이다)'라는 메시지가 표시될 수 있습니다. 이때에는 링크 레이어 프로토콜을 HDLC로 변경했다가 다시 프레임 릴레이로 변경한 후 설정을 계속하면 됩니다.

R4의 설정은 다음과 같습니다.

[예제] R4의 DLCI 매핑

```
R4(config)# interface s1/0
R4(config-if)# encapsulation frame-relay
R4(config-if)# no frame-relay inverse-arp
R4(config-if)# no shut
```

```
R4(config-if)# ip address 1.1.34.4 255.255.255.0
R4(config-if)# frame-relay map ip 1.1.34.3 403 broadcast
```

R4에서는 주 인터페이스를 사용했습니다. 이상으로 프레임 릴레이 설정이 끝났습니다.

설정확인 및 장애처리

이제 모든 라우터에서 자신의 넥스트 홉 IP까지는 모두 핑이 되어야 합니다. 각 라우터의 라우팅 테이블에서 직접 접속된 네트워크가 모두 보이는지 확인하고, 넥스트 홉 IP 주소까지의 통신을 핑으로 확인합니다. R1의 라우팅 테이블은 다음과 같습니다.

[예제] R1의 라우팅 테이블

```
R1# show ip route
   (생략)
Gateway of last resort is not set

   1.0.0.0/24 is subnetted, 1 subnets
C    1.1.123.0 is directly connected, Serial1/0
```

넥스트 홉 IP 주소인 1.1.123.2와 1.1.123.3까지 핑이 됩니다. DLCI 매핑을 확인하려면 다음과 같이 show frame-relay map 명령어를 사용합니다.

[예제] DLCI 매핑 확인

```
R1# show frame-relay map
Serial1/0 (up): ip 1.1.123.3 dlci 102(0x66,0x1860), static,
        broadcast,
        CISCO, status defined, active
Serial1/0 (up): ip 1.1.123.2 dlci 102(0x66,0x1860), static,
        broadcast,
        CISCO, status defined, active
```

만약 핑이 되지 않으면 양단의 라우터에서 show running-config 명령어를 사용하여 인터페이스 활성화 여부, IP 주소 및 DLCI 매핑 여부를 확인합니다.

프레임 릴레이 혼잡제어 기능

프레임 릴레이는 네트워크 혼잡을 제어(congestion control)하기 위하여 다음과 같은 3비트의 필드를 사용합니다.

- **FECN 비트**

  FECN(Forward-Explicit Congestion Notification) 비트가 1로 설정되어 있으면 해당 프레임이 전송되어 오는 도중에 혼잡한 구간을 거쳐왔다는 것을 의미합니다.

- **BECN**

  BECN(Backward-Explicit Congestion Notification) 비트는 현재의 장비가 전송하는 프레임이 도중에 혼잡한 구간을 거치고 있다는 것을 상대측 장비가 알려줄 때 사용합니다. 일반적으로 특정 장비가 FECN 비트가 설정된 프레임을 수신하면 BECN 비트를 이용하여 송신장비에게 혼잡발생을 알려주도록 설정합니다.

- **DE 비트**

  DE(Discard Eligibility)가 1로 설정되면 혼잡 발생 시 이 프레임을 먼저 폐기합니다. 프레임 릴레이는 전용선(L/L, Leased Line)으로 연결된 장비들 간에 사용할 수도 있지만 일반적으로는 프레임 릴레이 교환망을 사용합니다. 이때, 교환망 사업자와 고객 간의 계약시 최저보장속도(CIR, Committed Information Rate)를 지정합니다. 즉, 아무리 프레임 릴레이 망이 혼잡해도 CIR 속도까지는 지원하겠다는 의미입니다.

시스코 자격시험 안내

시스코의 자격증은 다음과 같으며, 각 분야별로 초급(associate), 중급(professional) 및 고급(expert)으로 구성되어 있습니다.

[그림] 시스코의 자격증

Certification Tracks	Entry	Associate	Professional	Expert	Architect
Cloud		CCNA Cloud	CCNP Cloud		
Collaboration		CCNA Collaboration	CCNP Collaboration	CCIE Collaboration	
Cybersecurity Operations		CCNA Cyber Ops			
Data Center		CCNA Data Center	CCNP Data Center	CCIE Data Center	
Design	CCENT	CCDA	CCDP	CCDE	CCAr
Industrial		CCNA Industrial			
Routing and Switching	CCENT	CCNA Routing and Switching	CCNP Routing and Switching	CCIE Routing and Switching	
Security	CCENT	CCNA Security	CCNP Security	CCIE Security	
Service Provider		CCNA Service Provider	CCNP Service Provider	CCIE Service Provider	
Wireless	CCENT	CCNA Wireless	CCNP Wireless	CCIE Wireless	

• 모든 중급 자격증(professional)을 취득하려면 해당 분야 초급 자격증(associate)을 취득하거나 CCIE 자격증(종류 무관)이 있어야 합니다.

• CCIE 자격증 취득을 위해서는 CCNA나 CCNP 자격증이 불필요합니다. 즉, CCNA와 CCNP가 없어도 CCIE 자격증을 취득할 수 있습니다.

CCNA

CCNA(Cisco Certified Network Associate) 자격증은 시스코사에서 주관하는 초급 네트워크 자격증입니다. 시험은 여러 곳에 있는 시험센터에서 PC를 이용하여 인터넷으로 치릅니다. 시험문제는 객관식(다지선다형), 끌어다붙이기(drag and drop), 시뮬레이션 프로그램을 이용한 설정 및 장애처리 등이 있습니다. 시험시간은 90분이며, 자격증 종류별로 50에서 70문항 정도입니다.

CCNA는 자격증의 종류에 따라 1과목 또는 2과목의 시험을 통과해야 합니다.

CCNP

CCNP(Cisco Certified Network Professional) 자격증은 시스코사에서 주관하는 중급 네트워크 자격증입니다. CCNA와 마찬가지로 시험센터에서 PC를 사용하여 웹으로 치릅니다. 시험문제는 CCNA와 마찬가지로 객관식(다지선다형), 끌어다붙이기(drag and drop), 시뮬레이션 프로그램을 이용한 설정 및 장애처리 등이 있습니다.

CCNP는 자격증의 종류에 따라 3과목에서 5과목의 시험을 통과해야 합니다.

CCIE

CCIE(Cisco Certified Internetwork Expert) 자격증은 시스코사에서 주관하는 고급 네트워크 자격증입니다. 필기시험은 CCNA, CCNP와 마찬가지로 국내의 여러 시험센터에서 치르고, 실기시험은 전세계 10여 군데의 시험센터에서 8시간 동안 실제 장비와 시뮬레이터를 사용하여 치릅니다.

우리나라에는 실기 시험센터가 없어 도쿄, 홍콩, 북경, 시드니 등으로 가서 치르거나, 일년에 한 번 정도 5일 간의 순회 시험센터가 서울에서 열릴 때 치르기도 합니다.

킹 오브 네트워킹 KING of Networking

: 입문과 실전이 한 권으로 끝

발행 2018년 02월 02일
2쇄 2021년 03월 20일

지은이 | 피터 전
펴낸이 | 김상일
펴낸곳 | 네버스탑

주소   서울 송파구 도곡로 62길 15-17(잠실동), 201호
전화   031) 919-9851
팩시밀리   031) 919-9852
등록번호   제25100-2013-000058호

ISBN | 978-89-97030-08-8 93560